U0382647

国家哲学社会科学成果文库

NATIONAL ACHIEVEMENTS LIBRARY
OF PHILOSOPHY AND SOCIAL SCIENCES

中国动物疫情公共危机：演化机理与防控政策

李燕凌　著

科学出版社

内 容 简 介

本书以突发性动物疫情公共危机演化机理和突发性动物疫情公共危机防控政策为核心研究内容，融合防疫学、动物学、管理学、危机管理学、法学、经济学、社会学等多学科知识交叉集成。从动物疫情公共危机理论出发，系统梳理了风险临界理论、危机扩散动力学理论、危机演化“时间窗口”理论、大数据仿真理论、风险决策理论和危机治理问责理论等六大理论。以突发性动物疫情造成的实际损害状态变化为切入点，观察突发性动物疫情公共危机状态下养殖户行为决策、社会群体行为决策、地方政府行为决策及其相互关系，分析各决策主体行为决策模式及其决策效果，从而研究并提出防控疫情、化解危机、促进不同主体利益统一的政策，以期达到公共危机管理综合效益最大化。

本书可供动物疫情危机管理研究人员、高校公共管理学科专业师生、政府应急管理部门领导与干部、农业农村行政管理部门领导与专家阅读参考。

图书在版编目（CIP）数据

中国动物疫情公共危机：演化机理与防控政策 / 李燕凌著. — 北京：科学出版社，2021.6

（国家哲学社会科学成果文库）

ISBN 978-7-03-068252-9

Ⅰ. ①中…　Ⅱ. ①李…　Ⅲ. ①动物疾病-疫情管理-研究-中国　Ⅳ. ①S851 ②D63

中国版本图书馆 CIP 数据核字（2021）第 042166 号

责任编辑：邓　娴 / 责任校对：贾娜娜
责任印制：霍　兵 / 封面设计：黄华斌

科学出版社 出版

北京东黄城根北街 16 号
邮政编码：100717
http://www.sciencep.com

北京盛通印刷股份有限公司 印刷

科学出版社发行　各地新华书店经销

*

2021 年 6 月第 一 版　开本：720×1000　1/16
2021 年 6 月第一次印刷　印张：24 3/4　插页：4
字数：410 000

定价：168.00 元

（如有印装质量问题，我社负责调换）

作者简介

李燕凌 中共党员，1964 年生。管理学博士、中国社会科学院博士后、新加坡南洋理工大学高级访问学者。现任湖南农业大学公共管理与法学学院院长、二级教授、博士生导师。国务院特殊津贴专家，湖南省芙蓉学者计划特聘教授。中国行政管理学会常务理事、中国应急管理学会理事。

主要从事动物疫情公共危机应急管理、农村公共品研究。主持“突发性动物疫情公共危机演化机理及应急公共政策研究”（国家社会科学基金重大项目）、“数字化视角下推进以县城为重要载体的城镇化建设研究”（国家社会科学基金重点项目）、“动物疫情与网络舆情交互影响机理及其危机管理决策方法研究”（国家自然科学基金面上项目）、“县乡政府农村公共产品供给效率问题研究”（国家社会科学基金项目）等课题。在《经济研究》《管理世界》等发表论文 180 余篇，出版著作 23 部。主持获得高等学校科学研究优秀成果奖（人文社会科学）二等奖、湖南省社会科学优秀成果奖二等奖、湖南省科学技术进步奖二等奖、湖南省高等教育教学成果奖一等奖等省部级以上奖励 11 项。

《国家哲学社会科学成果文库》

出版说明

为充分发挥哲学社会科学研究优秀成果和优秀人才的示范带动作用，促进我国哲学社会科学繁荣发展，全国哲学社会科学工作领导小组决定自 2010 年始，设立《国家哲学社会科学成果文库》，每年评审一次。入选成果经过了同行专家严格评审，代表当前相关领域学术研究的前沿水平，体现我国哲学社会科学界的学术创造力，按照“统一标识、统一封面、统一版式、统一标准”的总体要求组织出版。

全国哲学社会科学工作办公室

2021 年 3 月

序

随着 2003 年“非典”疫情暴发、2004 年中国及东南亚地区大规模禽流感暴发，应急管理或危机管理的研究骤然兴起，并逐渐成为我国推进国家治理体系和治理能力现代化的一个重大领域。作为一个跨学科的新兴研究领域，应急管理或危机管理涉及几乎所有科学技术的知识领域，尤其是与公共管理学、经济学、社会学、政治学、法学、信息科学、管理科学与工程学等学科密切相关。加之各方面的强有力推动，近年来我国应急管理或危机管理这一学科领域也成为一门“显学”，呈现迅速发展的态势。而从一开始，突发公共卫生事件就成为应急管理研究的焦点。李燕凌教授撰写的《中国动物疫情公共危机：演化机理与防控政策》这部专著，正是以这种学科发展背景为支撑，适应国家经济社会发展需求，符合党的十九大提出的实施健康中国战略的一项最新成果。

2003 年以来，各种研究基金资助了大量的应急管理或危机管理研究的课题，设立了重大研究计划、重大攻关项目和重点项目。2011 年，李燕凌教授主持的国家社会科学基金重大项目“突发性动物疫情公共危机演化机理及应急公共政策研究”就是其中一项重要课题。该课题是防疫学、动物学、管理学、危机管理学、经济学、法学、社会学等多学科交叉的研究课题。突发性动物疫情公共危机既是一种突发公共卫生危机事件，也是一种自然灾害危机事件，甚至有可能演变成突发性社会安全危机事件。突发性动物疫情公共危机演化机理及应急公共政策研究，具有很强的学科交叉融合特征，当然，也具有很大的研究难度。该课题于 2017 年 12 月在北京通过专家评审鉴定，达到国内同类研究领先水平。李燕凌教授撰写的这部专著，是他主持的国家社会科学基金重大项目的最终成果，该书付梓，可喜可贺。

李燕凌教授撰写的这部著作，主要做了三个方面的研究工作。首先，进行了动物疫情公共危机演化基础性研究。李燕凌教授系统梳理和提炼了动物疫情公共危机演化与防控6个基本理论、3套防控机制、10种防控方法。同时，建构了“风险认知—扩散动力—演化规律—防控能力”的逻辑分析框架。其次，展开了动物疫情公共危机演化机理研究。李燕凌教授从动物疫情公共危机演化内生力量、外部力量、阻力系统和力量平衡四个方面，对危机引力波、危机内动力、危机外推力、危机诱发力、危机点爆力、危机助燃力、危机延续力、危机阻滞力等“8种力量”，系统开展了危机扩散动力学分析，并运用定量分析方法，给出了动物疫情公共危机演化过程“时间窗口”和管理关键链节点值的判定方法，精确描述了动物疫情公共危机“三阶段三波伏五关键点”演化规律。最后，提出了一系列突发性动物疫情公共危机应急公共政策。特别值得提出的是，李燕凌教授在著作中提出的“改革病死猪无害化处理补贴政策”的建议，充分体现“放管服”的要求，具有政策前瞻性，两次获得中共中央农村工作领导小组办公室领导批示，并被农业部（现为农业农村部）有关部门采纳。

李燕凌教授的著作汲取本领域已有研究成果深睿的学术智慧，借鉴同行专家丰富的研究经验，坚持定性与定量研究相结合，采取学科交叉融合的研究方法，取得一系列重要创新发现。该书突破畜牧业产业安全和公共卫生安全危机的传统范围，拓展了“动物疫病—动物福利—动物食品伦理—社会安全危机”的研究新领域；首次提出动物疫情公共危机研究“风险认知—扩散动力—演化规律—防控能力”新的逻辑分析框架；建立危机损害灾变函数与临界防控能力函数联合控制方程，运用基于贝叶斯方法的变点识别技术，较好地发现了求解各演化阶段“时间窗口”和管理关键链节点值的估计方法，精确描述了动物疫情公共危机“三阶段三波伏五关键点”演化规律；建立了政府、媒体、生产者、消费者等多方主体的演化博弈模型复制动态方程，较好地求解了动物疫情公共危机治理中复杂的社会信任修复难题；提出了治“灾”先疏“舆”，全面关闭活禽活畜交易市场以杜绝人禽交叉感染，重学习、严问责、强化容灾能力和全方位网格化的危机防控“关口前移”方案，建立包容各方利益诉求的动物食品伦理道德规范等。李燕凌教授著作的大胆创新探索成果，虽然有些还需假以时日在实际应用中加以检验，有些甚至还会在实践中被证明必须修正，但是他的这种敢于创新的勇气和追求创新的精神，我是十分赞许的。

李燕凌教授撰写这部著作历时六年，除了从政府官方网站获取海量数据外，还先后10次深入全国14个省区市95个县（市、区）和1个农垦团76个规模化养殖企业、177个村、6086个养殖户进行大范围、长时期的调查，获取了大量实地调查资料。此外，他在关键研究环节使用了大数据采集方法，并通过网络搜集各种文本两万多个。这种大兴调查研究的学术风气，值得提倡。

我与李燕凌教授相交甚笃，他治学严谨，科学研究刻苦认真。他带领的团队志存高远、勤奋敬业。他多次提及我八年前写的那篇《中国应急管理的兴起——理论与实践的进展》论文，拙作或对他的研究产生了某种重要影响，或提供了某些重要借鉴，都属于正常学术交流。然而，李燕凌教授多次托我为他的新作写序，其诚恳之情令人感怀。为鼓励新作，更为推动中国应急管理学科建设，欣然写下这些文字，是为序！

2018年9月28日于厦门大学

前　言

2003年“非典”、2004年高致病性禽流感暴发以来，动物疫病公共危机研究引起世界范围内的高度重视。世界卫生组织发布统计数据显示，全世界每年有1700万人死于传染病，其中70%都是人畜共患病。动物疫病不仅可能严重影响畜牧业发展并威胁产业安全，还会对人类身体健康甚至生命安全构成威胁，导致人类对动物源性食品卫生与食品安全产生社会恐慌。越来越多的案例显示，动物福利伤害诱发动物疫病，使得动物食品伦理道德问题日益严重，并引发动物食品伦理危机。开展突发性动物疫情公共危机演化机理及应急公共政策研究，对探索动物疫病发生、发展的自然界灾变现象中人类干预活动的科学规律，创新动物疫情公共危机防控“产业—卫生—伦理道德（动物食品）”三级安全公共政策体系，实施健康中国战略，促进人与自然和谐共生，全面加强生态文明建设，满足人民日益增长的美好生活需要，具有十分重要的理论价值和现实意义。

动物疫病传播具有显著的时间变化特殊性、空间分布多样性、演变过程周期性特征。而且，动物疫病引发的公共危机具有复杂的内在原因与外部影响。本书坚持理论研究与实际调查相结合，在长达六年多的时间内，先后深入湖南、江西、湖北、贵州、广东、上海、浙江、广西、陕西、新疆、宁夏、内蒙古、山东、四川等十余个省区市展开调查研究，在对中国动物疫情公共危机理论进行梳理的基础上做了大量实证研究。本书坚持包容开放、洋为中用的原则，通过开设专门网页适时发布研究成果，举办国内外学术交流会议，到亚欧美非四洲多国参访或参加危机管理领域国际学术会议，推介中国理念、讲好中国故事、提供中国方案。按照“理论梳理—实证分析（或案例分析）—国际比较—政策建议”的基本思路，本书主要内容包括三个部分核心内容。

（一）动物疫情公共危机演化基础性研究

本书梳理了研究背景、意义及相关文献，界定了基本概念和研究边界；提出“理论—机制—方法”的逻辑分析框架，阐释了“6个理论”、“3套机制”和“10种方法”；建构了“风险认知—扩散动力—演化规律—防控能力”的研究内容体系。

（二）动物疫情公共危机演化机理研究

本书从动物疫情公共危机内生与外生动力视角，开展动物疫情公共危机扩散动力学分析，研究动物疫病传播对产生疫情公共危机的影响，以及动物疫情公共危机中政府、养殖户、社会群体（包括消费者、行业组织、第三方组织、媒体与网民）的风险认知对危机扩散产生的影响，精确描述了动物疫情公共危机“三阶段三波伏五关键点”演化规律。

（三）动物疫情公共危机应急公共政策研究

本书建构了县乡基层动物疫情公共危机综合防控能力指数，并提出加强防控能力建设的相关政策建议；分析了动物疫情公共危机“虚假治理”产生的原因，提出了防控手段“关口前移”的应对措施；提出了加强动物疫情公共危机防控法治与政府责任建设的政策设想；从病死畜禽无害化处理、舆情管控与舆论疏导、全面关闭活禽活畜交易市场、支持畜禽冷链产业发展、加强法治化的社会风险治理、加强动物福利与防控生态环保等六个方面，提出了中国动物疫情公共危机防控政策综合改革建议。

本书吸取本领域已有研究成果深厚的学术价值，借鉴同行专家丰富的研究经验，采取学科交叉融合的研究方法，从动物疫情损害演变与防控能力实现效果的矛盾对立统一中寻求动物疫情公共危机防控研究的突破点，研究成果在学术思想、理论观点、研究方法、数据资料等方面取得一些有别于前人研究的创新发现，对解决实际问题提出一些重要的新见解。

在学术思想创新方面，本书提出动物疫情公共危机防控“产业—卫生—伦理道德（动物食品）”新目标。本书将动物疫情公共危机的研究目标，从传统的关注动物疫情催生畜牧产业危机和动物疫病诱发人畜共患疾病产生公共卫生安全危机，提升到动物福利伤害导致动物食品伦理道德问题并产生社会安全危机的新高度，初步形成中国动物疫病公共危机应急管理“产业—卫生—伦理道德”三个层级新的目标体系。本书提出动物疫情公共危机“理论—机制—方法”系统分析新思想。根据新思想，建立起“6个理论—3套机制—10种方法”逻辑分析框架。本书系统提炼了动物疫情公共危机演化与防控 6 个基本理论，即风险临界理论、危机扩散动力学理论、危机演化“时间窗口”理论、大数据仿真理论、风险决策理论、危机治理问责理论；全面阐释了动物疫情公共危机防控 3 套基本机制，即法治化防控机制、制度化防控机制和信息化防控机制；综合设计了动物疫情公共危机管理“10种基本方法”，即“一案三制”、精准阻断、不确定型决策、信息化战略管理、信息化标准建设、信息化绩效控制、大数据技术、政府责任法治、公共危机法治、技术监管法治。本书提出动物疫情公共危机研究“风险认知—扩散动力—演化规律—防控能力”新思路。新的研究思路以动物疫情公共危机损害为切入点，动物疫情公共危机风险认知分析为逻辑起点；提出动物疫情公共危机演化“八力理论”（即危机引力波、危机内动力、危机外推力、危机诱发力、危机点爆力、危机助燃力、危机延续力、危机阻滞力），并从动物疫情公共危机演化内生力量、外部力量、阻力系统和力量平衡四个方面，系统开展了危机扩散动力学分析；提出用危机损害灾变函数与临界防控能力函数求解各演化阶段“时间窗口”和管理关键链节点值，精确描述动物疫情公共危机“三阶段三波伏五关键点”演化规律；着重从动物疫情公共危机风险认知、危机学习和避灾容灾三个维度，加强与完善中国动物疫情公共危机综合防控能力体系。

在理论观点方面，本书提出治“灾”先疏“舆”的创新观点。从本质上讲，突发性动物疫情公共危机是动物疫病发生、发展的自然界灾变过程中，人类不当干预活动下的自然演化和人工干扰综合作用的结果。面对突然发生的动物疫情损害，政府、养殖生产者、动物源性食品消费者、行业组织、第三方组织、媒体、网民都会根据自身利益目标做出相应的行为决策，舆情失控则是导致社会恐慌的根本原因。正是舆情误导，扩大了人类应对突发性动物疫情的恐慌心理及不当行为干预，与突发性动物疫病自身扩散活动相互作用，导致了突发性动物疫情向公共危机状态发生、发展并加快转化。因此，治理突发性动物疫情公共危机灾难，必须先阻断混乱的舆情扩散，疏通正面舆情传播渠道，加强危机演变与防控信息沟通。本书提出把学习与容灾能力放在防控能力建设首位的创新观点。传统的动物疫情公共危机防控制度具有预警预防偏好。然而，动物疫情演变规律十分复杂，疫病变种导致人类防不胜防。人类要完全阻断动物疫病侵害几乎不可能。基于预警、应急处置不当的事后问责机制，并非促进防控能力增强的最佳办法。因此，应当重新定义动物疫情公共危机防控能力指数，要从危机学习、避灾容灾两个关键环节，推动动物疫情公共危机防控“关口前移”。提升危机事件中全面学习的能力，更有利于真正积累防控经验。在容灾方面加大投入是可操控、更有效的防控能力建设途径。本书提出跨域动物疫情公共危机必须实施全方位网格化防控的创新观点。动物疫情公共危机普遍具有跨域特性，动物疫情传播又对公共危机演化具有根本性影响。因此，建立以大数据为支撑、全方位网格化的动物疫情公共危机科技防控体系，对提高防控效率具有十分重要的作用。

在研究方法方面，本书创新性地提出动物疫情公共危机“三阶段三波伏五关键点”演化规律的精确描述方法。为解决运用 TOPSIS（technique for order preference by similarity to an ideal solution，优劣解距离法）方法计算动物疫情公共危机事件应急管理关键链节点值精度较低的难题，本书建立危机损害灾变函数与临界防控能力函数联合控制方程，采用方差多变点技术对纯粹的贝叶斯方法进行改进，运用基于贝叶斯方法 GARCH（generalized auto regressive conditional heteroskedasticity，广义自回归条件异方差）模型中变点识别技术，较好地发现了求解各演化阶段“时间窗口”和管理关键链节点值的估计方法。本书创新性地建立演化博弈模型复制动态方程求解复杂的社会信任修复难题。在网络舆情的环境下，动物疫情公共危机治理更加复杂化，危机信息在网络上迅速传播，加大了社会恐慌，造成了社会信任损失。本书首先对“政府–生产者–网络媒体–公众（包含消费者等在内的网民）”四方博弈问题进行生产者决策行为内生化改进，再引入演化博弈模型复制动态方程，成功发现“政府–网络媒体–公众”三方行为决策的社会信任修复演化趋势，并以上海黄浦江流域松江段“漂浮死猪事件”进行了验证性检验。本书创新性地应用 DEMATEL（Decision Making Trial and Evaluation Laboratory，决策实验室分析）方法分析动物疫情公共危机防控能力的影响因素。从动物疫情公共危机预警预防、风险认知、应急反应、责任追究、危机学习、避灾容灾、灾后重建等 7 个维度，重新定义动物疫情公共危机综合防控能力体系，设计 19 个变量为防控能力因素。采用 DEMATEL 方法进行实证研究的结果表明，只有 8 个变量为原因型影响因素，其余 11 个变量为结果型影响因素。然后根据这 8 个原因型影响因素构建了县乡基层政府动物疫情公共危机防控能力评价指数。研究还发现，8 个原因型影响因素大多分布在影响风险认知、危机学习和避灾容灾等三个维度。

本书在解决实际问题过程中提出一系列新见解，主要包括改革病死猪无害化处理补贴政策。本书提出将病死畜禽无害化处理财政补贴“从事后补向事前补”改革；对病死畜禽地下交易“零容忍”；扩大补贴范围，增加补助无害化处理设施建设、加强无害化处理能力建设。这些建议充分体现了“放管服”的要求，具有政策前瞻性。时任中共中央农村工作领导小组办公室主任的陈锡文同志两次批示，农业部在全国迅速开展“病死猪无害化处理长效机制试点工作”。2014 年中央一号文件首次采用“支持开展病虫害绿色防控和病死畜禽无害化处理”的提法。这些建议推动了病死猪无害化处理从程序烦琐且不透明的事后灾损补贴，简化到以无害化处理设施与加强处理能力为目标的事前补贴，简化了程序、降低了成本、提高了效率。本书提出分期全面关闭国内活禽活畜交易市场。近年来，我国多地暴发 H7N9 禽流感疫病且呈反复流行之势。关闭活禽活畜交易市场是消除人禽交叉感染疫病的根本性措施。大力发展畜禽生鲜冷链产业，有利于保障畜禽产品卫生安全。本书建议加强畜禽产品文明卫生消费宣传、三年内全面关闭活禽活畜交易市场、补贴活禽活畜交易转业经营、大力发展畜禽生鲜冷链产业。本书提出建立最严格的动物疫情舆情管控制度与舆论疏导机制。对动物疫情危机舆情衍生型危机的“暴发点”观察与分析已经证明，治“灾”必须先疏“舆”。本书提出加快建立动物疫情公共危机法治体系。动物疫情公共危机具有十分明显的外部损害特性，应急处置过程中的公民权利克减不可避免。但是，目前我国动物防疫法律法规碎片化现象严重、部门协作不力，必须全面深化改革，加快应急处置政府行政责任立法。本书提出加强农村基层动物疫情公共危机防控能力建设。动物疫情公共危机防控能力影响因素丰富，而农村基层防控能力建设则是重中之重。提高农村基层防控队伍在应急处置过程中的学习能力，具有根本性的长远意义。本书提出推进新时代建立动物福利和动物食品伦理道德规范的意见。改变动物福利观念，不仅是促进动物生产卫生、提高动物食品质量、保障动物国际贸易稳定的要求，而且对促进人与自然和谐发展具有道德层面的进步催化作用。因此，应当加快建立包容各方利益诉求的动物食品伦理道德规范。上述一系列的政策建议，既有解决问题的实效性，操作简便易行管用，能够提高动物疫情公共危机防控行政效率，又有应对复杂变化的前瞻性，能够综合考虑中国动物疫病传播、动物疫情公共危机演变和防控的实际国情，政策科学性强。

本书是一部聚焦动物疫情公共危机演化规律及其防控公共政策问题的多学科交叉集成研究成果。本书的研究过程，既是涉及国民经济和社会发展重大问题的一项具体的重大科研课题研究，取得了丰硕成果；又聚集了一批有志于人民健康事业、热心公共危机管理的中青年学者共同求索，建成了一支国内外有较大影响力、具有较高学术水平的学术队伍，推动了中国农村公共危机管理乃至中国公共危机管理学科建设和人才培养事业。2018 年 3 月，根据《国务院关于机构设置的通知》，中华人民共和国应急管理部正式成立，这是我国历史上首次将应急管理组织机构列入国务院政府组成部门序列，同时预示着未来我国应急管理人才将受到社会经济发展更多关注。本书的研究成果，也为加快培养动物疫情公共危机防控人才提供了一系列重要的理论基础支撑，必将对农村公共危机管理人才培养产生重要推动作用。

目　录

Contents

第　一　章

绪　论

本章从中国动物疫情暴发情况及其引发的公共危机、中国动物疫情公共危机防控政策、中国动物疫情公共危机管理面临的主要问题等方面，全面介绍中国动物疫情公共危机及其防控政策演变的研究背景。本章从动物疫情催生畜牧产业危机、动物疫病诱发人畜共患疾病、动物福利伤害导致动物食品伦理道德问题等三个层面，概括动物疫情公共危机的三大危害。本章全面介绍突发性动物疫情公共危机的主要研究内容，同时对突发性动物疫情公共危机研究文献进行高度概括、对相关研究进展进行粗线条勾勒。

第一节　中国动物疫情公共危机及其防控政策演变

一、中国动物疫情暴发情况及其引发的公共危机

（一）中国主要动物疫情

2008年发布的新版《一、二、三类动物疫病病种名录》将动物疫病细分为三类：口蹄疫、猪水泡病、猪瘟等17种动物疫病为一类动物疫病；狂犬病、炭疽、牛结核病、猪繁殖与呼吸综合征（经典猪蓝耳病）等77种动物疫病为二类动物疫病；大肠杆菌病、李氏杆菌病、牛流行热等63种动物疫病为三类动物疫病。三类动物疫病共计157种。2009年1月，农业部和卫生部联合发布了《人

畜共患传染病名录》，将26种人畜共患病列入该名录之中。《人畜共患传染病名录》中的高致病性禽流感和猪链球菌病在我国流行较广，已引起社会各界的广泛关注。人与畜禽共患疾病的流行传播，往往容易引发社会恐慌或公共危机。

1999年以来，我国政府定期发布《兽医公报》，向全世界通报高致病性禽流感、口蹄疫等20种动物疫病的国内发生流行动态。截至2020年11月，牛海绵状脑病、西尼罗河热、绵羊痒病等39种动物疫病从未在我国大规模发生过，目前我国已经宣布消灭了牛瘟、牛传染性胸膜肺炎等动物疫病。但是，2012年发布的《国家中长期动物疫病防治规划（2012—2020年）》中，五种一类动物疫病中又有高致病性猪蓝耳病和高致病性禽流感，因此，本书重点选择高致病性猪蓝耳病和高致病性禽流感两种流行较广、优先防治且基础数据资料比较全面的动物疫病公共危机为重点研究对象。

（二）中国重大动物疫情暴发情况

重大动物疫病的发生严重威胁畜牧产业安全和人类健康发展。2008～2016年的优先防治动物疫情状况的数据见表1.1。根据主要畜禽动物疫病及主要的三种人畜共患动物疫病整理出2008～2013年的相关数据见表1.2。由表1.1和表1.2可知，近年来，中国重大动物疫情暴发呈现出如下两个重要特点。

表1.1 《国家中长期动物疫病防治规划（2012—2020年）》优先防治动物疫情发生状况（2008～2016年）

年份	口蹄疫			高致病性禽流感			新城疫		
	发病量	死亡量	扑杀量	发病量	死亡量	扑杀量	发病量	死亡量	扑杀量
2008	123	0	464	9 428	9 380	580 123	579 954	269 957	133 374
2009	1 667	717	3 707	2 951	2 140	15 497	282 202	139 786	24 485
2010	3 943	25	12 116	0	0	0	163 748	89 076	19 670
2011	823	45	7 303	0	0	0	41 338	22 806	10 938
2012	365	43	3 557	49 635	18 633	1 588 118	100 598	49 049	108 470
2013	1 160	0	7 904	13 035	12 535	149 439	21 365	12 937	3 892
2014	74	—	324	24 179	51 566	942 376	14 029	6 459	267
2015	635	314	1 981	45 992	18 957	191 059	13 956	6 460	4 655
2016	15	2	139	98 475	75 828	288 461	7 789	2 117	85
合计	8 805	1 146	37 495	243 695	189 039	3 755 073	1 224 979	598 647	305 836

续表

年份	高致病性猪蓝耳病			猪瘟		
	发病量	死亡量	扑杀量	发病量	死亡量	扑杀量
2008	7 374	2 755	543	61 404	20 211	1 831
2009	6 885	2 067	136	33 268	13 598	2 613
2010	17 262	5 465	151	9 863	5 294	853
2011	846	110	1	3 975	1 504	1 288
2012	1 377	270	3	1 048	653	58
2013	424	177	3	670	218	33
2014	1 347	161	—	245	44	94
2015	594	114	—	4 226	842	1 154
2016	763	77	—	756	417	428
合计	36 872	11 196	837	115 455	42 781	8 352

表 1.2 2008～2013 年中国动物疫病发生情况

2008～2013 年禽类动物疫病发生情况

年份	鸡马立克式病			禽霍乱			鸭瘟		
	发病量	死亡量	扑杀量	发病量	死亡量	扑杀量	发病量	死亡量	扑杀量
2008	91 281	26 463	1 545	1 632 102	353 442	11 089	167 085	69 439	28 16 4
2009	55 869	31 301	74	709 667	229 375	2 050	80 627	47 813	8 557
2010	9 260	1 310	103	512 919	106 878	3 304	69 497	28 305	2 103
2011	1 922	995	257	300 383	63 701	3 313	20 673	15 096	1 249
2012	5 466	1 474	49	283 439	62 375	6 912	6 304	2 494	1 326
2013	4 981	2 908	1 242	323 214	31 088	2 452	2 237	264	0
合计	168 779	64 451	3 270	3 761 724	846 859	29 120	346 423	163 411	41 399

2008～2013 年人畜共患疫病发生情况

年份	布鲁氏菌病			炭疽			狂犬病		
	发病量	死亡量	扑杀量	发病量	死亡量	扑杀量	发病量	死亡量	扑杀量
2008	3 138	1	2 759	269	202	182	40	95	501
2009	12 588	4 317	4 254	158	82	11	52	2 805	1 096
2010	18 461	2 891	3 359	371	202	164	80	28	490

续表

2008～2013 年人畜共患疫病发生情况									
年份	布鲁氏菌病			炭疽			狂犬病		
	发病量	死亡量	扑杀量	发病量	死亡量	扑杀量	发病量	死亡量	扑杀量
2011	116 667	2 354	91 262	116	68	605	48	7	847
2012	81 906	4 286	78 079	96	69	187	384	147	310
2013	42 720	64	42 952	108	18	0	75	67	108
合计	275 480	13 913	222 665	1 118	641	1 149	679	3 149	3 352

1. 重大动物疫病暴发势头减弱但复发现象不绝

近年来，对我国畜牧业生产安全危害较大的口蹄疫、猪瘟、新城疫等重大动物疫病暴发势头明显得到遏制。但有些传染疫病在症状特征和病理方面发生非典型变化，疫病病谱异化致使防控难度增大，甚至出现复发现象。2008～2017 年我国禽流感疫病暴发情况见图 1.1。

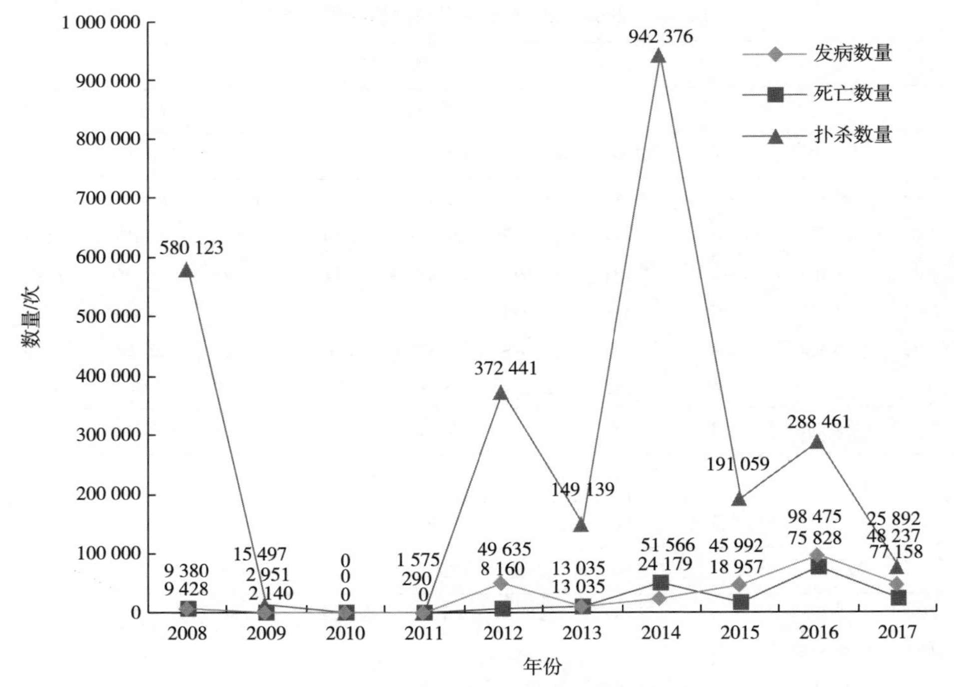

图 1.1　2008～2017 年中国禽流感暴发情况

2. 人畜共患病持续传播对人类健康构成潜在威胁

表 1.2 反映了布鲁氏菌病、炭疽和狂犬病等人畜共患病在 2008～2013 年的发病情况。引发动物源性传染病暴发的风险因素较多，如狂犬病疫苗和炭疽疫苗接种覆盖率较低，且疫病病毒对人体健康有较大威胁，甚至公共卫生都可能受到严重威胁。

（三）中国动物疫情公共危机

《中华人民共和国动物防疫法》第四条规定："根据动物疫病对养殖业生产和人体健康的危害程度，本法规定的动物疫病分为下列三类：（一）一类疫病，是指口蹄疫、非洲猪瘟、高致病性禽流感等对人、动物构成特别严重危害，可能造成重大经济损失和社会影响，需要采取紧急、严厉的强制预防、控制等措施的；（二）二类疫病，是指狂犬病、布鲁氏菌病、草鱼出血病等对人、动物构成严重危害，可能造成较大经济损失和社会影响，需要采取严格预防、控制等措施的；（三）三类疫病，是指大肠杆菌病、禽结核病、鳖腮腺炎病等常见多发，对人、动物构成危害，可能造成一定程度的经济损失和社会影响，需要及时预防、控制的。"只有那些能够导致畜牧业生产安全遭受重大打击或暴发严重威胁人类生命安全和公共卫生的动物疫病和动物源性传染病，才会导致社会恐慌，甚至诱发动物疫情公共危机。为了应对重大动物疫情公共危机，2005 年 11 月 16 日通过的《重大动物疫情应急条例》第二条规定："本条例所称重大动物疫情，是指高致病性禽流感等发病率或者死亡率高的动物疫病突然发生，迅速传播，给养殖业生产安全造成严重威胁、危害，以及可能对公众身体健康与生命安全造成危害的情形，包括特别重大动物疫情。"

二、中国动物疫情公共危机防控政策

中华人民共和国成立以来，高度重视以公共卫生防疫体系为基础的动物疫情防控体系建设。中国动物疫情防控工作已经走过 71 年光辉历程。

（一）中国公共卫生防疫体系建设历程

1. 新中国公共卫生事业奠基期（中华人民共和国成立前夕至 1952 年）

中华人民共和国成立前夕，在东北解放区建立了防疫大队，开展鼠疫、霍乱等传染病的防治工作。1949 年，东北中长铁路管理局建立了卫生防疫站。第一届（1950 年）、第二届（1952 年）全国卫生工作会议确立了“面向工农兵、预防为主、团结中西医、卫生工作与群众运动相结合”的卫生工作方针，到 1952 年底，全国建立各级各类卫生防疫站 147 个。各类专科防治所（站）188 个，共有卫生防疫人员 20 504 人，其中卫技人员 19 750 人。[①]

2. 中国公共卫生防疫体系基本形成期（1953～1965 年）

1953 年，中华人民共和国政务院批准，在全国范围内普遍建立卫生防疫站。随后，全国各地普遍建立起卫生防疫站。至 1996 年底，全国县以上医院建立了预防保健科，乡卫生院建立了卫生防疫组。1955 年 6 月 1 日，我国颁布了第一个卫生防疫法规——《传染病管理办法》。1962 年党中央提出“调整、巩固、充实、提高”的方针，1964 年卫生部颁发《卫生防疫站工作试行条例》。到 1965 年底，全国共有各级各类卫生防疫站 2499 个，专业防治机构 822 个，人员合计 77 179 人，其中卫生技术人员 63 879 人[②]。

3. 中国公共卫生防疫体系遭受严重破坏期（“文化大革命”期间）

1966～1976 年，中国公共卫生防疫体系遭到严重破坏，卫生防疫站及其他防疫防治机构大部分被取消或合并，卫生防疫技术人员或下放或改行，卫生防疫工作几乎停滞。一些被消灭的传染病出现复发趋势，痢疾、伤寒、血吸虫病等大幅回升。虽然国务院于 1972 年发布《健全卫生防疫工作的通知》，在一定程度上推动了全国卫生防疫体系及其工作的恢复，但总体来看作用不大，不久之后又退回原有状态[③]。

---

① 戴志澄. 2003. 中国卫生防疫体系及预防为主方针实施 50 年——纪念全国卫生防疫体系建立 50 周年[J]. 中国公共卫生，（10）：1-4.

② 戴志澄. 2003. 中国卫生防疫体系五十年回顾——纪念卫生防疫体系建立 50 周年[J]. 中国公共卫生管理，（5）：377-380.

③ 曹荣桂. 1998. 卫生部历史考证[M]. 北京：人民卫生出版社.

4. 中国公共卫生防疫体系全面恢复发展阶段（1978～1985年）

党的十一届三中全会之后，中国进入改革开放新时期，公共卫生防疫体系也得到全面恢复发展。在党的十一届三中全会召开前夕，《中华人民共和国急性传染病管理条例》正式出台，这为公共卫生防疫体系建设提供了基本法律基础。1979年颁布《全国卫生防疫站工作条例》，卫生防疫体系，特别是其主体机构卫生防疫站得到迅速恢复与发展。1982年1月通过《中华人民共和国食品卫生法（试行）》，将卫生防疫体系纳入法治管理轨道。卫生防疫机构也不断涌现，到1985年底，全国建立各级、各类卫生防疫站3410个，专业防治所（站）1566个，并拥有近20万人的卫生防疫人员队伍[①]。

5. 中国公共卫生防疫体系改革开放发展阶段（1986～2017年）

这个阶段我国卫生防疫体系不断改革，卫生防疫管理水平、业务技术水平、卫生防疫服务能力等都得到了长足进步。1972年5月10日，第25届世界卫生大会通过决议，恢复了中国在世界卫生组织的合法席位。20世纪90年代中期，我国根据社会疾病谱和公共卫生服务需求的发展要求，以“卫生防疫”概念取代了“疾病预防控制”概念，并引进了国际上先进的“健康促进”概念，疾病预防控制工作迅速发展。到2010年，我国初步建成了城乡居民医疗卫生保障制度体系，卫生防疫工作有了根本保障。

6. 中国公共卫生防疫进入新时代

党的十九大以来，在习近平新时代中国特色社会主义思想指引下，中国公共卫生防疫工作的重点瞄准解决城乡居民医疗卫生发展中不平衡不充分的新矛盾，把人民健康放在优先发展的战略地位，加快推进健康中国建设，努力做到全方位、全周期保障人民健康，为实现中国梦打下坚实基础。

（二）中国动物疫情公共危机防控体系

总体而言，中国是由农业农村部主管负责全国的动物疫病防治、检疫和动物防疫监督的宏观管理。农业农村部设有3个事业机构从事兽医管理，它

① 刘鹏. 2010. 中国食品安全监管——基于体制变迁与绩效评估的实证研究[J]. 公共管理学报，7（2）：63-78，125-126.

们是全国畜牧总站、中国兽医药品监察所和农业部动物检疫所；县级以上地方人民政府下设畜牧兽医行政管理部门。实行的是中央、省、地（市）、县四级防疫、检疫、监督体系。2004 年 8 月农业部成立兽医局和渔业局（即渔政渔港监督管理局）。有关动物防疫和检疫的法律法规的起草，政府间协议、协定的签署及有关标准的制定等都由农业农村部负责。

1. 国家兽医行政机构和兽医事业机构

中华人民共和国成立初期，兽医管理部门设在农业部，具体部门是农业部畜牧兽医司中的兽医处，1952 年与 1954 年在农业部分别增设了兽医生物药品监察所和畜牧局，在畜牧局中设有 3 个下属机构，分别是畜禽疫病防治处、动物检疫处和药政药械管理处。中国兽医生物药品监察所在 1984 年改名为中国兽药监察所。2004 年 7 月，农业部正式成立兽医局依法履行国家兽医行政管理职责，组织落实动物防疫检疫、畜禽产品安全、动物福利方面的方针和措施，农业部同时获批设立国家首席兽医师。

2. 省级兽医行政机构和兽医事业机构

承接国家级机构的设置，省一级人民政府设农林厅或畜牧厅、农牧厅，具体的兽医管理工作由厅内设立的畜牧局、局内设立的兽医科完成。随后在中华人民共和国成立初期，各地方政府的动物防疫机构逐步建立起来。1957～1988 年，各省进一步成立省畜牧兽医总站、兽医防疫检疫站、兽医细菌诊断室、兽药监察所、饲料监督所等。1992 年以来，各省畜牧兽医局内设动物检疫科或动物卫生监督所。

3. 地（市）县级兽医行政机构和兽医事业机构

1955 年后，全国地（市）一级和县级人民政府也相继设立了兽医行政机构、畜牧兽医站和兽医防检站，1992 年增设兽医卫生监督所。

4. 乡镇兽医事业机构

1953 年开始，国家在一些乡镇成立兽医小组，1958 年起普遍成立乡镇（原称公社）畜牧兽医站，这是国家在基层专门设立的乡镇一级畜牧兽医管理机构，全国范围的省、市、县、乡四级动物防疫机构和防检体系基本建立起来。

5. 对外动物防疫与检疫体系

1965 年以前，我国对外动植物检疫工作由外贸部门主管。这一时期先后在上海、天津、青岛、广州、大连、内蒙古、武汉、重庆等地的商品检验局开展动植物检疫的检验工作。由于这一阶段主要是积极开展对苏联和东欧各国的贸易，大量出口农产品，进口工业装备要求出口农产品必须符合进口国的检验要求。所以，外检工作的重点放在了出口农产品的检疫上。我国政府公布了《输出输入农畜产品检验暂行标准》等，并参加由苏联和东欧各国组成的国际植物保护组织。“文化大革命”期间，中国动物检疫工作遭到破坏，进出境动植物检疫工作陷入混乱。1978 年改革开放以来，中国对外贸易活动空前活跃，进出口动植物检疫交由农业部管理（动物产品检疫仍由商检局办理）。1981 年我国成立了动植物检疫总所，并在 27 个口岸建立了动植物检疫所，同时开始筹建农业部植物检疫实验所。1998 年，国家动植物检疫局、国家卫生检疫局和国家进出口商品检验局合并组建成国家出入境检验检疫局。2001 年，国家质量监督局和国家出入境检验检疫局合并组成国家质检总局，直属国务院领导。目前，有关进出境动植物检疫工作由国家质量监督检验检疫总局主管，对外动植物检疫工作由国家质量监督检验检疫总局下属的出入境检验检疫机构承担。

6. 中国动物疫病预防控制体系

2006 年农业部成立了中国动物疫病预防控制中心，协助国家兽医行政主管部门进行动物疫病预防与控制工作，包括提出重大动物疫病预防控制规划、扑灭计划、应急预案等及其指导、监督实施，指导人畜共患病防治工作，分析、预报预警全国动物疫情，对全国动物卫生监督进行业务指导，承担全国高致病性动物病原微生物实验室资格认定、全国动物病原微生物实验室生物安全监督检查等工作。2006 年，中国动物卫生与流行病学中心在青岛正式运行。同年，农业部兽药评审中心加挂中国兽医药品监察所，标志着农业部兽药评审中心正式运行。

（三）中国动物疫情公共危机防控政策变迁

1949 年以来，农业部发布了几十部动物防疫检疫的法律法规及配套规章，各级地方政府也出台了一系列相应的动物防疫条例及实施办法（或实施细则），所有这些都标志着我国动植物检疫与进出境动植物检疫一并走上了法治化管理道路。此外，各种有关的动物检疫专项规定、操作规程、技术标准等也陆续公布，促使动物检疫初步驶入标准化、规范化轨道。

1. 中华人民共和国成立初期的相关政策

1959年11月1日，为加强对肉品的安全利用，保障人身健康和防止畜禽疫病的传播，农业部、卫生部等四部委联合颁发《肉品卫生检验试行规程》。

2. 改革开放初期的相关政策（1982～2002年）

1982年6月，《中华人民共和国进出口动植物检疫条例》发布，其有效防止了危害动植物的病、虫、杂草及其他有害生物由国外传入和由国内传出。1985年7月1日起，国务院发布《家畜家禽防疫条例》，其中第三章第十二条、第十三条和第十四条规定了畜禽传染病的应急管理措施。1996年12月2日《中华人民共和国进出境动植物检疫法实施条例》颁布，其中第四条详细规定了国（境）外发生重大动植物疫情并可能传入中国时，我国根据情况采取的紧急预防措施。随后，农业部、国家动植物检疫局还出台了一系列配套规章及规范性文件，促进了进出境动植物检疫“把关、服务、促进”的宗旨的实现。1998年《中华人民共和国动物防疫法》颁布，强调要完善强制免疫制度、健全疫情监测和预警制度、建立动物疫病区域化管理制度。《中华人民共和国动物防疫法》的实施，对于保障动物生产安全、动物产品质量安全、公共卫生安全和生态环境安全等发挥着重要作用。

3. “非典”重大公共卫生事件以来的相关政策（2003年至今）

针对2003年防治“非典”疫情中暴露出的突出问题，2003年国务院发布了《突发公共卫生事件应急条例》。2004年发生禽流感以来，各级政府更加重视重大动物疫病防控工作。随着各项工作不断推进，实际工作中体制、机制、技术等方面的问题不断凸显。对此，我国陆续制定、修订了一系列法律、法规及技术标准，为动物疫情防控提供了法律保障（表1.3）。2005年通过了《重大动物疫情应急条例》，随后农业部迅速组建国家重大动物疫病应急指挥部，省、市、县各级政府也相继成立相应的指挥机构和应急预备队。2007年审议通过的《中华人民共和国突发事件应对法》，是我国突发事件应急管理领域的基本法。该法的出台为我国重大动物疫情应急管理法律制度的建立奠定了基础，它与《中华人民共和国动物防疫法》《中华人民共和国进出境动植物检疫法》《重大动物疫情应急条例》等共同构成我国重大动物疫情应急管理法律体系的主体框架（表 1.4）。同时，农业部也从不同方面、特定领域加强重大动物疫情应急管理法律体系的建立和健全，对我国重大动物疫情应急管理活动发挥了专业指导作用①。

表 1.3　动物疫情防疫法律、法规和规章名录

类别	条目	发布或施行时间（最新版本）	发布部门
基本法	《中华人民共和国动物防疫法》	1997（2021 修订）	全国人民代表大会常务委员会
	《中华人民共和国畜牧法》	2015	全国人民代表大会常务委员会
	《中华人民共和国进出境动植物检疫法》	1991（2009 修正）	全国人民代表大会常务委员会
风险防范	《中华人民共和国进出境动植物检疫法实施条例》	1996	国务院
风险管理	《病原微生物实验室生物安全管理条例》	2004（2018 修正）	国务院
	《动物病原微生物分类名录》	2005	农业部
	《高致病性动物病原微生物实验室生物安全管理审批办法》	2005	农业部
	《动物检疫管理办法》	2010（2019 修正）	农业部
动物卫生监管	《动物防疫条件审核管理办法》	2002	农业部
	《畜禽标识和养殖档案管理办法》	2006	农业部
	《动物卫生监管信息报告管理办法（暂行）》	2007	农业部
	《病死及死因不明动物处置方法（试行）》	2005	农业部
	《动物防疫监督检查站口蹄疫疫情认定和处置办法（试行）》	2005	农业部
兽药监管	《兽药管理条例》	2004	国务院
监测预警	《动物疫情报告管理办法》	1999	农业部
	《国家动物疫情测报体系管理规范（试行）》	2002	农业部

① 张洪让. 2008-12-21. 畜禽重大疫病防检疫的历史回顾（下）[N]. 中国畜牧兽医报，04.

续表

类别	条目	发布或施行时间（最新版本）	发布部门
应急管理	《重大动物疫情应急条例》	2005（2017修订）	国务院
	《国家突发重大动物疫情应急预案》	2006	国务院
	《国家突发公共事件总体应急预案》	2006	国务院
防控技术规范	《高致病性猪蓝耳病防控应急预案》	2007	农业部
	《小反刍兽疫防控应急预案》	2007	农业部
	《一、二、三类动物疫病病种名录》	2008	农业部
	《高致病性禽流感防治技术规范》	2004	农业部
	《口蹄疫防治技术规范》	2007	农业部
	《猪瘟防治技术规范》	2007	农业部
	《高致病性猪蓝耳病防治技术规范》	2007	农业部
	《新城疫防治技术规范》	2007	农业部
	《狂犬病防治技术规范》	2002（2006修订）	农业部
	《小反刍兽疫防治技术规范》	2007	农业部

表 1.4　中国重大动物疫情应急管理基本的法律政策

名称	发布或施行时间（最新版本）	主要内容
《中华人民共和国进出境动植物检疫法》	1991（2009修订）	具体规定检疫审批、进境、出境、运输工具、携带邮寄物等有关环节和对象的检疫措施
《中华人民共和国进出境动植物检疫法实施条例》	1996	具体规定检疫审批、进境检疫、出境检疫、过境检疫、携带邮寄物检疫及运输工具检疫等办法
《突发公共卫生事件应急条例》	2003（2011修订）	具体规定突发公共卫生事件的预防与应急准备、报告与信息发布、应急处理、法律责任等
《中华人民共和国传染病防治法》	2004（2013修订）	对甲、乙、丙三类传染病的预防、疫情报告通报和公布、疫情控制医疗救治、监督管理保障措施、法律责任做了具体规定
《重大动物疫情应急条例》	2005（2017修订）	对重大动物疫情的应急处置原则、准备制度、测报和公布、处置措施及相应的法律责任等方面进行了详细规定
《中华人民共和国畜牧法》	2006（2015修正）	对畜禽遗传资源保护、种畜禽品种选育与生产经营、畜禽养殖、畜禽交易与运输、畜禽产品质量安全保障等进行了具体规定

续表

名称	发布或施行时间（最新版本）	主要内容
《中华人民共和国突发事件应对法》	2007	预防和减少突发事件的发生，控制、减轻和消除突发事件引起的严重社会危害，规范突发事件应对活动，保护人民生命财产安全，维护国家安全、公共安全、环境安全和社会秩序
《中华人民共和国动物防疫法》	2008（2021 修订）	对动物疫病的预防、疫情的报告、通报及公布、疫病的控制与扑灭等内容做了明确规定

三、中国动物疫情公共危机管理面临的主要问题

（一）多部门合作联动的动物疫情应急管理体制尚不够健全

一方面，我国动物源传染病十分复杂，特别是人畜禽共患疾病的传染更为复杂，因此，防控动物源传染病不只是畜牧业兽医行政管理部门、动物卫生防疫机构的任务，公共医疗卫生部门也是动物源传染病防控的主要部门。例如，在禽流感致人感染后，必须对其进行隔离，这就需要医疗卫生部门的直接介入。另一方面，我国无论是兽医、动物防疫体系，还是农村医疗卫生体系，普遍存在职责不清、多头管理、碎片化管理等问题。在应对动物疫情公共危机时，经常会发生因利益冲突、责任不明等而贻误动物疫病或人畜禽共患疾病防治的事故，致使本不应扩大的疫情失控，严重影响公众的身体健康和财产安全[①]。

（二）动物疫情应急管理的法律体系不够完善

现阶段，《重大动物疫情应急条例》是重大动物疫情应急处置的主要法律依据。但是，由于它只是一个条例，因此立法层级较低，且在落实上位法《中华人民共和国突发事件应对法》的相关应急措施方面尚未形成有效协调。我国重大动物疫情应急处置的部分法律内容分散在其他多部法律法规中，具体应急措施主要依靠应急预案来规定，“一案三制”中的“预案”实际上成了各级政府应对突发动物疫情公共危机的“准法规”，而且是更细致、更具体的法

① 常宪平，单广良，王卉呈，等. 2008. 动物源传染病防制的部门合作机制研究[J]. 中国公共卫生，（4）：505-506.

律规范。这种“以案代法”的做法及法律规范之间衔接不协调、平行法律同时进行规范调整等现象，直接影响应急管理措施的有效实施，严重影响应急管理功能和效用。

（三）动物疫情危机应急预案缺乏实训与强操作性

我国各级政府已经编制完成动物疫情危机应急预案，但是，部分应急预案缺乏实训且操作性不够强。一方面，预案静态结构存在病种偏少的问题。一些地区没有结合当地实际因地制宜地编制重大动物疫情应急预案。另一方面，应急演练的范围有限和形式单一是预案动态管理的突出问题。各地政府出于演练成本投入较高的考虑，所以平时开展的应急演练一般都以小规模的模拟演习为主，很少形成跨区域、跨部门的应急演练①。

第二节　努力化解中国动物疫病公共危机三大损害

一、动物疫情诱发畜牧产业危机

2004 年，禽流感疫情对我国家禽产业造成严重打击，引起了各级政府和企业业主、广大消费者的高度重视，学术界更是将化解动物疫情公共危机风险当作重要研究课题。当前，我国畜牧业发展中重大动物疫病对产业发展损害的风险日趋突出。每年动物疾病造成畜禽业直接经济损失近 1000 亿元，仅动物发病死亡造成的直接损失达 400 亿元，相当于养殖业总产值增量的 60%左右②。2006 年暴发的高致病性蓝耳病导致猪肉市场供应紧张，2007 年猪肉价格大幅上涨③。2013 年的 H7N9 禽流感对广东肉鸽业的影响很大，小鸽养殖场

① 姜传胜，邓云峰，贾海江，等. 2011. 突发事件应急演练的理论思辨与实践探索[J]. 中国安全科学学报，21（6）：153-159.

② 黄泽颖，王济民. 2015. 动物疫病经济影响的研究进展[J]. 中国农业科技导报，17（2）：167-173.

③ 肖红波，王济民. 2008. 我国生猪业发展的现状、问题及对策[J]. 农业经济问题，（S1）：4-8.

面临倒闭、大鸽场损失惨重[①]。多年的发展实践证明，重大动物疫情的发生，给我国畜牧业生产带来巨大损失，对畜牧业安全发展构成重大威胁。

二、动物疫病诱发人畜共患疾病

防控动物疫情公共危机的首要目标就是要保障人类生命安全。人畜共患病主要是指病原菌引起的流行性疾病，在人类和动物之间自然传播的感染性疾病[②]。我国现行的《人畜共患传染病名录》共收录了 26 种对畜牧业和人类健康影响较大的人畜共患病，包括病毒性疾病 4 种、细菌性疾病 12 种、寄生虫病 8 种、螺旋体病 1 种、立克次氏体病 1 种。据农业部 2016 年报告，人畜共患传染病有 200 多种，占可感染人的传染病总数的 60.0%，其中危害较大的有 89 种。我国法定报告的传染病为 39 种，其中有 13 种为人畜共患传染病，人畜共患传染病的报告病死数占法定报告病死数的 28.7%。

世界卫生组织统计，全世界每年有 1700 万人死于传染病，95%集中在发展中国家，其中 70%都是人畜共患传染病[③]。2013 年，中国 29 个省区市和新疆建设兵团共报告 17 种疫病，涉及 589 个县。发病家畜 15.21 万头（羽、只），发病率为 1.83%；因病死亡动物 1.99 万头（羽、只），死亡率为 13.08%。其主要为高致病性禽流感、狂犬病、炭疽、布鲁氏菌病、弓形虫病、牛结核病、猪乙型脑炎、猪囊尾蚴病、李氏杆菌病、肝片吸虫病、放线菌病、丝虫病、猪链球菌病、羊沙门氏菌病、大肠杆菌病等[④]。

三、动物福利伤害导致动物食品伦理道德问题

随着人类文明不断进化，动物福利伤害导致动物食品伦理道德失范，进而引发公众对畜牧产业、食品卫生和政府监管的多重信任缺失，这是一种更加复杂的动物疫情公共危机新形态。在发达国家，动物福利伤害导致

---

① 梁雅妍，陈益填. 2013. H7N9 风波对广东省肉鸽业的影响分析[J]. 南方农村，29（7）：64-66.

② 赵元基. 2016. 人畜共患病对人类的危害因素分析及预防措施研究[J]. 畜牧兽医科技信息，（5）：10.

③ 张宏伟，董永森. 2009. 动物疫病[M]. 北京：中国农业出版社：224.

④ 才学鹏. 2014. 我国人畜共患病流行现状与对策[J]. 兽医导刊，（13）：24-26.

动物食品伦理道德失范而引发的危机事件，已经引起人们高度关注。21 世纪以来，保护动物福利已成为一个全球性问题。既有的伦理道德论和贸易壁垒理论一直未能很好地解释自 20 世纪 60 年代以来西方国家动物福利的迅速兴起。动物福利问题最早可以追溯到 19 世纪的英国，1822 年英国通过了第一部用刑法惩治虐待动物行为的法律，即《马丁法案》。1824 年，英国成立了第一个保护动物协会，后来更名为英国皇家防止虐待动物协会。但是，第一次提出“动物福利”概念的是休谟，他被称为“动物福利之父”。他在 1926 年创立了伦敦大学动物福利协会，后更名为动物福利大学联盟。后来，善待动物的理念开始向欧洲和美洲传播，欧美国家不断通过保护动物的法律，促进动物保护组织相继建立起来，但需要指出的是，最初的动物福利主要是防止虐待动物和反对用动物做实验等，动物福利理念对整个社会和生活的影响很有限[①]。

2005 年，中国黑龙江省正大实业有限公司由于鸡舍不够宽敞舒适等未达到欧洲联盟（以下简称欧盟）规定的一些动物福利标准的原因，一家国外的畜牧产品进口企业终止进口中国食用鸡，这可能是中国遭到的第一起动物福利导致动物食品伦理道德案例[②]。韩国于 2013 年颁布的《动物福利畜产农场认证制》要求每只蛋鸡的畜舍用地必须达到 0.11 平方米，并要保障每只蛋鸡有 6 小时以上睡眠等条件，而且这一认证还将陆续扩大至猪肉、食用鸡、韩牛和奶牛[③]。尽管有关动物福利的法律和著作不断涌现，但目前还没有形成一个被普遍认可的动物福利的定义。一般来说，当今人们谈论的动物福利既包括生理上也包括精神上的康乐，至少是要免遭不必要的痛苦。很多国家和动物保护组织认为，动物应享有不受饥渴、舒适生活、不受伤害痛苦和疾病、表达天性、不受惊恐等五大自由[④]。动物福利是我们无法避免的问题，越来越

---

① Groves J M，Guither H. 1999. Animal rights：history and scope of a radical social movement[J]. Contemporary Sociology，28（3），347.

② 许军，黄渊涛，李琳，等. 2008. 动物福利壁垒分析与应对措施[J]. 中国动物检疫，25（11）：46-48.

③ 佚名. 2012. 韩国将对蛋鸡实行动物福利认证[J]. 吉林畜牧兽医，33（7）：70.

④ Webster A J F. 2001. Farm animal welfare：the five freedoms and the free market[J]. Veterinary Journal，161（3），229-237.

受到全球各国的关注。中国在制定动物福利标准时要结合具体国情，不能亦步亦趋地模仿西方国家，应该从产业升级、公众知识和立法等多方面做好接纳动物福利的工作[①]。

第三节 突发性动物疫情公共危机的主要研究内容

本书研究的核心内容是突发性动物疫情公共危机演化机理和突发性动物疫情公共危机防控政策。突发性动物疫情公共危机演化机理是指突发性动物疫病在其自然演化和社会应急干预综合作用下，危机发生、发展直至消亡的演化过程及规律。突发性动物疫情公共危机属于非常态的公共管理范畴，必须综合运用防疫学、动物学、管理学、危机管理等多学科的基本理论、基本方法进行交叉研究。

一、突发性动物疫情公共危机总体研究框架

并非所有的突发性动物疫情都将演化为公共危机。本书研究的核心问题是那些最终演化成公共危机的突发性动物疫情在其演化过程中的演化机理。本书以突发性动物疫情损害为观测变量，并以我国在世界上产（销）量最大的生猪为例，从行为科学的视角，分析突发性动物疫情损害状态变化下养殖户（包括家庭散养户、规模化养猪场和养殖企业等生产者）、社会群体（包括直接和间接消费者、行业组织、第三方组织、媒体等）和地方政府等利益主体的行为决策模式，研究突发性动物疫情逐渐扩大蔓延直至最终引发公共危机的演化机理。本书研究的最终目标是根据这一演化机理，研究制定相关的应急公共政策（图 1.2）。

---

① 傅强. 2015. 动物有“福利”吗?——西方动物福利的政治经济学[J]. 国外社会科学，（5）：44-51.

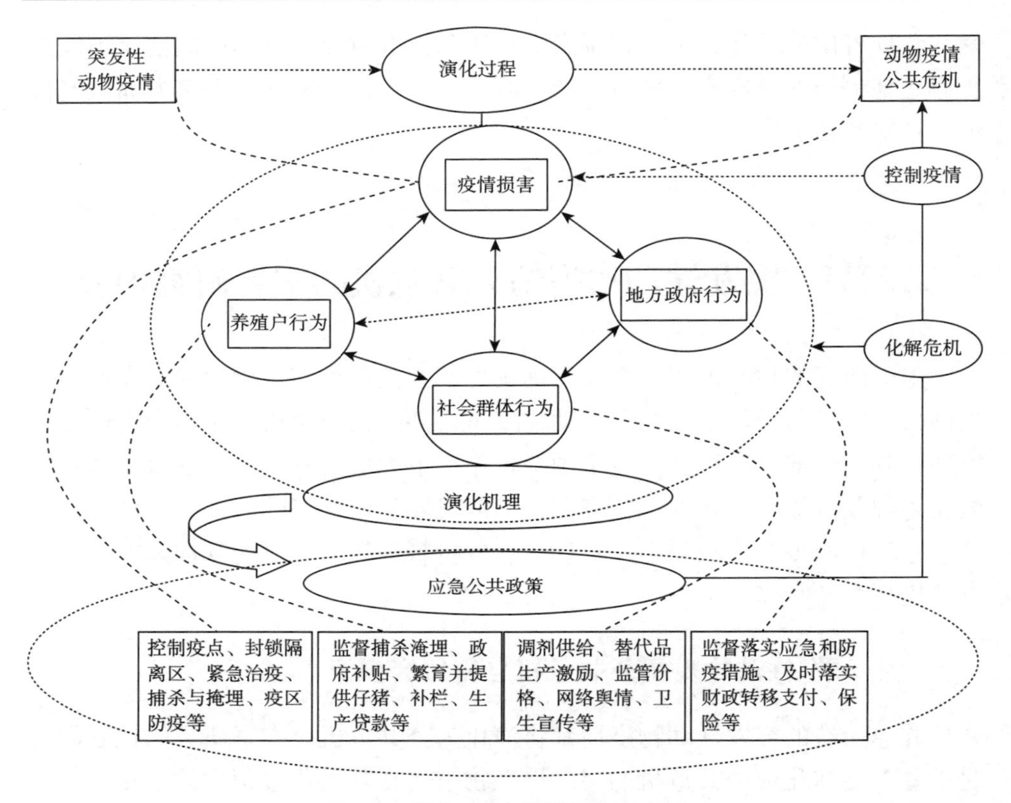

图 1.2　研究思路与总体框架示意图

由图 1.2 可知，从突发性动物疫情演化成公共危机，可以通过疫情损害状态变化来观察。任何突发性动物疫情公共危机的生成，都有其动物疫病的病理学成因，但突发性动物疫情的流行病学和疫源追踪研究不属于本书的研究范围。虽然动物疫情本身的演化对突发性动物疫情公共危机演化发挥着重要的基础性作用，但是越来越多的事实证明：人类的干预对控制疫情发挥着越来越重要的影响，一些国家的烈性动物传染病大多均已被消灭即可说明这一点。因此，突发性动物疫病的防控在很大程度上不再是技术问题，而是公共政策和人类行为干预问题。只有控制不力（无效）而导致突发性动物疫情蔓延扩大并造成重大损害或威胁时，才称其为突发性动物疫情公共危机。根据突发性动物疫情损害状态变化及其规律对其演化过程进行分析，科学界定突发性动物疫情公共危机的内涵、特征、损害程度分级等，从而区分一般突发性动物疫情与突发性动物疫情公共危机的本质区别，是本书研究的逻辑起点和理论基石。

本书在危机管理范畴内，从行为科学视角出发，观察突发性动物疫情损害状态变化与养殖户、社会群体、地方政府三者决策行为的相互影响，以及养殖户、社会群体、地方政府三者之间的决策行为影响，并研究在这些影响下各利益主体的行为决策对形成突发性动物疫情公共危机的演化机理。在突发性动物疫情演化成公共危机的过程中，养殖户、社会群体和地方政府会根据自身特定的目标做出相应的行为决策。

（1）养殖户从机会成本最小化或利润最大化角度考虑，做出瞒报疫情或对染疫、疑似染疫动物实施病养、扑灭（杀）、焚烧掩埋、无处理抛弃、非法销售等决策行为。

（2）包括直接消费者和间接消费者、动物产品流通环节经销商、媒体和网民等在内的社会群体从各自的利益考虑，做出拒绝购买同种类动物产品、消费替代产品的决策行为，不法经销商非法采购销售染疫和疑似染疫动物产品，或乘机哄抬物价、欺骗消费者，散布谣言、扰乱社会秩序和市场秩序以牟取不法利润。

（3）地方政府决策具有双重目标，从确保包括食品安全在内的公共卫生安全和社会经济稳定考虑，将做出及时监测报告疫情、控制和扑灭疫情、关闭动物及动物产品交易市场、禁止动物进出疫区和动物产品运出疫区、对疫区和受威胁区实行隔离并加强防疫等决策行为；从维护地方短期经济利益出发，也可能做出瞒报疫情、缩小疫情控制和扑灭对象、允许疫区动物及动物产品市场交易、放松防疫、降低受损养殖户补贴标准等行为决策。

上述各行为决策主体的利益冲突，导致对突发性动物疫情控制不力（无效）、疫情蔓延扩大从而演化成突发性动物疫情公共危机，这是本书研究的重点和核心内容。各行为决策利益主体的心理和行为反应规律，特别是地方政府行为决策的目标多元性，使得突发性动物疫情公共危机演化机理错综复杂，这是本书研究的难点所在。

根据突发性动物疫情公共危机演化机理，建立以控制疫情和化解危机为最终目标的应急公共政策体系，是本书的根本目标。本书在突发性动物疫情公共危机演化过程中分析不同主体的利益冲突及实现利益统一的治理逻辑，为应急管理效益最大化探索有效的实现途径。

二、突发性动物疫情公共危机总体研究目标

（一）观察并总结疫情损害状态变化规律

本书将通过对突发性动物疫情公共危机演化过程中疫情损害状态变化的观察，从动物学、防疫学角度，归纳总结出突发性动物疫情公共危机疫情损害状态变化规律，从而界定突发性动物疫情公共危机基本特征，提出一般突发性动物疫情与突发性动物疫情公共危机的区别标准，为加强突发性动物疫情防疫和制定公共危机分类分级标准提供政策咨询意见。

（二）观察并分析疫情公共危机中养殖户的行为决策模式

本书将通过对突发性动物疫情公共危机演化过程中养殖户行为决策的观察，从行为科学视角，调查养殖户行为决策受突发性动物疫情损害状态变化的影响情况，以及养殖户行为决策与社会群体行为决策、地方政府行为决策之间的相互影响关系，从而构建疫情公共危机演化过程中的养殖户行为决策模式，并据此定量分析养殖户行为决策的影响因素、影响方式及影响程度，为制定相应的应急公共政策提供实证分析支撑。

（三）观察并分析疫情公共危机中社会群体的行为决策模式

本书将通过对突发性动物疫情公共危机演化过程中社会群体行为决策的观察，从行为科学视角，调查发现社会群体心理与行为反应规律。在研究过程中，主要观察直接消费者（本书以生猪为例观察猪肉消费群体）、间接消费者（即猪肉制品消费群体）、同种动物产品经销商、替代品经销商等在内的行为决策及其相互影响关系，从而构建疫情公共危机演化过程中的社会群体行为决策模式，并据此定量分析各决策主体行为决策的影响因素、影响方式及影响程度，为制定相应应急公共政策提供实证分析支撑。

（四）观察并分析疫情公共危机中地方政府的行为决策模式

本书将通过对突发性动物疫情公共危机演化过程中地方政府行为决策的观察，从行为科学视角，调查发现地方政府行为决策受影响的因素及程度，地方政府的决策目标、决策方式及决策效果，研究分析在疫情公共危机状态下地方政府行为决策与疫情变化、养殖户及社会群体应急反应之间的相互关系，从而构建疫情公共危机演化过程中地方政府行为决策模式，为制定相应的应急公共政策提供实证分析支撑。

（五）研究并总结突发性动物疫情公共危机演化机理

本书将在整合突发性动物疫情公共危机状态下养殖户行为决策模式、社会群体行为决策模式、地方政府行为决策模式研究成果的基础上，从危机管理角度，研究暴发突发性动物疫情这种非常规状态下公共危机的萌生、演变、扩散、衍生、扩大损害的演化规律，形成对突发性动物疫情公共危机演化机理的科学认识，为分析危机变化、控制疫情扩散、消弭危机损害、化解危机威胁等应急管理提供理论依据和决策支撑。

（六）提出突发性动物疫情公共危机应急公共政策

本书将根据非常规应急管理决策理论，遵循公共治理政策建构规律，运用突发性动物疫情公共危机演化机理对危机状态下的养殖户、社会群体和地方政府管理者的心理与行为反应进行深入分析，提出突发性动物疫情公共危机应急公共政策。

三、突发性动物疫情公共危机具体研究内容

本书以突发性动物疫情造成的实际损害状态变化为切入点，观察并研究突发性动物疫情公共危机损害变化规律，通过观察突发性动物疫情公共危机状态下养殖户行为决策、社会群体行为决策、地方政府行为决策及其相互关系，分析各决策主体行为决策模式及其决策效果，研究各决策主体的行为决策对突发性动物疫情公共危机演化过程产生的重要影响，从而发现突发性动物疫情公共危机演化机理，并在构建新型的公共危机治理结构中研究提出防

控疫情、化解危机、促进不同主体利益统一的突发性动物疫情公共危机应急公共政策，以期达到公共危机管理综合效益最大化。

本书从五个方面对突发性动物疫情公共危机演化机理进行重点研究。一是以突发性动物疫情公共危机实际损害为切入点，全面调查研究突发性动物疫情公共危机造成的经济损失、政治信任、社会稳定等综合损害情况；二是以突发性动物疫情公共危机演变的“时间窗口”为观察点，深入研究危机状态下养殖户、消费者、媒体、地方政府的行为决策模式、相互影响关系及其决策效果；三是以突发性动物疫情公共危机防控能力为研判点，广泛征询专家学者、政府行政主管部门和实际工作者的意见，建构动物疫情公共危机防控能力评价体系并开展实证研究；四是以突发性动物疫情公共危机演化规律为聚焦点，通过对危机综合损害、事件演变“时间窗口”和防控能力的交叉研究，归纳突发性动物疫情公共危机演化机理，建构了“三阶段三波伏五关键点”演化机理分析模型，并以上海黄浦江流域松江段“漂浮死猪事件”为例展开实证研究；五是以公共危机应急管理的法治与公共政策为突破点，通过对动物疫情公共危机的典型研究，从危机预防体系、应急体系和善后体系三个阶段与公共危机防控治理中的政府、公民和媒体（舆情）三个维度，探索突发事件应急管理一般法治原理和舆情管控原则。

第四节 突发性动物疫情公共危机演化的研究内容

一、公共危机及其演化过程

（一）公共危机定义及其分类

1. 公共危机的概念

国内外学者一般并不严格区分“公共危机”“危机”“突发性公共事件”等概念。Uriel 和 Michael 给危机下的定义比较经典，他们没有以危机事件的直接表现形式作为衡量危机与非危机的标准，而是从事件对社会系统的基本价值和行为准则是否造成严重威胁的角度来定义危机事件。Uriel 和 Michael

认为，只有产生了严重威胁社会基本价值和行为准则的事件，才可称其为危机事件。同时，他们指出，还必须在时间压力和不确定因素极高的情况下，对此事件做出关键性决策才能视为危机事件①。

国内学者结合本国情况对危机及公共危机做了许多种界定，大概可以归为三类。第一类定义我们称为“冲突型”，强调危机事件必然以两个或两个以上的社会系统或子系统外在的直接和公开冲突表现出来，当然，这种冲突一定存在于社会统一体中且是目标利益的冲突引起的。中国人民大学许文惠、张成福是这类定义的代表人物②。第二类定义我们称为“突发风险型”，它强调危机的表现形式特征。清华大学薛澜、张强、钟开斌等是这类定义的代表人物。他们虽然强调公共危机的内在诱因通常是由于深层的社会问题、制度问题和体制问题长期积累叠加形成的，但他们更注重危机事件一定需要在某些偶然事件的激发下产生。他们同时指出，公共危机事件是那种对于整个社会的正常生产生活秩序及基本价值体系产生严重威胁的具有突发性、不确定性和严重危害性的事件③。第三类定义我们称为“诱因型”，强调公共危机事件中因为政府的某些作为方式，从而导致不同原因的危机事件，因此也有不同的事件特征及处置方法。这是一种基于过程-结构模式的危机事件定义，注重解决危机的实际操作，按照这种定义方法，公共危机可以分为诱发型、原发型和关联型三种类型④。南京大学张海波、童星等是这类定义的代表人物。

2. 公共危机的负面影响

对于公共危机造成的影响，国内外学者的研究认为公共危机不仅会对公民的生命财产造成不可估量的损害，还会造成巨大的社会恐惧，甚至会对社

---

① Uriel R，Michael T C. 1989. Coping with Crises：The Management of Disasters，Riots and Terrorism[M]. Springfield：Charles C. Thomas.

② 许文惠，张成福. 1998. 危机状态下的政府管理[M]. 北京：中国人民大学出版社：22.

③ 薛澜，张强，钟开斌. 2003. 危机管理——转型期中国面临的挑战[M]. 北京：清华大学出版社.

④ 张海波，童星. 2015. 中国应急管理结构变化及其理论概化[J]. 中国社会科学，(3)：58-84，206.

会正常秩序和各个社会群体的正常行为产生重大的冲击①。Thompson 认为，危机和灾难等会使人产生诸如恐惧、失控、愤怒、没有稳定感和安全感、不确定性和焦虑等感觉②。莫利拉和李燕凌指出公共危机具有高风险，如果处理不好不仅会导致产业损失、健康损害、心理创伤等，甚至对整个社会正常运行都可能造成重大影响③。陈振明系统归纳出 2003 年我国由生产事故、各种自然灾害、交通事故、卫生和传染病突发事件四类危机事件造成的经济损失高达 6500 亿元，占当年我国国内生产总值（gross domestic product，GDP）的 6%。余硕和徐晓林以日本福岛第一核电站事故为例，从影响内容与影响途径两方面探讨了核电站事故对一个国家及地区食品安全产生的巨大冲击④。环境保护、跨流域应急协作、信息公开和舆论引导等方面产生的重要影响⑤。总之，突发事件给人类带来的危害是多方面的。

（二）公共危机的演化阶段研究

1. 公共危机多阶段模型

与常态事件相比，公共危机事件的生命周期要短得多，有些危机事件可能延续的时间很短。但是，公共危机事件与常态事件一样，也有一个发生、发展、转折、消退直至灭亡的过程，这个过程我们称其为公共危机演化阶段。有关公共危机演化阶段的研究十分丰富，罗伯特·希斯（Robert Heath）的“4R 模型”是比较经典的，他将公共危机演化过程划分为减少、准备、反应和恢复四个阶段。不过，希斯的“4R 模型”仅仅反映了危机事件灾害暴露与销蚀的过程，但却忽略了危机自身的传播规律，具有明显的局限性。例如，在动物

---

① Kersten A，Sidky M. 2005. Re-aligning rationality：crsisi management and prisoner abuses in Iraq[J]. Public Relations Review，31（4）：471-478.

② Thompson R A. 2004. Crisis Intervention and Crisis Management：Strategies that Work in Schools and Communities[M]. London：Routledge：11-12.

③ 莫利拉，李燕凌. 2007. 公共危机管理：农村社会突发事件预警、应急与责任机制研究[M]. 北京：人民出版社：9.

④ 余硕，徐晓林. 2012. 核电站事故对国家食品安全的影响——以日本福岛核电站事故为例[J]. 经济研究导刊，（4）：125-128.

⑤ 龚维斌. 2015. 一起突发事件处置引发的应急管理治道变革——以吉化双苯厂爆炸事故为例[J]. 国家行政学院学报，（3）：82-86.

疫情公共危机一类的危机事件中，可能动物疫病病毒突然发生变异，使得原本可能已经消退的疫情危机“死灰复燃”并成燎原之势。斯蒂文·弗克（Steven Fink）将危机传播分成潜在期、突发期、蔓延期、解决期四个阶段，更注重对危机演化内在原因的把握，强调危机处置的问题指向，以解决问题为目标，较好地描述了突发性公共危机发展的全过程。有学者拓展了弗克的研究成果，将四个阶段融通，形成循环往复的危机全过程。中国学者对公共危机管理的研究在抗击“非典”疫情前后，形成了两个鲜明的阶段。国内学者虽然广泛汲取了西方学者早期危机管理研究成果的基本思想，但是自抗击“非典”疫情以来，逐渐形成了中国本土的学术理论和流派，他们对公共危机演化阶段的研究，更加注重针对中国国情特色、解决中国公共危机演化过程中的特殊问题，相关研究取得大量创新成果。厦门大学陈振明教授、华中科技大学徐晓林教授、西安交通大学朱正威教授、国家行政学院佘廉教授等，系统梳理了中国学者有关公共危机演化阶段的研究，他们的研究对中国公共危机管理理论发展具有推动作用。

2. 公共危机演化的时间节点

公共危机事件在发生、发展、转折、消退直至销蚀的过程中，所造成的损害会呈现出明显的波浪式变化或转折。危机管理的一个重要表征就是必须迅速行动以将损害控制在最低范围。突发公共危机事件具有突发性，且潜在风险较大，因此，抓住危机事件演化的时间节点展开研究，努力找准“黄金时间窗口”，对于迅速化解危机具有十分重要的意义[①]。迟菲和陈安利用公共危机损害状态函数研究公共危机事件的时间节点，取得一系列重要发现[②]。张新刚和王燕利用2008年汶川地震发生后的网络舆情数据，对汶川地震事件应急处置的时间节点进行定量研究[③]。吴国斌等采用SD（System Dynamics，系统动力学）模拟仿真方法，对三峡库区地震暴发后所扩散的次生灾害进行12

① 许超. 2012. 基于时间相关性的危机管理研究——一种可能的分析框架[J]. 中国社会科学院研究生院学报，（1）：67-72.

② 迟菲，陈安. 2013. 突发事件蔓延机理及其应对策略研究[J]. 中国安全科学学报，23（10）：170-176.

③ 张新刚，王燕. 2014. 突发事件网络舆情的演变机制及导控策略[J]. 计算机安全，（2）：37-40.

小时黄金时间演化仿真，能够在各个时段给子治理主体采取措施提供向导[①]。但是，由于突发性公共危机事件的灾变数据难以及时收集，因此，真正能够从时间节点角度研究公共危机演化机理的文献成果并不多，基于具体案例的研究成果，其普遍性价值也颇受质疑。

3. 公共危机演化成因研究

推动危机事件演变的内外部力量的均衡状况由于危机的类型不同，因此会有较大差异。潜在于危机事件内部的各种力量运动、危机事件外部环境中各种力量运动及种种力量之间的交互作用，都会导致危机演化成因的明显差异。刘铁民运用系统动力学理论，建构数据模型计算危机事件的风险基础值，不仅能据此划分公共危机的演化阶段，而且试图解释不同阶段的演化机理[②]。Peng 等采用关注程度模型描述分析了非传统公共突发事件中各现象之间的关系和演化机制[③]。陈长坤等研究了 2008 年南方冰灾危机事件中灾害自身演化的基础链、冰灾对人类和自然环境产生危害的衍生链、冰灾破坏能量输出的结果链等复杂因素对冰灾危机的实际影响[④]。陈强等研究了网络群体性事件的演化要素及其对网络群体性事件演变机制的影响[⑤]。总之，突发性公共危机的演化成因非常复杂，并且贯穿于危机事件的始终。

二、动物疫情公共危机及其演化研究

（一）动物疫情公共危机的内涵

在外文数据库 SCI 为检索源以关键字“animal epidemic”（动物疫病）进行检索，搜索到 66 202 篇文献，再按照 Web of Science 中学科自动分类及研究方向“social sciences”进行筛选，关于“animal epidemic”的研究文献有 23021

---

① 吴国斌，王兆云，李海燕. 2013. 基于功能分类的应急案例分析方法探讨[J]. 武汉理工大学学报（社会科学版），26（6）：870-874.

② 刘铁民. 2006. 重大事故动力学演化[J]. 中国安全生产科学技术，（6）：3-6.

③ Peng Y J，Hu Z B，Guo X. 2010. Research on the evolution law and response capability based on resource allocation model of unconventional emergency[J]. Journal of Computers，5（12）：1899-1906.

④ 陈长坤，孙云凤，李智. 2008. 冰灾危机事件衍生链分析[J]. 防灾科技学院学报，（2）：67-71.

⑤ 陈强，徐晓林，王国华. 2011. 网络群体性事件演变机制研究[J]. 情报杂志，30（3）：35-38.

篇，其中研究方向为“infectious diseases”（传染病）的研究文献占23021篇文献总量中的73.143%。1878年意大利许多农场暴发严重的鸡瘟，1999年英国伦巴第地区暴发禽流感，2002年美国加利福尼亚州暴发禽流感，2003年荷兰发生禽流感导致80人感染并出现死亡病例。学者从此类动物疫情流行病学研究中，开始关注人畜、人禽共患疾病带来的“生命挑战”，政府的防疫政策、防疫补贴政策，动物养殖福利及动物源性食品安全、动物养殖伦理问题给人类带来的影响及动物疫情公共危机等①。

动物疫情传播对畜牧业生产、公众生命健康会造成重大威胁和损害。近年来，流行较广的高致病性禽流感直接危害养禽业，给家禽产业带来重大打击。2003年的“非典”疫情、2004年中国及东南亚国家大规模暴发禽流感后，中国学者开始广泛关注动物疫情公共危机。王祎望等于2005年发表论文，在国内最早提出“动物疫情公共危机”这一概念。例如，王祎望和李雪将禽流感影响引入公共危机管理领域进行研究，他们的论文直接阐述了我国在禽流感防控工作中建立危机管理机制、开展危机管理的必要性②。中国农业科学院农业经济研究所钱克明所长带领的团队一直跟踪“非典”疫情在中国农村的扩散研究，并成立“‘非典’与中国农业、农村经济”应急课题组。课题组核心成员王东阳研究了“非典”对中国农业和农村经济的影响。王东阳在他的研究文献中已经关注到动物疫病可能产生的产业风险③。中国农业科学院团队的另一位重要核心成员王济民研究了2003年“非典”疫情、2004年亚洲禽流感对我国畜牧业生产和农民畜牧业生产收入的影响。黄德林等特别强调，禽流感不同于“非典”疫情，它主要危害禽类生产，极可能导致畜产品生产增长受阻、农民畜牧业收入增长受阻等产业危机④。浦华等将动物疫情危机的研究深入防疫措施及其效果评价之中，他们选用期望感染禽流感

① Horst H S. 1998. Risk and economic consequences of contagious animal disease introduction[M]. Manholt Studies：11.

② 王祎望，李雪. 2005. 从禽流感防控再看危机管理[J]. 中国农业大学学报（社会科学版），（1）：61-65.

③ 王东阳. 2003. 从“非典”看中国社会：危机、机遇和挑战[J]. 农业经济问题，（8）：4-7，79.

④ 黄德林，董蕾，王济民. 2004. 禽流感对养禽业和农民收入的影响[J]. 农业经济问题，（6）：21-25，79.

家禽减少数量作为效果指标，分析了家禽实施强制免疫的公共政策效果[①]。2003 年“非典”疫情、2004 年高致病性禽流感之后，湖南农业大学的李燕凌教授组建了“农村公共危机防控政策”研究团队，重点研究动物疫情公共危机问题。李燕凌团队注重与防疫学、动物学、危机管理、公共政策等多学科交叉研究，于 2011 年立项“突发性动物疫情公共危机演化机理及应急公共政策研究”国家社会科学基金重大项目。该团队利用 SIR 模型构建生猪染疫的数量—时间曲线，对比分析政府强制免疫绩效在不同规模养殖户之间所产生的社会风险差异，将风险分析引入动物疫情公共危机研究[②]。团队还针对危机演变时间节点、管理关键链节点算法[③]、动物疫情公共危机的社会信任修复[④]、动物疫情公共危机网络舆情[⑤]和动物疫情公共危机防控能力[⑥]等展开了系统性研究。陶建平牵头的华中农业大学研究团队，借鉴发达国家经验研究了动物疫病公共风险问题、动物疫情公共危机中消费者的猪肉质量安全风险认知及其与政府沟通的策略、动物疫情信息与养殖户风险感知及风险应对策略等[⑦]。何忠伟等组成的北京农学院研究团队，在现代信息化条件下重大动物疫情公共危机中社会群体间利益关系研究，特别是利益冲突形成机制与利益协调最佳途径研究方面取得了重要进展[⑧]。

---

① 浦华，王济民，吕新业. 2008. 动物疫病防控应急措施的经济学优化——基于禽流感防控中实施强制免疫的实证分析[J]. 农业经济问题，(11)：26-31，110.

② 李燕凌，车卉. 2013. 突发性动物疫情中政府强制免疫的绩效评价——基于 1167 个农户样本的分析[J]. 中国农村经济，(12)：51-59.

③ 李燕凌，吴楠君. 2015. 突发性动物疫情公共卫生事件应急管理链节点研究[J]. 中国行政管理，(7)：132-136.

④ 李燕凌，王珺. 2015. 公共危机治理中的社会信任修复研究——以重大动物疫情公共卫生事件为例[J]. 管理世界，(9)：172-173.

⑤ 李燕凌，丁莹. 2017. 网络舆情公共危机治理中社会信任修复研究——基于动物疫情危机演化博弈的实证分析[J]. 公共管理学报，14(4)：91-101，157.

⑥ 李燕凌，冯允怡，李楷. 2014. 重大动物疫病公共危机防控能力关键因素研究——基于 DEMATEL 方法[J]. 灾害学，29(4)：1-7.

⑦ 闫振宇，陶建平. 2015. 动物疫情信息与养殖户风险感知及风险应对研究[J]. 中国农业大学学报，20(1)：221-230.

⑧ 何薇，郑文堂，刘芳，等. 2014. 重大动物疫情公共危机中社会群体间利益冲突研究[J]. 中国食物与营养，20(10)：10-13.

（二）动物疫情公共危机演化的过程

国内鲜见动物疫情公共危机演化机理的研究文献，且极少有精确描述演化过程的研究成果。边疆等认为，我国的很多现象都已经反映出动物疫情公共危机演化过程，如口蹄疫无法防治、地方政府不作为等，这些都是预警演变，然而并未引起管理者的高度重视，这就很容易导致动物疫情公共危机出现①。李燕凌和吴楠君认为，突发公共危机事件发生、发展、转折、消退直至销蚀的过程及其过程形成的原因，就是其演化机理②。李燕凌和车卉进一步综合归纳了不同类型动物疫情公共危机演化特点及阶段性变化规律的总趋势，提出了动物疫情公共危机“三阶段三波伏五关键点”演化机理的分析框架，并在此基础上采用 TOPSIS 模型，提出了动物疫情演化过程中“时间窗口”和管理关键链节点的判断方法③。

第五节 本书的研究思路、研究方法及其应用价值

一、突发性动物疫情公共危机研究思路

动物疫病是动物疫情公共危机暴发的基础，研究突发性动物疫情公共危机演化机理必须从动物疫病灾害损失研究入手。根据《重大动物疫情应急条例》第二条规定：“本条例所称重大动物疫情，是指高致病禽流感等发病率或者死亡率高的动物疫病突然发生，迅速传播，给养殖业生产安全造成严重威胁、危害，以及可能对公众身体健康与生命安全造成危害的情形，包括特别重大动物疫情。”因此，本书研究的核心问题是突发性动物疫情如何发生、发

---

① 边疆，刘芳，罗丽，等. 2014. 重大动物疫情公共危机演化机制研究[J]. 科技和产业，14（9）：81-84.

② 李燕凌，吴楠君. 2015. 突发性动物疫情公共卫生事件应急管理链节点研究[J]. 中国行政管理，（7）：132-136.

③ 李燕凌，车卉. 2015. 农村突发性公共危机演化机理及演变时间节点研究——以重大动物疫情公共危机为例[J]. 农业经济问题，36（7）：19-26，110.

展成为公共危机并最终消亡的演化机理，研究的最终目标是完善突发性动物疫情公共危机应急公共政策。突发性动物疫情演变成公共危机，不只是动物疫病发生、发展的自然界灾变现象，而且是在人类干预活动下的自然演化和人工应急干扰综合作用的结果。面对突然发生的动物疫情损害，从避险避灾、减损除害的目标出发，政府、养殖户、动物源性食品消费者、行业组织、第三方组织、媒体、网民等都会根据自身的利益目标做出相应的行为决策。人类应对突发性动物疫情的恐慌心理反应及其不当行为干预，与突发性动物疫病自身的扩散活动相互作用，导致了突发性动物疫情向公共危机状态发生、发展并加快转化。构建突发性动物疫情公共危机应急公共政策，必须深入研究突发性动物疫情损害状态下各利益主体的行为决策及其干预活动，在客观世界的变化中分析各利益主体的主观干预行为，从本质上把握突发性动物疫情公共危机演化机理。因此，本书研究的基本思路是：围绕突发性动物疫情损害变化中各利益主体的行为决策问题，展开对突发性动物疫情公共危机演化机理的研究，并提出相关的应急公共政策建议。

二、突发性动物疫情公共危机研究边界与方法

本书研究的核心问题是突发性动物疫情发生、发展成为公共危机直至最终消亡的演化机理，研究目标是建立突发性动物疫情公共危机应急公共政策。本书通过研究突发性动物疫情损害状态下各利益主体的行为决策及其干预活动，把突发性动物疫情灾变规律和人类干预行为的研究有机结合起来，从本质上阐释突发性动物疫情公共危机演化机理。因此，本书选定如下研究边界。

1）动物疫情损害

农业部2008年公布的《一、二、三类动物疫病病种目录》规定了157种各类动物疫病病种，本书主要选定生猪的蓝耳病作为研究对象。我国生猪生产量、消费量、出口量都居世界首位，我国猪肉一直都是畜产品中产量、产值最高的动物产品，以生猪为研究对象在我国具有一定代表性。本书以突发性动物疫情公共危机过程中的疫情损害作为观察变量，研究在疫情变化过程中各利益主体的心理反应、行为决策及其相互影响作用，研究边界明晰且易于把握。根据课题组前期的研究成果，我们对突发性动物疫情公共危机过程中的疫情损害已掌握一套较为方便的观察和计量方法。本书中生猪疫病损害

的具体计算主要包括以下几个方面：生猪死亡和生产效率下降的损失，治疗和预防成本增加，病死猪的处理补偿费用和应急处置中隔离、封锁费用，动物疫病导致的人流、物流因封锁受阻所致的其他经济损失，以及动物疫病引起养殖业波动致使市场不稳定带来的损失等。疫情实际损害还要考虑将定性研究与定量研究相结合，在定性分析方面，还要包括突发性动物疫情对环境污染造成的损失、对各利益主体心理反应和社会稳定等方面造成的损害或成本增长等。

2）以猪蓝耳病作为典型疫病进行课题研究具有较强代表性

猪蓝耳病病毒是我国生猪感染最为普遍的病原之一，目前猪蓝耳病仍是生猪养殖者和政府层面最为关注的生猪疫病。以 2007 年为例，全国有 26 个省份暴发了猪蓝耳病。近年来，猪蓝耳病也一直有流行报告。

3）各利益相关者涵盖了主要的利益群体

本书从行为科学视角选择养殖户（包括家庭散养、规模化养猪场和生猪养殖企业）、社会群体（包括直接与间接消费者、行业组织、第三方组织、媒体等）和地方政府（实际上还包括上级或中央政府）等为对象，全面考察疫情变化与人类行为干预的共同作用对突发性动物疫情公共危机演化的综合作用。

三、研究的重点、难点与应用意义

（一）重点问题

1.“三阶段三波伏五关键点”演化机理的定量分析

目前国内外相关文献中，对突发性动物疫情公共危机的演化规律进行定性分析的文献较多，但定量分析的文献极少，缺乏对演化过程的数学描述。可以说，大多数研究成果提出了突发性动物疫情向公共危机演变的阶段论假设，但没有进行实证分析。本书在大量访谈和调查基础上，对突发性动物疫情向公共危机演变的过程进行科学阐释，并通过实证分析方法对本书提出的“三阶段三波伏五关键点”演化机理进行深刻而精确的论证，定性与定量相结合地给出“三阶段”、“三波伏”和“五关键点”的科学定义，并对突发性动物疫情公共危机演化机理做出了全面科学的表达。

2. 包容各方利益诉求的应急公共政策体系

本书以建立突发性动物疫情公共危机治理结构为理念，全面考虑公共危机中养殖户、社会群体、媒体、地方政府和上级（中央）政府各方的利益诉求，通过对各利益相关者行为决策及其相互影响的实证分析，构建一个政策问题清晰、目标明确、定性与定量有机结合、操作性强的突发性动物疫情公共危机应急公共政策体系，这个公共政策体系特别强调各利益主体的包容性。

（二）难点问题

1. 突发性动物疫情公共危机损害变化规律描述

本书发现并证明突发性动物疫情公共危机损害变化规律，特别是对危机与非危机的临界点进行了定量描述，对进入危机状态后的分级也给出了定性与定量描述。

2. 突发性动物疫情状态下各利益主体的行为决策模式研究

在突发性动物疫情损害变化中，根据养殖户、社会群体、地方政府的利益诉求来定量地确定其行为决策模式。一个重要的原因就是利益主体隐瞒真实的行为偏好。本书采用多元离散选择模型，发现了各利益主体之间的均衡点，从而为解释养殖户故意拖延病畜隔离和捕杀的行为给予了合理解释。

3. 突发性动物疫情公共危机应急公共政策绩效评估方法

本书建立了一个突发性动物疫情公共危机应急公共政策绩效评估分析框架，采取数据包络分析方法解决了动物疫情公共危机处置效率的评估问题。

4. 非常态管理问题的资料与数据获取

本书研究的问题属于非常态管理中的问题，研究的难点在于样本的选取和数据收集。突发性动物疫情事发紧急、具有突发性和不确定性，实际调研与调研计划经常发生时空差距，因此，对突发性动物疫情的现场数据调查十分困难。本书通过扩大调查区域、大幅增加调查样本，缓冲了研究压力。

（三）应用意义

本书以突发性动物疫情公共危机过程中的疫情损害作为观察变量，研究切入点十分清晰且易于把握。本书通过观察疫情损害状况，在客观世界的变化中分析各利益主体的主观干预行为，从本质上把握“自然演化和人工应急干扰”综合作用下的公共危机事件演化过程，从而发现演化机理、提出应急公共政策，这一研究思路具有一定创新性。

在类似研究文献中，大多数是将一种或两种动物疫病作为研究对象，采用的方法也不尽相同，从而导致其社会经济影响的评估结果也不具有可比性。本书以突发性动物疫情公共危机中的疫情损害为基本研究对象，这一新的研究方法可以普遍应用到大多数重大传染性动物疫病的公共危机应急管理中去。需要特别指出的是，虽然为方便研究工作我们也选择了对我国畜牧业影响较大的猪蓝耳病作为案例，但这与以某种动物疾病为研究对象具有本质的区别。事实上，当我们选择高致病性禽流感作为研究对象时，其研究方法也是可以适用的。

本书从行为科学视角，对突发性动物疫情公共危机中各类利益主体的行为决策展开研究，提出了一系列“自然演化和人工应急干扰”综合作用下新的分析工具，为揭示突发性动物疫情公共危机演化机理、建构应急公共政策发挥了基础性作用。

第　二　章

动物疫情公共危机演化与防控的基础性研究

本章从动物疫情公共危机演化与防控基本理论、基本防控机制、基本方法体系三个方面，对动物疫情公共危机演化与防控体系进行基础性研究。在动物疫情公共危机演化与防控基本理论研究方面，本章从动物疫情公共危机理论基础研究出发，系统梳理了风险临界理论、危机扩散动力学理论、危机演化“时间窗口”理论、大数据仿真理论、风险决策理论和危机治理问责理论等六大理论。在动物疫情公共危机管理的基本防控机制研究方面，本章重点探讨制度化防控机制、信息化防控机制和法治化防控机制等。在动物疫情公共危机管理的基本方法体系研究方面，本章系统梳理公共危机管理“一案三制”、精准阻断、不确定型决策、信息化战略管理、信息化标准建设、信息化绩效控制、大数据技术、政府责任法治、公共危机法治和技术监管法治等十项重要的管理方法。

第一节　动物疫情公共危机演化与防控基本理论

一、风险临界理论

乌尔里希·贝克于 1986 年提出“风险社会”概念。人类历史上各个时期的各种社会形态上风险无处不在。进入 21 世纪以来，对危机管理提出了更高的要求，当代危机管理的一个重要趋向就是从单纯的危机管理转向风险管理①。

风险临界状态是指系统处于该状态的情形下，某一部件状态的改变将直接导致系统风险状态的改变，“当且仅当该部件状态变化即导致系统风险状态发生变化的部件称为系统的关键部件”②。因此，用科学的手段监控风险是非常必要的。

人们虽然无法避免风险，但可以控制风险的安全区间。根据社会燃烧理论，危机一般潜在于常态事件之中，当受到外界触发因子的强烈影响后，深藏于常态事件的危机致灾因子被“灼烧”至“燃点”，进而急速爆发出积蓄的破坏性力量。所以，危机事件的风险预警对于风险防控具有至关重要的作用，精确识别和判定危机事件的风险临界阈值，既是将可能爆发的危机消灭于萌芽状态、关闭危机扩散大门的“金锁”，又是打开应对危机冲击、有效控制风险的“钥匙”。然而，确定风险临界阈值并不容易，它涉及复杂的社会系统和自然环境系统等众多综合因素，动物疫情危机还与动物生长系统紧密相关，还需要拥有充分的信息资源和有经验的专家支持。准确判断风险临界阈值，是有效控制风险产生灾难性后果、实现危机事件预警预报的根本保障。

二、危机扩散动力学理论

危机事件与突发事件、紧急事件都有一个共同的特点，那就是应对反应的紧迫性。也就是说，在时间压力和不确定性极高的情况下，决策者必须快速做出关键性决策。但是，突发紧急事件和危机事件两者还是各有侧重，其中危机强调事件对一个社会系统的基本价值和行为准则架构产生严重威胁，而突发紧急事件更强调事件的非常态爆发所带来的行动压力。不过，在许多实际研究中两者交叉甚多，而且现实情形中在一定外界条件下，突发紧急事件就会进一步发展成为危机，因此，本书在未做特别说明的情况下，一般将

① 姜玉欣. 2009. 风险社会与社会预警机制——德国社会学家贝克的“风险社会”理论及其启示[J]. 理论学刊，（8）：79-82..

② 张成福，陈占锋，谢一帆. 2009. 风险社会与风险治理[J]. 教学与研究，（5）：25-32.

"危机"与"突发事件""紧急事件"等概念统一进行描述[①]。

系统动力学理论认为，在危机事件演化过程中存在着各种力量的交互作用，共同推动事件运动并形成阶段性更替现象。在危机事件演化过程研究中，运用系统动力学分析方法最突出的特点是能够处理非线性、高阶层、多重反馈、复杂时变的系统问题。

贝尔（Bell）应用系统动力学理论分析危机事件的扩散动力问题。贝尔认为，危机的出现改变了或破坏了系统当前的平衡状态，从而引起系统内部和外部产生互动并失去平衡。当这些外部或内部的干扰力量与维持系统正常运行的稳定力量发生冲突时，系统的非平衡力量就会扩散，并推动系统向新的平衡状态运动。从本质上讲，危机是一种系统性力量失控的现象。

集群行为（collective behavior）又称为集体行动，它是社会心理学学者关注的核心范畴。近年来，集群行为被越来越多地用于解释危机扩散动力学运行。从社会心理学分析来看，推动危机事件演变的内在力量是由公共和集体冲动影响下的个人行为所决定的。这种个人行为是在组织内部相对自发的情况或无组织和不稳定的情况下，某种特殊诱发因素催发之下产生的社会互动导致的，并对共同影响或刺激产生反应而发生的行为[②]。

三、危机演化"时间窗口"理论

"时间窗口"又可称为时间节点。危机管理上的时间节点是指将事件发生的各个阶段以"时点"划分开来，在每一个阶段上危机事件表现出不同的特征，管理者也要完成相应的治理工作，否则危机会蔓延扩散到更大范围和更长时间。[③]根据公共危机事件产生的实际损害情况，伴随着公共危机事件的发生、发展直至消弭的演变，事件损害会在特定的"时间窗口"发生明显的转折性变化。危机管理的根本任务就是以最快的速度控制事件演变态势并将

---

① 薛澜，张强，钟开斌. 2003. 防范与重构：从SARS事件看转型期中国的危机管理[J]. 改革，(3)：5-20.

② 杨庆国，陈敬良，甘露. 2016. 社会危机事件网络微博集群行为意向研究[J]. 公共管理学报，13（1）：65-80，155-156.

③ 许超. 2012. 基于时间相关性的危机管理研究——一种可能的分析框架[J]. 中国社会科学院研究生院学报，(1)：67-72.

损害控制在最低状况。危机事件损害的特定“时间窗口”受事件损害灾变函数与事件管控能力函数的双重约束。公共危机事件损害灾变函数以事件灾害损失为被解释变量，各种致灾因子为解释变量，不同类型的公共危机因为致灾原因各异，所以也会形成各不相同的危机演化机理。此外，人们应对不同公共危机事件的管控能力也是不一样的。因此，人们在危机演化时间节点的表现上就会有不同的特点。

四、大数据仿真理论

大数据正在以前所未有的广度、深度与速度进入人类社会生活。随着大数据研究日益深入，大数据仿真技术在危机管理中的应用也越来越广泛。龚伟志等在对恐怖袭击进行风险预测过程中认为，由于受到恐怖袭击带有伪装性的影响，存在大量的伪装性样本和干扰性数据，因此预测过程很容易受到干扰。龚伟志等采用大数据分析的恐怖袭击风险预测方法，建立恐怖袭击风险综合评判的大数据分析模型，对恐怖袭击历史数据中隐含的可演化信息进行学习，利用所获取的结果进行未来的恐怖袭击预测[①]。兰月新等在公共危机事件中分析大数据背景下网络舆情主体交互机制，提取影响危机事件网络舆情传播的关键变量，构建微分方程模型研究不同网络舆情主体交互作用问题，通过 MATLAB（Matrix&Laboratory，矩阵工厂）进行数值仿真研究，根据静态仿真和动态仿真结果，得出网络舆情主体交互效果和变动规律，在此基础上提出了大数据背景下政府应对突发事件网络舆情的事前、事后对策[②]。张成军等对大数据网络环境下异常节点数据的定位展开了研究。对危机事件演化过程中的异常节点数据的定位，需要结合匹配投影理论寻求优化特征解，找出所有匹配的特征点对，从而实现异常节点数据定位[③]。

---

① 龚伟志，刘增良，王烨，等. 2015. 基于大数据分析恐怖袭击风险预测研究与仿真[J]. 计算机仿真，32（4）：30-33，398.

② 兰月新，王芳，张秋波，等. 2016. 大数据背景下网络舆情主体交互机理与对策研究[J]. 图书与情报，（3）：28-37.

③ 张成军，刘超，郭强. 2017. 大数据网络环境下异常节点数据定位方法仿真[J]. 计算机仿真，34（5）：273-276.

五、风险决策理论

风险决策理论主要包括完全理性决策和有限理性决策两大理论集群。完全理性决策理论经历了期望值理论、期望效用理论及前景理论等发展，为解决人类风险决策问题建构了数学化的公理和标准化的模型。期望值理论的基本原理是：对于条件相似的备选方案，人类会先计算每种方案的数学期望值，然后选择期望值最大的方案。期望值理论也是最简单的风险决策理论，广泛应用于许多决策领域。有限理性决策也称为非完全理性决策，最具代表性的理论是西蒙（Simon）提出的满意标准和有限理性标准假设。西蒙认为，决策者在有限的条件下只能尽力追求其能力范围内的有限理性。此后，Montgomery提出寻求优势结构的决策规则、Loomes 等提出后悔理论、Lopes 提出反映相互冲突的多重风险决策目标理论，Gul 提出失望理论、Brandstatter 等提出占优启发式模型等[①]。

六、危机治理问责理论

马克斯·韦伯认为，对于政治家和政府官员等合格的“职业政治家”来说，必须敢于为自己行动的结果承担责任[②]。在中国社会结构变迁进程中，民主政治理论、法治政府理论、委托代理理论、交易成本理论、公共选择理论、善治理论等，为政府问责制提供理论支撑[③]。在管理体制中对管理主体的问责源于权力分配机制，而在治理结构中，权力来源更倾向于治理主体共同的目标愿景，治理问责同时受制于治理主体的权力协商与主体道德约束。因此，危机治理中的问责，更加强调基于伦理与法治的要求[④]。危机治理过程中的问责必须反映问责机制的本质特征和价值，并遵循权责一致、依法问责、比例原则、问责平等、正当程序及惩教结合等基本原则。我们不仅要强调问责的依法制裁功能，而且要将教育功能贯穿于问责过程的始终，并从根本上形成

① 王庆，陈果，刘敏. 2014. 基于价值-风险双准则的风险决策理论[J]. 中国管理科学，22(3)：42-50.

② 苏国勋. 1988. 理性化及其限制——韦伯思想引论[M]. 上海：上海人民出版社.

③ 龚维斌. 2010. 中国社会结构变迁及其风险[J]. 国家行政学院学报，(5)：16-21.

④ 王薇. 2016. 跨域突发事件府际合作应急联动机制研究[J]. 中国行政管理，(12)：113-117.

行政官员的政治伦理道德。我国实施行政问责制度以来，在公共危机治理结构中，原有的单中心治理体系已经受到多中心治理体系带来的问责挑战。治理问责实际上成了一个动态化的“混合问责制度”的集合①。由于危机治理中包含基于大量组织间合作关系所形成的危机治理网络，因此危机治理问责决定着治理的成效。行政问责结构通过明确界定垂直权力指标、构建清晰的上下层关系和绩效考核来实现②。

第二节　动物疫情公共危机管理的基本防控机制

一、制度化防控机制

国外动物疫病防控特别注重制度防控的科学化。加拿大 20 世纪 90 年代成立了风险评估小组，由加拿大食品检验署（Canadian Food Inspection Agency，CFIA）负责动物卫生风险防控工作。美国于 1997 年颁布“总统食品安全计划”，根据这一计划建立了联邦机构“风险评估协会”，致力于开展微生物危害评估研究，以及全程监控食品生产和销售③。2000 年，欧洲食品安全局（European Food Safety Authority，EFSA），规定了食品安全事务管理程序④。2003 年，日本颁布了《食品安全基本法》，强化对各种食品进行风险评估及风险交流工作⑤。

早在 2004 年中国政府在农业部设置兽医局，负责全国动物防疫行政管理

① 姚引良，刘波，王少军，等. 2010. 地方政府网络治理多主体合作效果影响因素研究[J]. 中国软科学，（1）：138-149.

② 经戈，锁利铭. 2012. 公共危机的网络治理问责——基于卡特里娜飓风和汶川地震的对比[J]. 西南民族大学学报（人文社会科学版），33（10）：123-128.

③ 陆昌华，何孔旺，胡肄农，等. 2016. 我国动物疫病风险分析体系建设与发展[J]. 中国农业科技导报，18（5）：8-16.

④ 王栋，范钦磊，刘倩，等. 2014. 欧盟动物卫生风险分析体系概况及对我国的启示[J]. 中国动物检疫，31（1）：21-26.

⑤ 滕月. 2008. 发达国家食品安全规制风险分析及对我国的启示[J]. 哈尔滨商业大学学报（社会科学版），（5）：55-57.

工作。兽医局下辖中国动物疫病预防控制中心、中国兽医药品监察所、中国动物卫生与流行病学中心，并设立了国家禽流感参考实验室等技术监督机构，各省区市、市（州）和县级农业行政主管部门也设置了动物防疫处（科）室、省级疫病预防控制机构、动物卫生监督机构，共同构成中央政府到地方政府多层级完备的动物疫病防控体系。一直以来，中国政府高度重视农业行政主管部门负责的动物疫情公共危机制度防控机制工作。2003 年以来，中国政府高度重视动物疫情公共危机制度防控机制建设，逐步建立完善“一案三制”的制度防控机制。党中央、国务院高度重视应急管理工作并提出一系列战略要求和工作部署，动物疫情公共危机应急管理始终处于国家应急管理体系的重要位置。2005 年国务院通过了《重大动物疫情应急条例》，2016 年国务院又制定了《国家突发重大动物疫情应急预案》。在此基础上，动物疫情公共危机体制不断完善，截至 2020 年，中国已基本建成中央、省、市（州）、县（市、区）四级国家突发重大动物疫情应急管理体系，如图 2.1 所示。

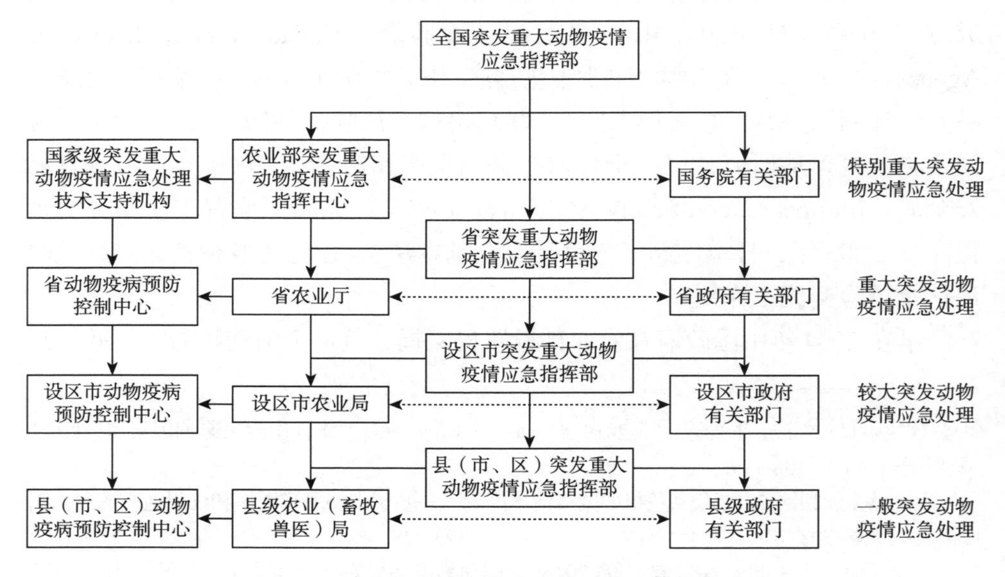

图 2.1　国家突发重大动物疫情应急管理体系示意图

（一）风险防控是动物疫情公共危机制度防控的重点工作

自 20 世纪 90 年代开始，我国在进出境动物检疫实践中开展风险分析。

1991 年 10 月 30 日，全国人民代表大会常务委员会审议通过了《中华人民共和国进出境动植物检疫法》，1996 年 12 月 2 日通过了《中华人民共和国进出境动植物检疫法实施条例》，2002 年国家质量监督检验检疫总局审议通过了《进境动物和动物产品风险分析管理规定》并于 2003 年 2 月 1 日开始实施，这标志着我国进出境动物防疫风险防控工作驶入法治化轨道。一些学者针对动物疫情风险防控方法展开研究，推动了我国动物疫情公共危机风险防控制度的改进。陈茂盛和董银果借鉴几种国际流行的定量风险评估方法，对中国在动物检疫中长期以来采用的动物感染疫病状况的评估模型、输入动物及其产品传入疫病风险评估模型、实验室检测最小样本数确定模型、疫病发生概率预测模型、动物源性食品安全评估模型等定性风险分析模型加以定量改进[①]。

（二）防控能力建设是风险防控的重要基础

从已有的国内外研究文献来看，学者普遍将动物疫情防控能力作为动物疫情公共危机防控能力建设的基础[②]。我国政府虽然高度重视动物疫情防控能力建设，但是农村基层动物防疫能力建设仍然存在不少问题，离党和政府“确保不发生区域性重大动物疫情”的总体要求还有较大差距。近年来，虽然政府农业行政主管部门高度重视动物疫病防控效果考核工作，农业农村部每年都印发年度加强重大动物疫病防控延伸绩效管理实施方案，但仍存在将疫病防控绩效考核代替防控能力建设的倾向，这在基层动物防疫机构和防疫工作人员思想中仍然十分普遍。正在实施的动物疫病防控考核指标，也未能涵盖动物疫病公共危机防控能力的完整要求。动物疫情防控能力构成要素指标体系是由一系列具有内在联系的指标组成，可以从多个角度反映我国基层政府动物疫情防控能力的实际情况。从理论研究视角看，动物疫情公共危机防控能力构成要素、各要素的权重、防控能力综合评价方法与评价过程、防控能力评价结果的应用等一系列重要问题需引起政府部门与学者的高度重视，有价值的研究成果较少。在为数不多的研究成果中，冯允怡从政府重大动物疫病防控能力评估实证研究中，总结发现影响地方政府重大动物疫病防控能力

① 陈茂盛，董银果. 2006. 动物检疫定量风险评估模型述论[J]. 世界农业，（6）：52-55.

② 王薇. 2016. 动物疫情公共危机政府防控能力建设初探[J]. 当代畜牧，（21）：80-82.

的八个方面因素[①]，同时采用DEMATEL对重大动物疫病公共危机防控能力的关键因素进行分析[②]。黎桦林通过分析构成基层政府重大动物疫情防控应急能力各指标要素间的关系，参考《农业部2014年度加强重大动物疫病防控延伸绩效管理工作实施方案》中的考核指标，运用层次分析法及德尔菲法进行指标权重赋值，最终筛选出9个一级指标和30个二级指标，构建一个基层政府重大动物疫情防控能力指标体系，以贵州、湖南、浙江三省 6 个县为样本，对基层政府重大动物疫情防控能力进行综合评价分析，并从五个方面提出加强基层动物疫情公共危机防控能力建设的相关建议[③]。

（三）补贴政策是制度防控机制的重要手段

发达国家充分发挥动物疫病防控与补偿政策对疫情公共危机防控的基础性作用，一方面利用强大的技术支撑，加强监测预报；另一方面利用雄厚的财政支持，加大对染疫动物的扑杀和补偿力度，同时利用庞大的专家网络开展宣传教育。发达国家特别强调发挥动物养殖户在疫情危机防控中的主体作用，通过不断提高补偿幅度来直接刺激农场主的疫病危机防控积极性，形成了多种具有显著特色和优势的补偿模式。例如，欧洲联盟（以下简称欧盟）的“防控基金+市场支持”模式、美国和日本为代表的“防控基金+农业保险+市场支持”模式[④]、加拿大的“立法+ NGO（Non-Governmental Organizations，非政府组织）+市场化”模式[⑤]等。这些模式虽然具有其本国特色，但是政府的疫畜疫禽扑杀补贴政策等通用性政策，对中国动物疫病危机预防预控仍然具有较高的参考价值。

---

① 冯允怡. 2015. 地方政府重大动物疫病防控能力评价研究进展[J]. 中国动物检疫，32（9）：60-63.

② 李燕凌，冯允怡，李楷. 2014. 重大动物疫病公共危机防控能力关键因素研究——基于DEMATEL方法[J]. 灾害学，29（4）：1-7.

③ 黎桦林. 2015. 基层政府公共危机防控能力研究——以动物疫病防控为例[D]. 湖南农业大学硕士学位论文.

④ 浦华，王济民. 2008. 发达国家防控重大动物疫病的财政支持政策[J]. 世界农业，（9）：5-9.

⑤ 梅付春，张陆彪. 2009. 加拿大应对禽流感的扑杀补偿政策及启示[J]. 中国农学通报，25（12）：304-306.

（四）社会组织参与动物疫情公共危机防控能够发挥重要作用

行业协会在动物疫情危机防控中的作用主要表现在行业内部自律、行业协会对其他主体的监督（即他律）、行业协会作为政府职能延伸的功能等方面。行业内部自律具体表现在组织会员企业进行疫病防控宣传和培训、加强会员企业生产监督、扑杀染疫动物、召回问题食品、对违规会员企业采取市场禁入制裁等方面。行业协会对其他主体实施监督、发挥他律作用，突出表现在对非会员组织应对动物疫情危机行为的监督方面，也包括对政府和其他公民行为的监督等。因此，行业协会作为政府职能延伸的功能仍然十分必要。这种功能具体表现为利用政府或公募基金资助动物传染性疾病的预防与控制等科学研究、代表政府加强对行业内组织会员企业进行登记、审核、培训与监督等。虽然行为协会在动物疫情公共危机防控中发挥着越来越重要的作用，也产生了较好的效果，但是与国外发达国家相比，由于我国社会组织整体发育不良，行业协会还难以承担与自身地位相当的社会责任。

二、信息化防控机制

现代信息技术应用于畜牧业，大致始于 20 世纪 50 年代。近年来，信息技术除在畜牧业生产应用领域发挥良好作用外，还在动物疫病防控中发挥着越来越重要的作用。美国、澳大利亚、新西兰等国较早开始着手建立用于动物疫病紧急防控的地理信息系统，联合国粮食及农业组织建立了跨国界动植物病虫害紧急预防系统和跨国界动物疫病信息系统，以及北非、中东和阿拉伯半岛区域性动物疫病监测和控制网络。欧盟近年来也建立了由重大动物疫病通报系统、人畜共患病通报网络、畜禽及其产品交易监测网络等几个网络组成的重大动物疫病预警体系。世界卫生组织和世界动物卫生组织于 2006 年 7 月 24 日共同发起建设“全球预警和反应系统”，用于追踪动物源性传染病的出现及扩散[①]。这些系统目前正在重大动物疫病防控中发挥着重要作用。

近年来，中国政府积极提高地理信息系统与风险分析在动物疫病监测预警体系中的应用水平，2014 年农业部兽医局与世界银行合作，聘请国际专家

---

① 陆昌华，胡肄农，谭业平，等. 2012. 动物及动物产品质量安全的风险评估与风险预警[J]. 食品安全质量检测学报，3（1）：45-52.

设计开发的基于地理信息系统的动物疫病监测、免疫、数据分析信息系统——疫病响应信息系统正式投入运行[①]，这是我国新发传染病防控能力建设的一个重点项目，项目的运行对中国动物疫情公共危机信息化防控工作具有重要支持作用。将计算机智能识别与实验室血清学诊断相结合的方法越来越普遍地应用于基层动物疫病检测之中。

近年来，我国通过加强农业农村信息化建设，夯实了畜牧业和动物防疫信息化工作基础，远程防疫工作进步很快，不少地方已经成功开发基于地理信息系统的动物疫病应急指挥平台。在动物疫情预警应用中，地理信息系统均可展现最重要环节，包括在剖析动物疫病防控业务流与数据流的基础之上，创建疫病防控综合决策模型。加强动物疫情信息化防控机制建设，可以充分利用我国北斗卫星系统和引进全球定位系统，对动物疫情公共危机处置过程进行监控、考核应急处置绩效、精确计算善后成本、精确确定财政补贴对象的数量、及时指挥调运应急物资等，有利于提高应急处置效率。

三、法治化防控机制

动物疫情公共危机法治化防控机制是指以保障人民群众的生命健康和畜牧业产业发展安全为目标，坚持用法律手段加强动物疫病公共危机防控的基本规范，是动物疫情公共危机防控法治化的体现。公共危机管理法治化包含政府依法处理公共危机所要遵循的基本原则、基本内容和基本制度建设等内容。

我国重大动物疫情法制体系一直以来都是指导我国动物疫情公共危机防控的基础，《国家中长期动物疫病防治规划（2012—2020年）》中5次提到了法律法规体系建设的问题，把法治保障放在法制、体制、科技、条件等四个保障措施的首位，可见，法治体系建设就是重大动物疫情公共危机防控能力建设的基础条件之一。科学设计动物疫情公共危机法治化防控机制，必须不断推进动物卫生法学发展。动物卫生法学作为一个新兴领域，正处于萌芽发展状态。相关文献多集中于对现有法律法规缺陷的研究，同时提出一些法律

① 丁瑞强，谢冬生，储雪玲. 2014. 疫病响应信息系统（IRIS）在世界银行赠款新发传染病防控能力建设项目动物疫病防控体系中的应用[J]. 世界农业，（7）：198-200.

法规修改建议。我国目前还没有专门的动物卫生监督立法，调整动物卫生监督工作的法律法规散见于各种相关法律法规中，没有形成完整的动物卫生监督法律体系。从动物疫情公共危机管理实践中，李冬春等发现，动物卫生执法过程中相对人以物权来拒绝行政权和相对人直接放弃物权来拒绝行政权的情况，彰显了我国动物疫情公共危机处置中行政强制措施的适用性困境[①]。有学者甚至提出，中国应参照《国际动物卫生法典》将《中华人民共和国动物防疫法》更名为《中华人民共和国动物卫生法》，以推动卫生管理体制改革[②]。还有学者提出，要从动物补偿制度、职业兽医管理制度、动物卫生全程管理模式、兽药和饲料管理制度、动物福利和保护制度、动物卫生立法模式、动物卫生立法中专家的作用机制等方面，加强中国动物卫生法律体系建设[③]。

第三节　动物疫情公共危机管理的基本方法体系

一、"一案三制"

"一案三制"是指突发事件应急预案和应急体制、应急机制、应急法制，这是动物疫情公共危机管理各种方法或工具的总的基础，是各种方法的基本准则。在突发事件应急处置过程中，"一案三制"既是基本遵循、基本规范，更是基本方法体系[④]。中国的公共危机治理以抗击"非典"为分界，抗击"非典"之前的阶段，强调灾害的自然属性与救灾减灾的技术层面；抗击"非典"之后的阶段，更加强调危机的社会属性与危机治理的政治层面[⑤]。抗击"非

---

① 李冬春，严丽华，陈建康，等. 2011. 浅析动物卫生执法中行政强制措施的运用[J]. 中国动物检疫，28（12）：10-12.

② 周全，瞿剑平，刘红. 2005. 执行《动物防疫法》中存在的不足和建议[J]. 中国动物检疫，（10）：6-8.

③ 王健诚，范炜，丁红田，等. 2008. 对《动物防疫法》的修改建议[J]. 中国牧业通讯，（13）：36-37.

④ 高小平. 2008. 中国特色应急管理体系建设的成就和发展[J]. 中国行政管理，（11）：18-24.

⑤ 陈振明. 2010. 中国应急管理的兴起——理论与实践的进展[J]. 东南学术，（1）：41-47.

典”给中国公共危机管理带来了一系列制度变革，“一案三制”的治理体系逐步形成。

应急预案是根据有关法律法规、规章制度及不同突发事件实际情况预先制订的防控行动方案。编制应急预案重在“防患于未然”、降低突发事件的不确定性风险。我国现已建立国家总体、专项、部门、地方、企事业单位及大型集会活动等应急预案。2003 年 11 月，国务院办公厅成立应急预案工作小组。到 2005 年初，全国应急预案框架体系已初步形成，各类各项应急预案陆续向社会发布，各省、市（州）、县（区）地方政府的总体应急预案和专项应急预案也陆续完成[①]。到 2008 年底，全国“纵向到底、横向到边”的应急预案体系基本形成、应急预案编制工作基本完成。在此过程中，《动物 H7N9 禽流感应急处置指南（试行）》《高致病性禽流感防治技术规范》等一系列动物疫情公共危机应急预案和动物疫病防控技术规范陆续出台，规定了相应的应急处置方法。

应急管理体制是指由应急管理领导指挥机构、专项应急指挥机构、日常办事机构、工作机构、地方机构及专家组等不同层次的纵横向组织机构，按照一定组织架构原则联系起来的，包括政府部门、非政府组织和其他各种社会组织在内的复杂系统[②]。各级政府依据《中华人民共和国突发事件应对法》建立了“统一领导、综合协调、分类管理、分级负责、属地管理为主”的应急管理体制。国务院办公厅总协调管理各类突发事件应急管理。到 2007 年底，中国“平战结合、常异结合、综合协调”的保障型新型应急管理体制基本建成。在国务院领导下，农业农村部负责组织、协调全国突发重大动物疫情应急处理工作。

应急管理机制指突发事件发生、发展和变化全过程中各种制度化、程序化的应急管理方法与措施。中国抗击“非典”疫情结束以来，正在逐步“构建统一指挥、反应灵敏、协调有序、运转高效的应急管理机制”[③]。《国家突发重大动物疫情应急预案》从动物疫情公共危机应急管理过程“做什么”和“怎么做”

① 华建敏. 2007. 依法全面加强应急管理工作——在全国贯彻实施突发事件应对法电视电话会议上的讲话[J]. 中国应急管理，（10）：5-10.

② 薛澜，钟开斌. 2005. 国家应急管理体制建设：挑战与重构[J]. 改革，（3）：5-16.

③ 陈振明. 2010. 中国应急管理的兴起——理论与实践的进展[J]. 东南学术，（1）：41-47.

的角度，规定动物疫情应急管理机制主要包括预警与监测报告、应急响应和终止、善后处理、防控准备与保障（包括通信与信息保障、技术储备与保障、培训和演习、社会公众的宣传教育）等环节的基本目标，明确了动物疫情公共危机应急管理“做什么”。在具体环节上，甚至详细规定了动物疫病防控准备、疫病流行监测预警、疑似疫病诊断、应急响应与终止、疫区封锁、疫畜疫禽扑杀、疫死畜禽无害化处理、紧急关闭活禽交易、疫情报告、打击病死畜禽交易、灾后防疫、疫后补栏等应急措施内涵。《国家突发重大动物疫情应急预案》也从动物疫情公共危机应急管理过程“怎么做”的角度，将动物疫情应急管理机制细分为动力机制、风险防范机制、自我调节机制、退让机制、风险转移机制、容灾机制、倒逼机制、自动恢复机制、缓冲机制、补偿机制、责任机制、制衡机制、学习机制等 25 种主要应急管理方法[①]。

应急管理法制是指在突发事件引起的公共紧急情况下如何处理国家权力之间、公民权利之间、国家权力与公民权利之间及各种社会关系的法律规范和原则的总和[②]。针对非常规状态下的突发事件，应急管理法制是国家实施应急管理行为的根本法律依据，是紧急状态下的特殊行政程序规范。当暴发动物疫情之后，为防止疫情扩散必须划定疫区、对疫区实施封锁、对染疫动物进行扑杀和无害化处理；当疑似疫病确诊后，关闭活禽交易市场等。这些应急处置措施虽然在一定程度上导致公民权利克减，但这并不能成为应急管理脱离依法行政轨道的理由[③]。应急管理立法的根本在于保障生命[④]。动物疫情公共危机与其他突发事件一样，具有突发性、紧急性、不可预见性和潜在风险性等特征，采用常规性风险管理方法难以迅速抑制事态扩张、挽救灾变损失、控制事件损害。因此，必须采取非常规管理处置措施，从保障生命的基本要求出发，建立起相应的应急管理法制。我国自 2013 年以来暴发的 N7H9 禽流感病毒传染事件，由于其变异性所产生的人畜交叉感染疫情的风险十分

---

① 莫利拉，李燕凌. 2007. 公共危机管理：农村社会突发事件预警、应急与责任机制管理研究[M]. 北京：人民出版社：9.

② 薛澜，张强，钟开斌. 2003. 危机管理：转型期中国面临的挑战[M]. 北京：清华大学出版社.

③ 李燕凌，贺林波. 2013. 公共服务视野下的公共危机法治[M]. 北京：人民出版社：11.

④ 闪淳昌. 2002-07-23. 立法的根本在于保障生命[N]. 中华合作时报.

凶险，至今尚未找到理想的疫苗。N7H9 禽流感疫情的变异对动物流行疫病传统的防控技术规范提出了挑战，应急管理法制变革势在必行。

二、精准阻断

突发事件是由众多复杂因素交互作用而形成的小概率事件。突发事件各种诱致因素之间，实际上形成了一种复杂的社会网络关系。从根本上讲，有效应对突发事件就是要尽可能消除各种诱致因素之间冗余关系所带来的耗时耗能的影响，以实现对突发事件损害的精准阻断。通过寻找社会网络关系中结构洞的方法，可以较好地实现动物疫情公共危机损害的精准阻断目标。博特于 1992 年最早提出结构洞理论，其算法描述了社会网络关系中人际的非冗余关系，通俗地说就是在网络中占据“桥”或“守门员”位置的节点，如果移除此类节点则从网络整体来看好像网络结构中出现了洞穴，因而这些占据重要位置的节点被称为网络中的“结构洞”①。在突发事件演化过程中，个体位势越高其知识扩散的平行复制特性越明显，越能够从网络中获取多样性知识的能力，此类节点正是精准阻断的“瞄准点”。不过，处于高位势的社会主体虽然可以从结构洞中获利并强化自身地位，但是这种个体位势和结构洞数量存在相反关系，如果高位势的社会主体扩大网络中结构洞的数量，那么它的“效率结构洞”指标可能下降，从而降低自身的个体位势和影响力。因此，当在动物疫情公共危机处置过程中参与更多的社会主体，即推动动物疫情危机多元治理，将有助于精准阻断危机损害。

网格化管理创新是动物疫情公共危机防控中的精准阻断的重要措施。动物疫情公共危机事件网格化预警以解决“信息缺失”为突破口，可以较好地保证预警中信息的完备，实现精准阻断危机损害的目标。网格化管理具有强大的开放性功能，通过充分吸纳公众参与形成全社会共同构成的预警网络。在应对“非典”、禽流感危机事件中，由于事件与公众的切身利益紧密相关，公众往往能够更早发现政府不易发现的潜在危机并进行积极举报，从而为政府防控危机损害提供大量重要的预警信息。网格化管理可对

---

① 魏龙，党兴华. 2017. 网络闭合、知识基础与创新催化：动态结构洞的调节[J]. 管理科学，30（3）：83-96.

公众举报的警情、警兆进行真实记录和及时回应，极大提高公众参与的积极性和参与感。

三、不确定型决策

在风险社会背景下，突发事件的跨域性（transboundary）特征日益明显，这种跨域性特征既表现在地域上，又表现在跨政府、跨部门、跨组织等主体方面。由于公共部门、企业及其他社会组织在内的众多主体参与、协调及实施应急响应，往往会因为不同主体的目标差异导致危机治理结果的不可预见性，潜在风险与跨域危机治理组织与协调水平直接相关[①]。动物疫情公共危机一般都具有跨域性，在动物疫情公共危机治理过程中，往往事发之初会出现专家意见不统一、信息沟通渠道阻塞或失真、公众参与和自治精神缺位等，这使得决策环境十分复杂。因此，加强动物疫情公共危机不确定型决策十分重要。

不确定型决策是一种未知概率的决策模型。公共管理中一般有两种不确定型决策：单一主体决策需要的不确定性情景决策和多元主体共同利益条件下的不确定型决策。不确定型决策需要在特定的制度结构下通过主体之间的利益博弈来运作[②]。近年来，公共危机管理越来越多地采用不确定型决策方法解决危机中遇到的复杂风险决策问题。在动物疫情公共危机治理中，决策者最初可能既希望抑制动物疫病、严防死守住人畜交叉感染的底线，又希望尽可能降低扑杀动物的数量、最大限度减少动物生产经济损失，甚至还希望迅速控制事件影响的范围、消除舆论负面影响等，总之，决策者期望达到的目标非常明确。与此同时，决策者也会面临多种自然状态并有多种可供选择的备选方案。通常情况下，决策者能够计算出不同备选方案在不同自然状态下的损益值，但决策者并不能控制这些自然状态并准确估算它发生的概率，这就是不确定型决策问题。为了降低不确定风险的概率，决策者通常采用乐观法、悲观法、最小遗憾值法、折中法、平均法则（又称合理法则）等基本解

---

① 郭雪松，朱正威. 2011. 跨域危机整体性治理中的组织协调问题研究——基于组织间网络视角[J]. 公共管理学报，8（4）：50-60，124-125.

② 王云芳. 2006. 公共危机决策中的非理性因素分析[J]. 行政论坛，（5）：54-56.

决方法。当然，这些方法都可能需要利用历史资料和经验判断来计算不同备选方案的风险概率，并依此求出每种方案的效用值，然后选择最终方案[①]。

四、信息化战略管理

学者对于信息化战略的定义、影响因素和实施意义等进行了大量探讨，信息化战略作为实现组织绩效的重要因素得到普遍认同。国外大量的研究文献重点关注从业务流程和技术协同等方面来研究信息化战略的实施和影响因素。国内研究表明：在公共危机应急处置中，信息化战略对提高组织绩效具有积极影响，政府可以借助于专业信息服务商提供的信息技术支持，在管理信息化与业务协同过程中发挥中介效应（图 2.2）[②]。李立清等在对中国农村公共危机防控进行战略分析的基础上，提出了动物疫情公共危机防控的标准化战略、“互联网+危机产业”发展战略、智慧城镇化战略、人才制胜战略、信息化示范省建设战略等五大具体战略，并运用大数据理念和战略分析工具，对五大具体战略的战略目标、基本内容、实施环境及战略过程等进行了充分论证和基本架构[③]。

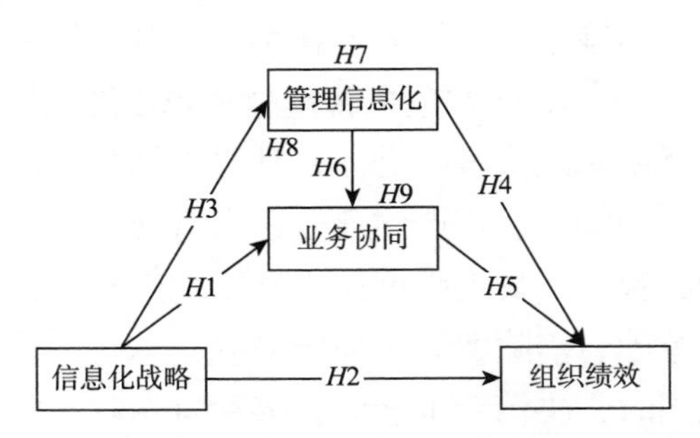

图 2.2　信息化战略对提高组织绩效的协同影响示意图

① 李永海，樊治平，李铭洋. 2014. 解决广义不确定型决策问题的案例决策方法[J]. 系统工程学报，29（1）：21-29.

② 张新，丁晓燕，王高山. 2017. 信息化战略对组织绩效的影响：管理信息化与业务协同的中介效应[J]. 山东财经大学学报，29（2）：86-95.

③ 李立清，吴松江，周贤君. 2016. 大数据时代农村公共危机防控：信息化战略[M]. 北京：北京理工大学出版社：12.

五、信息化标准建设

加强信息化标准建设，主要目的在于充分利用分散于不同部门、不同主体的信息资源能够更好地用于动物疫情公共危机防控工作。信息化标准建设的重点是开展农业农村信息化建设，包括加快起草、认定、发布和实施县（市）动物养殖分布数据库标准、动物疫病流行数据库标准、数字地质图空间数据库标准、地质信息元数据标准、互联网地图服务专业标准、基本农田数据库标准、县（市）级土地利用规划数据库标准、国土资源数据库整合技术规范等一系列与动物疫情公共危机防控密切相关的信息化标准。在动物疫病信息化标准建设中，要充分利用地理信息系统（geographic information system，GIS）地图发现动物疫情传播分布情况。地理信息系统是一种特定的十分重要的空间信息系统。它在整个或部分地球表层（包括大气层）空间中，借助计算机系统支持，采集、储存、管理、运算、分析、显示和描述有关地理分布数据[①]。近年来，我国在开展动物防疫移动诊断、动物疫病流行区域转移分析、动物疫区划分、动物疫病危机响应与终止等方面已经开始应用地理信息系统[②]。国外在利用地理信息系统开展动物防疫的同时，更加强调信息化标准体系的实施对农场防疫绩效的实际影响。目前，我国畜牧业养殖企业多采用信息化生产销售技术，著名的“猪网”在促进订单养殖业、沟通畜禽销售信息等方面，发挥了重要作用[③]。刘玮以国家农业农村示范化省建设标准为研究对象，以湖南省的长株潭地区、环洞庭湖地区、湘西北地区、湘南地区四个农业农村信息化示范区为调查对象，深入农村调查 300 多个畜禽水产养殖企业的农村公共危机防控信息化基础工作，并组织起草了省、试验区、县（市、区）、乡镇、村等五级四区（试验区）的农业农村信息化工作标准、技术标准和管理标准共计 51 个标准文本[④]。胡扬名参与了动物疫情公共危机防控标准化建设存在

① 周成虎. 2015. 全空间地理信息系统展望[J]. 地理科学进展，34（2）：129-131.

② 李芳芳. 2012. 信息化标准体系建设发展趋势分析及经验借鉴[J]. 国土资源信息化，（6）：3-6.

③ Clemons E K，Reddi S P，Row MC. 1993. The impact of information technology on the organization of economic activity：the “move to the middle” hypothesis[J]. Journal of Management Information Systems，10（2）：9-35.

④ 刘玮. 2016. 大数据时代农村公共危机防控：信息化标准[M]. 北京：北京理工大学出版社：12.

的问题研究，并形成“重视信息化标准建设”基础工作的共同观点[①]。

六、信息化绩效控制

加强信息化绩效控制是动物疫情公共危机防控中的重要内容。已经能够在精准监控动物疫病流行与处置情况时给出可靠的专业决策结果[②]。为了全面、及时地采集到动物疫情公共危机处置数据，有企业搭建了一个大数据应用云平台，对获取到的复杂的多元化的动物疫情公共危机损害数据进行处理[③]。周晓迅和贺林波针对我国大数据时代农村公共危机防控信息化绩效的理论基础、建设实践和目标建构等，利用湖南省农业农村信息化示范省建设绩效的数据，对影响动物疫情防控绩效的内生变量与外生变量进行了实证研究[④]。

七、大数据技术

加快运用大数据技术，促进信息化和现代化融合发展，已经成为各国创新公共危机管理方法的重要趋势。我国加强动物疫情公共危机处置信息化能力建设，要求在未来的动物疫情公共危机防控中加强数据库建设，并利用数据库进行疫病流行监测、疫区封锁、疫畜疫禽扑杀、病死畜禽无害化处理、畜禽产品质量安全监测的大数据模型训练，充分体现其基础性、公益性、连续性、可视化、易操作的特点。近年来，熊春林在信息化能力建设领域的研究成果具有一定的参考价值。他通过构建农业大数据模拟训练过程模型（图 2.3），聚焦于大数据时代我国农村信息化建设存在的主要问题，即主体作用问题、基础设施建设问题、资源开发利用问题、服务队伍建设问题、建设运行效率问题及农村公

---

① 胡扬名. 2016. 大数据时代农村公共危机防控：信息化问题[M]. 北京：北京理工大学出版社：12.

② 杨锋，吴华瑞，朱华吉，等. 2011. 基于 Hadoop 的海量农业数据资源管理平台[J]. 计算机工程，37（12）：242-244.

③ 黎玲萍，毛克彪，付秀丽，等. 2016. 国内外农业大数据应用研究分析[J]. 高技术通讯，26（4）：414-422.

④ 周晓迅，贺林波. 2016. 大数据时代农村公共危机防控：信息化绩效[M]. 北京：北京理工大学出版社：12.

共危机管理信息化问题，然后以湖南省 2771 个农户样本为研究对象，针对这些基本问题进行动物疫情公共危机信息化能力建设调查和数据整理分析，最后从整体上对动物疫情公共危机处理结果进行归纳总结并揭示其规律①。

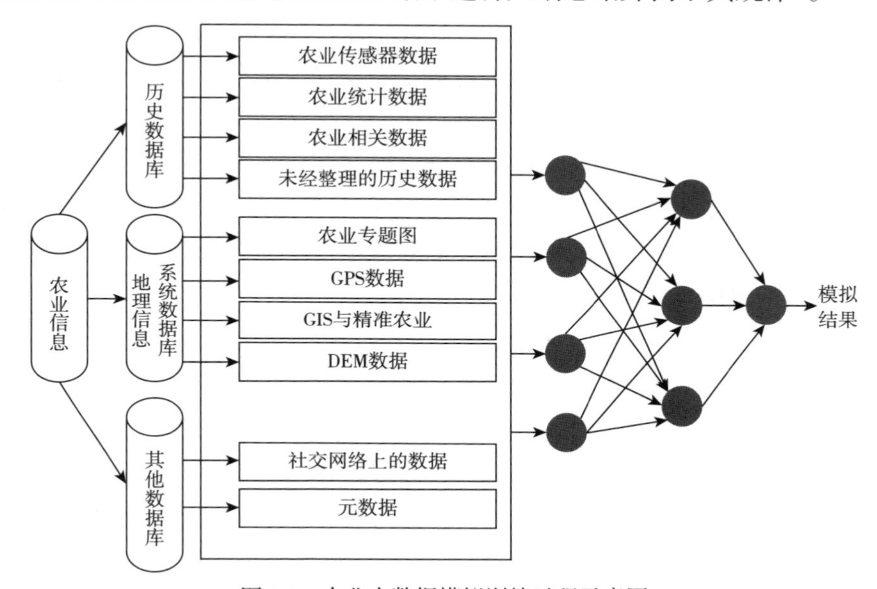

图 2.3　农业大数据模拟训练过程示意图

GPS 表示全球定位系统（global positioning system），GIS 表示地理信息系统（geographic information system），DEM 表示数字高程模型（digital elevation model）

八、政府责任法治

党的十八大以来，以习近平同志为核心的党中央，把“全面推进依法治国进程”与“协调推进全面建成小康社会”“全面深化改革”“全面从严治党”一起纳入习近平新时代中国特色社会主义治国理政“四个全面”战略布局。2017 年 10 月 18 日，中央全面依法治国领导小组正式成立，习近平同志担任领导小组组长。政府责任法治建设从此提升到历史上从未有过的新高度。

责任政府是现代民主政治发展的必然要求。高小平和孙彦军认为政府责任法治建设，要着重解决应急管理中存在的政府行政部门决策、执行、监督、

① 熊春林. 2016. 大数据时代农村公共危机防控：信息化能力[M]. 北京：北京理工大学出版社：12.

咨询四种权力合一的现象，创造稳定、有序、高效、规范的决策环境，增强公众参与意识，创新治理结构[①]。中国抗击“非典”疫情之后，政府责任和责任政府问题引起社会各界广泛而持久的关注[②]。加强政府责任法治建设是动物疫情公共危机防控中的基本方法之一。近年来，国内学者针对该领域展开了深入的研究。相关研究主要集中在我国政府动物疫情公共危机管理体系中的绩效评价和问责机制等薄弱环节方面。在动物疫情及其引发的公共卫生突发事件应急处置中，我国新修正的《中华人民共和国食品安全法》为公众通过“互联网+”参与食品安全治理提供了有力的支持和保障，政府在食品安全治理过程中的责任更加明晰，在食品安全危机事件中，政府应该不断提升依法行政的自觉与理性[③]。

九、公共危机法治

为了防止重大突发事件的超大破坏力导致整个国家生活与社会秩序全面失控，需要建立行政紧急法律规范，公共危机法治是一个国家或地区在非常规状态下实行应急管理的法律基础，应对危机，既要采取非程序化决策，又必须依法行政。

我国颁布了一系列的公共危机治理有关的法律、行政法规、部门规章，各地方又据此颁布了适用于本行政区域的地方立法，从而建立起了一个从中央到地方的突发事件处理的法律规范体系。在实施依法治国方略、全面推进依法行政的新形势下，把应对重大突发事件的公共应急系统纳入法治化轨道，按照依宪治国和行政法治的要求，完善公共应急法律规范，将更有效地调整公共紧急情况下的各种社会关系，稳健地维护经济社会发展和人权保障所需的法律秩序，确保公民权利（特别是基本权利）获得更有效的法律保护，公共权力（特别是行政权力）能够更有效地依法行使，二者能够兼顾协调、持续发展。

---

① 高小平，孙彦军. 2009. 服务·责任·法治·廉洁：服务型政府建设的目标、规律、机制和评价标准[J]. 新视野，（4）：45-47.

② 马怀德. 2004. 应急反应的法学思考[M]. 北京：中国政法大学出版社：3.

③ 莫于川. 2016. 健康中国视野下的公众参与食品安全治理[J]. 行政管理改革，（2）：34-38.

十、技术监管法治

在动物疫情公共危机中，政府依法行政的法律依据主要源于一系列动物防疫技术监督法律法规等。我国重大动物疫情应急管理基本法律体系，包括《中华人民共和国动物防疫法》《中华人民共和国突发事件应对法》《重大动物疫情应急条例》等法律法规。在此基础上，农业部先后颁布了《高致病性动物病原微生物实验室生物安全管理审批办法》《动物检疫管理办法》《兽用处方药和非处方药管理办法》《一、二、三类动物疫病病种目录》《动物病原微生物分类名录》《人畜共患传染病名录》《病死动物无害化处理技术规范》《公路动物防疫监督检查站管理办法》《无规定动物疫病区动物管理技术规范（试行）》《高致病性禽流感防治技术规范》《高致病性猪蓝耳病防治技术规范》《猪链球菌病应急防治技术规范》《口蹄疫防治技术规范》《欧拉羊选育技术规范》《马传染性贫血防治技术规范》《马鼻疽防治技术规范》《布鲁氏菌病防治技术规范》《牛结核病防治技术规范》《狂犬病防治技术规范》《猪伪狂犬病防治技术规范》等技术规范。各省根据上位法并结合本省实际制定相应的地方规章。可见，动物防疫的专业性技术对公共危机管理的作用至关重要。

动物卫生监督执法是科学防控动物疫病的行政手段，具有较强的行政性、法制性、科学性和系统性。然而，在实际工作中，动物卫生监督执法体制机制中还存在一些问题，必须加强技术监管法治体系建设、加快动物卫生监督执法体制改革、加强动物卫生监督执法人员素质培养和队伍建设，以更好发挥动物卫生防疫专业技术人员队伍在动物疫情公共危机管理中的特殊作用。

第 三 章

中国动物疫病传播与疫情公共危机
——以生猪和禽流感疫病及其危机事件为例

中国的生猪和家禽饲养量、消耗量都处于世界先进水平。本章以生猪和禽流感疫病及其危机事件为例，通过对中国生猪主要疫病类型和流行风险及其区域差异、生猪疫病公共危机事件回顾、生猪疫病公共危机演化特征，以及重大禽流感疫病流行风险及区域差异、禽流感疫病公共危机演化特征、禽流感疫病公共危机事件回顾等的全面概述与分析，深入探讨动物疫病传播规律及疫情公共危机演化特征。

第一节 生猪疫病传播规律及疫情公共危机演化

一、中国生猪疫病流行风险及其区域差异

（一）相关概念界定

疫病的传播不是一个孤立的现象，它遵循着一定的规律。动物疫病传播是指动物疫病从某一个（或某一群）宿主传播到另一个（或另一群）宿主的

过程。疫病传播规律则指疫病传播过程中本身所固有的、本质的、必然的、稳定的联系，它决定着疫病发生、发展的方向、路径与趋势。探究疫病的传播规律至少需要回答以下问题：疫病的传播过程经历哪些环节？疫病是怎样进行传播的？它在时间和空间分布上具有哪些特征？疫病的传播受到哪些因素的影响？

1. 传染源

传染源（source of infection）是指体内有病原的生长、繁殖并且能排出病原的动物，一般有以下几类：感染并正在发病的动物；感染将要出现症状的动物，即处于潜伏期内的动物；康复后携带病原的动物，如猪感染猪瘟病毒而发病，康复后猪可能会长期携带猪瘟病毒；隐性感染的动物，是指感染某种病原，但是没有出现临床症状的动物。

2. 传播途径

传播途径（transmission route）是病原从传染源到达和侵入被传染动物的过程。通常有 6 种途径：一是经空气传播，二是经食物传播，三是经体液传播，四是经媒介节肢动物传播，五是经伤口传播，六是垂直传播。有些动物疫病有多重传播途径，但是以某种传播途径为主。

3. 易感动物

易感动物（susceptible animals）是指能够被感染某种疫病的动物个体。个体对某种病原的易感性取决于动物品种、体质、年龄、性别、行为、免疫情况等因素中的某一因素或某些因素[①]。

（二）疫病传播的时间分布规律

疫病传播在时间分布上呈现出一定的规律或趋势。动物疫病发生频率经常随时间的推移而不断发生变化，如一开始出现少数散发病例，随后病例逐渐增多，呈现流行趋势，经过一段时间后，发病病例逐渐减少甚至消除。疫病时间分布可以分为短期趋势、周期性趋势和长期趋势。

① 陈继明. 2008. 重大动物疫病监测指南[M]. 北京：中国农业科学技术出版社：9.

1. 短期趋势

短期趋势是指短期内某一定范围内的动物群体中，发病动物突然增多，经过一定时间后又平息下去，常见共同来源暴发和增殖流行两种短期趋势。共同来源暴发（common source outbreak）是指所有的病例都是接触同一传染源而引发的疫病暴发，最常见的共同来源暴发是人的食物性感染。全球性的“非典”疫情最初传播就是一种共同来源的暴发。增殖流行（propagation epidemic）是指畜群中原发病例（primary cases）排出传染性病原而直接或间接感染周围易感宿主，产生续发病例（secondary cases）所带来的疫病流行。原发流行和续发流行时间分布曲线的波峰之间距离代表相应的疫病潜伏期。

2. 周期性趋势

周期性趋势是指发病水平发生规则的周期性波动，它与易感宿主密度和传染性病原密度的变化有联系。常见季节性趋势和周期性流行两种周期性趋势。季节性趋势（seasonal trend）是疫病周期趋势的一种特殊情况，发病的周期性波动与特定季节有关，如呼吸道传染病包括禽流感、新城疫，往往在冬春两季多发，而夏季多发一些细菌性疾病，雨季过后一段时间霉菌性疾病增多。周期性流行（cyclical epidemic）是指有些疫病每隔一段时间就要发生一次流行，称为周期性流行。例如，在巴拉圭，口蹄疫每 4 年发生一次周期性流行，马流感一般 3～5 年大流行一次。牛、马等大动物每年畜群更新比例不大，其周期性明显，但繁殖周期短、畜群更新快的生猪和家禽等动物，其周期性一般不明显。

3. 长期趋势

长期趋势是在几年、几十年，甚至几百年一段长时间内疫病发生的变化趋势。这些变化包括发病临床症状、发病率、死亡率等参数的变化。有些动物疫病发病率呈现出长期减少的趋势，这大多与实施防控措施有关。例如，牛瘟 20 世纪 50 年代以前在我国流行很普遍，因采取防疫接种等措施，逐渐减少乃至消灭。猪瘟、鸡新城疫等多种烈性传染病多年来也呈下降趋势，而有些动物疫病则呈长期上升趋势，这可能与人类的干预和人类习惯的改变有关。例如，近年来，我国动物布氏杆菌病呈现快速上升的趋势，与我国牛羊饲养总量、运输总量持续上升而疫病防控资金和措施缺乏相关；病原的变异也会导致疫病的发生形成某种长期趋势。例如，鸡马立克氏病在美国 20 世纪 70 年代初被推广使用火鸡疱疹病毒疫苗后，发病率迅速下降，但由于疫苗失效的原因，在 20 世纪 70 年代末和 80 年代初有些地区的发病又有所回升。

（三）疫病传播的空间（地理）分布规律

疫病传播在空间（地理）分布上具有区域性特点。有些疫病可以遍及全球，有些疫病则只分布在局部的一定地区。所有的疫病均具有其分布的区域性，疫病表现为地区分布的特殊性和普遍性。从疫病本身来说，传染病和非传染病各有其分布规律，受到病因特点、宿主特征、环境条件、自然条件和社会条件差异等的影响，表现出地域性的特点。研究疫病的地理分布，阐明引起其差异的原因，有助于制定防控对策[①]。

（四）疫病传播的根本原因

任何疫病的传播都是传染源、传播媒介和易感动物等自然因素与社会因素共同作用的结果。动物疫病流行过程中的自然因素既有其自身内在矛盾的运动规律，又与各种社会现象相互联系和相互影响有关。影响疫病传播的自然因素主要包括气候、气温、湿度、阳光、雨量、地形、地貌等，它们对传染源、传播媒介和易感动物等三个环节的作用是错综复杂的。地理条件对传染源的转移具有天然隔离的限制作用，但有些生活在森林、沼泽、荒野等特定自然地理条件中的野生动物，地理环境往往又成为自然疫源地。同时，自然因素对传播媒介和易感动物也具有重要影响。例如，夏季更适应于传播炭疽的媒介昆虫虻类活动，低温高湿天气可使易感动物降低呼吸道黏膜的屏障作用并增大呼吸道传染病的流行风险。影响疫病传播的社会因素主要包括社会制度、生产力、经济、文化、科学技术水平及法规贯彻执行的情况等。它们既可能是促进动物疫病广泛流行的原因，也可以是有效消灭和控制疫病流行的关键[②]。总之，动物疫病的发生和发展不是孤立的现象，我们必须有针对

① 魏萍. 2015. 兽医流行病学[M]. 北京：科学出版社：3.

② 李金祥，郑增忍. 2015. 我国动物疫病区域化管理实践与思考[J]. 农业经济问题，36（1）：7-14.

性地开展动物疫病防控工作。

二、突发性动物疫情公共危机损害状态变化规律

（一）突发性动物疫病传播风险与疫病损害

有动物疫病传播就有引发疫情公共危机的可能。本书以突发性动物疫情造成的实际损害为研究对象，通过描述突发性动物疫情公共危机的染疫状况、经济损失、社会危害和价值冲击等基本特征，确定突发性动物疫情公共危机与非公共危机的分界线并进行危机程度分级。本书把避免、减轻、降低突发性动物疫情实际损害作为根本目标，以突发性动物疫情实际损害可能形成、已经形成或将会形成的演变过程，构建一种新的突发性动物疫情实际损害形成分析框架（图 3.1）。在图 3.1 中，突发性动物疫情实际损害分为突发性动物疫情预警管理、危机管理和灾害管理三个阶段。图 3.1 中，*OP* 线表示突发性动物疫情实际损害程度（量），*OT* 是时间轴线，*OS* 是实际损害曲线。任何突发性动物疫情都会有一定程度的损害，这种损害在临界线 *L* 以下时，突发性动物疫情处于预警管理阶段，属于常态管理，损害在临界线 *L* 以上时称为突发性动物疫情公共危机，损害接近临界上限线 *M* 后得到控制并逐渐减弱回落到 *L* 线以下后称为灾后处置（管理）阶段。当突发性动物疫情损害超出 *M* 线以上时，突发性动物疫情公共危机的类型或级别将会发生质变并升级。在预警管理阶段（*OA*），已有一定的损害且损害呈急剧上升趋势，情况非常急迫，若处理不当可能造成难以预计的重大损害后果；危机管理阶段（*AB*）损害不断积累扩大，如不果断实施应急处置，可能造成更大范围、更大程度的严重后果，甚至有动摇基本价值体系的危险。此时，应急处置的目标在于控制局面以减轻损失，避免出现最坏的后果（图中 *M* 线以上的第一条虚线，即超越损失临界上限线 *M* 而发生事件升级）；善后管理阶段（*BC*）分为两种情况，第一种情况是疫情得到控制，损害逐渐递减至危机化解，第二种情况是应急处置不当导致疫情反复，疫情损害再次加重并倒转进入临界线 *L* 以上的危机状态（图中 *L* 线以上的第二条虚线），发生新的、更大规模的或次生的公共危机。本书将根据调查资料进行突发性动物疫情公共危机实际损害变动的实证分析。我们定义临界线 *L* 线和 *M* 线是当地突发性动物疫情危机防控能力水平

线，其中 L 线是较低一级政府的应急防控能力水平线，M 线是较高一级政府的应急防控能力水平线。不难看出，图 3.1 将问题进行了简化，事实上在图 3.1 中我们还可以画出更高一级政府的应急防控能力水平线。

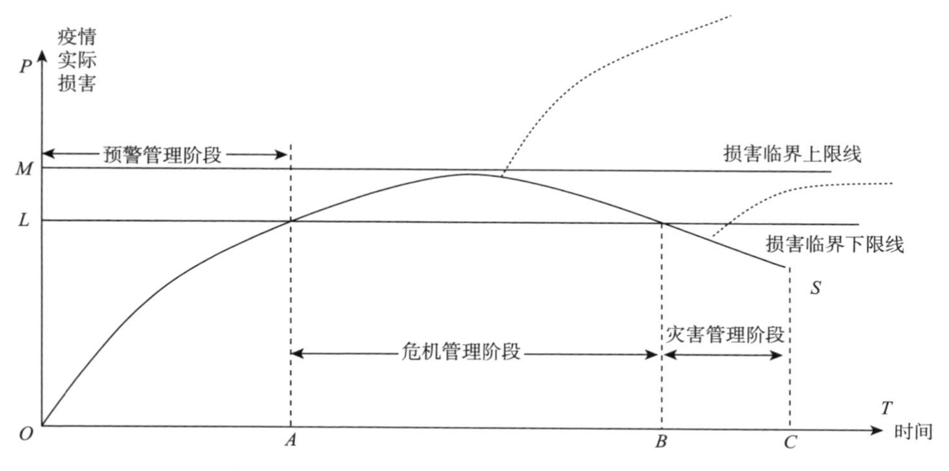

图 3.1　突发性动物疫情实际损害形成演变模型

（二）突发性动物疫情公共危机风险分析

图 3.2 反映了突发性动物疫情公共危机疫情损害状态变化与疫情危机分级的关系。突发性动物疫情的扩散蔓延既有病理学方面的原因，又有人工干预不当的原因，而对疫情控制和扑灭处置不当则是更为重要的原因。由于这两种原因，突发性动物疫情造成的实际损害程度呈波伏状扩散。在图 3.2 所示的危机与非危机分界线之前（左边），从防疫学、动物学角度来看，此时对突发性动物疫情进行病理学治疗或进行控制和扑灭处置，仍属于常态管理状况（不是危机管理范畴）。当突发性动物疫情损害状态表现出染疫状况恶化、经济损失巨大、社会危害严重、价值体系遭受巨大冲击时，突发性动物疫情处于难以控制的非常态管理状况，此时疫情损害程度超过图 3.2 中危机与非危机分界线（中间虚线），即发生了突发性动物疫情公共危机。突发性动物疫情的损害状态越过危机与非危机分界线（危机临界点）之后，疫情的实际损害迅速放大，如不能快速做出应急处置，突发性动物疫情公共危机将不断升级（从一般级逐渐向较大级、重大级、特别重大级公共危机发展），并可能造成巨大

而严重的实际损害。突发性动物疫情公共危机应急处置属于非常态管理状况，如果应急处置得当有效，危机将快速消弭，并从非常态管理向常态管理回归，突发性动物疫情得到控制和扑灭，并最终化解危机。

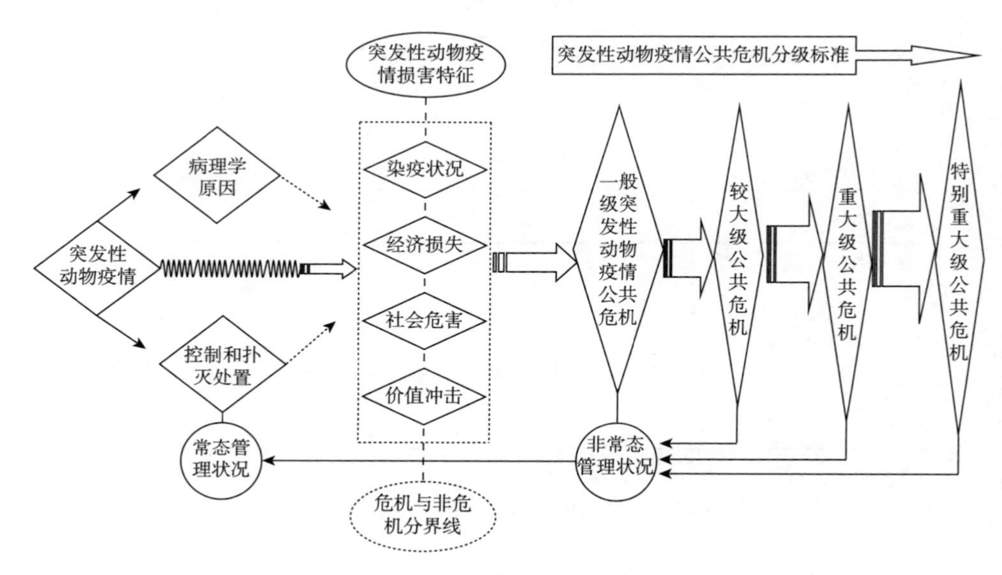

图 3.2　突发性动物疫情公共危机疫情损害状态变化示意图

（三）突发性动物疫情公共危机的基本特征及分级原则、方法和标准

突发性动物疫情公共危机基本特征及其内涵的界定，是确定常态管理状况下突发性动物疫情与非常态管理状况下突发性动物疫情公共危机的区分标志。《中华人民共和国动物防疫法》《重大动物疫情应急条例》《突发公共卫生事件应急条例》等，对突发性公共危机事件的定义、特征、分级等做出了原则性规定。近年来，各地政府根据当地动物疫情发生情况相继制定了《重大动物疫情应急预案》。但是，上述法律法规及地方政府条例、制度（预案）等，在实践中仍然存在一些问题。我们通过调查、收集、整理疫区内突发性动物疫情公共危机的历史资料，结合疫区突发性动物疫情公共危机应急处置实际情况，进行突发性动物疫情公共危机基本特征及分级原则、方法、标准研究后发现：目前已有一些文献对突发性动物疫情公共危机进行分级，并得

出各种各样的分级结果。但是，一些分级方法缺乏明确的分级原则或标准，并无实际价值。我们从疫病传染的病理学调查入手，选择全国生猪生产具有代表性的 14 个省区市开展突发性动物疫情发生情况调查，调查工作遍及全国 14 个省区市的 95 个调查县（市、区）和新疆建设兵团驻石河子市的农八师 152 团，进入 76 个规模化养殖企业、177 个村的 6086 个养殖户中展开调研。在以上样本省调查研究的基础上，结合《兽医公报》《中国畜牧兽医年鉴》公布的数据建立了数据库，对我国主要的生猪疫情性质、危害程度、传播速度、流行范围和趋势等进行分析，明确分级原则，选择科学的分级方法，结合突发性动物疫情控制与扑灭应急管理实践，归纳总结出我国突发性动物疫情发生规律，并确定突发性动物疫情公共危机分级标准或方法，分级操作性较强。

第二节　生猪疫病疫情现状分析及演变的区域差异

一、中国生猪主要疫病类型及流行风险

（一）生猪疫病类型及其流行现状

突发性动物疫情的发生规律一直是防疫学和突发性动物疫情公共危机研究中的重点与难点课题。我国是世界范围内养猪生产第一大国，生猪存栏、出栏总量居世界第一，猪肉产量居世界第一，占世界猪肉总产量一半。因此，研究突发性生猪疫病发生规律具有十分重要的意义。从中华人民共和国成立起到 20 世纪 80 年代生猪疫病主要为猪瘟、猪肺疫、猪丹毒，20 世纪 90 年代以后增加了弓形虫感染，2000 年以后猪繁殖与呼吸综合征病毒（porcine reproductive and respiratory syndrome viru，PRRSV）和猪圆环病毒（porcine circovirus，PCV）广泛传播，猪瘟免疫失败后“猪呼吸道疾病综合征（Porcine Respiratory Disease Complex，PRDC）”成为重要危害，并构成了一种背景疾病，导致了高致病性猪蓝耳病变异株的出现。2005 年 6 月，我国四川省数十个县

发生猪链球菌病造成数十人死亡[1]。目前世界上人畜共患的生猪主要传染性疫病有亚洲Ⅰ型口蹄疫（俗称猪五号病）、高致病性猪蓝耳病及猪链球菌病等，这些突发性重大生猪疫病对畜牧业生产和人畜健康产生了严重危害。

1. 中国生猪疫病的主要类型

有29种动物疫病已列入《国家中长期动物疫病防治规划（2012—2020年）》中的优先防治和重点防范目录（表3.1），其中一类动物疫病有口蹄疫、高致病性禽流感、高致病性猪蓝耳病、猪瘟和新城疫，可见生猪主要疫病是动物疫病防控的重中之重。

表3.1　优先防治和重点防范的动物疫病

疫病分级	疫病种类
优先防治的国内动物疫病（16种）	一类动物疫病（5种）：口蹄疫（A型、亚洲Ⅰ型、O型）、高致病性禽流感、高致病性猪蓝耳病、猪瘟、新城疫 二类动物疫病（11种）：布鲁氏菌病、奶牛结核病、狂犬病、血吸虫病、包虫病、马鼻疽、马传染性贫血、沙门氏菌病、禽白血病、猪伪狂犬病、猪繁殖与呼吸综合征（经典猪蓝耳病）
重点防范的外来动物疫病（13种）	一类动物疫病（9种）：牛海绵状脑病、非洲猪瘟、绵羊痒病、小反刍兽疫、牛传染性胸膜肺炎、口蹄疫（C型、SAT1型、SAT2型、SAT3型）、猪水泡病、非洲马瘟、H7亚型禽流感 未纳入病种分类名录，但传入风险增加的动物疫病（4种）：水泡性口炎、尼帕病、西尼罗河热、裂谷热

资料来源：国务院办公厅发布的《国家中长期动物疫病防治规划（2012—2020年）》

2. 中国生猪疫病的流行现状

生猪病原种类多且发病率较高，突出表现为外来动物疫病不断传入，至少有31种畜禽疫病（含25种法定动物疫病）是由境外传入我国的。当前，猪蓝耳病、猪瘟、猪圆环病毒病、口蹄疫等生猪主要疫病依然流行广泛、危害严重、发病率较高、死亡情况严重，一些新的生猪疫病时有发生。

重大动物疫病流行情况十分复杂。一方面表现为病原污染面广、临床表现非典型化。当前重大动物疫病病原污染面广，2008年定点流行病学调查，对9个省区市9个屠宰场随机采取临床健康猪样品248份进行实验室检测，发现猪瘟病毒阳性检出率为22.98%，猪蓝耳病病毒阳性率为32.70%。另一方面，

① 农业部. 2012. 国家中长期动物疫病防控战略研究[M]. 北京：中国农业出版社：9.

有些生猪疫病经过普遍强制免疫后，病原毒力减弱，导致疫病在流行、症状和病理等方面临床症状不典型，同时多病原混合感染导致免疫抑制病危害逐渐加重。此外，生猪病原变异加快、细菌性疫病危害风险增高、人畜共患病增多并危害公共卫生安全等，更加大了重大动物疫病防控的难度。

（二）中国生猪主要疫病流行风险

我国生猪主要疫病流行风险来自如下三方面的威胁。一是生猪疫病区域化管理水平较低。动物疫病区域化管理是在某一特定区域，通过建立屏障体系（包括地理屏障、人工屏障或生物安全屏障等），建立和维持一个具有特定动物卫生状况的“亚群体”，采取包括流行病学调查、监测、动物及动物产品流通控制等综合措施，以达到控制、扑灭和消灭重大动物疫病与重要人畜共患疫病的目的。但是，我国在这方面的工作还存在一些不足，导致生猪主要疫病流行风险较大。二是生物安全隔离区建设有些滞后。无论是通过地理隔离（自然的、人工的或者法律/行政边界）将生猪群体同其他家养或者野生易感动物隔离的区域区划模式，还是通过实施严格统一的生物安全管理和良好饲养操作规范等手段建立生物安全隔离区划模式，都未能从根本上解决生猪及其肉制产品贸易中可接受的风险水平问题。三是生猪无规定动物疫病区建设存在不足。无规定动物疫病区是指某一确定区域在规定期限内没有发生过某种或某几种动物疫病，且在该区域及其边界和外围一定范围内对动物与动物产品、动物源性饲料、动物遗传材料、动物病料、兽药（包括生物制品）的流通实施有效控制并经国家评估合格的特定地域[①]。

（三）生猪疫病流行风险区域差异分析

本书针对我国重大生猪疫病的特点，参考李滋睿和覃志豪的方法确定采用指数法进行生猪疫病流行风险区域差异分析[②]。

---

① 李金祥，郑增忍. 2015. 我国动物疫病区域化管理实践与思考[J]. 农业经济问题，36（1）：7-14.

② 李滋睿，覃志豪. 2010. 重大动物疫病区划研究[J]. 中国农业资源与区划，31（5）：18-22，76.

1. 省级生猪疫病流行指数计算方法

中国是世界范围内生猪饲养量、生猪存栏数、猪肉生产量和消费量第一大国。猪肉也是中国畜产品中产量、产值较高的动物产品。当前，对我国生猪养殖造成重大危害的生猪疫病主要有猪瘟、猪繁殖与呼吸综合征、猪囊虫病、猪丹毒、猪肺疫等五种。由于猪瘟、猪丹毒和猪肺疫发生次数多、涉及范围广、影响大，因此我们选取以上三种疫病作为本书研究的代表病种。为计算各地区动物疫病流行指数并分析省级动物疫病流行状况，本书借鉴李滋睿和覃志豪提出的动物疫病流行指数公式为

$$E=\left(N_i/\sum N+O_i/\sum O+D_i/\sum D+K_i/\sum K\right)/\left(A_i/\sum A_i\right) \quad (3.1)$$

式中，E 为某种疫病在某一地区的流行指数；N_i、O_i、D_i、K_i 分别为某种动物疫病在某地区的发生次数、发病动物数、死亡动物数和扑杀动物数；$\sum N$、$\sum O$、$\sum D$、$\sum K$ 分别为某种动物疫病在全国的总发生次数、总发病动物数、总死亡动物数和总扑杀动物数；A_i 和 $\sum A_i$ 分别为当年某地区和全国的动物总饲养量。

我们用平均流行指数来表示某一个地区所有动物疫病的流行情况，计算公式为

$$\overline{E}=(E_1+E_2+E_3+E_4+\cdots+E_n)/n \quad (3.2)$$

$\overline{E}$ 为某地区动物疫病平均流行指数，E_1、E_2、E_3、$E_4 \cdots E_n$ 分别为该地区发生各种动物疫病的流行指数。本书以猪瘟、猪丹毒和猪肺疫为代表病种，通过计算 2010～2014 年各省区市三种疫病的流行指数，取平均值后得到各地动物疫病流行指数，反映省级动物疫病连续 5 年流行状况（表 3.2）。

表 3.2 各省区市 2010～2014 年生猪疫病流行指数

地区	2010 年	2011 年	2012 年	2013 年	2014 年	平均指数
广西	21.61	16.79	12.09	10.40	25.38	17.25
宁夏	53.25	4.08	1.84	4.90	3.21	13.46
重庆	15.19	14.85	7.96	9.87	13.26	12.23
青海	34.52	14.24	3.27	2.88	4.01	11.78

续表

地区	2010年	2011年	2012年	2013年	2014年	平均指数
新疆	45.17	0	0.18	2.12	3.44	10.18
云南	3.01	5.41	12.13	13.15	5.87	7.91
上海	10.59	3.58	3.13	15.62	4.28	7.44
陕西	18.62	4.94	7.38	0.97	5.16	7.41
甘肃	7.08	3.85	14.63	5.83	4.97	7.27
湖南	2.18	5.54	11.68	6.78	5.44	6.32
湖北	3.16	13.89	5.85	4.88	1.78	5.91
江西	1.50	6.32	1.60	5.99	11.99	5.48
天津	0.31	0.29	0	0	24.31	4.98
贵州	10.14	5.76	4.58	1.50	0.85	4.57
吉林	0.09	0.04	0	22.39	0	4.50
四川	1.42	2.91	3.59	4.85	4.26	3.41
海南	3.06	3.29	4.66	2.30	1.52	2.97
安徽	2.47	1.83	4.85	1.29	0.82	2.25
浙江	3.80	1.91	1.52	1.20	2.65	2.22
内蒙古	5.69	0.15	0.02	0	0	1.17
广东	3.61	1.09	0.12	0.14	0.28	1.05
福建	3.08	0.24	0.05	0.09	0.34	0.76
江苏	0.48	0.52	0.17	1.13	0.73	0.61
黑龙江	0.51	0	1.37	0.13	0.16	0.43
河北	0.39	0.40	0.24	0.15	0.44	0.32
山东	0	0	0	0.58	0.17	0.15
河南	0.22	0	0	0	0	0.04
辽宁	0.03	0.06	0	0.01	0	0.02
山西	0	0	0.03	0	0	0.01
北京	0	0	0	0	0	0
西藏	0	0	0	0	0	0

2. 省际生猪疫病流行风险区域差异

世界粮食及农业组织和世界动物卫生组织在制定的动物疫病风险分级制度中，将动物疫病流行风险分为四类，分别是极高风险、高风险、中等风险和低风险。本书结合动物疫病风险分级制度并参考李滋睿和覃志豪提出的分级方法，计算出2010～2014年中国31个省区市生猪疫病平均流行指数，再将31个省区市分为四个不同风险等级的动物疫病流行风险区域，分别是极高风险区域（$\bar{E}$）、高风险区域（8：$\bar{E}$）、中等风险区域（4：$\bar{E}$）和低风险区域（1：$\bar{E}$）。因台湾、香港、澳门三个地区统计口径与数据不一致，本书未将其纳入计算。由表3.2结果可知，广西、宁夏、重庆、青海和新疆5个省区市为极高风险区域；云南、上海、陕西、甘肃、湖南、湖北、江西、天津、贵州和吉林10个省市为高风险区域；四川、海南、安徽、浙江、内蒙古和广东6个省区为中等风险区域；福建、江苏、黑龙江、河北、山东、河南、辽宁、山西、北京和西藏10个省区市为低风险区域。

（四）案例分析：《2001—2012年湖南省猪蓝耳病流行病学调查与分析》研究报告

猪繁殖与呼吸综合征（经典猪蓝耳病），1996年在我国首次报道，2006年在我国暴发流行，2009年弱毒活疫苗广泛应用后得到有效控制。本书以湖南省猪蓝耳病疫情流行规律分析为例，对中国突发性动物疫情公共危机损害状态变化规律进行深入研究。课题组对2001年以来湖南省动物疫病预防控制中心（原湖南省兽医总站）实验室接诊的1552个临床病例和湖南省猪蓝耳病发病资料进行了调查与系统分析。

1. 材料与方法

1）病例资料及其分析

对湖南省动物疫病预防控制中心2001年以来保存的病例档案进行统计、系统分析和研究。

2）病料处理

无菌采集病（死）猪的肺组织、淋巴结、血清等用于猪蓝耳病（高致病性猪蓝耳病）病毒抗原（抗体）检测。

3）猪蓝耳病（高致病性猪蓝耳病）诊断

2001～2005 年，以检测待检血清中的 PRRSV 抗体，试剂为 IDEXX（一种试剂盒材料）的蓝耳病抗体检测试剂盒为猪蓝耳病诊断依据，阳性结果且未注射蓝耳病疫苗的病例诊断为蓝耳病病毒感染病例。

2006 年以后，猪蓝耳病的诊断方法是逆转录聚合酶链式反应（reverse transcription-polymerase chain reaction，RT-PCR），核酸学检测阳性判断为猪蓝耳病（或高致病性猪蓝耳病）病例。其中，猪蓝耳病 RT-PCR 检测方法源于中国动物卫生与流行病学中心，高致病性猪蓝耳病 RT-PCR 检测方法源于农业农村部兽医诊断中心。

2. 结果与分析

1）猪蓝耳病流行强度

表 3.3 显示，湖南省每年发病猪场感染猪蓝耳病病毒情况严重，平均阳性检出率在 50%以上，表明猪蓝耳病病毒具有持续危害性。2007 年该病疫情达到流行高峰，2008 年以后推广应用高致病性猪蓝耳病弱毒活疫苗，疫情得到有效控制，疫病次数显著下降。2001～2012 年猪蓝耳病病例情况见表 3.3，其流行趋势如图 3.3 所示。

表 3.3　2001～2012 年猪蓝耳病检测统计表

年份	总送检场次	检验场次	阳性场次	猪场发病率	猪场检出率	检测样品数	阳性样品	样品阳性率
2001	70	38	22	31.4%	57.9%	205	60	29.3%
2002	117	31	22	18.8%	71.0%	254	119	46.9%
2003	109	29	20	18.3%	69.0%	209	80	38.3%
2004	221	64	41	18.6%	64.1%	459	180	39.2%
2005	155	64	44	28.4%	68.8%	449	175	39.0%
2006	177	95	77	43.5%	81.1%	1044	621	59.5%
2007	463	423	352	76.0%	83.2%	784	611	77.9%
2008	99	89	45	45.5%	50.6%	182	99	54.4%
2009	45	43	21	46.7%	48.8%	50	27	54.0%
2010	40	32	15	37.5%	46.9%	98	46	46.9%
2011	26	22	8	30.8%	36.4%	34	11	32.4%
2012	17	8	3	17.6%	37.5%	41	5	12.2%

表 3.3 中，猪场发病率=阳性场次/总送检场次×100%；猪场检出率=阳性场次/检验场次×100%；样品阳性率=阳性样品/检测样品数×100%；2007 年以后的病例均指猪蓝耳病。

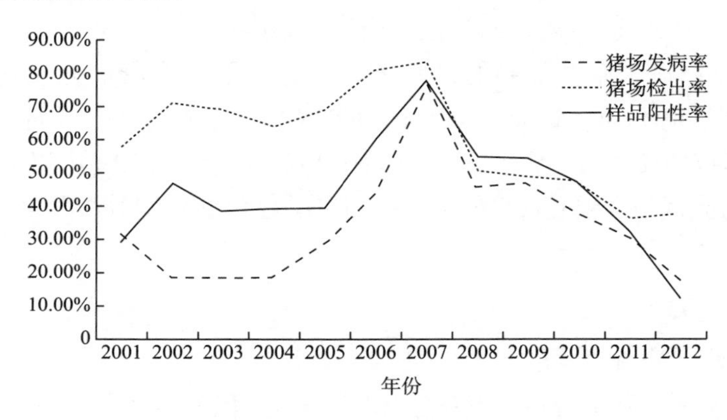

图 3.3　2001～2012 年猪蓝耳病流行趋势

2）湖南省猪蓝耳病流行高峰期的发病情况

2006～2008 年是湖南省猪蓝耳病发病高峰期，由于其突然发生且尚未形成有效防控措施，造成疫情损失十分严重，生猪养殖业遭到重创。表 3.4 显示了湖南省 2006～2008 年高致病性猪蓝耳病发病死亡情况。

表 3.4　2006～2008 年湖南省高致病性猪蓝耳病发病死亡情况

年份	发病县数	发病乡数	存栏数	发病数	发病率	扑杀数	死亡数	死亡率	病死率
2006	75	451	2 529 001	866 848	34.3%	—	373 603	14.8%	43.1%
2007	97	492	917 946	566 656	62.0%	154 481	259 547	28.0%	53.0%
2008	6	7	6 315	5 907	94.0%	518	2 415	38.0%	41.0%

3）高峰期猪蓝耳病流行猪群分布

对 2007 年发病高峰期 281 个发病猪场的发病猪群情况进行研究，结果显示，仔猪发病约占 61.2%（233/381），中猪发病约占 24.9%（95/381），肥猪发病约占 8.7%（33/381），母猪发病约占 4.7%（18/381）。表明猪蓝耳病可发生于各种年龄的猪，但断奶仔猪最敏感，其次是中猪。

4）猪蓝耳病流行与猪场饲养规模

在疫情暴发早期，猪蓝耳病主要在中小规模猪场或散养户中流行。在 2007 年发病高峰期的 24 个疫情县 58 538 户染疫养殖户的调查结果显示，中小规模猪场或散养户生猪发病率占疫点总数的 98.8%。在疫病流行后期，主疫区中的较大规模的猪场也开始出现疫情。

5）高致病性猪蓝耳病流行区域分布

从湖南省猪高致病性猪蓝耳病染疫地区的分布情况来看，该病的流行在高峰期呈现比较典型的区域连续扩散性，少量疫区呈现跳跃性零星分布，疫区主要集中于湘北和湘中，而湘南和湘西疫点较少。

6）高致病性猪蓝耳病流行时间分布

对 2007～2008 年 411 例病例的发病时间按月统计，结果显示（表 3.5），该病一年四季均可发生，6～8 月是高致病性猪蓝耳病高发期，春季是疫情低发期（图 3.4）。

表 3.5　发病高峰期高致病性猪蓝耳病发病数月度统计表

项目	1月	2月	3月	4月	5月	6月	7月	8月	9月	10月	11月	12月
2007年	—	3	6	3	8	103	36	94	52	17	17	13
2008年	6	1	4	15	4	13	7	6	2	1	—	—
总病例/例	6	4	10	18	12	116	43	100	54	18	17	13
月平均/次	6	2	5	9	6	58	21.5	50	27	9	17	13

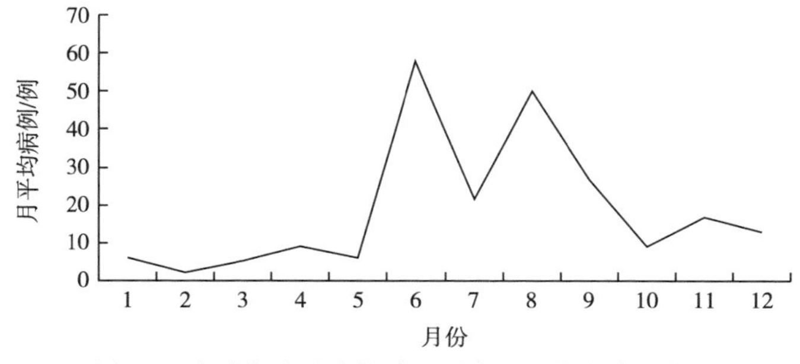

图 3.4　高峰期高致病性猪蓝耳病月平均发病走势图

7）疫病暴发与健康猪群猪蓝耳病隐性带毒的关系

从 2007 年 20 个健康猪场 1007 份 RT-PCR 监测血清样品来看，有 6 个阳性场、32 个阳性血清，猪场与血清的阳性率分别为 33.3%和 3.1%，有两个猪场的血清阳性率超过 30%，在采样后 10 天左右暴发疫病，均为隐性带毒。这一结果说明在部分健康猪场中存在隐性带毒现象，当带毒率达到一定比例时能引发疫情的暴发。

3. 结论与讨论

1）样本数据说明

本书所述 1552 个病例是湖南省动物疾病预防控制中心实验室自 2001 年以来接诊的全部临床送检病例，其诊断多根据临床表现对样品进行选择性检测，我们称其为不完全检测数据。

2）猪蓝耳病是湖南省猪群中的主要传染病之一

2007 年以来，湖南省 1552 个临床猪病病例中有 691 例为猪蓝耳病病例，约占总病例数的 44.5%，其中，猪蓝耳病病例 465 例，约占总病例数的 30%（表 3.3）。从总体流行形势（图 3.4）看，2001～2007 年猪蓝耳病猪场发病率、猪场检出率和所检样品阳性率均呈逐年上升趋势，2007 年达到疫情流行顶峰，随后，疫情呈显著下降趋势，2011 年的疫情形势与 2002 年的相当，表明湖南省目前的高致病性猪蓝耳病疫情已得到有效控制。

3）高致病性猪蓝耳病流行特征明显

在 2006～2008 年猪蓝耳病流行高峰期中，各地均未形成有效的防控方式，各地的疫病流行真实显示了高致病性猪蓝耳病的流行特征，即猪蓝耳病可发生于各种年龄的猪，但断奶仔猪最敏感；发病时间上，一年四季均可发生，但以 6～8 月为多发季；另外，高致病性猪蓝耳病的隐性感染表明，低带毒率的健康猪场可能不暴发疫情，但当带毒率达到一定比例时能够引发疫情暴发。

4）近年疫病流行面和危害程度大为降低

2011 年以后，虽然临床上的猪蓝耳病还是以高致病性猪蓝耳病占绝大比重，但在流行面、危害程度上已大大降低，临床上的高致病性猪蓝耳病病例大部分均仅引起少量猪只死亡，死亡猪也以保育猪为主，其原因是高致病性猪蓝耳病弱毒疫苗的大范围使用，有效地抑制了病毒的致病力。

二、中国生猪疫病公共危机事件回顾

生猪业在我国畜牧业和农业中有着重要地位。我国是猪肉生产大国和消费大国，猪肉生产和消费量约占我国总肉类生产和消费的 60%以上。生猪疫病是我国养猪业面临的最大风险之一，困扰着我国生猪业稳定健康发展。暴发重大生猪疫病，既可能因为大量生猪死亡和个体生产能力下降，对生产者造成巨大损失；又会导致生猪产量减少，引起价格上涨，影响居民正常的肉类消费；更重要的是，生猪疫病还可能降低猪肉质量安全水平，甚至可能发生人畜感染，影响公共卫生安全，对社会和人类健康造成危害。本书对中国重大生猪疫病公共危机事件进行了回顾。

（一）2005 年四川发生的人–猪链球菌病

2005 年 6 月 24 日，四川省多地暴发人–猪链球菌病，随后在全省部分地区多点散发传播。根据卫生部、农业部发布的《四川省猪链球菌病疫情评估报告》[①]，在这次疫病中四川省累计报告人感染猪链球菌病例 204 例，其中死亡 38 例。从病例分布情况来看，资阳、内江、成都等 12 个市 37 个县（市、区）131 个乡镇（街道）的 195 个村（居委会）发生了人畜交叉感染疫病情况。到 8 月下旬，四川省猪链球菌病疫情已经得到有效控制。此次疫情在 7 月 20 日左右达到高峰，其间发生了人感染猪链球菌病并导致死亡，引起了一定程度的社会恐慌情绪。

猪链球菌病疫情为中国二类动物疫病。从流行病学角度分析，疫点之间并没有直接相关性。链球菌具有多种种类，归属于条件性致病菌，由于环境条件比较苛刻，因此即使带菌也不一定发病，这就是人们容易忽略该病可能大面积传播的重要原因。在高温高湿、气候变化、圈舍卫生条件差等环境下，受某些应激因子诱发，猪链球菌病将大大提高发病率，并且造成人感染猪链球菌的可能性增高进而诱发人–猪链球菌病。目前，世界上已有多个国家有猪感染发病且致人死亡的报道。1998 年，中国江苏省南通市也发生过 2 例猪链

① 国家卫生和计划生育委员会. 2005. 四川省猪链球菌病疫情评估报告[EB/OL]. http://www.chinacdc.cn/jkzt/crb/gjfd/qt/rzzzlqjgr/scsrzlqjbjszn/201104/t20110412_41660.html[2021-03-09].

球菌 2 型疫情导致人死亡的病例。虽然人感染猪链球菌病的原因十分复杂，但实验室检测和现场流行病学调查表明，人感染病例均具有人–猪接触史，而且都有私自宰杀、加工病死猪记录。

（二）2006 年高致病性猪蓝耳病疫情

2006 年 5 月下旬，江西省乐平市出现大量仔猪、育肥猪发病、死亡情况。6～7 月，在南昌周边部分猪场发生，其后，扩散至抚州、东乡、万年、高安等地；7～8 月，江苏、湖南、福建、安徽也相继发生类似情况。10 月底，疫情进一步蔓延到山东、河南、广西、广东。其后，疫病继续扩散到北京、黑龙江等地，其间该疫病虽有所减缓，但 2007 年 3 月后又在全国 26 个省区市大面积蔓延，并迅速传播至之前未发生疫情的地区，5～7 月达到流行高峰，疫病几乎席卷全国，对我国畜牧业生猪产业造成重大打击，对生猪产业安全构成严重威胁。这次猪高致病性猪蓝耳病疫情各地不同时期、地区的发病表现基本相同。疫情呈现出不受气温影响、区域性暴发流行明显、传播快、发病率、死亡率较高等特点，药物治疗无明显效果，大量使用抗生素及疫苗紧急接种反而加重病情，死亡率更高，许多猪场因此倒闭[①]。可以说，这次高致病性猪蓝耳病疫情的暴发，是近年来我国动物疫情诱发的一次大规模的危机事件。

（三）2013 年上海黄浦江流域松江段“漂浮死猪事件”

2013 年 3 月上旬，中国上海市黄浦江松江段流域出现大量漂浮死猪，国内外媒体与舆论很快对此事件予以广泛关注。上海黄浦江流域松江段“漂浮死猪事件”迅速成为社会关注的重大突发事件。舆论关注的焦点首先从上海市水源质量开始，随后开始关注质疑死猪是否为病猪、对上海市饮用水安全将有什么影响等。3 月 11 日，农业部副部长陈晓华在十二届全国人民代表大会第一次会议新闻中心记者会上正式回应上海黄浦江流域松江段“漂浮死猪事件”，公开宣布当地没有发生重大生猪疫病。随后，上海、浙江两地地方人

① 陆则基，王志亮，吴延功，等. 2009. 我国猪“无名高热”病的回顾与思考[J]. 中国动物检疫，26（2）：69-71.

民政府也相继宣布，从黄浦江水域打捞的死猪病检结果看，死猪原因并非生猪病毒所致。虽然各地政府迅速组织打捞死猪，死猪数字也从最初的几十头，发展到几千头甚至数万头，3 月 12 日嘉兴市畜牧局和环保局甚至承认存在乱丢死猪现象，但是没有一个地方政府愿意为上海黄浦江流域松江段“漂浮死猪事件”负责任。这进一步引发了公众对黄浦江漂浮死猪原因的质疑。直至上海市政府宣布初步确定死猪主要来自浙江嘉兴地区之后，事态才有所缓解。3 月 14 日，农业部首席兽医师于康震带领农业部督导组赴浙江、上海，宣布当地未发生大规模疫情，并督促指导地方政府科学开展黄浦江及上游水域漂浮死猪的处置工作。随后，舆论开始关注数以万计的死猪漂浮原因、上海市饮水的水质安全、死猪处理的财政补贴去向等问题。

（四）2014 年邵阳“10・24”特大制售病死猪肉案

2013 年 8 月，湖南省邵阳市警方接到“有人长期在邵阳市冷库后面收购病死猪肉”的群众举报。经过 3 个多月的周密调查发现，该案波及湖南、河南、广西等 10 余个省区市。该案涉案人员有 110 人落网，其中 58 名主要成员被处以行政拘留，共捣毁涉案窝点 31 个，摧毁 10 余条犯罪网络链条，查获涉案病死猪肉约万吨，查证非法牟利金额逾亿元。从查清的事实看，该案犯罪嫌疑人在半年之内就以每头 200 元的价格从农户手里收购体重为 200～300 斤的病死猪 800 多头、生产病死猪肉 8000 多千克，并以不到市场价一半的价格买进大量病死猪的猪头、猪脚、猪内脏等，将其加工制作成卤菜和腊肉进行销售。更为严重的是，犯罪嫌疑人还将部分病死猪以较低价格批发给某些获得了正规营业执照的大型肉制品加工企业，经加工包装后销售到各个旅游景点。病死猪肉及其源性食品对人民的身体健康造成极大危害，引起广大消费者的高度恐慌并演化成当地一起食品安全危机事件。该案暴露出了我国在动物产品收购、检验检疫、流通等环节所潜在的危机风险。

（五）2017 年浙江省湖州市偷埋病死猪事件

2017 年 8 月 30 日，浙江省湖州市发生“三天门附近地下埋有死猪”事件。当天下午 3 点半，湖州市环保局环境监察支队执法人员经过现场指认，在位于三天门大银山西南处发现动物尸骸，案情迅速被通报至公安、农业等相关部门。经查，这些死猪尸骸是湖州市工业和医疗废物处置中心有限公司 2013 年在处置病死猪过程中，将应该焚烧处置的病死猪未经无害化处理就拉至大银山予以掩埋[①]。湖州市政府接到信访举报件后，市委、市政府立即成立由公安、环保、农业、卫生等部门参加的联合工作组，对损害环境等违法行为进行彻底清查、消除环境隐患、确保环境安全。截至 2017 年 9 月 8 日，环保、公安、农业等相关部门完成了 3 处掩埋点的全面开挖和清理，共挖掘动物尸骸和污泥 223.5 吨，委托资质单位进行焚烧无害化处理[②]。事件处置过程中刑事拘留了 5 名犯罪嫌疑人并依法进行了处理。

浙江省湖州市偷埋病死猪事件是一起违反病死猪无害化处理规程而破坏环境安全的典型事件。上百吨病死猪的尸体，没有经过无害处理就仓促掩埋在山上，三年间病死猪尸体的恶臭严重污染了山体周围的环境，引发当地群众对生活环境的恐慌。湖州市有媒体断然否认涉事的公司偷埋病死猪，对百姓意见的漠视，已经造成了不可估量的环境影响和社会影响。

三、中国生猪疫病公共危机演化特征

（一）生猪疫病流行风险区域差异的影响因素

近年来，国内外学者对动物疫病流行风险和区域差异进行了较为深入的研究。1991 年，世界动物卫生组织将风险分析列入《陆生动物卫生法典》中，推动了动物疫病风险分析在动物卫生管理决策中的应用[③]。Shreve 等从人类、社会和环境多个角度探讨了 2001 年英国口蹄疫疫情迅速扩散的原因，并强调了疫病风险管理对预防和控制疫病流行的重要性[④]。Al-Zoughool 等根据疯牛病的流行病学特征和疫病传播特点，构建了疯牛病流行风险数学模型，用来估

---

① 佚名. 2017. 湖州病死猪偷埋案，失察之责与偷埋死猪都让人心痛 [EB/OL]. https://www.sohu.com/a/191230158_115239[2021-03-10].

② 佚名. 2017. 浙江湖州通报“偷埋病死猪”事件：2013 年所埋[EB/OL]. https://finance.ifeng.com/a/20170910/15664111_0.shtml[2021-03-10].

③ 刘倩，郑增忍，单虎，等. 2014. 动物疫病风险分析的产生、演变和发展[J]. 中国动物检疫，31（1）：12-16.

④ Shreve C，Davis B，Fordham M. 2016. Integrating animal disease epidemics into disaster risk management[J]. Disaster Prevention and Management，25（4）：506-519.

算疯牛病流行风险和未来走向[①]。风险分析方法在一些畜牧业发达国家得以广泛应用，并取得了显著的效果。我国动物卫生分析体系的构建工作虽起步较晚，但发展迅速。杨国静等分析了数理统计模型等风险评估方法在媒介传播性疾病中的应用前景，并评估出中国疟疾传播的三大风险区域[②]。周晓农等构建了区域疫病流行现状、潜在传播风险和机构工作能力等指标，根据计算出的疫病流行风险评估指数对风险区域进行分类，进而采用 ArcGIS 软件绘制了疫病流行风险地图[③]。李滋睿和覃志豪提出了动物疫病流行指数计算公式，根据 2004～2008 年五年重大动物疫病流行数据计算出各区域疫病流行指数，将动物疫病的流行区域分成了严重流行区、较重流行区、中度流行区、散发区和洁净区五个流行风险等级[④]。

国外针对动物疫病流行风险的区域差异研究文献较少，国内学者相关研究主要集中在区域差异的影响因素和研究方法两个方面。李鹏等认为动物疫病的发生和流行具有不确定属性和可控属性。不确定属性主要体现为疫病发生和流行遵循一定的自然规律，是不以人的意志为转移的；可控属性体现在疫病发生和流行受到复杂的自然因素和社会因素的影响，传染源、传播途径和易感动物三个基本环节在特定情况下通过一定手段是可以切断的[⑤]。那么，动物疫病的流行具体受到哪些自然因素和社会因素的影响，从而进一步导致区域差异的形成呢？梁琛等认为地理生态环境对人及动物健康的影响是永恒的，特别是疫源地的地理生态环境对疫病的空间分布和流行趋势影响巨大[⑥]。

---

① Al-Zoughool M，Cottrell D，Elsaadany S，et al. 2015. Mathematical models for estimating the risks of bovine spongiform encephalopathy（BSE）[J]. Journal of Toxicology and Environmental Health, Part B Critical Reviews，18（2）：71-104.

② Yang G J，Gao Q，Zhou S S，et al. 2010. Mapping and predicting malaria transmission in the People's Republic of China，using integrated biology-driven and statistical models[J]. Geospatial Health，5（1）：11-22.

③ 周晓农，张少森，徐俊芳，等. 2014. 我国消除疟疾风险评估分析[J]. 中国寄生虫学与寄生虫病杂志，32（6）：414-418.

④ 李滋睿，覃志豪. 2010. 重大动物疫病区划研究[J]. 中国农业资源与区划，31（5）：18-22，76.

⑤ 李鹏，苏兰，蒋正军，等. 2014. 美国 APHIS 区域动物疫病状况认可信息目录研究[J]. 中国动物检疫，31（4）：59-63.

⑥ 梁琛，张建海，牛瑞燕，等. 2009. 地理生态环境与动物及人疫病的关系探讨[J]. 中国动物保健，11（8）：55-59.

杨林生等也一致认为地理生态环境状况会对动物疫病流行造成影响。例如，废水的大量排放会造成环境污染和破坏，畜禽废弃物的吸纳能力也将大大衰减，使疫病病原体的传播概率大大增加①。梁小珍等认为，地区动物饲养水平和疫病防控管理水平也是造成动物疫病流行风险区域差异的重要因素。地区动物饲养生产状况不仅体现了该地区养殖传统和养殖业发展水平，而且在一定程度上反映了由养殖业发展趋势引起的疫病流行风险的变动②。王华等认为，地区动物养殖水平越高，动物疫病发生和流行的风险也将随之增大③。与之截然相反的观点认为，地区动物饲养生产水平越高，规模化饲养比例越高，生猪疫病发生和流行的风险就越低。在疫病防控管理水平研究方面，刘芳等认为防疫人员素质是疫病流行风险区域差异的重要影响因素，应不断加强防疫队伍建设④。在研究区域差异时，Shapley 值分解方法应用广泛。它是 Shapley 在 1953 年基于合作博弈理论提出的用于解决多人合作对策问题的方法。它可以基于回归方程量化各解释变量对被解释变量不平等程度的贡献⑤。基于夏普利值分解方法，陈忠全等构建了排污权交易联盟博弈模型，研究解决排污企业在其中的收益分配问题⑥；王志刚等研究适合中国国情的“农超对接”收益分配方式⑦；王佳等探寻中国地区二氧化碳排放强度差异的成因⑧；邹秀清对土地

① 杨林生，王五一，谭见安，等. 2010. 环境地理与人类健康研究成果与展望[J]. 地理研究，29（9）：1571-1583.

② 梁小珍，刘秀丽，杨丰梅. 2013. 考虑资源环境约束的我国区域生猪养殖业综合生产能力评价[J]. 系统工程理论与实践，33（9）：2263-2270.

③ 王华，李玉清，徐百万，等. 2013. 浅谈新形势下我国动物疫病防控策略[J]. 中国动物检疫，30（2）：75-77.

④ 刘芳，贾幼陵，杜雅楠. 2011. 中国无疫区建设与动物疫病净化[J]. 中国动物检疫，28（1）：81-83.

⑤ Dragan I. 2014. On the coalitional rationality of the shapley value and other efficient values of cooperative TU games[J]. American Journal of Operations Research，4（4）：228-234.

⑥ 陈忠全，徐雨森，杨海峰. 2016. 基于 Shapley 分配的排污权交易联盟博弈[J]. 系统工程，34（1）：34-40.

⑦ 王志刚，李腾飞，黄圣男，等. 2013. 基于 Shapley 值法的农超对接收益分配分析——以北京市绿富隆蔬菜产销合作社为例[J]. 中国农村经济，（5）：88-96.

⑧ 王佳，杨俊. 2014. 中国地区碳排放强度差异成因研究——基于 Shapley 值分解方法[J]. 资源科学，36（3）：557-566.

财政区域差异的测度及成因进行了系统的实证研究①。

动物疫病的发生和流行受到复杂的自然因素和社会因素的影响，并呈现出区域性差异。综合已有文献所述，本书拟从地理生态环境因素、动物饲养生产水平因素和动物疫病防控管理因素3个方面展开分析（表3.6）。

表3.6　动物疫病流行风险区域差异的影响因素

因素	编号	名称	单位	具体描述	预期影响方向
地理生态环境	1	A1 森林覆盖率	比率	一个地区森林面积占土地面积的比率	+/–
	2	A2 化肥施用强度	万吨/千公顷	化肥施用量/有效灌溉面积	+
	3	A3 单位土地面积废水排放量	万吨/千公顷	废水排放总量/土地面积	+
	4	A4 单位土地面积二氧化硫排放量	万吨/千公顷	二氧化硫排放总量/土地面积	+
动物饲养生产水平	5	B1 动物规模化养殖户数比	比率	规模化养殖户数/养殖总户数（本研究选定生猪出栏量50头以上为规模化养殖户）	+/–
	6	B2 出栏率	比率	本年度出栏量/年初或去年年末存栏量	+/–
	7	B3 人均动物饲养量	头/人	（年末生猪存栏量+年出栏量）/年末人口数	+
	8	B4 动物产值比重	比率	生猪养殖产值/地区畜牧业总产值	+/–
动物疫病防控管理	9	C1 畜牧兽医站建设比例	比率	地区乡镇畜牧兽医站数/地区内乡镇级区划数	–
	10	C2 技术人员比例	比率	技术人员数量/职工人数	–

注：“+”表示影响因素与动物疫病流行风险呈正向相关关系，“–”表示二者呈负向相关关系，“+/–”表示二者的影响关系既可能正向相关，也可能负向相关

1. 地理生态环境

动物疫病流行与地理生态环境因素紧密相关。影响流行过程的地理生态环境因素主要包括地理环境、土壤、水、空气等，它们对传染源、传播途径

① 邹秀清. 2016. 中国土地财政区域差异的测度及成因分析——基于287个地级市的面板数据[J]. 经济地理，36（1）：18-26.

和易感动物三个环节的作用是错综复杂的，如海、河、湖泊、高山、公路等地理条件对传染源转移会产生明显的影响，并成为天然的隔离条件。我国在自然屏障较好的海南岛、四川盆地、辽东半岛等六省五区建立无规定动物疫病示范区就充分考虑了地域自然屏障状况。因此，本书选取森林覆盖率、化肥施用强度、单位土地面积废水排放量和单位土地面积二氧化硫排放量作为地理生态环境因素的基础指标。

2. 动物饲养生产水平

本书主要通过四个指标评价地区动物饲养生产水平，并研究各指标对动物疫病流行风险的影响。一是规模化养殖程度，用动物规模化养殖户数比来衡量，比例越高，规模化养殖程度越高；二是动物生产力水平，由出栏率来衡量，出栏率越高，动物生产水平越高；三是养殖密度，由人均动物饲养量来衡量，人均动物饲养量越高，养殖密度越高；四是动物养殖生产效益，用动物养殖产值占畜牧业总产值的比重来衡量，比值越大生产效益越好。

3. 动物疫病防控管理

农业部于 2014 年发布的《加强重大动物疫病防控延伸绩效管理指标体系》，将生猪疫病防控管理的绩效分为疫病监测、应急处置、卫生监督管理、防治能力建设、协调经费落实情况等九个方面。这些疫病防控延伸绩效管理指标直接指明了乡镇畜牧兽医站的主要职责和工作内容。乡镇畜牧兽医站的建设情况、技术水平状况直接影响地区动物防疫工作的效果。由于动物疫病防控管理影响因素众多且相互关联，相关数据的收集受到了极大的限制。因此，本书试图通过乡镇畜牧兽医建设情况和疫病防控技术水平来评价地区动物疫病防控管理水平。其中，用畜牧兽医站建设比例衡量乡镇畜牧兽医站的建设情况，用技术人员比例来衡量疫病防控技术水平。

（二）各类影响因素对区域差异的边际贡献

不同因素对区域差异具有不同的影响，包括影响的方向与程度等，为研究各种因素对区域差异影响的程度。本书参考王济民等研究方法设置动物疫病流行风险区域差异指标[①]，并采用 Shapley 值分解方法对该指标进行分解，以下为本书的相关假设。

（1）设影响动物疫病流行风险区域差异的因素集合为 Z_n，n 为影响因素类别个数。不同区域动物疫病流行风险的变化主要是由于地理生态环境、动物饲养生产水平和疫病防控管理等 3 类因素，记为（Z_1, Z_2, Z_3），即 n=3，并将这 3 个因素看成相互作用于动物疫病流行风险区域差异。

（2）当任意集合 $S \subseteq N$，则称 S 为 N 的一个大联盟，$|s| = s$ 为集合 S 中元素个数。由于影响动物疫病流行风险区域差异的 3 类因素在客观上每次都是博弈的参与者，那么在实际计算过程中，我们将影响因素取实际观测值，而将未参与博弈的影响因素取均值。例如，我们对动物饲养生产水平和疫病防控管理 2 类因素取实际观测值，即（$\bar{Z}_1, Z_2, Z_3$），而对地理生态环境因素中各个变量则取均值。

（3）Gini 系数是动物疫病流行风险区域差异的因素集合中每个联盟 S 对应的特征函数，记为 $v(.)$。当博弈联盟 $S = \{Z_2, Z_3\}$ 时，特征函数 $v(.)$ 的取值为 $v(\bar{Z}_1, Z_2, Z_3)$，则动物疫病流行风险区域差异指标即 Shapley 值的计算公式为

$$\varphi_i\left[v\right] = \sum_{S \subseteq n} y_n(S)\left[v(S) - v(S - \{i\})\right], \forall_i \subseteq N \tag{3.3}$$

式中，$y_n(S) = \dfrac{(s-1)!(n-s)!}{n!}$，$y_n(S)$ 为每个联盟的加权因子；s 为联盟 S 的成员个数，即参与博弈的影响因素；$\left[v(S) - v(S - \{i\})\right]$ 可以理解为博弈成员 $i \subseteq N$ 对联盟 S 的边际贡献。3 类影响因素的权重见表 3.7，根据不同权重可以计算出 3 类因素对动物疫病流行风险区域差异的边际贡献，贡献度计算公式为：贡献度=φi/（$\varphi 1$ +$\varphi 2$ +$\varphi 3$），i=1，2，3。我们运用《中国兽医公报》2010～2016 年的数据，计算获得的具体分解结果见表 3.8。由于模型残差的影响和此模型中的变量所不能解释的部分存在，分解结果得出的是基于模型中 3 类影响因素的相对贡献程度。

① 王济民，浦华，陆昌华. 2016. 动物卫生风险分析与风险管理的经济学评估[M]. 北京：中国农业出版社：4.

表 3.7 不同影响因素对区域差异的边际贡献分解表

方式	边际贡献			权重
	Z_1	Z_2	Z_3	
1	$v(Z_1, Z_2, Z_3)-v(\bar{Z}_1, Z_2, Z_3)$	$v(Z_1, Z_2, Z_3)-v(Z_1, \bar{Z}_2, Z_3)$	$v(Z_1, Z_2, Z_3)-v(Z_1, Z_2, \bar{Z}_3)$	$\frac{2}{6}$
2	$v(Z_1, \bar{Z}_2, Z_3)-v(\bar{Z}_1, \bar{Z}_2, Z_3)$	$v(\bar{Z}_1, Z_2, Z_3)-v(\bar{Z}_1, \bar{Z}_2, Z_3)$	$v(\bar{Z}_1, Z_2, Z_3)-v(\bar{Z}_1, Z_2, \bar{Z}_3)$	$\frac{1}{6}$
3	$v(Z_1, Z_2, \bar{Z}_3)-v(\bar{Z}_1, Z_2, \bar{Z}_3)$	$v(Z_1, Z_2, \bar{Z}_3)-v(Z_1, \bar{Z}_2, \bar{Z}_3)$	$v(Z_1, \bar{Z}_2, Z_3)-v(Z_1, \bar{Z}_2, \bar{Z}_3)$	$\frac{1}{6}$
4	$v(Z_1, \bar{Z}_2, \bar{Z}_3)-v(\bar{Z}_1, \bar{Z}_2, \bar{Z}_3)$	$v(\bar{Z}_1, Z_2, \bar{Z}_3)-v(\bar{Z}_1, \bar{Z}_2, \bar{Z}_3)$	$v(\bar{Z}_1, \bar{Z}_2, Z_3)-v(\bar{Z}_1, \bar{Z}_2, \bar{Z}_3)$	$\frac{2}{6}$

表 3.8 动物疫病流行风险区域差异分解结果

项目	地理生态环境		动物饲养生产水平		动物疫病防控管理	
	贡献度	贡献排名	贡献度	贡献排名	贡献度	贡献排名
2010 年	33.13%	2	40.63%	1	26.24%	3
2011 年	29.11%	2	43.04%	1	27.85%	3
2012 年	29.75%	2	42.41%	1	27.84%	3
2013 年	29.32%	3	41.35%	1	29.33%	2
2014 年	29.91%	3	39.53%	1	30.56%	2
2015 年	28.34%	3	39.11%	1	32.55%	2
2016 年	27.98%	3	38.75%	1	33.27%	2
均值	29.65%	2	40.69%	1	29.66%	3

分解结果显示，动物饲养生产水平因素对动物疫病流行风险区域差异贡献最高，影响程度最大。2010～2016 年动物饲养生产水平因素贡献度连续七年排在首位，但贡献度有逐年下降趋势，贡献度最高的 2011 年达到 43.04%，最低的 2016 年为 38.75%，各年平均贡献度为 40.69%。地区间动物饲养发展水平差异不仅体现在存栏量、出栏量、人均动物饲养量等饲养规模指标层面，还体现在散养、规模化养殖等饲养方式指标层面。这两个层面的差异是动物疫病流行风险区域差异形成的主要原因。

地理生态环境因素对动物疫病流行风险区域差异的，平均贡献度达到29.65%，贡献度的影响排第2位，其中2010～2012年排在第2位，2013～2016年降至第3位。我国幅员辽阔，各地区地理自然条件不同，是造成动物疫病流行风险区域差异的自然因素；同样，人为因素引起生态环境的变化也会对动物疫病发生和流行产生重要影响，如工业废水和生活废水大量排放会使疫病病原体传播概率大大增加。

动物疫病防控管理因素对动物疫病流行风险区域差异的平均贡献度，达到29.66%，贡献度的影响排第3位。但是，动物疫病防控管理因素对动物疫病流行风险区域差异的贡献度，近年来每年以1个百分点的速度呈上升之势。各地区动物疫病防控管理差异主要体现在疫病预防、疫病监测、检疫监管和应急响应等防控管理水平方面，提高畜牧兽医站技术人员比例可促进地区疫病防控管理水平的提升，从而有效降低动物疫病的发生和流行风险。

第三节　重大禽流感疫病传播规律及疫情公共危机演化

一、中国重大禽流感疫病流行风险及区域差异

（一）什么是禽流感?

禽流感是由A型（或称甲型）流感病毒的一种亚型引起、以呼吸系统症状为主要表现的禽类急性传染性疾病综合征。该病毒能在人禽之间交叉感染传播、危害性较大，通常人感染禽流感死亡率约为33%，被世界动物卫生组织列为A类动物疫病，我国也将其列为一类动物疫病。高热、咳嗽、流涕、肌痛等是人感染禽流感后的主要症状表现。

意大利于1878年暴发了人类历史上首次禽流感，随后一个多世纪里禽流感在世界其他国家蔓延。1997年，香港暴发了我国第一例禽流感。2004年1月，广西隆安县暴发的禽流感应属内地首例禽流感。到目前为止，我国至少已有16年禽流感发病史，但尚未被彻底根除，近两年的疫情防控形势仍然十分严峻，特别是自2013年以来暴发的H7N9禽流感，更是在人禽之

间发生交叉感染，给社会带来严重的恐慌和威胁，形成典型的动物疫情公共危机。

虽然禽流感的潜伏期尚未有准确报道，但多数文献估计约在7天以内，一般为1～3天。禽流感H5N1病毒严重感染者可致死亡。2017年2月6日至12日，全国报告人感染H7N9禽流感病例69例，死亡8人。从目前情况看，H7N9禽流感患者总体病死率约为40%，这是一种十分严重的动物疫情公共危机威胁。H7N7、H9N2禽流感病毒感染者症状较轻，目前尚无死亡病例报道。

（二）我国禽流感发生状况及流行风险

根据《兽医公报》公布的数据，禽流感主要在家禽类传播，鸡是我国禽流感易感性最高的禽种。由于一些地方的捕杀数不详，据不完全统计，除了2010年外，2004～2017年我国每年均暴发了禽流感疫情，累计至少发生家禽类禽流感疫情114例，波及全国27个省区市，发生疫情的具体禽类主要为鸡、鸭、鹅等家禽。虽然《兽医公报》通报了数起候鸟和野鸟禽流感情况，但因染疫候鸟和野鸟数据不详且死亡数极少，便没有纳入本书的研究范围。本书根据《兽医公报》整理的我国禽流感发生状况参见表3.9。由表3.9可知，禽类发病数684 989羽，死亡数447 913羽，扑杀数13 906 095羽。

表3.9　2004～2017年我国禽流感发病、死亡及扑杀情况

项目	当月新发生次数	血清型	畜种	发病数/羽	死亡数/羽	扑杀数/羽	省区市
2004年	51	H5N1	鸡、鸭、鹅	73 202	56 190	2 527 159	上海、浙江、河南、云南、新疆、甘肃、陕西、西藏、湖北、湖南、广西、广东、江西、安徽、吉林、天津
2005年	2	H5N1	鹅、鸭	1 170	523	14 947	新疆
2006年	11	H5N1	鸡、鸭	92 748	48 991	2 950 178	四川、贵州、山西、安徽、宁夏、新疆、湖南、内蒙古
2007年	4	H5N1	鸡、鸭	27 840	26 532	242 247	西藏、湖南、广东、新疆

续表

项目	当月新发生次数	血清型	畜种	发病数/羽	死亡数/羽	扑杀数/羽	省区市
2008年	5	H5N1	鸡	5 555	5 507	261 710	西藏、贵州、广东
2009年	1	H5N1	鸡	1 500	1 500	1 679	西藏
2010年	0			0	0	0	无
2011年	1	H5N1	鸡、鸭、鹅	290	290	1 575	西藏
2012年	5	H5N1	鸡	49 635	18 633	1 588 118	辽宁、宁夏、甘肃、新疆、广东
2013年	2	H5N1	鸡	13 000	12 500	148 767	河北、贵州
2014年	4	H5N1、H5N6	鸡	60 479	51 566	4 704 082	湖北、贵州、云南、黑龙江
2015年	9	H5N1、H5N2、H5N6	鸡、鹅	43 592	16 718	207 532	江苏、江西、湖南、贵州、广东
2016年	9	H5N1、H5N6	鸡、鸭、鹅	98 310	74 552	374 235	贵州、江西、湖南、湖北、甘肃、四川、新疆
2017年	10	H5N1、H5N6、H7N9	鸡、鸭	217 668	134 411	883 866	湖北、湖南、河南、陕西、内蒙古、黑龙江、安徽
合计	114			684 989	447 913	13 906 095	

资料来源：根据《兽医公报》整理而得，候鸟和野鸟禽流感因染疫数据不详且死亡数极少未纳入表中

由表3.9可知，2004～2017年我国禽流感流行风险体现出如下特征。

1）禽流感暴发次数呈现波浪起伏之势

2004年暴发次数和波及省份最多，达到历史最高51次并波及16个省区市，2004年后快速减少，2006年出现一个小高潮，达到11次并在全国8个省区传播，随后又逐年降低。2010年我国没有禽流感发病报告，但2010年后发病率有所回升。从2011年开始，我国禽流感疫情暴发次数迅速增加，2015～2017年每年的暴发次数为9～10次，进入又一个高暴发期，并波及5～7个省份。

2）禽流感暴发波及地区广并呈由东向西转移之势

2004年暴发禽流感波及16个省区市，其中西北、西南地区占6个省区。2006年禽流感暴发进入一个小高潮，全国有8个省区暴发禽流感，其中西部地区占5个省区。2016年、2017年禽流感再次进入一个高发期，暴发禽流感

的西部地区省份占禽流感传播省份的一半以上。总体而言，我国禽流感在全国范围内都有流行风险，并呈现由东向西转移的态势。

（三）我国禽流感疫病流行的区域差异

由表3.9中可知，我国禽流感疫病流行存在较大的区域差异。2004～2017年，新疆、湖南、贵州有6年暴发禽流感，西藏、广东有5年暴发禽流感，湖北有4年暴发禽流感，甘肃、江西、安徽有3年暴发禽流感，河南、云南、陕西、四川、宁夏、内蒙古、黑龙江有2年暴发禽流感，上海、浙江、江苏、广西、吉林、天津、山西、辽宁、河北只有1年暴发禽流感，可见，禽流感在中西部地区省份暴发次数更多，流行风险相对较大。另一个值得关注的是，家禽主要生产地的禽流感疫病流行风险明显增大。2006年、2016年和2017年，是禽流感发病数最高的三个年份，而疫病分布省份都在四川、贵州、湖北、湖南、河南等家禽养殖大省。

二、中国禽流感疫病公共危机演化特征

中国禽流感疫病公共危机一般经历禽流感暴发流行后扑杀、人感染禽流感、病死家禽导致禽源性食品安全等三个阶段演化过程。

（一）中国禽流感暴发对家禽产业的打击

由表3.9可知，2004～2017年，中国共发生114次禽流感疫情，疫病包括H5N1、H5N2、H5N6和H7N9等多种血清型，其中H5N1暴发88次、H5N2暴发2次、H5N6暴发18次、H7N9暴发6次。从禽流感病毒种类来看，2004～2017年的禽流感有88次是H5N1亚型暴发，占禽流感总疫情次数的77.19%。这是一种高致病性禽流感，发病急、传染快、死亡率高，对家禽产业具有毁灭性打击。从染疫畜种来看，中国禽流感主要在鸡、鸭、鹅等家禽群中流行，染疫家禽死亡数很大。为了及时控制疫情传播，各地政府严格执行动物疫情公共危机防控制度，对染疫家禽或疑似染疫家禽进行疫区封锁并扑杀，有效地控制了禽流感疫病流行。由表3.9可知，禽流感扑杀指数（扑杀数/发病数）14年平均高达20.3，2004～2017年累计扑杀数达1390多万只，巨大的家禽扑

杀数量对家禽产业构成沉重打击，一些中小型养殖场可能因此丧失生产能力而倒闭。例如，2014年禽流感暴发后，H5N6是主要的禽流感病毒，引起家禽产业安全危机，各地加大了扑杀力度，禽流感扑杀指数创下历史最高点77.78，次年家禽产业恢复能力遭受巨大打击。随后的2015年、2016年禽流感持续来袭，但禽流感扑杀指数迅速下降至历史低点，分别为4.76和3.80，2017年又受H7N9禽流感影响，发病数猛然上升。禽流感疫情的反复交替式暴发，对家禽产业造成周期性和长久性消极影响。

（二）人感染禽流感对公共卫生安全造成严重威胁

2013年2月和3月间，上海、安徽有患者标本经中国疾病预防控制中心鉴定，确定感染人类的病毒为新型H7N9禽流感病毒。该病毒一般在冬春季传播扩散。从2013年H7N9疫情发生计起，我国已经历5波H7N9禽流感病毒流行，目前正处于第5波流行期。根据世界卫生组织公布的信息，自2013年3月首次接受报告人感染H7N9禽流感病例以来，截至2017年2月14日，世界卫生组织共收到报告人感染H7N9禽流感实验室确诊病例1223例，其中至少死亡380例，总病死率约为31.07%。人感染H7N9禽流感五波疫情中各地报告病例数见表3.10。根据世界粮食及农业组织公布的数据，2013年2月至2017年2月24日，中国各地报告1220例人感染H7N9禽流感确诊病例，其中死亡489例，病死率为40.08%。人感染H7N9禽流感的高病死率，对人民生命健康构成严重威胁，对公共卫生安全提出了巨大挑战。2017年3月9日，欧洲疾病预防控制中心引用世界卫生组织公布的数据对中国5波人感染H7N9禽流感疫情进行了分析，发现人感染H7N9禽流感有与以往不同的流行病学特征，即病例分布地区非常广，且农村地区报告病例数增加。21个省区市与台湾、香港、澳门地区都有报告病例。

根据世界粮食及农业组织网站信息（表3.10），人感染H7N9禽流感5波疫情中各地报告病例数并不均衡，第1波只有135例，第4波最少，报告119例，第2波出现第一个高潮，报告319例，第5波报告病例最多，达到425例。可见，自2013年2月以来暴发的人感染H7N9禽流感疫情并未明显表现出消退迹象，其对人类的危害依然严重。特别是5波人感染H7N9禽流感疫情的病死率依次为32%、42%、44%、37%和34%，基本上在30%～45%波动，更是严重危害人民生命健康。目前虽无证据表明 H7N9 病毒能持续地“人传人”，但仍然偶有局部聚集性病例发生，致使恐慌情绪难以消除。

表 3.10 人感染 H7N9 禽流感 5 波疫情中各地报告病例数 单位：例

报告地	第一波 2013.2～2013.9	第二波 2013.10～2014.9	第三波 2014.10～2015.9	第四波 2015.10～2016.9	第五波 2016.10～2017.2	合计
浙江	46	93	47	33	75	294
广东	1	108	72	14	47	242
江苏	27	29	22	26	125	229
福建	5	17	41	11	23	97
安徽	4	14	14	6	45	83
湖南	3	21	2	8	27	61
上海	34	8	6	3	4	55
江西	5	1	3	3	27	39
湖北	0	0	1	1	21	23
香港	0	10	3	3	4	20
山东	2	2	2	2	4	12
北京	2	3	1	3	1	10
新疆	0	3	7	0	0	10
河南	4	0	0	0	4	8
贵州	0	1	1	0	4	6
四川	0	0	0	0	6	6
广西	0	4	0	0	1	5
台湾	1	3	0	0	1	5
河北	1	0	0	3	0	4
辽宁	0	0	0	1	2	3
吉林	0	2	0	0	0	2
澳门	0	0	0	0	2	2

续表

报告地	第一波 2013.2～2013.9	第二波 2013.10～2014.9	第三波 2014.10～2015.9	第四波 2015.10～2016.9	第五波 2016.10～2017.2	合计
天津	0	0	0	2	0	2
云南	0	0	0	0	2	2
合计	135	319	222	119	425	1220

资料来源：根据世界粮食及农业组织网站 2017 年 3 月 15 日 17 时更新的信息整理而得

（三）病死家禽导致禽源性食品安全

2004～2017 年，除北京、重庆、青海、山东、福建、海南 6 省市外，其他地区都暴发过禽流感疫情，致使数以千万计的家禽死亡。虽然各地政府严厉打击非法贩卖病死家禽行为，但是仍有一些不法企业、唯利养殖业主生产制造病死家禽食品，严重破坏禽类食品卫生，造成严重的禽源性食品安全危机。

三、中国禽流感疫病公共危机事件回顾

（一）2004 年禽流感疫情“阻击战”

2004 年 1 月底，广西隆安县丁当镇、湖北省武穴市和湖南省武冈市等地养鸡养鸭专业户纷纷出现禽只死亡，后经国家禽流感参考实验室确诊为 H5N1 亚型高致病性禽流感。

2004 年 1 月 28 日，国家领导人做出阻断禽流感疫情向人的传播的重要指示。中国政府积极加强与世界卫生组织等国际组织的合作，农业部齐景发副部长率团参加在泰国曼谷召开的国际“当前禽流感形势部长级会议”，共同应对东南亚地区和中国大规模暴发的禽流感疫病公共危机。1 月 29 日，国务院常务会议研究部署高致病性禽流感防治工作。1 月 30 日，国务院成立以回良玉同志任总指挥的全国防治高致病性禽流感指挥部，全面打响全国禽流感“阻击战”，随后宣布对疫区病禽和疫点周围 3 公里范围内扑杀的家禽给予合理补偿。2 月 2 日温家宝同志深入安徽、湖北等地督促禽流感“阻击战”。世界卫生组织专家也来到中国协助开展禽流感防控工作。

2004 年 2 月 4 日，农业部部长杜青林向国际社会通报中国高致病性禽流

感防治情况。2月18日开始，农业部未接到新的疑似疫情报告和禽流感确诊报告，随即宣布解除广西隆安县、上海禽流感疫区、广西南宁和西藏拉萨等疫区封锁①。2004年禽流感疫情“阻击战”中，政府紧急采取强制性扑杀措施，有效控制了禽流感传播态势，但因疫情而直接扑杀900多万只家禽，也给疫区的家禽养殖户带来了严重的经济损失②。

（二）2012年宁夏中卫市高致病性禽流感“扑灭战”

宁夏中卫市沙坡区自20世纪90年代起大力发展蛋鸡养殖业，成为宁夏地区养鸡第一大市。2012年4月至6月发生禽流感疫情，扑杀鸡513万只，对当地养鸡业造成毁灭性打击③。

2012年4月19日，沙坡头区宣和镇出现鸡群发病死亡现象，经宁夏回族自治区动物疾控中心对发病鸡群进行检测，证实为H7N9禽流感病毒病原学结果阳性。与此同时，发病鸡场相邻周边养鸡户也有发病鸡群出现，随后周边鸡群陆续传染。宁夏政府立即组织实施对疫点进行拔除，对疫点周边3公里疫区内6个村的鸡群全部进行了无害化扑杀处理。由于这次高致病性禽流感疫情传染力非常强，在扑杀上述疫区内鸡群的同时，周边5个村的鸡群继续受到疫病感染，当地政府再次组织力量对发病鸡群进行拔点灭源，并在更大范围内加大对发病鸡群的排查力度，共排查出18个养鸡村疑似HPAI的发病鸡群23.9万只存栏鸡，全部进行了扑杀和拔点灭源。

宁夏中卫市高致病性禽流感“扑灭战”中，当地政府利用25公里无养鸡空白地区形成的天然隔离带和黄河天然屏障的优势加强防控。对尚未发病的周边地区鸡群加强疫情排查，对疫点及疫点周边3公里疫区范围内的鸡群全部进行无害化扑杀处置。6月3日，宣和、永康地区的疫区解除封锁。6月14日黄河以北地区疫区封锁解除。

---

① 佚名. 2004. 中国内地2004年初禽流感疫情“阻击战”大事记[EB/OL]. http://news.sohu.com/2004/03/17/35/news219463535.shtml[2004-03-17].

② 张莉琴，康小玮，林万龙. 2009. 高致病性禽流感疫情防制措施造成的养殖户损失及政府补偿分析[J]. 农业经济问题，30（12）：28-33.

③ 刘明月，陆迁. 2016. 禽流感疫情冲击下疫区养殖户生产恢复行为研究——以宁夏中卫沙坡区为例[J]. 农业经济问题，37（5）：40-50，111.

第　四　章

中国动物疫情公共危机的风险认知分析

本章全面概括有关风险认知的相关文献，并梳理风险认知的影响因素。在此基础上，本章通过分析城乡居民的风险认知差异、不同社区居民的风险认知差异、不同时期不同类别居民的风险认知差异，对动物疫情公共危机中居民风险认知差异进行了比较研究。为进一步研究动物疫情公共危机中网民风险认知时空分布规律，本章分析了中国网民及其基本特征、动物疫情公共危机中网民风险认知时空分布、动物疫情公共危机中网民风险认知时空分布案例等。从动物疫情公共危机风险防控的关键主体视角，本章对动物疫情公共危机中政府官员的风险认知状况进行了系统的分析与检讨。

第一节　风险认知及其影响因素

一、风险认知概念阐述

（一）国外学者对风险认知的定义

Wildavsky 在 *Science* 发表论文认为，风险是人们生活和工作中的各种心理感受与认识过程[①]。风险认知是人们依赖直觉判断风险并估计风险和程

① Wildavsky A. 1986. Defining risk[J]. Science，232（4749）：439.

度[①]。Gregory 和 Mendelsohn 指出，风险具有即时性、灾害的可能性及对他人的传感性[②]。Burgert 和 Rüschendorf 认为，风险是评估情境不确定性程度的概率估计[③]。Strachan-Morris 认为，风险与威胁相比，风险是一种特殊威胁，是人们了解特定风险并评估该风险产生的过程[④]。

（二）国内学者对风险认知的定义

刘金平等认为，人们描述风险的态度和直觉的判断称为“风险认知”，它是人们对风险的一般评估和反应过程[⑤]。风险认知的影响因素有个体因素、期望水平、风险沟通、风险的可控程度、风险的性质、知识结构、成就动机、事件风险度等。李小敏和胡象明认为，不同主体的风险认知存在差异，公众、政府或专家的风险认知差异与这些主体之间的信任关系是相互影响的，信任是弥合利益相关者风险认知差异的关键因素[⑥]。

（三）风险认知的基本内涵

无论何种风险，它都有风险表征，我们称之为风险信号，有些风险信号是显性的，有些则是隐性的，或称为潜在风险。风险事件的风险信号与人们的心理活动、社会、制度或文化环境紧密相关并相互作用，从而使得人们能够以不同的意识反映形式感受到风险的客观存在，这就是风险认知。正是由于风险信号的强弱传递，公众可能强化或弱化对风险可控性的认知。风险涟漪效应是一种解释突发风险事件信号传递的经典模型（图 4.1）。该模型认为，公众对风险

---

① Slovic P. 1987. Perception of risk[J]. Science，236（4799）：280-285.

② Gregory R，Mendelsohn R. 1993. Perceived risk，dread，and benefits[J]. Risk Analysis，13（3）：259-264.

③ Burgert C，Rüschendorf L. 2006. On the optimal risk allocation problem[J]. Statistics & Decisions，24（1）：153-171.

④ Strachan-Morris D. 2012. Threat and risk：what is the difference and why does it matter?[J]. Intelligence and National Security，27（2）：172-186.

⑤ 刘金平，周广亚，黄宏强. 2006. 风险认知的结构，因素及其研究方法[J]. 心理科学，（2）：370-372.

⑥ 李小敏，胡象明. 2015. 邻避现象原因新析：风险认知与公众信任的视角[J]. 中国行政管理，（3）：131-135.

信息的知觉与解释和风险本身的性质共同决定涟漪水波的深度与广度[1]。

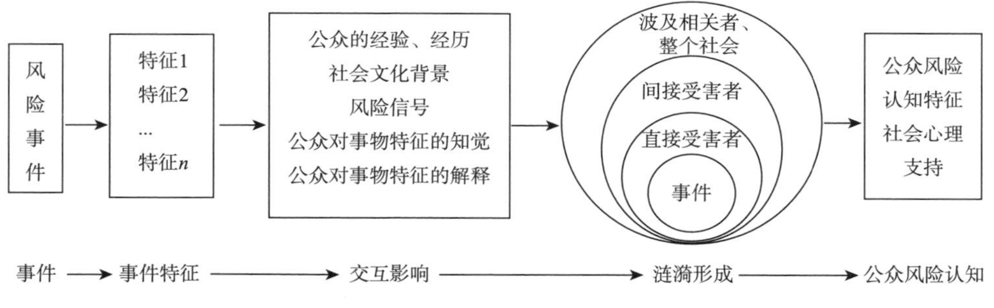

图 4.1　公众风险认知与风险事件传播的涟漪效率

二、风险认知的影响因素

Slovic 在 *Science* 杂志发表文章指出，影响公众风险感知有三个重要因素，即恐惧、未知性、暴露于风险之下的人数[2]。风险认知的主要影响因素包括由个体因素决定的恐惧、由期望水平决定的未知性、由事件风险度决定的暴露状况等。

（一）个体因素

个体因素包括人格特征、知识经验、社会经济因素等。不同性别、年龄、文化程度、居住地、民族、以往应对风险的经验等因素对风险敏感性具有不同的影响。

（二）期望水平

风险与机会永远是一枚硬币的正反两面，有风险就会有机会，哪怕是一种避险的机会而已。不过，这里谈到的机会不是一般意义上讲的机会，而是以某个期望目标为参照点所确定的期望值。在风险事件中，不同个体的风险感知并不相同，同时个体之间的期望值也有差异，当个体的期望水

① Sandman P M. 1988. Risk communication：facing public outrage[J]. Management Communication Quarterly，2（2）：235-238.

② Slovic P. 1987. Perception of risk[J]. Science，236（4799）：280.

平低于或高于参照点时，个体会采取不同的应急反应方式[①]。实际上，哪些风险事件发生可能导致社会冲突，很大程度上根源于不同主体的风险期望差异，以及这些差异导致的应对策略和行为[②]。面对突发性灾害事件，及时、全面了解公众的风险感知水平对于实现有效的风险沟通和危机管理具有重要意义[③]。

（三）事件风险度

面对高风险度事件，个体会感觉到较大的风险；面对低风险度事件，个体只会感觉到少许的风险。可见，事件风险度会影响个体的风险认知。在突发事件发生概率和后果严重程度这两个传统的维度上，政府控制事件风险的难易程度将对事件的风险度产生重要影响[④]。

第二节　动物疫情公共危机中居民风险认知差异比较

2013 年 3 月底，上海、安徽、浙江、江苏等省市陆续报告人感染 H7N9 禽流感确诊病例，成为全球首次报道人类感染 H7N9 禽流感病毒，引起了国内外广泛关注[⑤]。H7N9 禽流感是一种人畜共患疾病，且为一种新发全球动物源性病毒病，该病的流行已成为重要的公共卫生安全问题。

---

① Tversky A，Kahneman D. 1981. The framing of decision and the psychology of choice[J]. Science，211：453-458.

② 黄杰，朱正威，赵巍. 2015. 风险感知、应对策略与冲突升级—— 一个群体性事件发生机理的解释框架及运用[J]. 复旦学报（社会科学版），57（1）：134-143.

③ 王炼，贾建民. 2014. 突发性灾害事件风险感知的动态特征——来自网络搜索的证据[J]. 管理评论，26（5）：169-176； Slovic P. 1986. Informing and educating the public about risk[J]. Risk Analysis，6（4）：403 -415.

④ 贾薇薇，魏玖长. 2011. 经济开发区潜在突发事件的风险度评估研究及应用[J]. 中国应急管理，（1）：24-28.

⑤ 佚名. 2013. 上海、安徽发现 3 例人感染 H7N9 禽流感确诊病例 两人死亡[EB/OL]. http://politics.people.com.cn/n/2013/0331/c1001-20977628.html[2013-03-31].

一、城乡居民的风险认知差异

居民对重大动物疫病突发事件风险内容的感知，指的是居民对重大动物疫病突发事件可能带来的损失或伤害的主观判断。Crowther 等研究发现，社区居民对自然灾害、事故、暴力行为、灾难、疾病等五类风险的认知结构不是单一的，因为个人本身的知识与经验差异，运用不同的方法，将会产生显著的认知差异[①]。例如，面对 H7N9 禽流感的侵袭，虽然各级政府高度重视 H7N9 禽流感防控工作，及时报告人感染 H7N9 禽流感病毒情况及死亡病例，但是城乡居民对禽流感风险的认知差异仍然较大。

（一）城乡居民的风险认知

城乡居民对重大动物疫病危机事件的风险感知，是指城乡居民基于对动物疫病可能带来的损害在避灾期望上存在差别，从而形成的主观判断。城乡居民风险认知内涵包括风险的可控性、可见性、可怕性、可能性和严重性等 5 个基本因子[②]。

（二）城乡居民的风险认知差异分析

总体而言，由于城市的工业化发展速度、现代化进程及全球化程度都比农村高得多，因此，城市居民比农村居民面临着更大的风险。本书课题组在上海黄浦江流域松江段“漂浮死猪事件”发生后，深入上海、浙江等事件发生地展开五次调查，李楷和王薇通过问卷调查得出的数据统计结果[③]见表 4.1、表 4.2、图 4.3、图 4.4。

---

① Crowther K G，Haimes Y Y，Johnson M E. 2011. Principles for better information security through more accurate，transparent risk scoring[J]. Journal of Homeland Security and Emergency Management，7（1）：1-20.

② 姜慧，赖圣杰，秦颖，等. 2017. 全球人感染禽流感疫情及其流行病学特征概述[J]. 科学通报，62（19）：2104-2115.

③ 李楷，王薇. 2015. 动物疫情公共危机中城乡居民风险认知维度的对比分析[J]. 安徽农业科学，43（14）：354-355，358.

表 4.1　城镇居民风险认知维度排序

风险认知维度	第一位	第二位	第三位	第四位	第五位	第六位
1. 健康损失	45	37	32	39	25	12
2. 性能损失	31	21	11	43	23	36
3. 金钱损失	34	46	37	21	27	25
4. 时间损失	28	34	42	30	29	27
5. 社会损失	22	24	38	42	48	41
6. 心理损失	30	28	30	15	38	49

表 4.2　农村居民风险认知维度排序

风险认知维度	第一位	第二位	第三位	第四位	第五位	第六位
1. 健康损失	20	28	11	7	6	6
2. 性能损失	14	3	27	14	16	28
3. 金钱损失	31	20	20	3	1	3
4. 时间损失	4	1	2	26	8	8
5. 社会损失	12	17	22	15	24	12
6. 心理损失	5	17	4	21	31	29

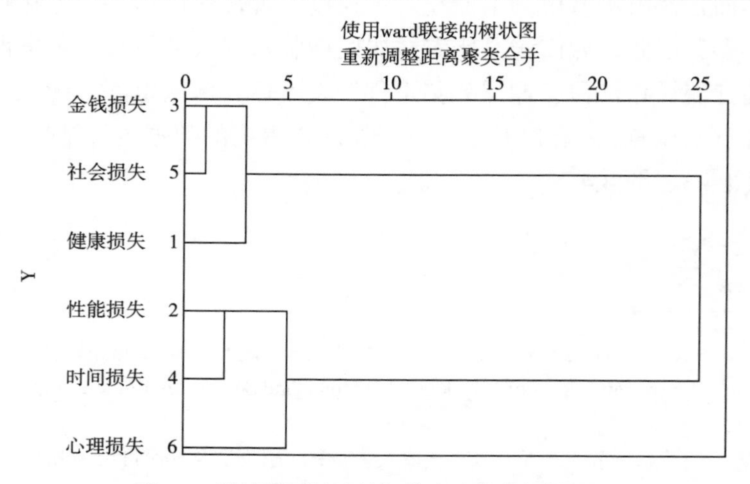

图 4.2　城镇居民风险认知维度聚类分析树状图

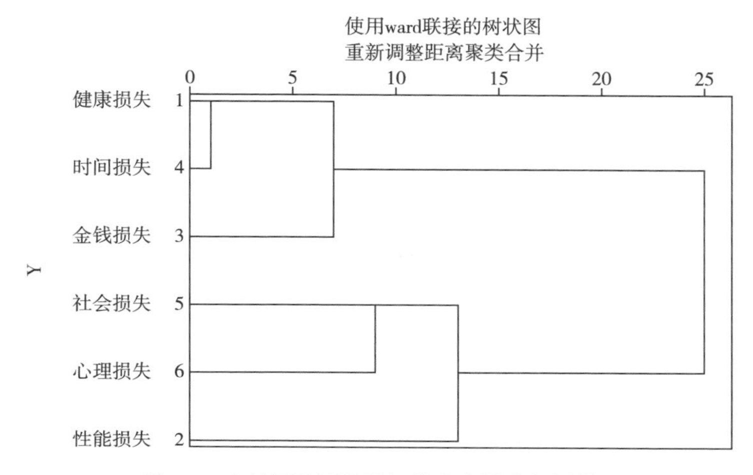

图 4.3 农村居民风险认知维度聚类分析树状图

由表 4.1 可知，在上海黄浦江流域松江段“漂浮死猪事件”中城镇居民的风险认知排序依次为“健康损失”（45 次）、“金钱损失”（46 次）、“时间损失”（42 次）、“性能损失”（43 次）、“社会损失”（48 次）和“心理损失”（49 次）。由表 4.2 可知，农村居民的风险认知排序依次为“金钱损失”（31 次）、“健康损失”（28 次）、“性能损失”（27 次）、“时间损失”（26 次）、“社会损失”（24 次）、“心理损失”（29 次）。由于 6 项风险认知的维度在重要程度位次上出现了不同的次数，直接用第一位频数进行排位难免偏颇，无法直接对其重要性进行有效的排序。本书课题组利用 SPSS20.0 软件，运用聚类分析中“分层聚类”方法对这 6 项认知维度进行分类，以便更好地进行分层和排序。聚类分析结果如图 4.2、图 4.3 所示。不难发现，城镇居民在高风险区的风险感知具有明显差距，在风险感知的上半区内，城镇居民的排序依次为“健康损失”、“金钱损失”和“社会损失”，农村居民依次为“健康损失”、“金钱损失”和“时间损失”，虽然二者都把健康和金钱排在风险感知最高的区域内，但仍然看得出差别所在。此外，城镇居民都对“性能损失”和“心理损失”不太敏感。

二、不同社区居民的风险认知差异

除本书课题组在上海黄浦江流域松江段“漂浮死猪事件”中系统研究过重大动物疫情公共危机不同社区居民的风险认知差异及成因外，目前尚无学者对该问题进行过系统研究。我们只能从诸多学者对“非典”疫情的研究中窥察到同行对该问题的学术思路或某些研究观点。例如，时勘等较早时曾经通过分析中国广州、武汉、呼和浩特、北京、贵阳等 17 个城市 4231 名市民对“非典”疫情信息认知的理性和非理性特征，初步建立了中国民众在“非典”危机事件中风险认知的心理行为预测模型。时勘等的研究发现，与疫情轻微地区相比，无疫情区民众对于各类信息表现出更高的警觉，疫情高发区民众对于有直接威胁的新增发病信息的关注显著高于其他地区①。王晓莉等对北京市平谷区农村 118 名村民的调查显示，农村群众具备关于“非典”的认知水平和防护能力②。然而，由于没有进行城乡居民风险认知对比研究，因此王晓莉等并没有得出加强农民医疗卫生公共危机风险认知的结论。

重大动物疫情公共危机养殖户的风险认知，是指养殖户对重大动物疫病突发事件可能带来的损失或伤害的主观判断。黄泽颖和王济民设计了养殖户对动物疫病风险认知的 4 个测量指标，分析养殖规模和风险认知对肉鸡养殖场防疫布局的影响（表 4.3）。

表 4.3　养殖户对动物疫病风险认知的衡量指标

指标	含义	问卷解释
病原风险	重大动物疫病病毒的存在风险	是否了解所饲养动物的抗病力和可能会患有的疫病
自然环境风险	地势和气候等自然条件产生疫病的风险	是否了解温度、湿度、水源和地形可能带来的疫病风险
经济性风险	基础设施投入、养殖从业者职业素质和兽医机构效能等社会条件产生疫病的风险	是否了解养殖场设施、自身养殖能力和周边兽医服务可能带来的疫病风险
畜牧业发展风险	畜牧业发展风险	是否了解混养和粗放等不健康养殖方式带来的疫病风险

研究发现，动物疫病风险认知程度对增加防疫布局要求有显著正向影响。与风险认知相比，养殖规模对规范防疫布局的影响更大③。闫振宇和陶建平在

① 时勘，陆佳芳，范红霞，等. 2003. SARS 危机中 17 城市民众的理性特征及心理行为预测模型[J]. 科学通报，（13）：1378-1383.

② 王晓莉，张敬旭，张友，等. 2003. 关于农村地区对 SARS 认知及防护措施的调查研究[J]. 北京大学学报（医学版），（S1）：102-105.

③ 黄泽颖，王济民. 2017. 养殖规模和风险认知对肉鸡养殖场防疫布局的影响：基于 331 个肉鸡养殖户的调查数据[J]. 生态与农村环境学报，33（6）：499-508.

湖北省孝感市 9 个乡镇展开动物疫情信息与不同规模养殖户风险感知及风险应对研究。参照闫振宇和陶建平的方法，本书课题组针对 2016 年 10 月以来我国多地暴发 H7N9 禽流感疫情的情况，在山东、湖南、广东、四川 4 省 8 个县（市、区）进行了调查[①]。从对 H7N9 禽流感疫病的熟悉角度考虑，将风险认知的熟悉程度和可控程度与农户对疫情风险事件的发生原因、整体感觉、预防措施、身体危害、家禽价格波动、扩散严重性等 6 个因素进行双维度坐标分析，调查结果如图 4.4 所示。

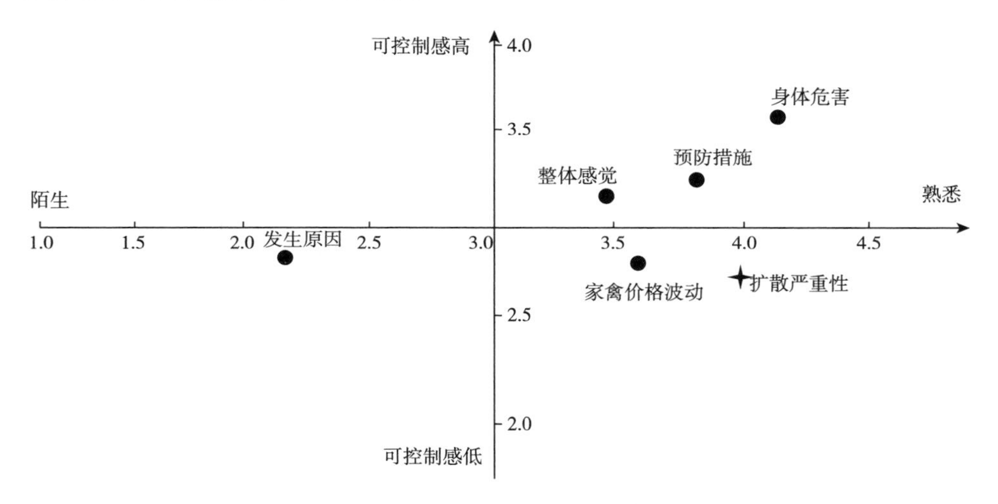

图 4.4　养殖农户动物疫情风险感知图

由图 4.4 可知，农户对不同因素的熟悉程度均值为 2.2～4.1，除发生原因外，农户对不同因素的可控制感均值为 2.8～3.8，农户对 H7N9 禽流感疫病风险的可控制感存在较大差异，整体感觉缺乏可控感，具体来说，农户感觉 H7N9 禽流感对身体危害、预防措施和政府控制疫病的整体感觉三种因素基本属于可控因素，而对 H7N9 禽流感发病原因、肉价波动和扩散后果等三种因素感觉不可控制。根据调查，大多数农户认为未能及时扑杀 H7N9 禽流感是 H7N9 禽流感疫病传播的主要原因，H7N9 禽流感疫病发生原因的多样性及复杂性是

① 调查的 8 个县（市、区）是山东省邹城市、德城区，湖南省浏阳市、石门县、靖州县，广东省清远市，四川省乐至县、青白江区。

农户感觉到风险的重要因素，也说明饲养人员容易忽视 H7N9 禽流感疫病苗头，给预警工作带来压力。

三、不同时期不同类别居民的风险认知差异

影响居民风险认知的时间因素十分明显。例如，在疫情后期，北京市民众倾向于综合评价各方面不同信息后再作出判断；在疫情高发期，民众关注更多的是“非典”作为一种疾病本身的可控性；在疫情消退期，民众更多的关注“非典”的传染性；在疫情高发期，对负面信息的关注能够显著提高民众的风险知觉；但在疫情后期，这种信息能够显著降低民众的风险知觉，风险知觉能够预测负性的预警指标，但对于正性预警指标不再具有预测作用。在“非典”疫情中不同类别居民风险认知差异主要体现为女性表现出更高的风险感，政府公众信息更能引起中老年市民的关注，20 岁以下的青少年更重视与自己学习、生活相关的信息，50 岁以上民众对于“愈后对于身体有无影响”等信息的警觉性显著高于其他年龄组。本书课题组在上海黄浦江流域松江段“漂浮死猪事件”五次调查中，特别关注猪肉消费者的风险认知，这里我们重点讨论消费者的风险认知差异。

（一）消费者风险认知

Roselius 从危险、金钱、自我和时间四个方面的损失考量消费者的风险认知[①]。Cunningham 从经济、时间、努力、心理和社会五个方面评估消费者风险认知水平[②]。在影响消费者的食品安全风险认知多重因素中，本书课题组的实地调查结果显示：信息不对称是关键因素。

（二）动物疫情公共危机中消费者风险认知

本书课题组 2017 年 4 月在湖南省长沙市浏阳市的调查中发现，2017 年 3

① Roselius T. 1971. Consumer rankings of risk reduction methods[J]. Journal of Marketing，35(1)：56-61.

② Cunningham S. 1997. The Major Dimensions of Perceived Risk[M]. Boston：Harvard University Press：82-108.

月的家禽价格比去年同期下降至少 60%，几乎 80%的中小养殖户被迫放弃家禽养殖。2017 年 9 月本书课题组到湖南省石门县湘佳牧业有限公司调查，该公司是全国农业龙头企业、湖南省最大的家禽全产业链生产企业之一，受 H7N9 禽流感冲击，2017 年 3 月前后该公司的禽蛋产品市场需求下落 25%左右，禽蛋产品的市场价格至少暴跌 30%。

（三）动物疫情公共危机中消费者风险认知分析模型

有关动物疫情公共危机中消费者风险认知的分析模型主要有两要素模型、多维度模型，以及在此基础上改进的风险认知和信息搜索过程模型、风险流程的整合模型等。两要素模型是指把风险分为畜禽食品危害及其发生概率的两部分要素建立的风险分析模型①，操作简便但精确性不足②。多维度模型是指把食品安全风险认知看成消费者对不安全食品可能带来的若干损失类别的预期的总和③。近年来，由 Dowling 和 Staelin 改进的风险认知和信息搜索过程复杂模型受到学者的青睐（图 4.5）④。该模型将消费者评估产品的属性、使用情境和购买目标及对该类产品的知识等因素结合在一起，决定着消费者总体认知到的风险。

Greatorex 和 Mitchell 基于消费过程中的风险流程整合分析，将消费者风险认知的两要素分析、多维度分析两种基本模型加以整合，提出了风险流程整合模型新概念⑤，如图 4.6 所示。Greatorex 和 Mitchell 的风险流程整合模型认为，消费者对特定属性上要求的水平和实际达到的水平之间存在着某种不匹配，这种损失就成为风险。

---

① Mahon D，Cowan C. 2004. Irish consumers' perception of food safety risk in minced beef[J]. British Food Journal，106（4）：301-312.

② Yeung R M W，Morris J. 2001. Consumer perception of food risk in chicken meat[J]. Nutrition & Food Science，31（6）：270-279.

③ Mitchell V W. 1999. Consumer perceived risk：conceptualisations and models[J]. European Journal of Marketing，33（1-2）：163-195.

④ Dowling G R，Staelin R. 1994. A model of perceived risk and intended risk-handling activity[J]. Journal of Consumer Research，21（1）：119-134.

⑤ Greatorex M，Mitchell V W. 1993. Developing the perceived risk concept：emerging issues in marketing//Davies M et al. Proceedings of Marketing Education Group Conference，Loughborough，1：405-415.

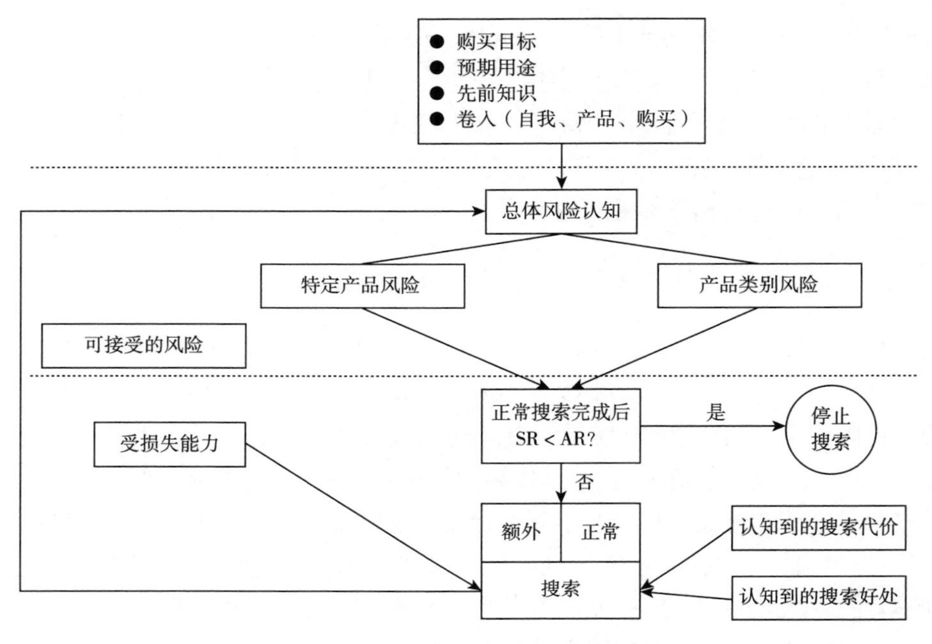

图 4.5　风险认知和信息搜索的过程模型

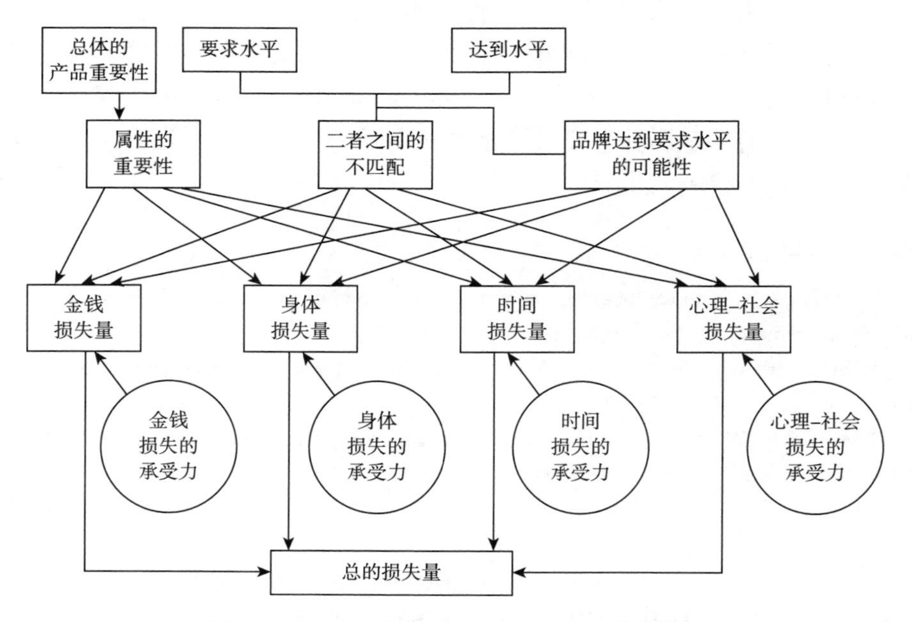

图 4.6　Greatorex 和 Mitchell 的风险流程整合模型

（四）消费者风险认知的影响因素

在动物疫情公共危机事件中，消费者的风险认知受到来自社会和心理两方面因素的影响，消费者社会和心理因素的扭曲往往会放大其风险认知[①]。Pennings 等认为，消费者获取产品相关信息的能力对其风险感知有着显著影响。对动物食品安全信息的需求随着消费者风险认知的增强而相应提升[②]。

第三节　动物疫情公共危机中网民风险认知时空分布

一、中国网民及其基本特征

第 41 次《中国互联网络发展状况统计报告》显示，截至 2017 年 6 月，中国网民规模达到 7.72 亿人，全年共计新增网民 4074 万人。互联网普及率为 55.08%，较 2016 年底提升 2.6 个百分点。

中国网民具有五大特征：一是具有强烈的表达与参与意识。人文关怀强烈，喜欢关注时事，参与社会改革，但“围观”现象也存在。二是对重大事件具有强烈的知情意愿。在突发性动物疫情公共危机事件面前，网民想尽快获得资讯，了解事件真相，以获得心理上的安全感。三是具有强烈的质疑意识。四是具有思维定式的倾向。面对突发性事件，网民容易从刻板的印象、固化的思维模式出发，不假思索地同情弱者、仇富仇官，这种定式思维容易影响网民客观判断。五是保守与开放的道德观念明显。网民往往表现出私人领域的开放性与公共领域的保守性并存的特点。

① Rosati S，Saba A N. 2004. The perception of risks associated with food-related hazards and the perceived reliability of sources of information[J]. International Journal of Food Science and Technology，39（5）：491-500.

② Pennings J M E，Wansink B，Meulenberg M T G. 2002. A note on modeling consumer reactions to a crisis：the case of the mad cow disease[J]. International Journal of Research in Marketing，19（1）：91-100.

二、动物疫情公共危机中网民风险认知时空分布分析

网民对公共危机事件的风险认知时空分布研究文献并不多见[①]。曾润喜、徐晓林通过对某条新闻的跟帖数进行实证研究后认为，网民的活动主要集中在 9:00～18:00 和 20:00～23:00，与正常的作息时间吻合。网民风险认知空间分布与各地区互联网普及率呈正相关关系。目前我国存在着较为明显的互联网普及差异，形成了三个梯队，大致与地区经济发达成正比[②]。

（一）动物疫情公共危机网民风险认知的时间分布

网民获取动物疫情公共危机事件信息的渠道主要源于新媒体与传统媒体，随着互联网的迅猛发展，越来越多的人从网上获取信息，发表自己的观点。动物疫情发生时，网民会在网上浏览相关的各种新闻，衡量动物疫情网民的风险认知可以通过对大型新闻平台相关新闻的浏览量为研究对象。本书课题组通过对互联网上跟帖网民的调查，分析了网民获取动物疫情公共危机事件信息的时间分布情况，见表 4.4。由表 4.4 可知，网民最早获得事件消息排前三位的时段依次为 12:00～14:00、18:00～20:00、20:00～22:00。按网民最早获得事件消息的时段统计，8:00～22:00 有 75.63%的网民获得了事件消息。这说明 8:00～22:00 时段，网民的活动最集中，这也与曾润喜、徐晓林的研究成果相吻合。网民对上海黄浦江流域松江段“漂浮死猪事件”、广西大化县“洪水淹猪”事件[③]的最早知情时间段发生在 12:00～14:00，与正常的作息时间吻合，也与中央电视台《午间新闻》播报时间同步。但是，网民对湖南“疑似人禽流感”事件的最早知情时间段发生在 20:00～22:00，反映网民主要是从网络媒体上最早获得事件信息的，而电视媒体明显滞后于自媒体传播速度。

---

① 本书课题组以中国知网数据库为数据源，搜索“网络舆情时空分布”相关文献数据，仅查到 22 条结果，其中涉及食品安全风险认知的仅 1 条。

② 曾润喜，徐晓林. 2010. 网络舆情的传播规律与网民行为：一个实证研究[J]. 中国行政管理，(11)：16-20.

③ 佚名. 2015. 洪水淹死广西大化万头生猪 水位不退致打捞防疫难[EB/OL]. http://china.cnr.cn/yaowen/20150618/t20150618_518875764.shtml[2020-03-24].

表 4.4　互联网跟帖网友获取动物疫情公共危机事件信息时间分布统计表

项目	上海黄浦江流域松江段“漂浮死猪事件”	广西大化县“洪水淹猪”事件	湖南“疑似人禽流感”事件	知情人数占样本人数比例
	2013年3月15日	2015年6月17日	2017年1月24日	
0:00～2:00	0/人	12/人	0/人	0.42%
2:00～4:00	0/人	54/人	0/人	1.88%
4:00～6:00	3/人	87/人	0/人	3.07%
6:00～8:00	67/人	139/人	3/人	5.64%
8:00～10:00	54/人	64/人	9/人	2.98%
10:00～12:00	79/人	43/人	21/人	2.72%
12:00～14:00	1263/人	417/人	88/人	29.93%
14:00～16:00	115/人	32/人	59/人	3.37%
16:00～18:00	342/人	25/人	73/人	5.86%
18:00～20:00	681/人	48/人	576/人	18.77%
20:00～22:00	245/人	22/人	692/人	14.98%
22:00～24:00	173/人	13/人	483/人	10.40%
总样本数	3022/人	956/人	2004/人	100%

（二）动物疫情公共危机网民风险认知的空间分布

网民的风险认知空间分布还与疫病发生区域有关。疫病发生区域的网民因为处于危机中心会更关注媒体政府发布的相关信息，对疫病有更科学的了解，风险认知比其他地区的偏低，与疫病发生区的距离呈现不完全正向关系。

养殖户进行生产决策时将会考虑地区差异所产生的风险干扰。为了比较不同地区的肉鸡养殖户在 H7N9 禽流感疫情冲击下养殖信心恢复周期的差别，我们可以采用生存分析方法来分析养殖信心尚未恢复的样本与已经恢复的样本之间的差异。本书采用适合大样本估计的 Cox 比例风险回归模型，建立条件死亡概率和偏似然函数，计算各个期限的生存率。在 Cox 比例风险回归模型中，我们设养殖户恢复生产信心的时间为“死亡时间”，养殖信心的恢复周期为“生存时间”，养殖信心尚未恢复的概率定义为“生存

率”，于是有

$$m_{i+1} = m_i - c_i - \alpha_i \tag{4.1}$$

$$M_i = m_i - 0.5\alpha_i \tag{4.2}$$

$$q_i = c_i / M_i \tag{4.3}$$

$$p_i = 1 - q_i \tag{4.4}$$

那么，累计生存概率计算公式为

$$S(i) = p_1 \times p_2 \times \ldots \times p_i \tag{4.5}$$

在 Cox 比例风险回归模型中，t 时刻的风险函数表达式为

$$h(t \mid X) = h_0(t)\exp(x\beta) \tag{4.6}$$

三、动物疫情公共危机中网民风险认知时空分布案例分析

传染病流行的时空传播规律反映了人与传染病斗争博弈的动态过程，深刻认识时空传播规律对传染病的科学防控与应急管理有重要意义。为了评价不同时期的应急策略对疫情控制的效果，有学者以“非典”为例，对 2003 年北京市的流行病学调查数据进行结构化处理后得到了 2444 例“非典”感染者的时空数据，这些数据可以帮助我们重现“非典”在北京市流行的时空传播过程，包括精确到街道办、乡和镇的“非典”发病率图，该项研究综合运用多种空间分析方法，研究“非典”传播的空间模式与时空传播规律，并结合应急防控措施阐述了时空传播背后的驱动因素。通过对分析结果进行 Bayesian 调整和空间平滑，使之更精确地反映出“非典”传染病在地理空间上的风险分布与趋势。这种方法对分析动物疫情公共危机时空分布规律具有很强的操作性。具体步骤如下。

1. 数据与空间结构化处理

1）流行病学调查数据

该项研究的数据源于北京市疾病预防控制中心，调查对象为“非典”感染者或亲属，共计获取 2444 个样本数据。该项研究采取回顾性调查方式，调查了 2003 年 3 月 8 日到 2003 年 5 月 28 日“非典”感染者发病的症状及其年

龄、性别、家庭住址、工作住址和出现症状的时间等信息。

2）时空数据

采用空间化处理方法对“非典”感染者的时间与空间信息进行时空数据的结构化处理。

2. 分析“非典”流行的时空传播规律与影响因素

1）空间相关性的定量计算方法

传染病的空间传播扩散受居住地人口分布、环境及其他各类空间因子影响，感染者之间在空间上具有一定的依赖性，因此可以使用现代空间统计分析方法分析传染病空间传播特征。该案例采用半变异函数、Moran's I统计指数和LISA统计指数对北京市“非典”发病率的空间传播风险进行定量分析。

2）空间相关性分析结果

采用LISA指数分析2003年北京市“非典”传播的局部相关性特征与时空传播规律，研究结果显示：第一，城市中心（三环以内的北部区域）与东部稍偏南的城乡交接地带（东六环与通州交界的区域）是“非典”发病的高风险（热点区域）；第二，“非典”传播在西北—东南方向（偏南北向）的扩散速度明显弱于东北—西南方向；第三，“非典”传播风险在空间上存在显著正相关，且经历弱—强—弱的变化过程；第四，在空间上形成城市中心地带与东部城郊地带两个高风险传播热点区域，两个风险区域的形成与演化特征各不相同但相互影响；第五，错失了在3月将“非典”流行消灭在萌芽状态的最佳时机，然而，疫情中后期的应急策略非常有效，不仅阻止了疫情增长态势，而且有效遏止了其在空间上的扩散。

第四节　动物疫情公共危机中政府官员风险认知检讨

一、政府官员风险认知：积极干预还是谨慎干预

政府官员风险认知在一定意义可以看作专家风险认知，因为当动物疫情

发生时，政府官员大多是通过专家来了解疫情的。政府认知虽然在很大程度上体现为专家认知，但是政府官员基于私人政绩要求，虽不盲目依赖专家的狭隘视角，但有可能忽视专家的科学理性，做出一些短期行为决策。

政府对公共危机的防控管制是影响危机演化的最直接方式。本书课题组以上海黄浦江流域松江段“漂浮死猪事件”五次调查数据为样本，实证研究政府对公共危机的防控管制影响。研究表明，实施强制免疫明显降低了生猪可能感染疫病的比例。从总体上看，国家实施病死猪无害化处理补贴公共政策对养猪户处理病死猪方式产生了良好的效果，越来越多的养殖户采取病死猪无害化处理方式且占比高，销售或食用病死猪的行为明显减少，但是仍有不少小规模养殖户采取病死猪无处理弃尸行为。本书课题组同时发现，政府在上海黄浦江流域松江段“漂浮死猪事件”中采取谨慎干预措施，反映出政府官员面对跨域动物疫情公共危机的风险认知有些滞后，只有当舆情明显针对政府公信力时，基层官员才采取积极干预政策，显然错失了事件发生后的“黄金”防控时间。

总之，政府官员风险认知差异实际上是在不完全信息动态博弈中，参与者的多次行动即多个博弈阶段所产生的结果，也就是一个动态博弈过程的结果。

二、动物疫情公共危机中三方博弈主体的利益机制

（一）政府部门利益机制

政府既通过制定与实施相关法律法规与政策等，对养殖户的生产养殖及经营活动进行规范管理，同时，政府又为保证养殖户正常开展生产经营活动，采取各种公共政策，包括通过畜禽良种补贴、标准化建设项目扶持、养殖技术培训等方式为养殖户提供服务。

（二）养殖户主体利益机制

受自然环境、动物本身免疫力等因素影响，整个畜禽养殖周期都有疫病风险。疫病既可能影响养殖规模，也可能导致畜禽质量下降、消费需求下降，并引发市场价格波动，减少养殖户收益。因此，为实现自身效用最大化，养

殖户会采取基本的疫病防控手段。

（三）社会公众利益机制

畜禽产品富含蛋白质、维生素和矿物质，能够为社会公众的健康成长、生存提供必需的营养，因此社会公众通过购买畜禽产品获得健康，对畜禽产品具有消费需求。

三、动物疫情公共危机中三方博弈关系及其结果

（一）动物疫情公共危机中三方博弈关系

在动物疫情公共危机中，政府、生产者和消费者之间的三方博弈关系如图 4.7 所示。

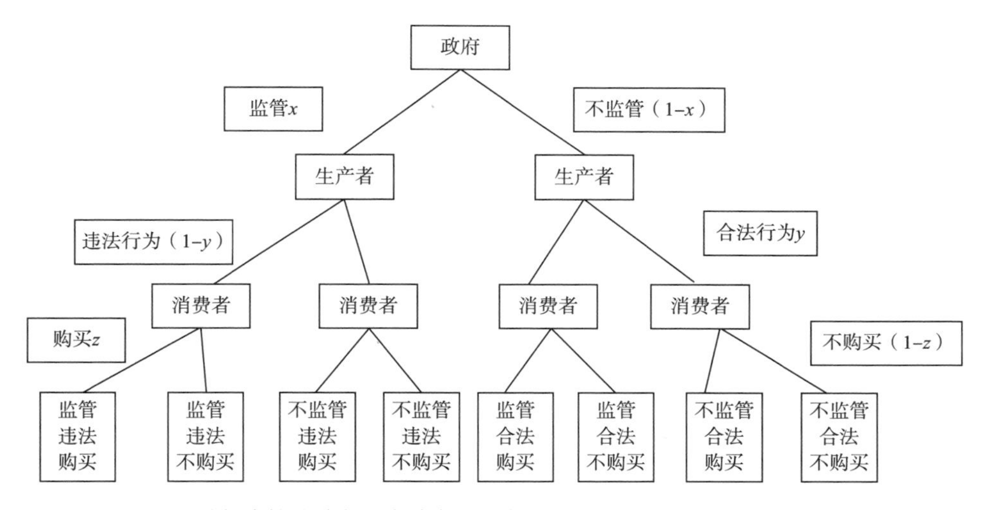

图 4.7　动物疫情公共危机中政府、生产者和消费者三方博弈主体策略组合

（二）动物疫情公共危机中三方博弈结果

通过对演化博弈的稳定性分析，可以得出以下结论：第一，生产者、政府和消费者三方的行为相互影响，他们各自的稳定策略选择除了受到自身因素影响之外，还受到其他博弈方相关支付因素的影响；第二，由于信息不对称，在生产者、政府和消费者三方演化博弈模型中，生产者行为决策主要受

政府行为影响，政府的监管起主导作用；第三，由于信息不对称，在生产者、政府和消费者三方演化博弈模型中，消费者群体在三方博弈中处于从属地位，其策略选择具有盲目、从众性[①]。

① 李燕凌，苏青松，王珺. 2016. 多方博弈视角下动物疫情公共危机的社会信任修复策略[J]. 管理评论，28（8）：250-259.

第　五　章

中国动物疫情公共危机扩散动力学分析

动物疫情公共危机演化是由其内部力量与外部力量相互作用而形成的危机扩散过程。本章从危机引力波、危机内动力、危机外推力、危机诱发力、危机点爆力、危机助燃力、危机延续力和危机阻滞力八个方面，系统分析了动物疫情公共危机演化进程中的力学原理。在此基础上，本书分别从动物疫情公共危机演化内生力量、外部力量和内外部力量平衡等视角，展开了中国动物疫情公共危机扩散动力学实证分析。

第一节　动物疫情公共危机演化进程中的力学原理

一、危机引力波：逐利价值与反自然技术

广义相对论理论指出，当存在非球对称的物质分布情况时，引力波将产生于物质运动或物质体系的质量分布变化过程之中。宇宙中出现剧烈的致密星体碰撞并合天体物理过程，就是一种非球对称的物质体系质量分布变化过程。在这个过程中，那些相对很大的质量天体剧烈运动扰动着周围的时空，会对时空产生扭曲作用，而扭曲时空的波动以光速向外传播，从而产生极美丽的时空“涟漪”现象（图 5.1），即引力波现象。因此，引力波的本质就是时空曲率的波动。物理学中，引力波就是指时空的波动，即时空弯曲的涟漪

通过波的形式从辐射源向外传播，并以引力辐射的形式传输能量[①]。

图 5.1　引力波现象图

如果我们将引力波概念借鉴到危机管理之中，在危机扩散动力场域中实际上也存在着引力波现象。每一个公共危机驱动主体或阻滞主体，实际上都是具有相当大能量的“大质量社会主体”。当这种“大质量社会主体”发生剧烈运动时，它会影响着周围的社会时空并发生时空扭曲现象，这种扭曲的社会时空的波动也在这个过程中以极快的速度向外传播，我们称其为产生了危机引力波现象。事实上，在危机扩散动力场域中，各种不同的社会主体由于价值目标的差异，都会有自身的行动轨迹。各社会主体拥有不同的社会资源，因而其社会体量就会出现明显差异。当然，在危机扩散动力场域中，不同社会体量的社会主体也不会自动遵守力量平衡规则，它们会采取某些“逆力量平衡”的行动，我们或可将这种“逆力量平衡”行动称为反自然技术。正是不同社会主体的逐利价值行动和采用反自然技术，确定了危机扩散动力场域中的引力波存在。

（一）逐利价值

从理性经济人角度来看，养殖户是逐利价值的主体。养殖户逐利行为将会

① 黄燕萍，沈珊雄. 2017. 2017 年诺贝尔物理学奖和引力波[J]. 物理教学，39（12）：2-3，16.

影响到突发性动物疫情公共危机快速反应机制的实施效果。由于我国目前动物疫情的直接受损害者是养殖户，因此首先分析养殖户行为决策显得尤为重要。

Allais 和 Ellsberg 最早提出了行为决策理论[①②]。"人们在决策实践中是怎样决策的、为什么会这样决策"成为行为决策理论研究的两大根本性问题。20世纪70年代,有学者对人们在不确定性条件下的判断与决策行为进行了研究，使行为决策理论得到学术界的广泛认可。对于动物疫情危机事件来说，大多数普通养殖户依赖个人主观的判断来进行行为决策，由于风险感知源于养殖户主观判断，因此往往与客观的真实风险存在一定差距，或出现系统性偏差，从而引发动物疫情公共危机。

信息不对称理论可能是解释动物疫情危机事件中养殖户行为决策的一种重要理论。交易双方之间，信息不对称可能导致交易双方发生"逆向选择"和"道德风险"，在极端情况下甚至可能会造成市场交易的停滞。重大疫情暴发后，在市场上动物及动物食品的信息买卖双方是不对称的，卖方比买方拥有更多的信息资源。因此，卖方具有冒着道德风险的可能实现盈利，市场效率会受影响，继而导致市场失灵，同时使得动物疫情在部分地区迅速传播。而对于买方来讲，越是信息不对称，在动物疫情公共危机发生后，越会造成消费者恐慌。此时，如果政府不能迅速向消费者提供权威消息，一方面消费者会质疑政府公信力，另一方面也会采取"逆向选择"行动，包括对生猪养殖、猪肉屠宰、加工和销售等生产销售行为丧失信心，进而抢购替代肉类品、哄抬替代肉类品价格，严重的还会对社会信任造成损害。动物疫情危机发生后，受信息不对称的影响，政府可能因为信息收集渠道遭到破坏而增大信息收集难度，同时政府自身也受到监管成本、社会舆论压力等多种条件限制，或可能放松对动物生产销售市场的监管。在有限理性假设下，生产者追求利益最大化，违法生产销售行为的成本必然低于合法生产销售行为的成本；政府监管缺位，放任了生产者违法行为并助推了其"道德风险"决策；信息不对称使得社会恐慌不断加剧，消费者对动物食品安全的担忧加剧，更易采取

---

① Allais M. 1953. Le comportement de l'homme rationnel devant le risque：critique des postulats et axiomes de l'école Americaine[J]. Econometrica，21（4），503-546.

② Ellsberg D. 1961. Risk，ambiguity，and the savage axioms[J]. The Quarterly Journal of Economics，75（4）：643-669.

“逆向选择”行为来维护自身利益。行业主体之间的博弈，能够有效推动养殖户采取防控措施，实现最大化均衡。

动物疫情危机中养殖户逐利行为决策的另一个解释理论是外部效应。外部效应又称为外部性，是指一个经济主体的经济活动对另一个经济主体所产生的非市场性影响，包括正外部性与负外部性，或称经济利益与经济损失。外部性问题的实质就是社会成本与私人成本之间发生偏离。动物疫情危机将会产生明显的负外部性。一是由于动物疫情不仅具有高致病性、高死亡率，而且具有很强的疫病传染性，染疫养殖场可能通过多种渠道将动物疫病传染给其他养殖场（如仔猪进出），导致疫病扩散；二是一些动物疫病属于人畜共患病，染疫养殖场的动物产品可能在销售过程中通过人畜禽接触将疫病传染给人，人畜禽交叉感染疫病后出现更大规模的疫病暴发，从而严重威胁社会公众的生命健康和社会安全。因此，养殖户的强制防疫、疫病监测与报告、疫区封锁、病畜禽扑杀、病死畜禽无害化处理等防控措施，都具有外部经济效益。所以，政府必须建立合理的制度安排，将动物疫情防控与应急处置的外部利益内部化，加大动物防疫过程和危机应急处置中的财政补贴力度。

（二）反自然技术

随着人类社会的不断发展，现代技术沦为人类意志的工具，技术越发以一种权力和控制的姿态，将一切事物迅速卷入机械节奏的漩涡之中，剥夺了万物乃至技术本身的内涵[①]。随着科技的不断进步，人工授精、生物克隆、饲料添加、人工催肥等一系列新技术新方法被广泛应用于动物养殖生产之中。在动物产品加工领域，同样重视引进许多新的加工技术。新技术、新方法的研发与应用，在促进养殖业飞速发展的同时也造就了技术垄断企业利用技术优势加快发展的便利。一些技术垄断企业为了确保自身的利润规模，甚至采取违反技术标准和反自然技术等非法手段，降低养殖生产成本、扩大利润空间，导致动物疫病传播。同时，随着世界经济一体化的发展，统一的大市场逐渐形成。当前动物疫病的国际形势不容乐观，在畜牧业大发展的同时，畜

① 阎莉，康睿灵. 2015. 转基因技术的反自然特性探析[J]. 科学技术哲学研究，32（4）：104-107.

禽产品国际贸易更加频繁、规模日益扩大，各种动物疫病在国际国内肆意蔓延，随着新技术新方法大量采用的同时，动物的抗药性不断增强，一些疫病病毒变种不断出现，从而导致更多新的动物疫病传播[①]。

二、危机内动力：疫情自身演变的内化

动物疫情自身的演变是动物疫情公共危机发生的内生动力。在我国农业部规定中，依据重大动物疫情对养殖业及人体健康的危害程度，动物疫情可分为三类：一类动物疫病有高致病性猪蓝耳病、高致病性禽流感等 17 种，二类动物疫病有猪繁殖与呼吸综合征等 77 种，三类动物疫病有大肠杆菌病等 63 种，26 种动物疫病被列入《人畜共患传染病名录》，这些动物疫病都有可能导致重大动物疫病暴发并传播。依据突发重大动物疫情的性质、危害程度、涉及范围，突发重大动物疫情又可分为特别重大（Ⅰ级）、重大（Ⅱ级）、较大（Ⅲ级）和一般（Ⅳ级）等四级。

我国重大动物疫情演变具有如下三个重要特点。第一个特点是，动物疫病传播情况不容乐观，原有的动物疫病继续流行并产生危害。受国际化的影响，新发生和从国外传入的疫病不断增多。第二个特点是，旧病病原发生变异、感染谱变化或者症状非典型化等变化，传统防治技术与手段失灵。第三个特点是，疫病种类多、危害性大，疾病谱发生变化[②]。

三、危机外推力：来自人类活动的干预

从猿进化到人类始终伴随着各种疫病的发生与演变。有研究发现，2003 年的“非典”可能是通过野生动物果子狸身体中的某些病毒传播给人类的。果子狸生活在野生环境中，几乎不可能与人类有频繁接触的环境条件，也很难直接将某些病毒传染给人类，一个最可能的解释就是果子狸被人类猎杀，成为餐桌上的“野味”美食，从而将某些病毒带给了人类。这种人类活动干预自然界最终导致人类自身灾难的事件，越来越多地成为危机外推力的有力证据。

---

① 赵德明. 2006. 我国重大动物疫病防控策略的分析[J]. 中国农业科技导报，（5）：1-4.

② 曾晓瑜，李琦，殷崎栋. 2008. 数字地球系统及其在疟疾疫情演变中的应用[J]. 计算机科学，（8）：202-205.

动物疫情公共危机外推力还表现在畜禽生产过程中大量使用反自然技术方面。人类为了加快畜禽生长过程、降低生产成本，通过大量采用品种改良或者使用各种添加剂等反自然技术，从而违反畜禽生长规律。这种反自然技术的广泛应用，最直接的结果是使得畜禽原本的“野性”逐渐丧失，畜禽对自然界的适应能力变得越来越差，更容易染上各种疫病。规模化畜禽生产过程中，应对畜禽疫病必须采取打针吃药等方法，一些兽药若长期使用会产生抗药性。

四、危机诱发力：政府不当管控措施

我国动物疫情公共危机应急管理以政府管理体系为主导，在动物疫情公共危机防控中发挥了重要作用。但是，管理主体的法律地位、责任冲突和扑杀补偿政策等方面的原因，导致政府的一些管理措施不当，成为动物疫情公共危机的重要诱发力。从管理主体的法律地位来看，由于现行的动物卫生法律规定虽然具有较强的原则性，但行文不够严谨、实际操作性不强，缺乏对具体行政行为后果的明确法律责任规定。例如，《中华人民共和国动物防疫法》第十条规定，县级以上人民政府卫生健康主管部门和本级人民政府农业农村、野生动物保护等主管部门应当建立人畜共患传染病防治的协作机制。《中华人民共和国动物防疫法》第十五条规定，省、自治区、直辖市人民政府农业农村主管部门会同本级人民政府卫生健康等有关部门开展本行政区域的动物疫病风险评估，并落实动物疫病预防、控制、净化、消灭措施。但对未能及时报告或及时处理的，没有明确的责任追究规定。再如，虽然《中华人民共和国动物防疫法》第二十条规定，县级以上人民政府应当完善野生动物疫源疫病监测体系和工作机制，根据需要合理布局监测站点；野生动物保护、农业农村主管部门按照职责分工做好野生动物疫源疫病监测等工作，并定期互通情况，紧急情况及时通报。但是并没有明确规定未定期互通情况、未及时通报紧急情况的相关法律责任等。从管理主体的责任范围来看，不同管理主体的责任冲突相当严重。例如，根据《高致病性禽流感防治技术规范》的规定，以疫点为中心，半径 3 千米范围内为疫区。疫情处置时要“扑杀疫区内所有家禽并进行无害化处理”。但是，2010 年农业部发布的《动物防疫条件审查办法》规定，动物饲养场和养殖小区之间的距离在 500 米以上。农业部制定的这两个部门规章之间存在明显的矛盾：在动物疫情公共危机应急处置中，依据 2010 年审查办法建设的间隔 500 米的养禽场，落在了 2007 年技术规范疫点边缘相邻 3 千米的疫区范围内。这样，即使禽只健康无疫也会被依规全部扑杀。法规和技术标准之间的不一致，给养殖户造成的损失却无法得到补偿，同时暴露了在动物疫情公共危机面前公民和危机管理部门之间的主体责任冲突①。

五、危机点爆力：传媒与舆情催化剂

近年来，中国互联网得到迅速发展和普及。根据第 46 次《中国互联网络发展状况统计报告》的数据显示，截至 2020 年 6 月，我国网民规模为 9.40 亿，而且增长速度非常快。中国互联网普及率高，超过全球平均水平（图 5.2）。网民可以通过互联网渠道获取更多新闻和信息，包括微博和社交网站。此外，他们还可以通过在线共享和转发信息来扩展新闻报道。

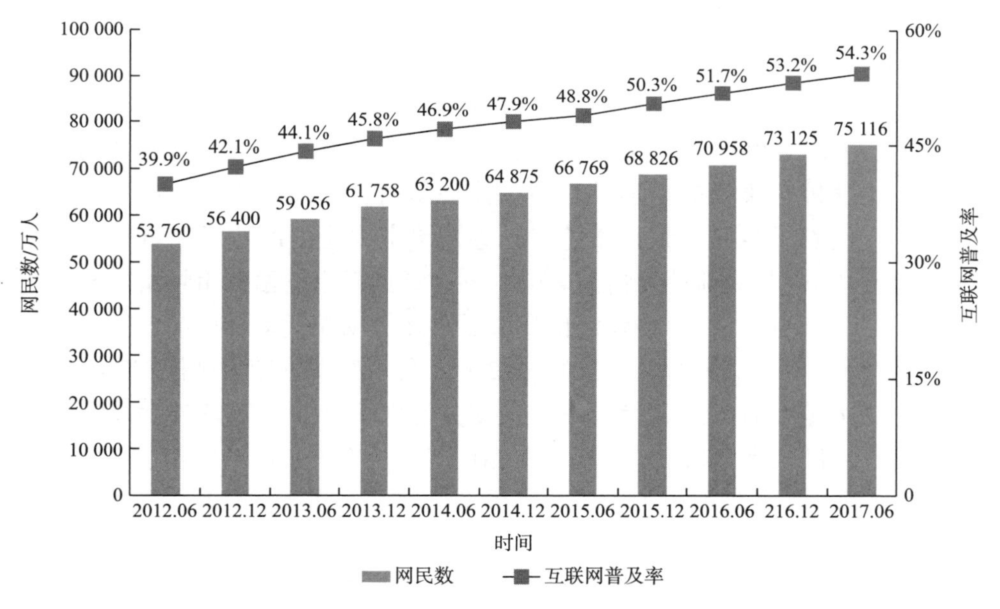

图 5.2　网民数与互联网普及率变化趋势图

资料来源：CNNIC 中国互联网络发展状况统计报告

① 张国清. 2003. 公共危机管理和政府责任——以 SARS 疫情治理为例[J]. 管理世界，（12）：42-50.

但是，互联网在为公众加快了解和深度了解动物疫情公共危机，促进网民正常反应和明确沟通的同时，包括应急准备、预防和处置，也会对诸如动物疫情公共危机事件在内的公共卫生危机事件的传播产生一些负面影响。近年来，中国新兴传染病疫情日益扩大。2003 年“非典”疫情和流感病毒及甲型 H1N1 流感疫情等，都引发了公众和媒体的高度关注。疫情暴发期间的公众和媒体反应是一把双刃剑。温和的反应可能引起个人对疾病控制和预防的认识，而过度反应则可能对公众起负面作用。控制和预防新出现的传染病疫情需要公众的参与。互联网用户如何应对紧急疾病暴发，卫生防疫部门如何引导他们进行适当的反应，对于控制和预防人群中的疾病至关重要。在 H7N9 暴发期间，一项研究表明，互联网用户对 H7N9 疫情的反应的潜在作用的监控调查结果，可以为政府卫生部门和公众提供有效控制与预防公共卫生突发事件的资讯支持。

六、危机助燃力：消费者恐慌性助推

动物疫情公共危机发生后，消费者的反应态度及其反应速度往往成为危机的助燃力。消费者对动物疫情的反应表现在以下三个方面。一是动物疫情暴发后迅速停止染疫类动物及其肉源性食品消费，或快速降低食品消费需求。由于消费量急减导致价格急降，直接给畜牧业生产造成严重打击。受 2016 年至 2017 年禽流感疫情的影响，湖南省浏阳市的家禽市场价格至少比往年同期下降 60%。二是动物疫情暴发后迅速带动替代动物产品或替代肉源性食品供不应求、价格猛增。2013 年 3 月，我国暴发过较大规模 H7N9 型禽流感。广大消费者不愿相信专家有关充分烹熟禽肉并无感染疫病风险的意见，而是盲目地停止鸡、鸭等相关菜品消费，短期内，市场猪肉、牛肉价格暴涨。三是动物疫情暴发严重影响染疫类动物及其肉源性食品国际贸易。有关资料统计，我国每年仅因口蹄疫导致的猪肉相关产品出口损失就达 200 亿美元。消费者在动物疫情危机中的恐慌性消费行为，助推了危机冲击力迅速放大。

七、危机延续力：生产者行为放大危机

虽然散养户受到动物疫情冲击的程度并不大，但是，目前我国畜禽养殖户中 70%以上是规模养殖户。因此，动物疫情公共危机发生后，将会迅速导致畜禽饲养规模下降。一般来说，中等规模养殖户的饲养规模降幅较大，小规模养殖户的饲养规模也有所下降。对中小规模养殖农户来说，受畜禽疫病的冲击较大，短期内难以迅速恢复生产①。生产者恢复生产的信心不足，将会导致动物疫情打击产生滞后效应，使得危机影响延续。生产者行为会放大动物疫情公共危机还表现在对动物产品价格影响方面。从畜禽类产品价格的变化来看，动物疫情发生后，短期内，市场由于受到动物疫病冲击使得需求受到抑制，消费者的信心不足，市场价格下降。然而，动物疫情发生一段时间后，又可能因动物产品供不应求而导致价格上涨，从而可能引发消费者对价格上涨的恐慌。

八、危机阻滞力：科学防控与应急体系

国际经验表明，科学的防控措施与应急体系能够有效阻滞动物疫情公共危机扩散。美国政府对于在疫情中受到损失的养殖户，按照市场价值补偿养殖户扑杀的畜禽，同时对养殖户进行的畜禽养殖场舍消毒与自行扑杀也会给予相应的补偿。为了让美国各州的家禽饲养公司都参与禽流感疫情监测与扑杀等防控计划，美国组织独立的评估师对养殖户的经济损失进行专门评估，为动物疫情公共危机防控创造了有利条件。近年来，中国建立了卓有成效的动物疫情防控体系。我国相继颁布了《中华人民共和国动物防疫法》《重大动物疫情应急条例》等一系列法律法规和条例，构成了动物疫情防控体系。根据《重大动物疫情应急条例》的规定，依法建立了从中央到地方的五级兽医主管部门和动物卫生监督机构，并建立了相应的动物疫情公共危机应急处置机构和包括生产养殖户在内的动物疫情公共危机防控体系。

---

① 于乐荣，李小云，汪力斌. 2009. 禽流感发生后家禽养殖农户的生产行为变化分析[J]. 农业经济问题，30（7）：13-21，110.

第二节　动物疫情公共危机演化内生力量分析

一、动物疫情公共危机演化的引力波

混沌理论在一定程度上可以解释动物疫情公共危机演化过程中的引力波现象，即不同主体的价值差异及由此导致的价值位序变化，从而为动物疫情公共危机管理理论的发展提供更有力的支持。从本质上讲，公共危机是一种非线性的复杂演化过程。公共危机发生过程具有随机性、复杂性、多变性和不确定性等特征，公共危机的表面混乱之中其实蕴含着更高层次的秩序[①]。“灾害链”理论是可以解释动物疫情公共危机演化引力波现象的另一个重要理论。“灾害链”理论认为，重大自然灾害一经发生，极易借助自然生态系统之间相互依存、相互制约的关系产生连锁效应，即发生由一种灾害引发一系列灾害的“涟漪”现象。这种“涟漪”现象以灾害形式表现，从一个地域空间扩散到另一个更广阔的地域空间，出现有序结构式的大灾传承波动[②]。例如，大灾之后，必发大疫，大疫之中容易引发社会稳定失控。动物疫情公共危机具有突发性、综合性、复合性等特点，引发动物疫情公共危机的风险因素既有动物疫病自身的致病因素，也有动物养殖生产环境等自然因素，还有人类行为不当干预导致疫情失控、社会恐慌加剧并放大危机损害的因素等，它是一个多种因素叠加的演化过程[③]。正是这种综合风险叠加，形成了动物疫情公共危机演化中的引力波现象，使得动物疫情公共危机产生串发性或共发性灾害并构成“灾害链”。

① 陈世瑞. 2011. 混沌理论在非传统安全治理研究中的应用——兼论根治索马里海盗问题[J]. 人力资源管理，（10）：35-37.

② 门可佩，高建国. 2008. 重大灾害链及其防御[J]. 地球物理学进展，（1）：270-275.

③ 容志，李丁. 2012. 基于风险演化的公共危机分析框架：方法及其运用[J]. 中国行政管理，（6）：82-86.

二、动物疫情公共危机演化的内动力

任何事物运动发展都需要一定的能量。动物疫情公共危机的内动力源于五个方面。本书综合归纳不同类型动物疫情公共危机演化特点，提出了动物疫情公共危机演化内动力分析框架（图 5.3），旨在发现动物疫情公共危机演化的内动力运动的一般规律。

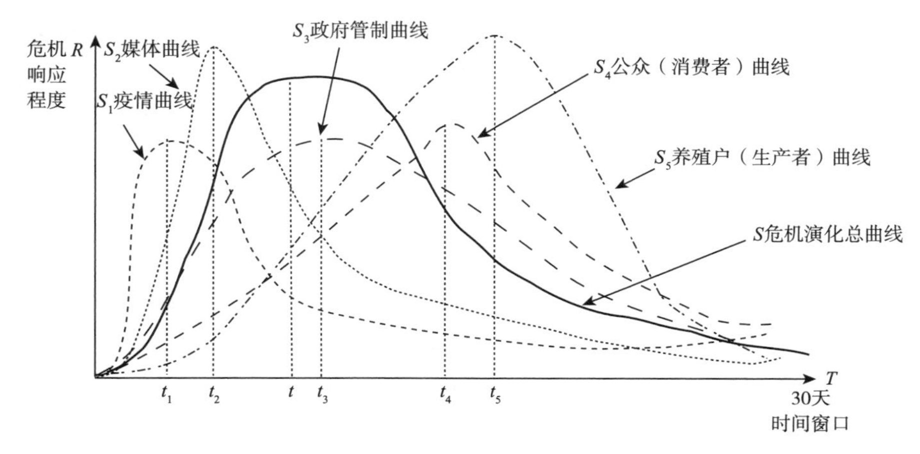

图 5.3　动物疫情公共危机演化内动力综合作用示意图

我们以动物疫情灾害损失状况来反映疫情危机响应程度，建立了一个动物疫情危机损害的时间函数关系，并在二维坐标图中描绘了动物疫情危机演化中各种影响因子的变化曲线（图 5.3）。图中 R 线表示动物疫情灾害损失程度（即危机响应），时间用 T 表示。S_i 是动物疫情危机损害的时间函数曲线，它受到疫情危机演化中各种内动力影响。这些内动力包括动物疫情自身发展之力、媒体的外部干扰力量、政府管制力、公众（消费者）的外部推拉力、养殖户恢复生产的力量（信心）等五种基本力量。这五种力量变化的时间函数分别用 S_i 表示，$S_i = F\left(R_i, T_i\right)$，其中 $i = 1,2,3,4,5$，其分别代表五种力量。不难看出，动物疫情公共危机综合演化函数就是这五条子函数的联合控制方程。五条 S_i 曲线的峰值有高有低，峰值出现的时间上有早有晚，t_1、t_2、t_3、t_4、t_5 分别表示五条 S_i 曲线峰值所在的危机演化“时间窗口”。五条 S_i 曲线共同作用形成危机演化总曲线 S。需要特别指出的是，在实际中，S 曲线受动物疫情公共危机实际防控能力的制约。利用图 5.3 的分析框架，我们可以观察动物疫情公共危机演化曲线在五种内动力（五条 S_i 曲线）综合影响下，其危机响应程度的变化规律。

（一）动物疫情自身演变内动力

动物疫情危机演变符合 SIR 模型变化趋势。Keeling 等研究发现，动物疫情危机应急管理的“黄金时间窗口”在疫病暴发后 7 天左右，事件控制后 40 天左右社会情绪度过危险期①。Li 等用拓展的 SIR 模型研究了生猪疫病危机演化内动力，研究发现在疫情暴发后的第 7 天、第 14 天、第 21 天和第 28 天是此类突发性危机事件重要的时间节点②。由图 5.3 可知，此次动物疫情公共危机演化过程符合 SIR 模型的标准分布，实际周期约为 30 天左右。

（二）媒体舆情内动力演化过程

S_2 曲线反映媒体舆情对重大动物疫情公共危机演化的内动力影响。我们的研究发现：在动物疫情危机发生后，媒体是其他干预主体中反应最快的主体，并且媒体响应的峰值会在所有干预因素函数曲线中位于最高位，峰值出现时间（t_2）也要早于其他影响因素。不难看出，正是媒体的介入拉高了动物疫情公共危机响应函数。国内有学者专门研究过公共危机事件中媒体热度的峰值“时间窗口”，研究发现，网民对危机事件的关注在不同演化期内时长会有不同，潜伏期的平均时间为 1.5 天，50%以上事件的爆发期在 1 天左右；80%左右的事件蔓延期为 2 天，反复期平均时长为 42.9 天；50%左右事件的缓解期为 10 天，长尾期一般较为漫长③。

（三）政府管制对危机演化的影响

政府实施动物疫情危机管制是影响危机演化的最直接方式，有时甚至可

---

① Keeling M J，Woolhouse M E J，May R M，et al. 2003. Modelling vaccination strategies against foot-and-mouth disease[J]. Nature，421（6919）：136-142.

② Li Y L，Wang W，Liu B，et al. 2012. Study on the evolution mechanism of public crisis of sudden animal epidemics[J]. International Conference on Public Management，11：255-258.

③ 李彪. 2011. 网络事件传播阶段及阈值研究——以 2010 年 34 个热点网络舆情事件为例[J]. 国际新闻界，33（10）：22-27.

以改变危机演变的时间节点。S_3曲线反映了政府管制对重大突发性动物疫情公共危机演化的影响。图 5.3 反映出政府管制对动物疫情公共危机的压制作用，政府强有力的管制拉低了动物疫情危机响应函数。不过，政府管制的时间切入点可能对疫情危机演化进程具有较大的影响，政府介入越早，最终的动物疫情危机演化周期可能就越短。

（四）消费者干预是疫情危机演化的内动力

S_4曲线反映了消费者对重大动物疫情公共危机演化的影响。由图 5.3 可知，消费者的风险感知不敏感，导致消费者对疫情危机的响应不仅滞后于媒体，也滞后于政府管制，这在一定程度上拉长了动物疫情危机函数S。另外，消费者反响函数的峰值低于养殖户反响函数，也在一定程度上拉低了综合函数S，这也反映出政府管制及媒体后期的正面宣传发挥了重要作用。虽然可能因为消费者心理恐慌而造成一些非理性消费行为，但总体上消费反应没有超出理性范围，没有发生群体性哄抢替代物资事件，社会秩序应属正常。

（五）养殖户对危机演化的内动力影响

S_5曲线反映了养殖户对突发性动物疫情公共危机演化的影响。图 5.3 反映了养殖户对疫情危机过度反应迹象明显，且反响严重滞后，这既拉高了疫情危机函数的峰值，又拉长了疫情危机周期。养殖户反响的明显滞后性，往往成为下一次危机演化的最初诱导因素。

三、动物疫情公共危机演化内生力量实证分析

本书课题组于 2012 年以生猪感染高致病性猪蓝耳病为研究对象，开展动物疫情公共危机演化内生力量的实证研究。资料源于课题组 2012 年对湘、鄂、赣、黔、粤五省 19 个县（市、区）（以下统一称“县”）的调查[①]。课题组在

① 19 个县包括湖南省张家界市的桑植县、永定区，湘西自治州的龙山县、凤凰县，湘潭市的湘潭县，长沙市的长沙县，株洲市的醴陵市，益阳市的桃江县，常德市的桃源县，邵阳市的邵阳县、洞口县，娄底市的娄星区，郴州市的北湖区、汝城县，衡阳市的衡南县，贵州省铜仁市松桃苗族自治县，江西省赣州市崇义县，广东省韶关市仁化县，湖北省恩施土家族苗族自治州来凤县。

每个样本县选择 2 个乡（镇），在每个乡（镇）选择 1 个村，在每个村选择 40 个养殖户。课题组调查了样本户是否进行强制免疫，疫病暴发后第 7 天、第 14 天、第 28 天的生猪感染数量等情况。课题组共发放问卷 1520 份，收回问卷 1299 份，剔除内容填写不全、有逻辑错误的问卷，本书采用的实际有效问卷 1167 份，约占全部发放问卷的 76.8%[①]。

（一）高致病性猪蓝耳病的 SIR 模型

1. 研究假设

①只有高致病性猪蓝耳病染疫病猪才会传播；②患高致病性猪蓝耳病的染疫病猪其传染病毒的能力基本一致；③患高致病性猪蓝耳病的染疫病猪其被治愈的概率基本一致；④患高致病性猪蓝耳病的染疫病猪经治愈后将形成免疫力并不再传播。

2. 参数确定[①]

本书研究的染疫猪群或疑似染疫猪群分为三个组别：一是患病的染疫猪群。我们将已经受到高致病性猪蓝耳病感染的病猪在样本总猪群中所占的比例记为 I，观察时刻记为 t，$I(t)$ 为时刻 t 时样本猪群中受到高致病性猪蓝耳病感染的病猪所占的比例。二是易感猪群。易感猪群虽然是容易受到高致病性猪蓝耳病传染的猪群，但仍然属于健康猪群。我们将易感猪群在样本总猪群中所占的比例记为 S，观察时刻记为 t，$S(t)$ 为时刻 t 易感猪群占样本总猪群的比例。三是治愈移出猪群，即染疫病猪治愈后的猪群。我们将染疫治愈后从猪群中的移出者占样本总猪群的比例记为 R，观察时刻记为 t，$R(t)$ 为时刻 t 传染高致病性猪蓝耳病痊愈后移出的猪所占的比例。此外，其他参数确定如下：N 为样本猪群总数；λ 为每头患高致病性猪蓝耳病的病猪每天传染的病猪数的平均值；θ 为高致病性猪蓝耳病染疫病猪的移出率，即每天新增加的高致病性猪蓝耳病治愈猪数和死亡猪数之和占高致病性猪蓝耳病病猪的累积猪数的比例。

---

① 李燕凌，车卉. 2013. 突发性动物疫情中政府强制免疫的绩效评价——基于 1167 个农户样本的分析[J]. 中国农村经济，（12）：51-59.

3. 模型建立

单位时间内患高致病性猪蓝耳病的染疫病猪被移出的猪数变化为

$$R(t)=\theta NI(t)\Delta t \tag{5.1}$$

单位时间内患高致病性猪蓝耳病的染疫病猪数变化为

$$N\,[\,I(t+\Delta t)-I(t)]\;=\lambda NS(t)I(t)\Delta t-R(t)=\lambda NS(t)I(t)\Delta t-\theta NI(t)\Delta t \tag{5.2}$$

单位时间内易感者即健康猪的数量变化为

$$N[S(t+\Delta t)]-S(t)=-\lambda NS(t)I(t)\Delta t \tag{5.3}$$

根据 SIR 模型可得

$$\begin{cases}\dfrac{\mathrm{d}I}{\mathrm{d}t}=\lambda SI-\theta I\\ \dfrac{\mathrm{d}S}{\mathrm{d}t}=-\lambda SI\\ I(0)=I_0\\ S(0)=S_0\end{cases} \tag{5.4}$$

则 $I(S)=(S_0+I_0)-S+\dfrac{\theta}{\lambda}\ln\dfrac{S}{S_0}$，根据参数定义可知 $(S_0+I_0)=1$

因此可得

$$I(S)\approx 1-S+\frac{\theta}{\lambda}\ln\frac{S}{S_0} \tag{5.5}$$

（二）模型求解及分析

我们在 R 软件中运算进行模型求解，得到模型中各参数。

1. 确定参数 λ

根据定义，参数 λ 是每头患高致病性猪蓝耳病的病猪每天传染的猪数的平均值，即基本传染数。高致病性猪蓝耳病暴发以来，有关其性状尤其是与之相关的准确数据较难获得，因此，我们采用动物防疫学上普遍认为的“基本传染数是在没有任何外界干扰和所有猪都不具有对该疾病的免疫力的情况下的感染数量平均值”推测，根据实际调查猪场染疫情况估计参数 λ。当这个感染的数量低于 1 时，这种传染病就会消失。由此，我们得到调查猪场平均的高致病性猪蓝耳病传染率趋势（图 5.4）。

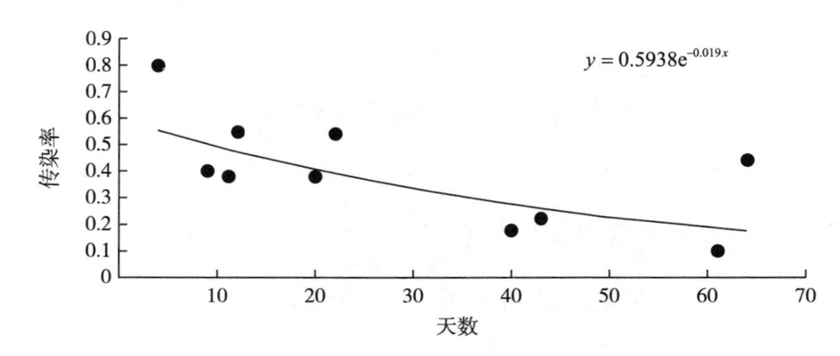

图 5.4　高致病性猪蓝耳病传染率趋势图

经过计算机拟合，图 5.4 中，参数 λ 即基本传染数 $y = 0.5938e^{-0.019x}$

2. 确定参数 θ

移出率（θ）是指每天新增加的高致病性猪蓝耳病治愈猪数和死亡猪数之和占高致病性猪蓝耳病病猪的累积猪数的比例。图 5.5 描述了 2012 年 1 月 12 日最早暴发疫情之后 80 天的移出率变化情况。

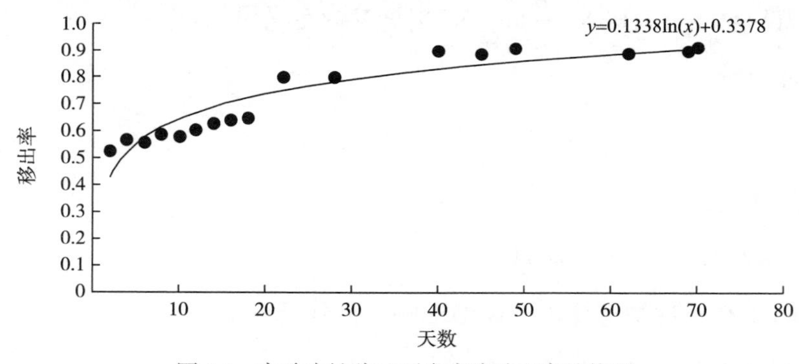

图 5.5　高致病性猪蓝耳病病猪移出率趋势图

由图 5.5 可知，θ 值的变化具有明显的阶段性：疫情暴发 20 天之后（2 月底之前），移出率 θ 会在较高水平上平稳上升，20 天内从 0.5 上升至 0.65。3 月初经历了一个较快的跃升，增至 0.8 左右，但在 3 月上中旬 θ 值相对平稳，基本稳定在 0.9 附近变化，此后基本上无大的波动。可见，当地政府部门在高致病性猪蓝耳病疫情发生后，采取的防御措施还是有效的。

3. 模型拟合、参数回归及验证

综上所述，根据已知数据求出 $\theta(t)$ 后，就可以进行最大概率的曲线拟合。

第一步，计算各参数。对采集获得的实际数据进行计算，得到易感者（S）、传染数（I）和移出数（R）的值，并通过计算机模拟与时间函数图像进行拟合。

第二步，描绘数值解图像。画出通过数学模型计算得出的数值解随时间变化的图像，并将这两张图进行对比，以寻找参数估计不合理导致的实际情况和理论预测之间的差别，并对 λ 和 θ 进行调整，使两张图像更加吻合。

第三步，进行参数调试。对 λ 和 θ 进行多次调试，最终找到实际情况和理论预测两种情况下的最佳吻合图像，从而确定各个参数的最终值。

第四步，验证参数。判断从最佳吻合图像中确定的易感者（S）、传染数（I）和移出数（R）三个变量的值是否在我们估计的范围之内，如果在估计范围内，则各参数的取值是科学合理的。

（三）模型应用

我们应用上述模型对调查区 2011 年 1 月 19 日高致病性猪蓝耳病暴发后 120 天的疫情进行分析和预测。首先，利用调查数据模拟病猪时间变化趋势。从已知数据中获得调查区高致病性猪蓝耳病的病猪数量，并描绘出病猪数量随时间变化的趋势（图 5.6）。

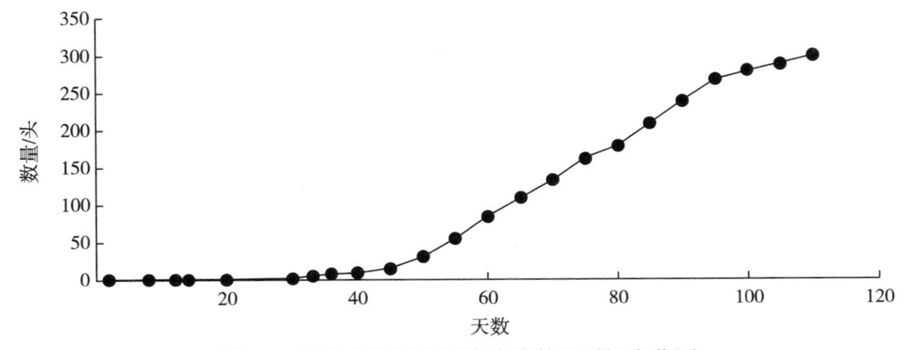

图 5.6　高致病性猪蓝耳病病猪数量时间变化图

由图 5.6 可知，在疫情暴发后至 4 月底之前，调查区高致病性猪蓝耳病疫情的增长速度基本保持不变。但是，从 3 月底开始，高致病性猪蓝耳病疫情迅速扩散蔓延，一方面由于气温快速回暖、疫病传播条件适宜，另一方面也反映出当地政府和养殖场放松防范，致使高致病性猪蓝耳病疫情失控。利用上述数据建立的优化数学模型为

$$\begin{aligned} I_t &= (1+\lambda)I_{t-1} - \theta I_{t-1} = (1+2)I_{t-1} - \left[0.0007(t-1)+0.0898\right]I_{t-1} \\ &= \left[2.9102 - 0.0007(t-1)\right]I_{t-1} \end{aligned} \tag{5.6}$$

根据该模型对调查区高致病性猪蓝耳病的发病猪数进行有效预测，获得了高致病性猪蓝耳病病猪比率图（图 5.7）。

由图 5.7 可知：①此次高致病性猪蓝耳病疫情约在 3 月底 4 月初进入高峰期；②疫情在 5 月中旬后开始有所缓解，此后逐渐趋于缓解；③高致病性猪蓝耳病是一种传染力很强的动物疫病，患病猪此次染疫后的较长时间内（一年半以上）仍然很难完全消除干净，因此，疫情大暴发的潜在风险非常大。

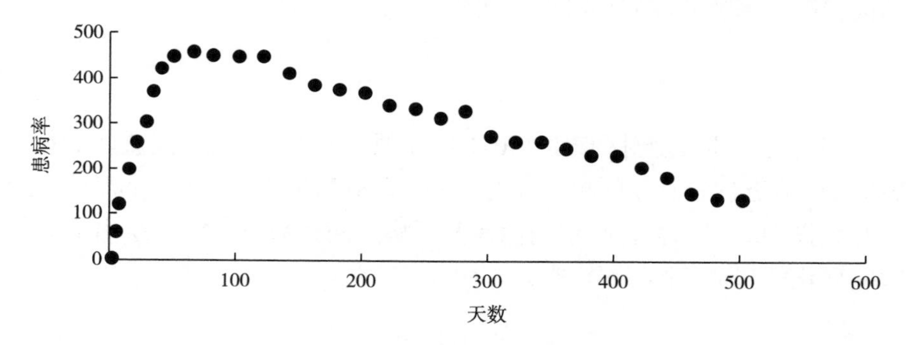

图 5.7　高致病性猪蓝耳病病猪比率图

（四）实证分析结论

（1）利用动物疫病自身内生力传导机制的规律性数学模型开展诸如“非典”、禽流感、高致病性猪蓝耳病等突发性动物疫情危机研究，具有现实可行性，但是，仍需进一步研究模型的优化路径，以消除理论预测与实际情况的差距。

（2）SIR 模型是一种与实际生活较为贴近的常用传染病数学模型，可以

较为精确地描述动物疫情内生动力的演化规律。研究发现，利用计算机对模型参数进行数次调整后，SIR 模型对高致病性猪蓝耳病疫情内生动力运动刻画基本准确，实际数据在计算值附近波动，参数基本可信。

第三节　动物疫情公共危机演化外部力量分析

一、政府管控措施推动力的作用机理

（一）中国动物疫病防疫体系基本功能

动物疫病防疫体系主要具有四大基本功能：一是发挥农村动物防疫基础性作用，即进行疫情预测预报和基本诊断等；二是开展动物检疫、卫生监督等基本工作，开展动物卫生与防疫执法监督和检查；三是开展动物疫情公共危机应急处置；四是开展动物防疫和强制免疫。

（二）政府科学防控措施及其成效

政府的科学防控措施是销蚀动物疫情公共危机最基本的内生力量。根据国家突发重大动物疫情应急预案的相关规定，我国建立了动物疫情应急组织体系（图 5.8）。

政府采取科学防控措施，对于阻滞、迟缓、化解与销蚀动物疫情公共危机起到了重要作用。

1）建立比较完备的动物疫情防控组织体系

十几年来，我国兽医管理体制改革始终坚持宏观与微观“双层并轨”工作目标。在国家层面，设立国家首席兽医官、成立农业部兽医局（现名为农业农村部兽医局），组建中国动物疫病预防控制中心、中国动物卫生与流行病中心和中国兽医药品监察所等 3 个国家级中心。在地方政府层面，按原则设立政府兽医行政管理、动物卫生监督、动物疫病预防控制工作机构，设立乡镇兽医站，推行村级动物防疫员制度。

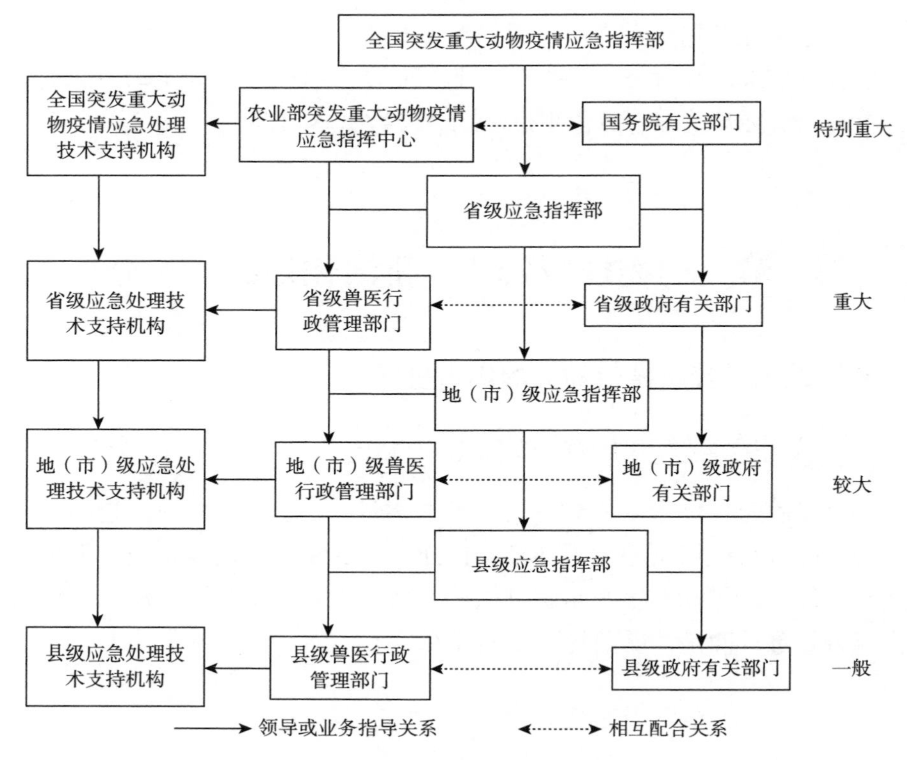

图 5.8　突发重大动物疫情应急组织体系示意图

2）基础设施建设得到完善

目前我国基本建成了“国家、省、市、县、乡”五级动物疫情报告系统，建立了遍布全国各地的动物疫情测报站和边境动物疫情监测站，初步形成运转高效的动物疫病测报网络。建立了国家兽医参考实验室、禽流感和口蹄疫参考实验室等，动物疫病预防、监测、控制和扑灭的综合能力得到较大提升。

3）动物疫情公共危机科学防控应急配套机制逐步完善

建立了较为完备的国际动物疫情监视系统，增强了外来动物疫病风险防范能力。有效实施了对实验室病原体的严格控制，强化了实验室安全管理。划片督导落实疫病防控措施，协调建立区域联防机制，强化动物产地检疫、屠宰检疫、流通监管，有效防止了重大动物疫情的传播[1]。

4）推行畜禽养殖业农业保险

扩大动物畜禽品种保险范围，建立重大动物疫病强制扑杀保险制度，保护养殖户的合法权益。

5）加强标准化养殖场建设

实行标准化规模饲养是防控动物疫情危机的治本之策，也是增强动物生产养殖环节防疫效果的重要手段。

6）落实病死畜禽无害化处理长效机制

要严格执行病死畜禽无害化制度和财政补贴政策，简化补贴手续、完善补贴效果检查。同时，要加大病死动物无害处置设施建设、加强针对病死畜禽有益利用的技术开发与应用。

（三）我国动物疫情公共危机应急管理体系存在的主要问题

1）尚未成立专门性、常态化重大动物疫情应急指挥部及相关管理机构

虽然《重大动物疫情应急条例》第二十六条规定，“重大动物疫情发生后，国务院和有关地方人民政府设立的重大动物疫情应急指挥部统一领导、指挥重大动物疫情应急工作”。第十三条也规定，“县级以上地方人民政府根据重大动物疫情应急需要，可以成立应急预备队”“应急预备队由当地兽医行政管理人员、动物防疫工作人员、有关专家、执业兽医等组成；必要时，可以组织动员社会上有一定专业知识的人员参加。公安机关、中国人民武装警察部队应当依法协助其执行任务”。但是，《重大动物疫情应急条例》对什么情况下“可以组织”，以及什么条件下公安机关、中国人民武装警察部队“应当依法协助”没有明确而具体的界定。目前我国动物疫情应急反应体系突出存在紧急状态判断标准不明确、应急指挥机构权威性不高、参与应急处置的各部门合作力不足、应急处置整体战斗力不强等四大问题。政府多部门临时组建的应急指挥机构，缺乏应对动物疫情公共危机的专业决策实际经验，缺少部门之间的合作训练，极易错失处置动物疫情公共危机的“黄金时期”。同时，这种临时模式也不利于事后责任主体的确认和追责，不利于从事件中学习并

① 农业部. 2012. 国家中长期动物疫病防控战略研究[M]. 北京：中国农业出版社.

吸取经验教训。

2）多头管理、分段管理和属地管理模式致使难以形成动物疫情应急管理长效机制

目前我国兽医管理体制实行多头管理模式，缺乏指挥权威性。特别是针对人畜共患病的预防和管理，相关主体的管理职能分散在农业、卫生和林业等多个部门，在一定程度上影响了动物疫情应急管理的整体性、协调性和系统性。动物及动物产品防疫、检疫和卫生监督也被人为分为几段，导致动物疫情公共危机管理缺乏指挥统一性。

3）动物疫病公共危机应急管理的疫病防控基础薄弱

动物疫病防控体系建设是加强动物疫病公共危机应急管理的基础。由于动物防疫技术、防疫体系、防疫工作等多方面原因，这个基础扎得还不够牢固。动物疫情防控的高度专业性决定了它对科学技术的依存程度较高，目前我国动物疫病防疫技术仍较落后，成为动物疫病公共危机防控中的短板。例如，我国暴发 H7N9 禽流感已有若干年，但至今尚未开发生产出有效的防疫疫苗。

4）政府对动物疫情的防控补偿政策不尽科学合理

虽然政府高度重视防控工作，制定了一系列法律法规和补偿措施，特别是病死畜禽无害化处理财政补贴政策。但是，这些政策的补偿标准和办法存在一些问题，如补贴手续烦琐、机械刻板，补贴目标模糊，补贴效果不佳，各地补偿标准不一致，群众对此反应强烈。

二、传媒与舆情点爆力的作用机理

在公共危机的发展过程中，媒体对危机演化有重要影响。在危机管理中媒体可以进行“拟态执政”，并能够在一定程度上影响危机演化过程[①]。传媒与舆情对动物疫情灾害的相关报道，可能成为点爆并推进动物疫情公共危机演化的重要力量。本书运用社会网络分析方法，实证分析禽流感疫情公共危机过程中传媒与舆情点爆力对危机时空分布的作用机理。

社会网络分析理论方法的关键在于可以识别、测量行为人之间的关系形

① 黄瑞刚. 2010. 危急管理中媒体“拟态执政”的复杂性研究[J]. 管理世界，（1）：171-172.

式，利用图表和矩阵来测量社会网络数据中的密度与中心度。密度是用来测量社会网络中行为人之间相互联络的程度，二进制网络数据的密度测量值是在 0 和 1 之间。其中，0 表示行为人之间没有任何联系；1 表示所有行为人之间都存在直接联系。密度越大，说明事件传播信息流动速度越快，客体之间联络程度越高；密度越小，则说明信息传播速度越慢，客体联系越少，信息传播不畅。一个自我中心网络的联系是根据有向二进制来测量的，那么密度（ D ）就等于所有数据中的客体间的对偶联系（ L ）除以此种关系的最大可能数[①]：

$$D=\frac{L}{2\times C_N^2} \tag{5.7}$$

此处，我们简化了各概念定义的过程，只给出标准化程度中心度公式为

$$C'_D\left(N_i\right)=\frac{C_D\left(N_i\right)}{g-1} \tag{5.8}$$

中介性值计算公式为

$$C_B\left(N_i\right)=\sum_{j<k}\frac{g_{jk}\left(N_i\right)}{g_{jk}} \tag{5.9}$$

接近中心值计算公式为

$$C_c\left(N_i\right)=\frac{1}{\left[\sum_{j=1}^{g}d\left(N_i,N_j\right)\right]}(i\neq j) \tag{5.10}$$

在网络空间结构中，官方媒体在突发事件中起着“意见领袖”的作用，在一定程度上能够影响突发事件舆情发展和走向，对网络信息传播的空间结构具有较大影响力。表 5.1 描述了动物疫情公共危机中政府、网民和网络媒体等各主体的属性。

---

① 王来华. 2008. 论网络舆情与舆论的转换及其影响[J]. 天津社会科学，（4）：66-69.

表 5.1　动物疫情公共危机中网络舆情时间演化效果仿真模拟

主体	政府主体	网民	网络媒体
属性	态度	态度	态度
	公信力	影响力	权威性
	信息公开速度	可信度	可信度
	监督力度	从众性	影响力
	引导力	传播欲望	
	信息公开透明度		

（一）描述政府主体属性

设政府主体属性函数为

$$G[G_a, G_b, G_c, G_d, G_e] \tag{5.11}$$

政府介入不同的动物疫情公共危机事件的时间和介入力度会有所差异。政府对动物疫情公共危机事件的介入力度会直接影响官方媒体态度和网民主体对于事件的看法。政府在不同时间针对不同的动物疫情公共危机事件会采取不一样的态度，用$G_a(t)$表示在t时间上的政府态度，随着动物疫情公共危机事件的不断发展，官方媒体和广大网民的舆论压力会迫使政府不断加快事件信息的公开速度，扩大事件公开透明度，在仿真模型中政府持有的态度有两种：$G_a(t)=1$表示政府支持传播；$G_a(t)=-1$表示退出传播。

（二）描述媒体主体属性

设媒体主体属性函数为

$$M\left[P_n(t), U_n(t), Md_n(t), Mi_n(t)\right] \tag{5.12}$$

由于利益背景不同，不同的媒体对待动物疫情公共危机的态度也是不同的，在仿真模型中媒体持有的态度也有两种：$P_n(t)=1$表示支持传播；$P_n(t)=-1$表示反对或退出传播。

在这里，我们对媒体的点爆力（即影响力）做进一步的定义。在仿真模型中，将媒体影响力分为三个不同等级，$Mi_n(t)\in[0,0.4]$表示在动物疫情公共危机事件中媒体影响范围小；$Mi_n(t)\in(0.4,0.7]$表示媒体影响范围中等；$Mi_n(t)\in(0.7,1]$表示媒体影响范围大；用式（5.13）表示

$$Me_n(t)=Me_i(t_0)-d(t-t_0) \tag{5.13}$$

式中，$Me_i(t_0)$表示初始值；d表示单位时递减量，为常数，由动物疫情公共危机事件实际情况决定。

（三）描述网民主体属性

设网民主体属性函数为

$$N\left[P_i(t),Q_i(t),X_i(t),Y_i(t),Z_i(t)\right] \tag{5.14}$$

不同的网民拥有不同的意识形态，在仿真模型中，$P_i(t)=1$时表示网民传播动物疫情公共危机事件信息；$P_i(t)=0$时表示接受信息；$P_i(t)=-1$时表示退出并不关注事态发展。

（四）各主体之间的交互影响函数

1）网民与媒体两者间的交互影响函数

设在t时刻媒体n对网民i的影响函数为

$$f(n,i,t)=b_1U_n(t)Md_n(t)+b_2Y_i(t)Z_i(t) \tag{5.15}$$

式中，$U_n(t),Md_n(t),Y_i(t),Z_i(t)$分别代表媒体的可信度、权威性、从众性及传播性，其中$b_1+b_2=1$。

2）网民与政府之间的交互影响函数

设在t时刻政府G对网民i的影响函数为

$$f(G,i,t)=c_1Y_i(t)Z_i(t)+c_2\left[1-G_c(t)\right]+c_3\left[1-G_d(t)G_e(t)\right] \tag{5.16}$$

式中，$Y_i(t),Z_i(t),G_c(t),G_d(t),G_e(t)$分别代表网民从众性、传播欲望、政府公信力、政府公开速度和政府透明度，其中$c_1+c_2+c_3=1$。

3）三方主体之间交互作用分析

网民、政府、媒体之间的相互作用包括网民受政府与媒体的引导、政府

被媒体和网民产生的社会舆论所影响、网民与网民之间的交互影响，设 t 时刻网民 i 对网民 j 的影响函数为

$$f(i,j,t)=a_1\cdot X_i(t)+a_2Y_i(t)Z_i(t)+a_3CI(t) \tag{5.17}$$

式中，$X_i(t),Y_i(t),Z_i(t),CI(t)$ 分别表示网民可信度、从众性、传播欲望和传播强度，其中 $a_1+a_2+a_3=1$。

（五）实证检验

本书选择 NetLogo 平台进行仿真，从时间上研究网民、政府和媒体三个主体交互状态下动物疫情公共危机的演变情况。本书采用 2010～2017 年上海交通大学舆情研究实验室主编的《中国网络舆情年度报告》列出的动物疫情公共危机年度热点事件为样本，对比分析这些动物疫情公共危机事件，以探讨动物疫情公共危机事件网络舆情点爆力的作用机理。实证结果如图 5.9 所示。

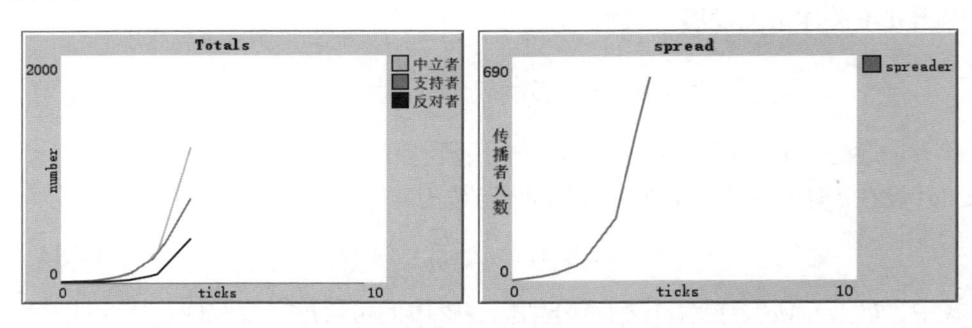

图 5.9　动物疫情公共危机事件传播潜伏期（左）、蔓延期（右）

由图 5.9 可知，动物疫情公共危机事件信息刚刚开始传播时，从左到右为传播媒介使更多的网民参与到事件传播中来，从而展现出动物疫情公共危机事件整体传播效果。在此阶段，动物疫情公共危机事件全面暴发，透过媒体信息传播呈几何倍数增长，动物疫情公共危机事件进入蔓延期，越来越多的网民关注事件动向和信息，媒体传播速度达到最高峰（右）。

图 5.10 反映了动物疫情公共危机事件传播控制期情况。图 5.11 反映了动物疫情公共危机事件传播稳定期情况。

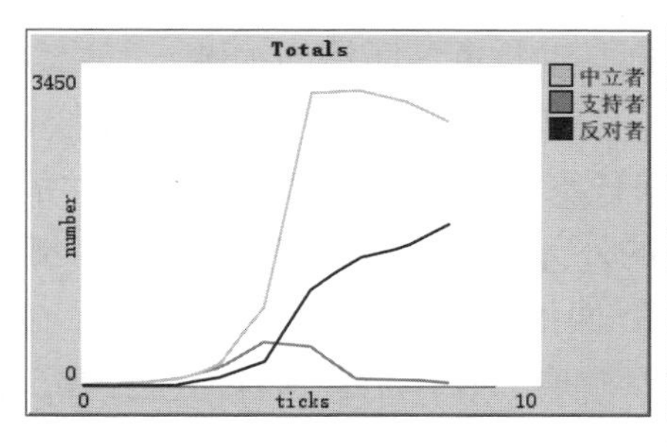

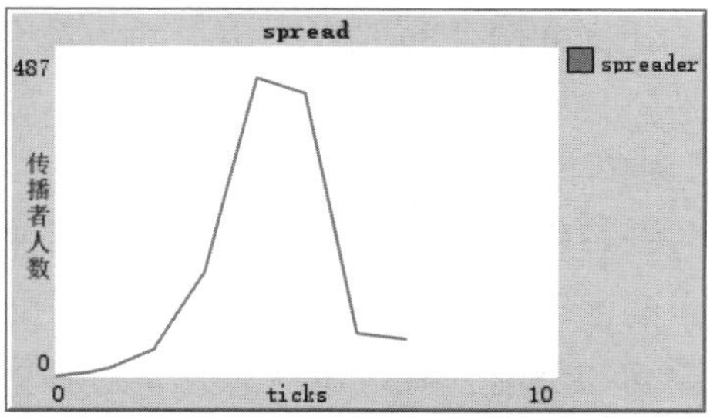

图 5.10　动物疫情公共危机事件传播控制期（左）、蔓延期（右）

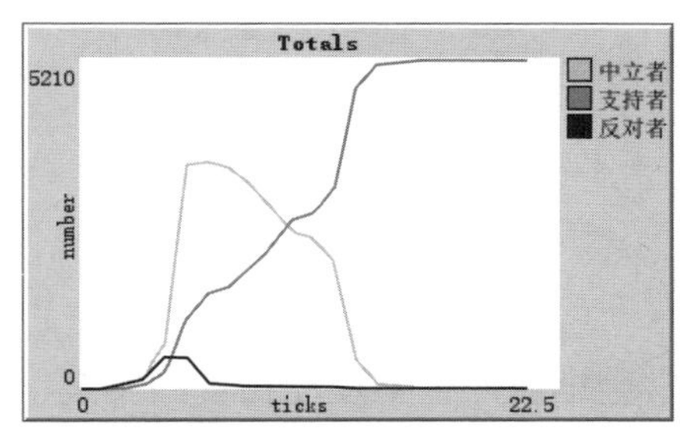

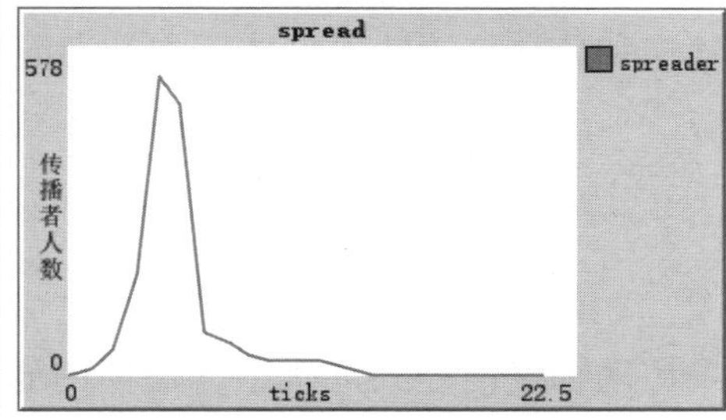

图 5.11　动物疫情公共危机事件传播稳定期（左）、蔓延期（右）

本书采用社会网络分析方法，从空间上研究动物疫情公共危机的空间演化效果。本书以新浪网为研究平台，借助新浪微博平台的检索功能，对 2010～2017 年各个动物疫情公共危机事件的关键词进行搜索，并最终选择高热度、中热度、低热度等不同热度的 12 个典型事件为样本。12 个动物疫情公共危机事件（或与动物养殖密切相关的公共危机事件）网络空间结构之间密度都较低，说明动物疫情公共危机事件网络舆情传播用户之间相互联络程度依旧不高，传播信息流动速度不快。微博平台中，用户多用于娱乐，参与行为相对随意，缺乏交往主体的共性，信息传播能力有限。

第四节　动物疫情公共危机演化中力量平衡实证分析

世界卫生组织发现，70%以上的人类流行疾病源于动物中人畜共患疫病病毒。动物疫情公共危机演化中的力量平衡是动物疫情防控的关键，而社会信任是公共危机治理中的基础。不过，社会信任不是静止不变的。当“集体经验的事件”或者社会重大事件发生时，信任水平就会发生变化[①]。在公共危机应急管理中，当总体社会环境变化带来的外部风险或不确定性增加时，管理者、被管理者的信任决策就是“信任决策-回报信任决策”的博弈结构。在突发性动物疫情公共危机应急处置过程中，政府和媒体是管理者与监督者，养殖户和公众与消费者是被管理者，被管理者的社会信任源于其对自身利益的博弈[②]。本书以修复社会信任达成危机治理结构优化为目标，建立监管机构、养殖户和公众与消费者群体三方动态演化博弈模型。

一、研究假设与模型建立

（一）基本假设与参数设置

在动物疫情公共危机中，短期内通常会迅速产生染疫动物食品安全、市场供求失衡和社会恐慌三大问题。政府和媒体（以下统称为监管者）主要承担食品安全评估、监督市场运行、传播防疫知识、正确引导舆论的管理责任。养殖户和公众与消费者属于被管理者。监管者、养殖户、公众与消费者三方博弈的共同目标是通过社会信任修复以实现社会福利最大化（图 5.12）。本书建立监管者、养殖户、公众与消费者的三方动态演化博弈模型，其基本假设为：监管者行为分为监督或不监督。设监督的概率为a，$a\in[0，1]$。养殖户行为策略有扑杀或销毁染疫动物的合法行为（简称“合法行为”），也可能采取出售染疫动物的非法行为，设养殖户选择合法行为的概率为b，$b\in[0，1]$。公众与消费者行为策略有购买同类动物食品或转移购买替代动物食品，设购买的概率为c，$c\in[0，1]$。

---

① Rothstein B，Uslaner E M，2005. All for all：equality，corruption，and social trust[J]. World Politics，58（1）：41-72.

② 李燕凌，苏青松，王珺. 2016. 多方博弈视角下动物疫情公共危机的社会信任修复策略[J]. 管理评论，28（8）：250-259.

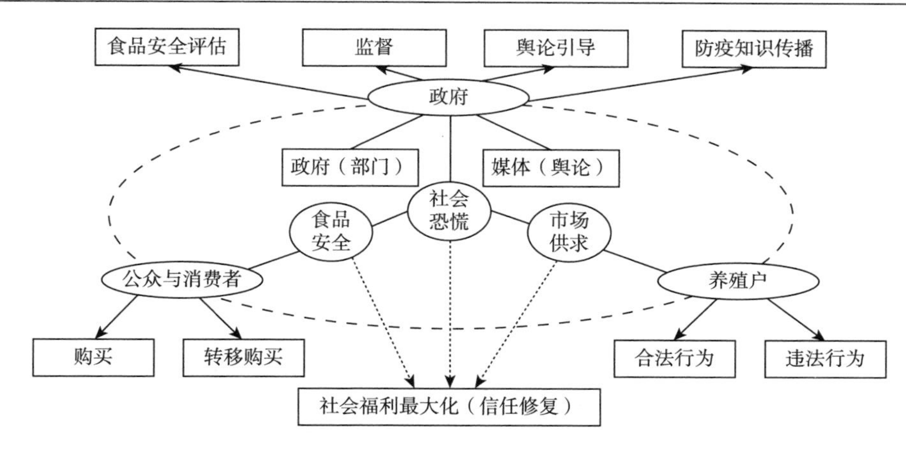

图 5.12　动物疫情公共危机中各主体行为决策博弈示意图

本书将影响监管者、养殖户、公众与消费者行为的因素设为博弈模型的参数，其中对监管者而言，监督成本为 R_1，对养殖户违法行为的罚款收入为 T_2；对养殖户而言，生产销售收益为 W_2，合法行为成本为 R_2、违法行为罚款为 T_2（与监管者对养殖户违法行为的罚款收入相同）；对公众与消费者而言，监管者监管不力的信任损失为 G_1、养殖户违法行为的信任损失为 G_3、公众与消费者购买成本为 R_3、公众与消费者遭受损失后所获得的补偿为 W_3。

（二）博弈支付矩阵与复制动态方程

演化博弈是对传统博弈的扩充，复制动态模型是演化博弈中常用的模型。由于复制动态方程具有非线性特征，其均解并不是唯一的，所以求演化博弈模型的均解通常演变为对其稳定性的分析，即演化稳定策略。根据有限理性的假设，公众与消费者购买和不购买行为的支付矩阵见表 5.2。

表 5.2　三方博弈支付矩阵

公众与消费者选择购买行为 (c)：	养殖户合法行为 (b) /养殖户违法行为 $(1-b)$		
	政府的支付	养殖户的支付	公众与消费者的支付
政府监督行为 (a)	$-R_1 / G_1 + T_2 - R_1$	$W_2 - R_2 / W_2 - (T_2 + G_1)$	$-R_3 / W_3 - (R_3 + G_3)$
政府不监督行为 $(1-a)$	$0 / -G_3$	$W_2 - R_2 / W_2$	$-R_3 / -R_3 - G_3$

续表

公众与消费者选择转移购买行为 $(1-c)$：养殖户合法行为 (b) /养殖户违法行为 $(1-b)$			
	政府的支付	养殖户的支付	公众与消费者的支付
政府监督行为 (a)	$-R_1 / G_1+T_2-R_1$	$W_2-R_2 / W_2-(T_2+W_3)$	$0 / W_3-G_1$
政府不监督行为 $(1-a)$	$0/-G_3$	W_2-R_2 / W_2	$0/-G_3$

注：当监管者选择不监督时，$-G_3$ 还表示监管者的信任损失

在演化博弈中，通过多次博弈，调整概率值 a 、b 、c 的大小获得稳定的混合策略过程即复制动态过程，概率值 a 、b 、c 调整的微分方程即复制动态方程。本书用 E_{11} 表示监管者监督行为策略下的期望收益，E_{12} 表示监管者不监督行为策略下的期望收益；用 E_{21} 表示养殖户合法行为策略下的期望收益，用 E_{22} 表示养殖户违法行为策略下的期望收益；用 E_{31} 表示公众与消费者购买行为策略下的期望收益，用 E_{32} 表示公众与消费者不购买（转移购买）行为策略下的期望收益。再用 E_1 、E_2 、E_3 分别表示政府、养殖户群体和公众与消费者群体的平均期望收益，可得公式

$$\begin{aligned} E_1 &= E_{11}x+E_{12}(1-x) \\ &= \left[-R_1yz+(G_1+T_2-R_1)(1-y)z-R_1y(1-z)+(G_1+T_2-R_1)(1-z)\right]x \\ &\quad +\left[0-G_3(1-y)z+0-G_3(1-y)(1-z)\right](1-x) \\ &= \left[(G_1+T_2-R_1)(1-y)-R_1y\right]x-G_3(1-y)(1-x) \end{aligned} \tag{5.18}$$

$$\begin{aligned} E_2 &= E_{21}y+E_{22}(1-y) \\ &= \left[(W_2-R_2)xz+(W_2-R_2)(1-x)z+(W_2-R_2)x(1-z)\right. \\ &\quad \left.+(W_2-R_2)(1-x)(1-z)\right]y+\left[(W_2-T_2-G_1)xy+W_2(1-x)y\right. \\ &\quad \left.+(W_2-T_2-W_3)x(1-y)+W_2(1-x)(1-z)\right](1-y) \\ &= (W_2-R_2)y+(W_2-G_2xz-T_2x-W_3x+W_3xz)(1-y) \end{aligned} \tag{5.19}$$

$$\begin{aligned} E_3 &= E_{31}z+E_{32}(1-z) \\ &= \left[-R_3xy-R_3(1-x)y+(W_3-R_3-G_3)x(1-y)-(R_3+G_3)(1-x)(1-y)\right]z \\ &\quad +\left[0+0+(W_3-G_1)x(1-y)-G_3(1-x)(1-y)\right](1-z) \\ &= (W_3x-W_3xy-R_3-G_3+G_3y)z+\left[(W_3-G_1)x-G_3(1-x)\right](1-y)(1-z) \end{aligned} \tag{5.20}$$

再用E_1、E_2、E_3分别表示监管者、养殖户和公众与消费者的平均期望收益，用t表示策略调整时段，可以得到监管者监督行为、养殖户合法行为和公众与消费者购买行为的复制动态方程分别为

$$F_1(a)=d_a/d_t=(E_{11}-E_1)a=\left[(G_1+T_2-R_1-G_3)(1-b)-R_1b\right]a(1-a) \quad (5.21)$$

$$F_2(b)=d_b/d_t=\left[(W_2-R_2)-(W_2-G_2ac-T_2a-W_3a+W_3ac)\right](1-b)b \quad (5.22)$$

$$F_3(C)=d_c/d_t$$
$$=\left\{(W_3a-W_3ab-R_3-G_3+G_3b)-\left[(W_3-G_1)a-G_3(1-a)\right](1-b)\right\}(1-c)c \quad (5.23)$$

（三）演化博弈模型的稳定性分析

为求得均衡解，令$F_1(a)=0,F_2(b)=0,F_3(c)=0$，解此方程组，可求出$a,b,c$分别有三个解：$a$的三个解分别为0,1和$R_3(G_1+T_2-G_3)/R_1(G_1-G_3)$；$b$的三个解分别为0,1和$(G_1+T_2-R_1-G_3)/(G_1+T_2-G_3)$；$c$的三个解分别为0,1和$\left[R_3(W_3+T_2)(G_1+T_2-G_3)+R_1R_2(G_3-G_1)\right]/R_3(W_3-G_2)(G_1+T_2-G_3)$。

对于由微分方程描述的群体动态博弈，应用雅可比矩阵分析原理，可知由式（5.21）～式（5.23）求得的0和1分别是a,b,c的两个平衡状态。按照演化博弈理论，博弈主体的策略最终收敛于演化稳定策略，从而得出此复制动态方程的局部均衡点分别为（0，0，0）、（0，0，1）、（1，0，0）、（0，1，0）、（1，0，1）、（1，1，0）、（0，1，1）、（1，1，1），这些点围成的区域为此演化博弈的均衡解域。根据微分方程的稳定性定理及演化稳定策略的性质，求导导数都小于0时，此解即为监管者、养殖户和公众与消费者的均衡解，此时的a,b,c分别代表监管者、养殖户和公众与消费者应采用的稳定策略。为了对监管者进行渐进稳定性分析，我们对监管者复制动态方程求导

$$F_1'(a)=\left[(G_1+T_2-R_1-G_3)(1-b)-R_1b\right](1-2a) \quad (5.24)$$

当$\left[(G_1+T_2-R_1-G_3)(1-b)-R_1b\right]>0$时，$F_1'(0)>0$，$F_1'(1)<0$，此时监管者的监督行为是稳定状态，因此$a=1$是稳定策略在监管者坐标轴上的投影；相反，当$\left[(G_1+T_2-R_1-G_3)(1-b)-R_1b\right]<0$时，$F_1'(0)<0$，$F_1'(1)>0$，此时监

管者的不监管行为是稳定状态，监管行为是不稳定状态，因此$a=0$是稳定策略在监管者坐标轴上的投影；当$a\in[0,1]$时，$F_1(a)>0$，则稳定性的演化相位图取决于二次曲线$\left[(G_1+T_2-R_1-G_3)(1-b)-R_1b\right]=0$的形态。同理可分析养殖户和公众与消费者，在此不再赘述。

二、实证分析与讨论

（一）数据来源

本书以2013年3月上海市发生的黄浦江流域松江段“漂浮死猪事件”为例进行实证研究，数据源于课题组2013年3月至7月4次赴上海、浙江两省市的11个县（市、区）的调查。调查针对当地不同社会群体共获取649个样本数据，其中公众与消费者样本310个、养殖户（或农户）样本213个、各级干部和媒体工作者样本126个。经过数据处理后，公众与消费者的社会信任调查数据见表5.3。

表5.3　公众与消费者的社会信任调查

信任对象	指标	调查时间	10天	40天	80天	110天
		调查样本数	115个	87个	65个	43个
公众与消费者行为	对水质和猪肉产品是否有恐慌感	是	55个	29个	10个	5个
		否	60个	58个	55个	38个
		有恐慌感占比	47.83%	33.33%	15.38%	11.63%
养殖户行为	食用或销售病死猪	是	13个	9个	6个	1个
		否	102个	78个	59个	42个
		非法行为占比	11.30%	10.34%	9.23%	2.33%
对监管机构信任度	官方媒体是否信任	是	35个	44个	41个	36个
		否	80个	43个	24个	7个
		信任媒体占比	30.43%	50.57%	63.08%	83.72%
对监管机构信任度	对政府应急措施是否满意	是	39个	56个	48个	33个
		否	76个	31个	17个	10个
		满意占比	33.91%	64.37%	73.85%	76.74%

（二）结果及其讨论

对博弈各方社会信任修复进行渐进稳定性分析。结果显示：在上海黄浦江流域松江段“漂浮死猪事件”发生10天时，监管者的监管行为处于不稳定状态。上海黄浦江流域松江段“漂浮死猪事件”发生之初，社会信任遭受较大损害；公众与消费者对政府明显产生信任危机；公众与消费者对水质和猪肉产品的恐慌感较为严重；养殖户失范行为未对公众与消费者行为和社会信任产生明显影响。

三、结果与建议

动物疫情公共危机事件演变的风险变化影响着监管者、养殖户、公众与消费者三方的博弈过程，监管者行为决策对养殖户和公众与消费者行为决策具有显著影响，政府应急处置行动迟缓、媒体报道透明度偏低等都是短期内社会信任降低的重要原因。

1）增强应急处置能力，加强社会舆情监管

政府要以危机事件中食品安全、市场供求、化解社会恐慌为目标，建立快速反应机制，迅速检测疫病并及时公开信息、处罚打击违法经营、快速关闭活体交易市场并组织替代品供应。加强舆情传播管控，既要增强信息透明度，又要正确引导社会舆情，还要做好控制谣言扩散、传播防疫知识、舒缓社会恐慌情绪等相关工作。

2）健全相关法律体系，履行养殖户社会责任

完善公众与消费者权益保障制度、食品卫生养殖户行为准则和违法处罚条例。加快建立食品卫生养殖户产品召回法律法规，规范动物食品生产经营养殖户公告产品质量的法定责任，督促养殖户履行社会责任。强力实施失信食品养殖户行业退出制度。

3）提升危机防控素质，营造社会信任文化

加强公共危机防控知识学习，提升公民危机防控知识水平和基本素质，既是提高公共危机防控能力的重要途径，也是增进社会信任的重要基础。要充分发挥科学家、危机防控专家学者的作用，采取多种渠道传授动物疫情公共危机防控与应急处置知识，营造快速修复社会信任的文化环境。

第　六　章

中国动物疫情公共危机演化机理

本章从讨论动物疫情公共危机灾损变化函数入手，系统构建动物疫情公共危机防控能力指数，并通过对动物疫情公共危机演化曲线上各演化阶段的突变点进行分析，探讨中国动物疫情公共危机的演化机理，创新性地提出了中国动物疫情公共危机“三阶段三波伏五关键点”演化规律。在此基础上，本章定义了动物疫情公共危机“时间窗口”与管理“关键链节点”，分析了动物疫情公共危机损害变化曲线的影响因素，进行了动物疫情公共危机演化“时间窗口”判定案例分析，提出了判定动物疫情公共危机“关键链节点”的相关方法。本章以上海黄浦江流域松江段“漂浮死猪事件”为案例，通过上海黄浦江流域松江段“漂浮死猪事件”网络舆情及事件演化过程中政府应急处置能力、消费者应急响应状况的调查研究，对上海黄浦江流域松江段“漂浮死猪事件”进行了危机演化机理的实证分析。

第一节　动物疫情公共危机“三阶段三波伏五关键点”演化规律

演化最初是生物学的概念。哲学上的演化是指一切形式时空运动的总和。演化也可以理解为事物的生长、变化或发展，而公共危机事件的演化则是指自然演化和人工应急干扰的相互耦合的过程[①]。机理是指在一定环境条件下，为实现某一特定功能，一个系统结构中各要素自身的运行方式，以及每个要素之间相互关联、相互作用的运动演变规律、规则。因此，我们认为，公共危机演化机理是指在自然干预和人工应急的共同作用下，公共危机事件发生、发展、消亡的动态变化规律。

一、动物疫情公共危机灾损变化函数

（一）国内外动物疫情公共危机事件灾损变化函数研究

国外有关突发性动物疫情公共危机事件灾害损失的研究较多，且多从经济损失、社会舆论方面进行分析。Taylor 等对澳大利亚 2007 年发生的马流感进行分析，根据传染风险将地区划分为 5 个等级，不仅对不同等级地区的受灾情况、处置措施做出评价，还通过网络调查方式，参照 Kessler 心理困扰量表对 2760 位参与公众的灾害心理受损程度做出分析，结果表明不同群体的心理受损程度有很大的差异[②]。Mort 等运用访谈方式对 2001 年英国的口蹄疫危机展开研究。Mort 等对这种流行病的蔓延所产生的社会后果进行纵向研究表明：2001 年是人类的悲剧，也是动物的悲剧。动物疫病是导致这场动物疾病和人类创伤的心理社会影响的根源[③]。Ozlem 和 Tugrul 对 2006 年土耳其发生的第一次人类禽流感疫情进行了深入研究。Ozlem 和 Tugrul 将农业、动物、卫生人员的态度、传染病控制、决策与组织、疾病暴发、人类、甲型流感病毒、鸟类流感、人类流感、人口监测、人畜共患病等众多因素放入禽流感疫情演变过程中加以观察，研究认为，禽流感威胁世界各地的公共卫生，因为它通

① 方志耕，杨保华，陆志鹏，等. 2009. 基于 Bayes 推理的灾害演化 GERT 网络模型研究[J]. 中国管理科学，17（2）：102-107.

② Taylor M R, Agho K E, Stevens G J, et al. 2008. Factors influencing psychological distress during a disease epidemic：data from Australia's first outbreak of equine influenza[J]. BMC Public Health,（8）：347.

③ Mort M，Convery I，Baxter J，et al. 2008. Animal disease and human trauma：the psychosocial implications of the 2001 UK foot and mouth disease disaster[J]. Journal of Applied Animal Welfare Science，11（2）：133-148.

常与其他严重疾病有关，死亡的风险较高①。

国内学者将自然灾害灾损评估方法引入动物疫情公共危机演化过程进行研究。姚月清提出自然灾害经济损失可表达为致灾因子强度、承灾体密度和减灾度的函数。这三个因素都是时间的函数，所以自然灾害的灾损变化也是时间的函数，但由于灾害统计资料缺乏，姚月清并没能给出函数的具体形式②。于庆东提出了自然灾害经济损失函数的概念，并讨论了该函数的性质，提出并论证了自然灾害经济损失随时间波浪式增加的规律③。陈香等采用灾损度（degree of disaster loss，DLD）和环境不稳定度（degree of environmental instability，DEI）两个要素，构建了一个“不受灾害发生时间和地点限制”的灾害经济损失指数（disaster economic loss index，DELI）（也称灾损度指数）④。荣莉莉和张继永通过分析 2008 年我国南方发生冰雪灾害后新浪新闻报道量曲线，分别从时间、空间及事件的角度分析了灾损情况⑤。牛海燕等对我国沿海省市台风灾害损失及致灾因子进行评价，分析了灾损的地区差异性⑥。赵阿兴提出了灾害损失阈值概念，并采用承灾体遭受灾害损失破坏程度的阶跃函数来描述承灾体承受灾损程度上下极限的临界值⑦。张鹏等提出了一种新的基于几何平均的综合灾情指数计算方法，这种方法可同时在时间和空间两个维度对给定区域的灾害损失进行定量化的评价，且对指标分布偏倚的多元灾损数据不敏感⑧。虽然直接将自然灾害灾损评估方法引入动物疫情公共危机演化研究的相关文献不多，但依

① Sarikaya S，Erbaydar T. 2007. Avian influenza outbreak in Turkey through health personnel's views：a qualitative study[J]. BMC Public Health，7：330.

② 姚月清. 1992. 灾害保险在灾害防御中的作用——以江苏省自然灾害为例[J]. 灾害学，（1）：85-89.

③ 于庆东. 1993. 自然灾害经济损失函数与变化规律[J]. 自然灾害学报，（4）：3-9.

④ 陈香，沈金瑞，陈静. 2007. 灾损度指数法在灾害经济损失评估中的应用——以福建台风灾害经济损失趋势分析为例[J]. 灾害学，（2）：31-35.

⑤ 荣莉莉，张继永. 2010. 突发事件连锁反应的实证研究——以 2008 年初我国南方冰雪灾害为例[J]. 灾害学，25（1）：1-6.

⑥ 牛海燕，刘敏，陆敏，等. 2011. 中国沿海地区台风灾害损失评估研究[J]. 灾害学，26（3）：61-64.

⑦ 赵阿兴. 2014. 灾害损失阈值的定义及其意义与应用研究[J]. 自然灾害学报，23（6）：13-18.

⑧ 张鹏，张云霞，孙舟，等. 2015. 综合灾情指数——一种自然灾害损失的定量化评价方法[J]. 灾害学，30（4）：74-78.

然具有开拓性。例如，采用 SIR 模型分析疫病畜禽染疫数量的时间变化，这使得动物疫情公共危机灾损变化研究向前推进了一大步。

（二）基于 SIR 模型的动物疫情公共危机灾损变化实证研究

1. 研究设计与基本假设

浦华等采用基于传染病动力学理论的 SIR 模型分析疫病畜禽染疫数量的变化来研究政府强制免疫的绩效，他们研究后发现，疫病暴发初期染疫家禽数量不仅影响疫病传染速率，而且对政府强制免疫的绩效具有重要影响①。采用 SIR 模型估计动物染疫数量，并据此评估政府强制免疫的绩效，是近年来常用的有效方法。但是，由于难以完整地收集到有关动物疫病的详细数据和准确确定 SIR 模型的相关参数，国内学者的很多研究只能根据专家经验进行模型参数估计。本书根据在典型地区获取的调查数据建模，力图更为精确地反映疫情直接损失②。

2. 变量与计量模型

本书借鉴 Keeling 等建构的模型③，将暴发突发性动物疫病地区的生猪分为疑似（S）、染疫（I）和移除（R）三种状态，且动物染疫数量与染疫时间存在很强的相关性，人们可以建立一个多项式模型来拟合生猪染疫的高风险持续时间 t 的概率密度函数 $\varphi(t)$，并通过对多项式的求解来求出生猪染疫最佳终止时间。Keeling 等认为，口蹄疫扩散对周围地区的威胁呈 β 分布，本书在 Keeling 等的 SIR 模型拓展的基础上，对生猪感染高致病性蓝耳病的可能性函数进行建模。

$$P_i = \left[1 - \exp\frac{-I_i^0}{\left(\frac{1}{2} + D_i\right)F_i\left(\sqrt{d_i}/100\right)}\right] \times \varphi(t) \tag{6.1}$$

---

① 浦华，王济民，吕新业. 2008. 动物疫病防控应急措施的经济学优化——基于禽流感防控中实施强制免疫的实证分析[J]. 农业经济问题，（11）：26-31，110.

② 李燕凌，车卉. 2013. 突发性动物疫情中政府强制免疫的绩效评价——基于 1167 个农户样本的分析[J]. 中国农村经济，（12）：51-59.

③ Keeling M J，Woolhouse M E J，May R M，et al. 2003. Modelling vaccination strategies against foot-and-mouth disease[J]. Nature，421（6919）：136-142.

式中，i 表示调查地区标识码；F 表示生猪饲养总数（头）；P 表示生猪可能感染疫病的占比，生猪免疫密度（%）记为 D，养殖密度（头/千米^2）记为 d_i；疫病暴发初期的生猪感染疫病数记为 I_i^0；$\varphi(t)$ 是疫病暴发到终止时高风险持续时间 t 的概率密度函数。其中，$D_i \neq 0$ 或 $D_i = 0$ 时，分别表示实施或未实施强制免疫时生猪可能染疫的比例，均记为 P_i。

我们参照陈瑞爱等 2009 年的实验结果[①]，以高致病性猪蓝耳病强制免疫为例，构建生猪染疫的数量–时间函数关系。本书设高风险持续时间分别为 7 天、14 天和 28 天，分别记为 HRP_1、HRP_2 和 HRP_3。在设定不同高风险持续时间的前提下可针对是否采取强制免疫措施，利用式（6.1）计算生猪可能染疫的比例 P_i，再将 P_i 代入式（6.2）计算生猪染疫的数量 I_i；然后，根据式（6.3）计算不同地区、不同饲养规模养殖户期望减少的生猪染疫数量 ΔI_i。计算公式为

$$I_i = F_i P_i \tag{6.2}$$

$$\Delta I_i = I_i' - I_i \tag{6.3}$$

在式（6.2）、式（6.3）中，I_i 为实施强制免疫后期望生猪染疫数量（头），I_i' 为未实施强制免疫时期生猪染疫数量（头），ΔI_i 为强制免疫后期望减少的生猪染疫数量（头）。

3. 样本数据及其来源

本书所用的资料源于课题组 2012 年对湘、鄂、赣、黔、粤五省 19 个县（市、区）（以下统一称为县）的调查。样本数据来源与第五章第二节“动物疫情公共危机演化内生力量分析”相同，最终采用的实际有效问卷 1167 份。课题组根据在样本县调查获取的相关数据，并根据式（6.1）计算获得样本县生猪可能染疫比例。

表 6.1 样本分布情况

项目	划分标准	样本县数/个	散养户数/户	专业户数/户	规模户数/户	合计/户
I	散养户比例>75%	4	109	22	12	143

① 陈瑞爱，裴仉福，罗满林. 2009. 高致病性猪繁殖与呼吸综合征活疫苗的免疫效果观察[J]. 中国动物保健，11（7）：83-86.

续表

项目	划分标准	样本县数/个	散养户数/户	专业户数/户	规模户数/户	合计/户
Ⅱ	散养户比例在 60%～75%且规模养殖户比例<10%	4	145	55	21	221
Ⅲ	散养户比例在 45%～60%且规模养殖户比例在 10% ～20%	5	176	115	59	350
Ⅳ	散养户比例在 30%～45%且规模养殖户比例在 20%～30%	2	52	57	38	147
Ⅴ	规模养殖户比例>30%	4	92	122	92	306
合计		19	574	371	222	1167

本书按照国家发展和改革委员会价格司编写的《全国农产品成本收益资料汇编 2012》提供的生猪养殖规模分类分布情况，将 1167 个样本农户区分为散养户、专业户、规模养殖户。然后，按照各县散养户、专业养殖户、规模养殖户在全部样本农户中所占的比例，将样本县分为生猪养殖业规模化程度低（Ⅰ）、较低（Ⅱ）、一般（Ⅲ）、较高（Ⅳ）、高（Ⅴ）五类县（区）。我们定义散养户比例超过 75%的为Ⅰ类县，散养户比例在 60% ～75%且规模养殖户比例低于 10%的为Ⅱ类县，散养户比例在 45%～60%且规模养殖户比例在 10%～20%的为Ⅲ类县，散养户比例在 30%～45%且规模养殖户比例在 20%～30%的为Ⅳ类县，规模养殖户比例超过 30%的为Ⅴ类县。调查样本在五种类别县中的分布情况见表 6.1。调查中，我们获取了各样本农户的生猪饲养数量（头）、疫病暴发初期的生猪染疫数量（头）、免疫密度（%）、养殖密度（头/千米^2）、高风险持续时间（天）、单位强制免疫成本（元/头）等数据，五类样本县样本农户调查数据的描述性统计见表 6.2。

表 6.2 五类样本县的样本农户调查数据描述统计

项目		生猪饲养数量/头	疫病暴发初期的生猪染疫数量/头[a]	免疫密度	养殖密度/（头/千米^2）[b]	高风险持续时间/天	单位强制免疫成本/（元/头）[c]
Ⅰ	均值	6 779.05	221.20	89.47%	40.83	30.37	2.51
	标准差	1 000.22	41.36	18.79%	6.86	6.68	0.57
Ⅱ	均值	11 505.18	375.47	92.40%	126.91	30.05	2.40
	标准差	1 627.85	66.46	18.02%	21.45	6.07	0.48

续表

项目		生猪饲养数量/头	疫病暴发初期的生猪染疫数量/头[a]	免疫密度	养殖密度/（头/千米^2）[b]	高风险持续时间/天	单位强制免疫成本/（元/头）[c]
Ⅲ	均值	20 106.53	621.14	94.93%	183.49	29.74	2.28
	标准差	3 078.96	104.97	16.23%	34.50	5.65	0.43
Ⅳ	均值	25 603.02	778.88	98.00%	336.31	28.88	2.26
	标准差	4 126.91	153.44	14.63%	57.17	4.62	0.39
Ⅴ	均值	30 041.83	899.62	99.12%	575.91	31.16	2.08
	标准差	4 707.11	188.02	14.97%	103.09	7.48	0.34

注：a 处指发现疫情并进行强制免疫之前的生猪染疫数量；b 处养殖密度为疫情暴发时样本县生猪存栏数与县域面积的比值，疫情暴发时的存栏数根据政府部门提供的历史资料整理得来；c 单位强制免疫成本由平均疫苗注射费用和免疫耗材费用、疫苗价格、疫苗的平均冷藏及运输费用相加得出

4. 计算结果及其检验

根据式（6.1）～式（6.3）进行计算，本书得出各样本县在未实施强制免疫和实施强制免疫措施情况下，当疫病暴发后的第 7 天、第 14 天和第 28 天的期望生猪染疫数量，即当 t 分别取值 $HRP_1=7$（天）、$HRP_2=14$（天）、$HRP_3=28$（天）时的期望生猪染疫数量 I_i^t，并对 $D_i=0$ 或 $D_i\neq 0$ 两种条件下（未实施或实施强制免疫）的生猪染疫数量或期望数量进行比较，计算得到强制免疫后期望减少的生猪染疫数量 ΔI_i，计算结果见表 6.3。

表 6.3　不同类别县生猪疫病期望感染数量计算结果

类别县		未实施强制免疫			实施强制免疫		
Ⅰ	P_i	15.77%			11.66%		
	I_i' 或 I_i /头	5 469			3 685		
	ΔI_i /头	1 784					
	t	$HRP_1=7$	$HRP_2=14$	$HRP_3=28$	$HRP_1=7$	$HRP_2=14$	$HRP_3=28$
	I_i^t/头	1 671	3 698	5 070	1 385	2 551	3 619
	$I_i^{(t+1)}-I_i^t$ /头	1 671	2 027	1 372	1 385	1 166	1 068
Ⅱ	P_i	13.98%			10.41%		
	I_i' 或 I_i /头	8 413			4 791		

续表

类别县		未实施强制免疫			实施强制免疫		
Ⅱ	ΔI_i / 头	3 622					
	t	$HRP_1=7$	$HRP_2=14$	$HRP_3=28$	$HRP_1=7$	$HRP_2=14$	$HRP_3=28$
	I_i^t/头	2 581	5 714	7 833	1 810	3 334	4 729
	$I_i^{(t+1)}-I_i^t$ / 头	2 581	3 133	2 119	1 810	1 524	1 395
Ⅲ	P_i	10.63%			8.56%		
	I_i^t 或 I_i / 头	17 241			9 269		
	ΔI_i / 头	7 972					
	t	$HRP_1=7$	$HRP_2=14$	$HRP_3=28$	$HRP_1=7$	$HRP_2=14$	$HRP_3=28$
	I_i^t/头	5 318	11 771	16 138	3 523	6 488	9 204
	$I_i^{(t+1)}-I_i^t$ / 头	5 318	6 453	4 367	3 523	2 965	2 716
Ⅳ	P_i	16.23%			10.60%		
	I_i^t 或 I_i / 头	8 310			4 040		
	ΔI_i / 头	4 270					
	t	$HRP_1=7$	$HRP_2=14$	$HRP_3=28$	$HRP_1=7$	$HRP_2=14$	$HRP_3=28$
	I_i^t/头	2 588	5 728	7 853	1 538	2 833	4 019
	$I_i^{(t+1)}-I_i^t$ / 头	2 588	3 140	2 125	1 538	1 295	1 186
Ⅴ	P_i	22.09%			13.03%		
	I_i^t 或 I_i / 头	17 809			12 461		
	ΔI_i / 头	5 348					
	t	$HRP_1=7$	$HRP_2=14$	$HRP_3=28$	$HRP_1=7$	$HRP_2=14$	$HRP_3=28$
	I_i^t/头	5 347	11 834	16 224	4 641	8 547	12 125
	$I_i^{(t+1)}-I_i^t$ / 头	5 347	6 487	4 390	4 641	3 906	3 578

注：表中 $I_i^{(t+1)}-I_i^t$ 是 t 分别取值 HRP_1、HRP_2 和 HRP_3 时计算所得生猪染疫数量 I_i 逐项相减的差值

（三）结果分析与政策启示

1）实施强制免疫明显降低了生猪可能感染疫病的比例

在实施强制免疫时，疫病暴发初期疫苗的效果还没有发挥出来，高致病性猪蓝耳病的感染程度逐渐增强，生猪染疫数量会在 7 天左右达到最高值，随后逐渐减少。如果未实施强制免疫，生猪染疫数量达到最高值的时间会延长到 10 天左右。从养殖规模的角度分析，实施强制免疫比未实施强制免疫的生猪染疫数量大幅减少。

2）实施强制免疫的“长尾效应”明显

在不同养殖规模的样本县类型中，未实施强制免疫时生猪感染疫病的高峰期都发生在第二周，且第三周和第四周的染疫数量比第一周、第二周明显大幅减少。但是，实施强制免疫后生猪感染疫病的高峰期都发生在第一周，以后各周逐渐减弱直到消除，这充分说明实施强制免疫的“长尾效应”比未实施强制免疫要更为明显。

3）一定免疫密度条件下不同规模养殖户的强制免疫效果差异不明显

从样本农户调查数据的描述性统计表可以看出，当免疫密度接近或达到90%以上时，相同养殖规模化程度的样本县，从生猪疫病暴发到终止的时间受免疫密度的影响较小，且表现出与养殖密度相关。这在一定程度说明，近年来中国的生猪防疫基础工作做得较好，各类养殖户的防疫意识明显增强，防疫措施到位。

二、动物疫情公共危机防控能力构成

（一）动物疫情公共危机防控能力

组织（或称机构）为实现预期目标，其自身内部所拥有或能够动员的外部要素（或资源）整合形成的综合力量（或称能量），称为组织的能力。因此，组织的能力由能力要素与各要素相互作用的机制所构成，它是组织自身能力要素形成的合力，也是评价组织实现目标的综合效果。世界卫生组织给突发公共卫生事件防控应急能力下的定义为，突发公共卫生事件防控应急能力是指防控机构所拥有的能够用于该事件应急处置的各种因素的综合力量。动物疫情公共危机属于突发公共卫生事件，它的防控能力既包括动物防疫机构预防动物疫病而建立的物质、人员、设施等要素储备，也包括动物疫情公共危机发生后应急处置机构动员社会资源共同应对危机所调用的人力、物力、财力、媒体等资源，以及在危机处置流程中采取的各种管理措施所体现出的力量。具体而言，包括在制定有关政策、进行紧急动员、采取必要措施、完成应急预案等过程中所拥有的动态管理能量。政府应急效率是政府应急能力的具体体现，政府应急能力实质上是其实现目标任务的能力[①]。

（二）国内外动物疫情公共危机防控能力研究现状

田依林和杨青认为，突发事件应急管理不仅要研究空间、资源配置、事件源等物质实体，还要研究它们之间的相互作用、影响因素和信息交流及人的因素，将应急能力分为灾前预警能力、灾中应急能力及灾后恢复能力，并通过权重的方式进行检验[②]。田军等将应急管理过程分为准备、启动、执行、控制、收尾、综合管理六个过程，并运用能力成熟度模型，对陕西省政府应急管理能力成熟度进行了评估[③]。

国外学者对政府应急管理的评价较为具体和明确。Palttala 和 Vos 建立了一个绩效指标体系框架，用来衡量和改进公共部门的危机沟通准备工作水平，这个指标体系框架将沟通与危机管理结合起来，分别从市民和新媒体的角度来评价网络回应对该体系提出的要求的合理性，Palttala 和 Vos 运用该系统对 2007 年水污染事件进行了评价[④]。Christensen 等认为，危机管理绩效取决于应急能力建设和治理的合理性，并从协调、调节、解析、商讨四个方面分析了政府应急能力[⑤]。Connolly 对 2001 年英国口蹄疫事件之后政策与制度的变迁进

① 陈升，孟庆国，胡鞍钢. 2010. 政府应急能力及应急管理绩效实证研究——以汶川特大地震地方县市政府为例[J]. 中国软科学，（2）：169-178.

② 田依林，杨青. 2008. 突发事件应急能力评价指标体系建模研究[J]. 应用基础与工程科学学报，（2）：200-208.

③ 田军，邹沁，汪应洛. 2014. 政府应急管理能力成熟度评估研究[J]. 管理科学学报，17（11）：97-108.

④ Palttala P，Vos M. 2012. Quality indicators for crisis communication to support emergency management by public authorities[J]. Journal of Contingencies and Crisis Management，20（1）：39-51.

⑤ Christensen T，Lægreid P，Rykkja L H. 2016. Organizing for crisis management：building governance capacity and legitimacy[J]. Public Administration Review，76（6）：887-897.

行了研究，指出从官方文件来看，政府已经吸取了教训，但是在某些关键方面的能力尚未得到提升，如决策的纲领结构缺失等，使得政府在大规模口蹄疫事件处置中依然处于弱势地位①。

有学者从动物疫病防控策略的角度对动物疫情公共危机防控能力进行了评价，认为应当根据突变理论与风险视角来讨论动物疫病预防与控制策略，通过观察那些针对性强的预防和控制方案或措施，为减少动物传染病对人类社会的影响程度来全面评估危机防控能力②。刘玮将大数据与动物疫情公共危机的防控结合起来，并定义为利用现代信息手段获取的危机数据信息，政府对数据加以规范化、科学化处理后，对公共危机发生事前、事中和事后阶段进行预警、治理与恢复的决策过程③。由此可见，动物疫情公共危机防控能力是政府在动物疫情公共危机发生的事前、事中和事后阶段进行预警、治理和恢复的能力。

（三）基层政府动物疫病防控能力实证分析

1. 能力要素

动物疫情防控能力可以从七个方面来考量，而且这七个方面具有一定的内在联系，如公共财政支持会影响防疫队伍的好坏，也会影响防疫站的建设水平，因此我们构建了一个由 7 个一级指标 19 个二级指构成的动物疫情防控能力指标体系反映我国基层政府的动物疫情防控能力④。具体指标见表 6.4。

表 6.4　县乡政府动物疫情公共危机防控能力评价指标

影响维度	要素指标
乡镇和村组防疫队伍	乡镇和村组防疫员队伍数量（a_1）
	乡镇和村组防疫员业务素质（a_2）

① Connolly J. 2014. Dynamics of change in the aftermath of the 2001 UK foot and mouth crisis：were lessons learned?[J]. Journal of Contingencies and Crisis Management，22（4）：209-222.

② 丁烈云，何家伟，陆汉文. 2009. 社会风险预警与公共危机防控：基于突变理论的分析[J]. 人文杂志，（6）：161-168.

③ 刘玮. 2015. 大数据时代农村公共危机防控：信息化标准[M]. 北京：北京理工大学出版社.

④ 李燕凌，冯允怡，李楷. 2014. 重大动物疫病公共危机防控能力关键因素研究——基于 DEMATEL 方法[J]. 灾害学，29（4）：1-7.

续表

影响维度	要素指标
动物防疫县级公共财政支持	动物疫病防控工作经费（a_3）
	病死畜无害化处理补助经费（a_4）
	防疫人员工资水平（a_5）
动物防疫技术手段	动物疫病检测手段（a_6）
	防疫站动物疫病防疫与诊治手段（a_7）
基层动物防疫站建设	防疫站覆盖密度（a_8）
	防疫站设施设备建设（a_9）
重大动物疫情应急管理	重大动物疫情应急管理组织机构建设（a_{10}）
	重大动物疫情应急物资储备（a_{11}）
	重大动物疫情应急预案及其演习（a_{12}）
基层动物防疫日常管理	动物耳配率与防疫基础工作（a_{13}）
	动物防疫政策与法规宣传教育（a_{14}）
	动物防疫技术培训（a_{15}）
	强制免疫措施覆盖率（a_{16}）
动物卫生防疫与应急处置社会意识	县乡政府领导动物疫病防控与应急处置基本意识（a_{17}）
	养殖户的动物防疫知识与应急处置基本方法（a_{18}）
	社会公众的动物卫生防疫与应急处置基本常识（a_{19}）

2. 计量分析工具

本书采用 DEMATEL 分析工具，建构县乡政府动物疫情公共危机防控能力评价指标体系。运用图论和矩阵工具进行系统因素分析，通过系统中各因素也就是 19 个指标之间的逻辑关系与直接影响矩阵，计算出每个因素对其他因素的影响程度及被影响度，从而计算出 19 个能力评价指标的中心度和原因度，以确定 19 个能力评价指标间的因果关系和在系统中的地位，从而探讨基层动物疫情公共危机防控能力构成要素和要素之间相互影响的内在运行机制，综合评价农村基层动物疫情公共危机防控能力。DEMATEL 方法具体步骤如下。第一步，选择系统影响维度，设为 $a_1,a_2,\cdots,a_n$。第二步，确定各要素之间的影响关系和相应标度。我们可以选择一些本领域有经验的专家、学者和实际工作者采用匿名评分法来确定各要素之间的直接影响程度。系统的直接影响矩阵可定义为

$$A=\begin{bmatrix} 0 & a_{12} & \cdots & a_{1N} \\ a_{21} & 0 & \cdots & a_{2N} \\ \vdots & \vdots & & \vdots \\ a_{N1} & a_{N2} & \cdots & 0 \end{bmatrix} \quad (6.4)$$

式中，要素 a_i 对要素 a_j 的直接影响程度用 a_{ij} 表示。

第三步：定义直接影响矩阵 D

$$D=SA,(S>0) \quad (6.5)$$

式中， $d_{ij}=Sa_{ij},i,j=1,2,\cdots,n$ ， S 为尺度因子，其计算公式为

$$S=\frac{1}{\max_{1\leqslant i\leqslant N}\sum_{j=1}^{N}\left|a_{ij}\right|} \quad (6.6)$$

第四步：计算系统各要素之间的全影响矩阵

$$T=D(1-D)^{-1} \quad (6.7)$$

第五步：计算各要素的影响度和被影响度。各要素影响度 f_i 由矩阵 T 中的要素按行相加求得，按列相加求和所得结果为相应要素的被影响度 ℓ_i 。计算公式为

$$f_i=\sum_{j=1}^{N}t_{ij},i,j=1,2,\cdots,N \quad (6.8)$$

$$\ell_i=\sum_{i=1}^{n}t_{ji},i,j=1,2\cdots,N \quad (6.9)$$

第六步：计算各要素的中心度与原因度。在整个系统中，中心度反映该要素的重要程度和作用大小。中心度 m_i 与原因度 r_i 的计算公式为

$$m_i=f_i+\ell_i,i=1,2,\cdots,N \quad (6.10)$$

$$r_i = f_i - \ell_i, i = 1,2,\cdots,N \quad (6.11)$$

如果原因度 $r_i > 0$，表明该元素对其他要素影响大，称为原因因素；如果 $r_i < 0$，表明该元素受到其他要素影响大，称为结果因素。

第七步：绘制各要素之间因果关系图。以要素的中心度 m_i 和原因度 r_i 分别做平面坐标系中的横坐标和纵坐标，在二维图中标示出各要素的位置并进行矩阵数据分析。

3. 数据与计算

本书采用课题组于 2012 年在湖南、湖北、江西、贵州、广东等 8 省 33 个县的调查数据。调查中样本选择方法是在每个县选择 2 个乡（镇），在每个乡（镇）选择 1 个村，共发放调查评分问卷 301 份。调查对象选择那些对动物疫情防控有实际工作经验的专家和工作人员，包括县畜牧兽医局、动物疫病预防控制中心、乡镇畜牧兽医站及村级动物防疫员。

步骤一：确定县乡政府动物疫情公共危机防控能力评价一级指标的直接影响矩阵。本书采用问卷调查法收集数据，要求被调查者根据自己的主观认知，按百分制来评价基层动物疫情防控能力各要素的重要程度。其中，100 表示影响程度最强；1 表示影响程度最弱。各要素重要程度评分的描述统计结果见表 6.5。

表 6.5　基层政府动物疫情公共危机防控能力影响要素重要程度认知统计

影响指标	影响因素	平均值	标准差
乡镇和村组防疫队伍	乡镇和村组防疫员队伍数量（a_1）	83.339	29.997
	乡镇和村组防疫员业务素质（a_2）	95.641	23.904
动物防疫县级公共财政支持	动物疫病防控工作经费（a_3）	75.963	114.140
	病死畜无害化处理补助经费（a_4）	91.831	24.766
	防疫人员工资水平（a_5）	78.844	26.784
动物防疫技术手段	动物疫病检测手段（a_6）	75.767	60.691
	防疫站动物疫病防疫与诊治手段（a_7）	79.449	30.621
基层动物防疫站建设	防疫站覆盖密度（a_8）	81.654	19.634
	防疫站设施设备建设（a_9）	89.415	26.073

续表

影响指标	影响因素	平均值	标准差
重大动物疫情应急管理	重大动物疫情应急管理组织机构建设（a_{10}）	89.777	107.996
	重大动物疫情应急物资储备（a_{11}）	93.236	24.722
	重大动物疫情应急预案及其演习（a_{12}）	84.173	41.993
基层动物防疫日常管理	动物耳配率与防疫基础工作（a_{13}）	80.714	29.320
	动物防疫政策与法规宣传教育（a_{14}）	82.555	68.675
	动物防疫技术培训（a_{15}）	88.070	25.074
	强制免疫措施覆盖率（a_{16}）	94.203	24.469
动物卫生防疫与应急处置社会意识	县乡政府领导动物疫病防控与应急处置基本意识（a_{17}）	80.850	29.670
	养殖户的动物防疫知识与应急处置基本方法（a_{18}）	98.090	18.637
	社会公众的动物卫生防疫与应急处置基本常识（a_{19}）	82.110	40.864

本书采用回归系数方法计算直接影响系数。由于两个要素之间的相关系数是标量，无法体现不同因素相互作用方向上的差别。也就是说，要素i对要素j的影响方向，并不同于要素j对要素i的影响，即$\gamma_{ij} \neq \gamma_{ji}$，且有方向性的差别。因此，必须对各要素的数值进行无量纲化处理。用两两要素重要程度分值间的线性回归得到回归系数，进而确定不同要素对对方的直接影响系数。本书采用的一元线性回归模型为

$$x_j = a + \gamma_{ij} x_i + e_0 \qquad (6.12)$$

回归系数γ_{ij}表示要素i重要程度分值x_i对要素j重要程度分值x_j的矢量影响，即要素i重要程度的变化对要素j重要程度所产生的影响。各要素重要程度分值的回归系数均通过了t检验，并在1%水平上统计显著。回归系数γ_{ij}的绝对值就是式（6.6）中的a_{ij}，a_{ij}即为要素i重要程度对要素j重要程度的直接影响系数。

步骤二：确定指标间的综合影响矩阵。采用 DEMATEL 方法计算基层动物疫情防控能力因素间的综合影响矩阵。

步骤三：确定原因指标和结果指标。依据表 6.5，首先计算各指标的影响度和被影响度，然后确定各指标的中心度和原因度。计算结果见表 6.6。

表 6.6　基层政府动物疫情公共危机防控能力影响要素的 DEMATEL 计算结果

影响因素	影响度（f）	被影响度（ℓ）	中心度（m）	原因度（r）
a_1	0.959	1.004	1.963	−0.046
a_2	1.013	0.979	1.992	0.035
a_3	0.908	0.909	1.817	−0.001
a_4	0.993	0.976	1.969	0.017
a_5	0.947	0.962	1.909	−0.015
a_6	1.000	1.002	2.002	−0.002
a_7	0.940	1.008	1.949	−0.068
a_8	1.011	0.967	1.978	0.044
a_9	0.985	0.982	1.967	0.003
a_{10}	0.973	0.975	1.947	−0.002
a_{11}	0.983	0.956	1.939	0.028
a_{12}	0.988	1.003	1.992	−0.015
a_{13}	0.947	0.966	1.913	−0.019
a_{14}	0.976	0.987	1.962	−0.011
a_{15}	0.965	0.948	1.913	0.017
a_{16}	0.979	0.949	1.929	0.030
a_{17}	0.966	0.998	1.964	−0.032
a_{18}	1.021	0.973	1.994	0.048
a_{19}	0.982	0.994	1.977	−0.012

步骤四：根据计算所得结果，将各要素之间的因果关系（中心度与原因度）用图示方法进行描绘，得到各要素因果关系如图 6.1 所示。

4. 实证结果的进一步分析

根据表 6.6 的计算结果，可得出如下结论。

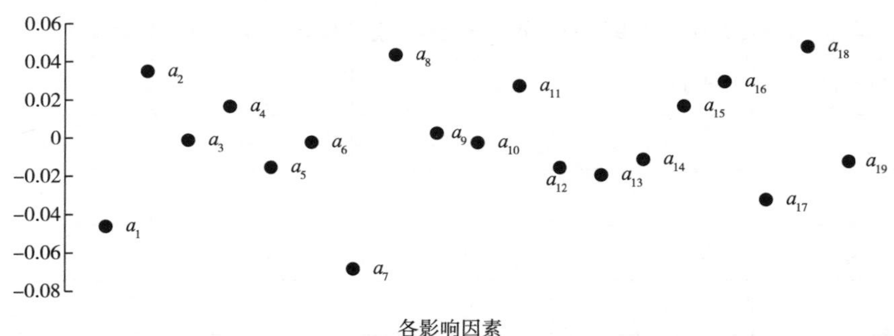

图 6.1　各要素因果关系图

（1）影响度分析。影响度值大于或等于 1 的只有防疫站覆盖密度、动物疫病检测手段、乡镇和村组防疫员业务素质、养殖户的动物防疫知识与应急处置基本方法等 4 个变量。所以，加强上述四个方面能力建设，是提高动物疫病防控能力的关键所在。

（2）被影响度分析。被影响度值超过 1 的只有动物疫病检测手段、重大动物疫情应急预案及其演习、乡镇和村组防疫员队伍数量、防疫站动物疫病防疫与诊治手段等 4 个变量。可见，这 4 个变量受其他变量影响非常大。也就是说，改善其他变量可以间接影响动物疫病检测手段、重大动物疫情应急预案及其演习、乡镇和村组防疫员队伍数量、防疫站动物疫病防疫与诊治手段等变量的改善。

（3）中心度分析。中心度值大于或等于 1.817，其中超过 2.0 的只有动物疫病检测手段 1 个变量，其他变量中心度值相对不突出。这反映出动物疫病检测手段与其他变量关系最密切，因此，应当将优化动物防疫技术手段作为加强动物疫病防控能力建设的重中之重。

（4）原因度分析。只有养殖户的动物防疫知识与应急处置基本方法、防疫站覆盖密度、乡镇和村组防疫员业务素质、强制免疫措施覆盖率、重大动物疫情应急物资储备、病死畜无害化处理补助经费、动物防疫技术培训、防疫站设施设备建设等 8 个因素的计算结果为正值，即为动物疫情防控能力的原因型影响因素，其余 11 个变量为结果型影响因素。也就是说，8 个原因型影响因素对 11 个结果型影响因素产生了重要影响。因此，我们认为提高动物疫病防控能力重点要从 8 个原因型影响因素入手[①]。

三、动物疫情公共危机演化曲线变点

动物疫情公共危机演化过程分析的关键问题，是找到或提供寻找动物疫情公共危机演化曲线变点的工具方法。这些变点实际上就是动物疫情公共危机防控的管理关键链节点。根据动物疫情公共危机演化动力学理论，这些变点实际上也是动物疫情公共危机灾损变化函数与动物疫情公共危机防控能力指数的联合控制方程解。在动物疫情公共危机演化曲线上的变点，反映了动物疫情公共危机演化过程的突变。事实上，突变是非线性系统的普遍行为，突变既包含相对于渐变的骤变，也包含非常剧烈的变化。突变论告诉我们，无论构成系统的基本特性和引起结构或形态变化的“力”的性质如何，只要控制参量变化到分岔点上，就会出现一种定态向另一种定态的突变。本书利用在全国 14 个省区市 96 个调查县的调查案例及数据资料，通过收集网络舆情文本数据，采用贝叶斯方法的 GARCH 模型，对动物疫情公共危机演化曲线上的变点进行了估计。

（一）理论方法与模型描述

现假设观测值为 $y|=(y_1,y_2,\cdots,y_T)$，$\{y_t:t=1,\cdots,T\}$ 服从带有单个变点的 GARCH（1，1）模型，并且假设误差 ε_t 服从自由度为 υ 的标准化学生 t 分布，即

$$
\begin{aligned}
&y_t=\sigma_t\varepsilon_t, t=1,\cdots,T\\
&\varepsilon_{\mathrm{t}}\sim student(0,1,\upsilon)\\
&\sigma_t^2=\begin{cases}\omega_1+\alpha_1 y_{t-1}^2+\beta_1\sigma_{t-1}^2, t\leqslant k\\ \omega_2+\alpha_2 y_{t-1}^2+\beta_2\sigma_{t-1}^2, t>k\end{cases}
\end{aligned}
\tag{6.13}
$$

式中，$student(0,1,\upsilon)$ 是标准化学生 t 分布，自由度为 υ，且满足 $\upsilon>2$，其方差为 1。σ_t^2 是条件方差，并且受到结构不稳定性的影响。

---

① 李燕凌，冯允怡，李楷. 2014. 重大动物疫病公共危机防控能力关键因素研究——基于 DEMATEL 方法[J]. 灾害学，29（4）：1-7.

为了保证模型（6.13）的条件方差$\sigma_t^2>0$，我们限制参数范围为$\omega_i>0$，$\alpha_i \geqslant 0$，$\beta_i \geqslant 0$，$i=1,2$。为了保证y_t方差（无条件方差）是平稳的，我们同样假定$0<\alpha_i+\beta_i<1$，$i=1,2$。

（二）条件后验及 Gibbs 抽样

我们记参数向量为$\theta=(\omega_1,\ \alpha_1,\ \beta_1,\ \omega_2,\ \alpha_2,\ \beta_2,\ \upsilon,\ k)$，给定$T$个样本观测值$\{y_t\}$，记$y=(y_1,y_2,\cdots,y_T)$，则$\theta$的后验密度为

$$\varphi(\theta|y)\propto l(y|\theta)\varphi(\theta) \tag{6.14}$$

式中，$\varphi(\theta)$是θ的先验密度；$l(y|\theta)$是似然函数。

给定变点k时，似然函数为

$$\begin{aligned} l(y|\theta)=&\prod_{t=1}^{k}\frac{\Gamma\left(\frac{\upsilon+1}{2}\right)}{\Gamma\left(\frac{\upsilon}{2}\right)\sqrt{(\upsilon-2)\pi}}\frac{1}{\sigma_t}\left[1+\frac{y_t^2}{(\upsilon-2)\sigma_t^2}\right]^{-\frac{\upsilon+1}{2}} \\ &\times\prod_{t=k+1}^{T}\frac{\Gamma\left(\frac{\upsilon+1}{2}\right)}{\Gamma\left(\frac{\upsilon}{2}\right)\sqrt{(\upsilon-2)\pi}}\frac{1}{\sigma_t}\left[1+\frac{y_t^2}{(\upsilon-2)\sigma_t^2}\right]^{-\frac{\upsilon+1}{2}} \end{aligned} \tag{6.15}$$

这个似然函数是通过σ_t^2依赖于参数θ的。首先，我们假设每个模型参数都服从均匀分布，对每个可能值取相等概率。这样的先验称为无信息先验，且在实践中很有用，因为在做参数估计之前我们可能不知道很多关于模型参数的信息。

$$f(\omega_i)\sim U(0,\infty),f(\alpha_i)\sim U(0,1), \tag{6.16}$$

$$f(\beta_i)\sim U(0,1),f(k)\sim U(1,T),i=1,2 \tag{6.17}$$

对于t分布中的参数υ，按照 Geweke，先验分布选择为

$$p(\upsilon)=\lambda\exp(-\lambda(\upsilon-\delta))I_{\{\upsilon>\delta\}} \tag{6.18}$$

Geweke 在其文章中指出，对自由度υ应该选取有足够信息的先验，使得后验密度在数据尾部能快速的趋于 0，从而可以积分。否则，后验密度$\varphi(\theta|y)$

是不可积分的。

结合先验函数与似然函数式（6.15），我们可以利用式（6.4）来得到参数向量θ的联合后验密度。但是这个联合后验密度的形式比较复杂，有鉴于此，我们要从整个参数集的联合后验分布$\varphi(\theta|y)$中抽取随机变量是很困难的。一种常用的做法是采用Gibbs抽样，它可以让我们从给定所有其他参数时的条件后验密度中抽取每个参数，在许多步迭代之后，参数联合分布会收敛到真实的联合分布。因此，我们必须先写出每个参数的条件后验密度。例如，参数ω_1的条件后验密度为

$$K\left(\omega_1 \middle| y,\theta_{-\omega_1}\right)=\left(\frac{\Gamma\left(\frac{\upsilon+1}{2}\right)}{\Gamma\left(\frac{\upsilon}{2}\right)\sqrt{(\upsilon-2)\pi}}\right)^T \prod_{t=1}^{k}\frac{1}{\sigma_t}\left[1+\frac{y_t^2}{(\upsilon-2)\sigma_t^2}\right]^{-\frac{\upsilon+1}{2}} \times\prod_{t=k+1}^{T}\frac{1}{\sigma_t}\left[1+\frac{y_t^2}{(\upsilon-2)\sigma_t^2}\right]^{-\frac{\upsilon+1}{2}}\times\lambda\exp\left(-\lambda(\upsilon-\delta)\right)I_{\{\upsilon-\delta\}} \tag{6.19}$$

式中，$\theta_{-\omega_1}$是除了ω_1之外的所有参数集合。

同理可写出条件后验密度为$\varphi\left(\omega_2 \middle| y,\theta_{-\omega_2}\right)$，$\varphi\left(\alpha_i \middle| y,\theta_{-\alpha_i}\right)$及$\varphi\left(\beta_i \middle| y,\theta_{-\beta_i}\right)$，其中$i=1,2$。

自由度υ的后验密度$\varphi\left(\upsilon|y,\omega_1,\alpha_1,\beta_1,\omega_2,\alpha_2,\beta_2,k\right)$的核密度为

$$K\left(\upsilon|y,\theta_{-\upsilon}\right)=\left(\frac{\Gamma\left(\frac{\upsilon+1}{2}\right)}{\Gamma\left(\frac{\upsilon}{2}\right)\sqrt{(\upsilon-2)\pi}}\right)^T \prod_{t=1}^{k}\frac{1}{\sigma_t}\left[1+\frac{y_t^2}{(\upsilon-2)\sigma_t^2}\right]^{-\frac{\upsilon+1}{2}} \times\prod_{t=k+1}^{T}\frac{1}{\sigma_t}\left[1+\frac{y_t^2}{(\upsilon-2)\sigma_t^2}\right]^{-\frac{\upsilon+1}{2}}\times\lambda\exp\left(-\lambda(\upsilon-\delta)\right)I_{\{\upsilon-\delta\}} \tag{6.20}$$

给定初始值$\theta^{(0)}=\left(\omega_1^{(0)},\ \alpha_1^{(0)},\ \beta_1^{(0)},\ \omega_2^{(0)},\ \alpha_2^{(0)},\ \beta_2^{(0)},\ \upsilon^{(0)},\ k^{(0)}\right)$。采用Gibbs抽样，我们得到了一条马尔可夫链：$\left\{\theta^{(m)},m=1,\cdots,M\right\}$。

对于变点k，由于它是一个离散型随机变量，取值范围从 2 到$T-1$（因为变点不会是第一个或最后一个观测），因此它的抽样我们选取接受/拒绝法。

给定变点k的值，对ω_1，α_1，β_1，ω_2，α_2，β_2，υ的抽样我们选择 Bauwens 和 Lubrano 描述的 Griddy-Gibbs 抽样方法。对变点k的抽样我们选取接受/拒绝法。

（三）GARCH 模型参数的 Griddy-Gibbs 抽样的具体算法

在此，我们讨论的是 GARCH 模型参数的抽样，包括ω_1，α_1，β_1，ω_2，α_2，β_2，以及t分布的自由度υ，它们都是连续型随机变量。

以抽取ω_1为例，条件后验密度$\varphi\left(\omega_1 \middle| y,\alpha_1,\beta_1,\omega_2,\alpha_2,\beta_2,\upsilon, k\right)$的核密度，见式（6.19）。

具体建模步骤如下。

第一步，给参数θ赋初始值$\theta^{(0)}=\left(\omega_1^{(0)},\alpha_1^{(0)},\beta_1^{(0)},\omega_2^{(0)},\alpha_2^{(0)},\beta_2^{(0)},\upsilon^{(0)},k^{(0)}\right)$。

第二步，迭代开始$m=1$。

第三步，给ω_1设定一系列格子点$(w_1,w_2,\cdots w_G)$。这里要注意的是参数的范围，如对α，β，则这一系列格子点必须限定在[0，1]。根据 Bauwens 和 Lubrano，本书选取格子点个数。

计算向量$G_K=(K_1,K_2,\cdots,K_G)$的值，其中$K_j=K\left(w_j \middle| y,\theta_{-\omega_1}^{(m-1)}\right), j=1,2,\cdots,G$。

用G个格子点，通过定积分来计算向量$G_\Phi=(0,\Phi_2,\cdots,\Phi_G)$的值，其中$\Phi_j=\int_{w_1}^{w_j} K\left(\omega_1 \middle| y,\theta_{-\omega_1}^{(m-1)}\right)\mathrm{d}\omega_1, j=2,\cdots,G$。同时，计算 pdf$\phi\left(\omega_1 \middle| y,\theta_{-\omega_1}^{(m-1)}\right)$标准化值$G_\phi=G_K/\Phi_G$。按照同样的积分限来计算$E\left(\omega_1 \middle| y,\theta_{-\omega_1}^{(m-1)}\right)$及$\mathrm{Var}\left(\omega_1 \middle| y,\theta_{-\omega_1}^{(m-1)}\right)$的值并且储存起来。

从$[0,\Phi_G]$中生成一个均匀随机变量u，通过对Φ_j逆向数值插值计算得到$\omega_1 \left| y,\theta_{-\omega_1}^{(m-1)}\right.$记为$\omega_1^{(m)}$。

第四步，重复第三步中的步骤（1）～步骤（4）来抽取$\alpha_1^{(m)},\beta_1^{(m)},\omega_2^{(m)},\alpha_2^{(m)},\beta_2^{(m)}$。

第五步，令$m=m+1$，转到第三步，直到$m>M$。

第六步，将前面得到的$\theta=(\omega_1,\alpha_1,\beta_1,\omega_2,\alpha_2,\beta_2,\upsilon)$的条件矩做平均，得到

$\theta=(\omega_1,\alpha_1,\beta_1,\omega_2,\alpha_2,\beta_2,\upsilon)$的后验矩，画出边际密度图（积累的$G_\phi/M$）。

因为采用贝叶斯方法 GARCH 模型使用的数据为连续性数据，所以，我们没有简单地将调查中的案例直接进行文本处理，而是将这些案例的网络舆情数据记录下来，并以天数为统计时点，建构了一个以日期为连续时间的舆情数量数据。

四、“三阶段三波伏五关键点”演化规律

通过实证分析，我们整理动物疫情公共危机演化规律后，得出精确描述“三阶段三波伏五关键点”演化过程，如图 6.2 所示。

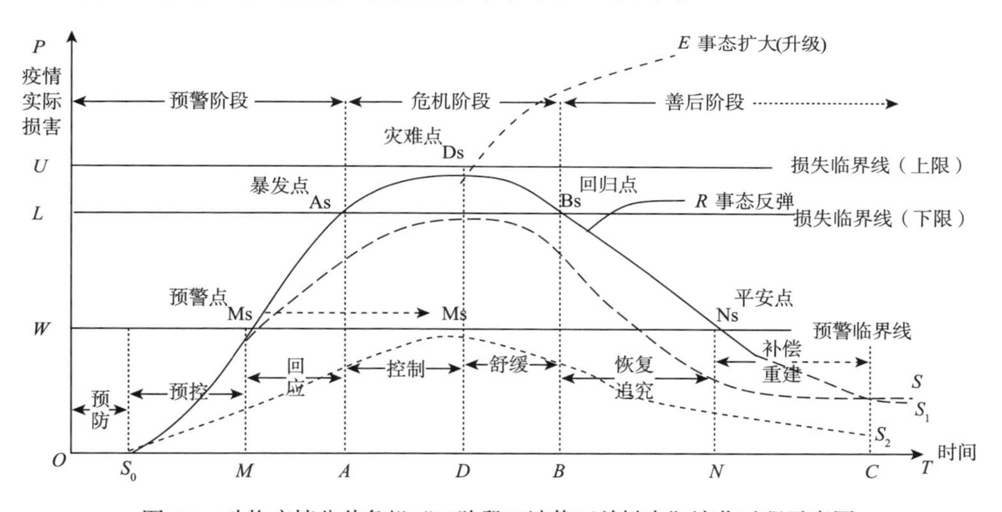

图 6.2　动物疫情公共危机“三阶段三波伏五关键点”演化过程示意图

在图 6.2 中，*OP* 线表示动物疫情实际损害程度，*OT* 是时间轴线，曲线 S_0S 是动物疫情公共危机灾变时间函数曲线。三条控制曲线 *W*、*L* 和 *U* 实际上就是不同范围内、不同层级政府的动物疫情公共危机防控能力指数的曲线（在一定时间内这种线表现为一条直线）。S_0S 曲线与 *W*、*L* 和 *U* 三条直线的联合控制方程解，就是动物疫情公共危机演化函数中的突变点，这些突变点之间的时间段构成危机演化的不同阶段，而突变点本身则构成危机演化函数的管理链关键点。由图 6.2 可以清晰地发现动物疫情公共危机“三阶段三波伏五关键点”演化过程的形成机理。需要特别指出的是，从防控范围和防控层级来

看，预警临界线 W（early warning）是在一县范围内的县级动物疫情危机防控能力指数线；社会经济损失临界线 L（lower limit）是在一个市（州）范围内的市（州）级动物疫情危机防控能力指数线；社会经济损失临界线 U（upper limit）是在一省范围内的省级动物疫情危机防控能力指数线。当然，随着危机防控范围的扩大，防控能力指数层级还可向上提升至一个国家甚至跨国合作、国际共同防控等更高层级。

需要说明的是，在“三阶段三波伏五关键点”演化过程中出现特殊突变点的情况如下：第一，整个疫情损害曲线 S_0S 的拐点（即突发事件最大损害点）位置高度因突发性动物疫情发生后预控、回应、控制等预警管理、危机管理效果而定，防控应急处置不当可能导致疫情损害曲线冲破损失临界线 U，从而使事态扩大升级形成更大规模的公共危机，如图 6.2 中“事态扩大”（expand）虚线 E 所示。第二，在动物疫情公共危机防控有效的情况下，突发性动物疫情损害曲线可以更为平缓，其最高点甚至可以不突破危机暴发点 As，如图 6.2 中半虚线 S_0S_1 所示。最佳管理效果就是使得疫情损害控制在预警临界线 W 之下，此时预警点 Ms 平移至“时间窗口”D 处，突发性动物疫情损害曲线几乎平滑成图 6.2 中全虚线 S_0S_2 所示（S_0S、S_0S_1 和 S_0S_2 构成“三波”）。但是，如果管理不善，即使 S_0S_1 线下穿回归点 Bs 之后，疫情损害仍有可能发生反转再上穿 L 线重返危机状态，如图 6.2 中“事态反弹”（rebound）虚线 R 所示。第三，突发性动物疫情损害曲线（S_0S、S_0S_1 和 S_0S_2）恢复水平运动的最低点总是高于突发性动物疫情发生初始阶段的最低损害点（S_0 点），这说明在每一个突发性动物疫情事件中，必然会产生一定的实际社会经济损失，并且如果发生下一次类似的突发事件，其损害的程度（规模或水平）将上升到一个更高的级别①。

① Li Y L，Wang W，Liu B，et al. 2012. Study on the evolution mechanism of public crisis of sudden animal epidemics[J]. CRISI Management in the Time of Changing World，1（7）：8-12.

第二节　动物疫情公共危机“时间窗口”与管理“关键链节点”

一、“时间窗口”与“关键链节点”定义

（一）公共危机管理

公共危机管理是一种非常态化的管理活动，因其管理过程时间非常短暂，从问题的产生到解决时间非常紧凑，对管理难度要求非常高，因此时间短暂性具有决定性的影响。

1. “时间窗口”

“时间窗口”在学理中的应用更多的是作为一种周期概念来使用，如将其作为政策周期评价我国应急管理的结构要素及变化[①]。本书借引该概念解释动物疫情公共危机从一个阶段进入另一个阶段的转折时间点。例如，动物疫病发生后，从预警阶段向危机阶段转化时将发生在疫病暴发后的哪一天。

2. 生命周期

动物疫情公共危机的生命周期主要遵循动物疫情危机演化的时间序列进行阶段划分。根据不同时间段公共危机所具有的特点将其划分为不同的阶段，主要有以下几种阶段划分模型。

（1）二阶段论：Snyder 和 Diesing 创造的“危机发展阶段理论”，将危机划分为两个阶段——前危机阶段与危机阶段[②]。

（2）三阶段论：Nunamaker 等将危机管理分为发生之前的潜伏阶段、危

---

① 张海波，童星. 2015. 中国应急管理结构变化及其理论概化[J]. 中国社会科学，（3）：58-84，206.

② Snyder G H，Diesing P. 1977. Conflict Among nation：Bargaining，Decision Making and System Structure in International Crisis[M]. Princeton： Princeton University Press.

机爆发与应对阶段，以及危机解决后的恢复和总结阶段①。

（3）四阶段论：罗伯特·希斯将危机划分为消减（reduction）、预备（readiness）、反应（response）和恢复（recovery）四个阶段，因此，希斯的危机阶段理论又被称为“4R 理论”②。薛澜和钟开斌将突发事件分为预警期、爆发期、缓解期及善后期，并总结出与各个阶段相适应的应急措施③。朱正威和吴霞将危机管理过程分为预测预警、预控预防、应急处理阶段和评估、事后恢复四个阶段④。高小平将危机管理划分为预防、准备、响应、恢复四个阶段⑤。

（4）五阶段论：米特罗夫提出了信号侦测、探测与预防、控制损害、恢复和学习的五阶段 M 模型。

（5）六阶段论：奥古斯丁将其划分为危机避免阶段、危机管理的准备阶段、确认阶段、控制阶段、解决阶段、从危机中获利阶段⑥。

本书在整理动物疫情公共危机演化时间规律的基础上，对动物疫情公共危机中不同响应主体做出响应的起始时间、峰值时间和结束时间进行了刻画，力求更精确地找出动物疫情公共危机演化曲线上的“时间窗口”。本书虽然在整体上采用“预警—危机—善后”三阶段分析模型与 Nunamaker 基本相同，但在预警阶段的定义上有所差别。

（二）关键链节点

管理链理论源于管理实践。在现实管理活动中，普遍存在着管理的等级或层次的情况，一级领导一级。每一个管理层次的管理者活动被抽象为“管

---

① Nunamaker J F Jr，Weber E S，Chen M. 1989. Organizational crisis management systems：planning for intelligent action. Journal of Management Information Systems，5（4）：7-32.

② 希斯 R. 2004. 危机管理[M]. 王成，宋炳辉，金瑛译. 北京：中信出版社.

③ 薛澜，钟开斌. 2005. 突发公共事件分类、分级与分期：应急体制的管理基础[J]. 中国行政管理，（2）：102-107.

④ 朱正威，吴霞. 2006. 论政府危机管理中公共政策的应对框架与程式[J]. 中国行政管理，（12）：40-43.

⑤ 高小平. 2007. 综合化：政府应急管理体制改革的方向[J]. 行政论坛，（2）：24-30.

⑥ 熊卫平. 2012. 危机管理理论实务案例[M]. 杭州：浙江大学出版社.

理环”，相邻上下两个管理环有多方面的联系，抽象为“管理节”[①]。管理链由链节点组成，而弱节点的断裂会影响到整个管理链的连通，通过关键节点的控制，实现管理链的有效耦合[②]。

1. 系统原理

系统原理强调在管理理论研究与管理实践工作中，围绕管理目标优化而采取系统论的观点、理论和方法进行系统分析。管理系统中的要素、各要素间的联系及其形成的结构、功能和环境等，是构成管理系统的基本条件。任何管理系统都必须具备既要有相对稳定的内部结构，又要有能够及时适应外部环境变化的功能。

2. 效益原理

效益原理强调组织的任何管理活动都必须以实现有效性、追求最小的投入获得最大的产出为根本目标。效益的核心是价值，必须通过科学而有效的管理，实现经济效益和社会效益的最大化。技术水平、管理水平、资源消耗的合理性及使用水平等都是影响效益的关键因素。

二、动物疫情公共危机损害变化曲线的影响因素

（一）内生性因素

内生性因素是指内生驱动力，它由危机的类型所决定，且具有一定的阶段性与周期性。动物疫情公共危机事件由于其疫情自身的发展，会给公共卫生、人体健康及社会恐慌带来冲击，甚至可能引发公共危机。借鉴佘廉和沈照磊对突发事件内生性因素分析的方法[③]，本书通过分析危机状态下动物疫情公共危机传播特点，再对比动物疫病传染过程，采用 SIR 模型分析内生性因素的影响。

---

① 吴礼民. 2003. 管理链理论的探讨[J]. 武汉工业学院学报，（4）：83-85.

② 李光英，洪玉振，邵翔. 2010. 大型工程建设期管理链信息模型研究[J]. 科技管理研究，30（1）：229-231.

③ 佘廉，沈照磊. 2011. 非常规突发事件下基于 SIR 模型的群体行为分析[J]. 情报杂志，30（5）：14-17，9.

1. 疫病的传播能力

动物疫情公共危机由于不同动物疫病具有不同的传播能力，因此有别于一般的公共危机，更加具有复杂性。不同动物疫病的传播速度或快或慢，而且不是所有动物疫病都是人畜共患疫病。在动物疫情公共危机防控中，我们要重点防控那些传播力强的疫病，特别是人畜共患疫病。

2. 生产养殖水平

生产养殖水平包括养殖密度与养殖规模两个方面，是影响动物疫情公共危机发生的重要因素。在养殖密度较低的地区暴发动物疫情，其疫病传播速度与范围会受到养殖密度限制而逐渐减弱；在养殖规模与密度大的地方暴发动物疫情，将会带来严重后果，这是由危机的承载本体决定的。本书根据《动物防疫条件审查办法》规定的 6 项防疫布局要求，基于全国 8 省 647 个肉鸡养殖户的调查数据，首先通过泊松回归确定了养殖户实施防疫布局要求数量的影响因素，然后运用 Probit 模型分析了养殖户整体防疫布局行为的影响因素。结果表明：养殖规模对防疫布局有显著正向影响。养殖户的规模越大，患病风险意识越强。为减少经济损失，他们会采取各种防疫措施规避风险，由于养殖规模较大的养殖户有较强的经济实力，因此养殖场区的布局一般会符合防疫要求。

3. 自然环境条件

自然环境条件具体包括气候、水文、地形地貌条件等。由于动物疫病细菌本身具有不同的耐寒性、喜温性、厌氧性等特点，因此动物大量死亡往往具有季节性、地域性等与气候条件相关的特征。动物疫病病毒一般会通过空气、河流或贸易活动中人类携带等方式传播，因此生产养殖与动物交易地的水文条件、地形地貌条件等也会对动物疫病暴发产生重要影响。动物疫病可能随牲畜饮水、排泄而扩散，也可能因山势阻挡而隔绝疫病传播。还有一些动物疫病能在缺氧条件下生长与传播，因此，在湖泊、河道清洁条件差且容易生长水生植物、容易导致水体富营养化的地方传播动物疫病。

（二）外介性因素

影响公共危机损害变化的外介性因素是指各利益主体的参与，对整个事件所产生的推动作用。在动物疫情公共危机中，外介性因素包括政府行为、媒体舆论、生产者与消费者的行为等，各个主体受到危机的影响程度不同，因此所采取的行为也会有所差异。

1. 政府角度

政府防控能力与应急措施是影响事件扩散的重要因素。政府在动物疫情暴发后，对舆论进行引导、排查疫情、无害化处理、给予补贴、关闭零售市场、控制疫病蔓延等，这些都是政府响应危机的行为。国外学者 Palttala 等通过界定与评价政府与非政府组织的交流缺口，为评价政府危机交流的能力提供了一个以实用为导向的交流系统[①]。Olsson 构建了战略与策略、弹性导向两个维度，以更好地解决公共部门中的沟通与交流问题，并通过分析 2010～2011 年昆士兰洪灾探讨如何在公共危机中实现这两个维度的事项、进程和具体做法[②]。另外，在公共危机中，有些政府部门与官员过度考虑自身利益，行为选择与公共利益和公共危机有效治理逻辑相背离，在事件中采取控制“风险治理”成本、规避危机治理责任的行为也会对危机的演化造成影响[③]。

2. 媒体角度

随着互联网的发展，网民将个人意见放到网络空间进行表达，并以网络舆情的形式对公共事件产生影响[④]。突发事件网络舆情是指当某个突发公共事件发生以后，网络空间上的个人或群体基于已经传播的突发事件的信息，在网络空间上表达的各种情绪、意愿、态度、意见等的总和[⑤]。网络舆情因其发声主体的隐匿性，使之无法通过直接交流的方式加以控制，所以政府一般只能对网络舆情进行疏导。张玉亮基于归因理论，对网络舆情主体心理进行分

① Palttala P, Boano C, Lund R, et al. 2012. Communication gaps in disaster management: perceptions by experts from governmental and non-governmental organizations[J]. Journal of Contingencies and Crisis Management，20（1）：2-12.

② Olsson E K. 2014. Crisis communication in public organizations：dimensions of crisis communication revisited[J]. Journal of Contingencies and Crisis Management，22（2）：113-125.

③ 金太军. 2011. 政府公共危机管理失灵：内在机理与消解路径——基于风险社会视域[J]. 学术月刊，43（9）：5-13.

④ 史波. 2010. 公共危机事件网络舆情内在演变机理研究[J]. 情报杂志，29（4）：41-45.

⑤ 康伟. 2012. 突发事件舆情传播的社会网络结构测度与分析——基于“11・16 校车事故”的实证研究[J]. 中国软科学，（7）：169-178.

析，并概括出四个方面原因，即主观焦虑的强化与放大、集群情绪渲染与个人理性的迷失、心理失衡与情感宣泄的交织与碰撞以及政治不信任的累加与表达机制的失控[①]。

社会恐慌是动物疫情公共危机的显著标志，社会群体对危机的恐慌反应将直接推动公共危机演化升级。媒体因其存在目的及自身发展的需要，搜索社会中的热点事件进行报道，以扩大自身影响力。突发事件发生后，媒体为网民提供了发表意见的虚拟平台，在这个平台上网民是自由的，但同时容易产生“羊群效应”。

媒体是政府与公众进行信息交流的纽带，也是政府消除危机状态下社会恐慌的重要平台。政府发挥媒体传播正面信息和正能量的作用，有利于缩短公共危机的蔓延时间，有助于实现动员社会力量共同抗击公共危机的目标。危机管理者可以运用社会媒体更好的应对动物疫情公共危机。Pan 和 Meng 的研究表明，在猪流感危机的不同阶段，新闻媒介使用了不同的策略：健康风险、社会问题、政治与法律问题和预防与健康教育大多用在危机前的阶段，而医疗与科学经常使用在后危机阶段，政府官员和政治家反复出现在危机前阶段以实现公共机构有效性的战略目标[②]。

3. 生产者角度

生产者是动物疫情公共危机中最直接的影响者。一般的牲畜死亡发展到公共危机需要经历一个过程，生产者如何判断和行动往往预示着重大公共危机的初期处置。动物生产养殖户是疫情危机最敏锐的风险感知群体。生产养殖户受经济利益驱动，可能会存在隐瞒上报动物疫情、不按规定及时扑杀染疫动物、不按规定对病死疫群进行无害化处理甚至销售病死疫群等行为，这都可能导致动物疫病扩大传播，甚至带来更大的危机隐患。

近年来，不少学者开始关注养殖生产者行为对动物疫情公共危机的影响。闫振宇等运用结构方程模型分析了养殖户报告动物疫情行为意愿的影响

---

① 张玉亮. 2012. 突发事件网络舆情的生成原因与导控策略——基于网络舆情主体心理的分析视域[J]. 情报杂志，31（4）：54-57.

② Pan P L, Meng J. 2016. Media frames across stages of health crisis: a crisis management approach to news coverage of flu pandemic[J]. Journal of Contingencies and Crisis Management，24（2）：95-106.

因素[①]。张桂新和张淑霞探讨了疫情风险下驱动养殖户不同防控行为的因素[②]。在市场驱动下，生产养殖与市场交易活动过度分离，使得生产养殖行为缺乏监管，养殖户容易违背契约、隐瞒养殖技术与防疫技术，从而成为影响养殖户开展疫病防控的主要障碍。

4. 消费者角度

在分析消费者行为方面，有学者基于系统动力学分析了非常规突发事件个体决策行为的影响因素。例如，刘嘉和谢科范就动物疫情对消费者猪肉质量安全风险认知、消费者决策的影响进行了分析。他们认为，消费者对重大动物疫病的风险认知浅显，获取的相关信息的总体质量不高，但对政府却有很高的信任，重大动物疫病的发生会直接影响消费者的消费且会对周围人产生较大影响[③]。本书从上海黄浦江流域松江段“漂浮死猪事件”的五次调查中发现，在媒体的引导下，消费者对上海黄浦江流域松江段“漂浮死猪事件”会形成一个自己的看法，当消费者感到恐慌时就会改变日常的生活习惯，减少购买甚至完全不购买猪肉制品，转而购买替代品。若有人在生活圈中散布恐慌情绪，往往会扩大事端，影响事件的演化发展。

5. 利益主体之间的相互影响

公共危机的本质就是危机事件中各利益主体之间的利益碰撞所产生的重大利益冲突或潜在冲突威胁[④]。内生性因素与外介性因素的共同作用，使得危机的演化发生改变，造成其转变、蔓延甚至衍生。刘德海通过构建博弈模型，对环境污染群体性事件中信息传播和利益博弈进行分析，解析了环境污染群体性事件的协同演化过程[⑤]。本书构建了一个动态演化博弈模型，博弈的主体

① 闫振宇，陶建平，徐家鹏. 2012. 养殖农户报告动物疫情行为意愿及影响因素分析——以湖北地区养殖农户为例[J]. 中国农业大学学报，17（3）：185-191.

② 张桂新，张淑霞. 2013. 动物疫情风险下养殖户防控行为影响因素分析[J]. 农村经济，（2）：105-108.

③ 刘嘉，谢科范. 2013. 非常规突发事件个体决策行为影响因素研究[J]. 软科学，27（3）：50-54.

④ 童星. 2012. 社会管理创新八议——基于社会风险视角[J]. 公共管理学报，9（4）：81-89，126-127.

⑤ 刘德海. 2013. 环境污染群体性突发事件的协同演化机制——基于信息传播和权利博弈的视角[J]. 公共管理学报，10（4）：102-113，142.

分别为动物疫情公共危机中的政府、网络媒体和公众，本书构建的模型研究三个主体在动物疫情公共危机治理中的策略行为演化趋势、相互影响及均衡状态[①]。本书以上海黄浦江流域松江段“漂浮死猪事件”为案例，研究发现政府、网络媒体、公众策略选择相互影响。

三、动物疫情公共危机演化“时间窗口”判定案例分析

尽管不同类型突发性公共危机的演化发展有其自身的特点，但危机演化受到来自危机事件自身内部与外部各种因素的共同影响，从而呈现出阶段性变化规律的总趋势是基本一致的。本书以上海黄浦江流域松江段“漂浮死猪事件”为案例，对动物疫情公共危机演化“时间窗口”判定进行分析。

（一）案例资料

本书课题组自 2013 年 3 月 21 日起至 2014 年 6 月底，在该事件基本得到控制后的第 10 天、第 40 天、第 80 天、第 110 天、第 450 天左右，先后五次深入上海黄浦江流域松江段“漂浮死猪事件”发生区进行调查，收集调查数据及本案例资料。

（二）案例分析

我们从事件的公众透明度、持续关注与恐慌度、官媒信任度、公众满意度等四个尺度，分析公众对上海黄浦江流域松江段“漂浮死猪事件”应急处置的社会反响及其效果。

（1）公众透明度。短期内公众迅速知晓该事件，只有 10 天时间公众知晓率就达到 80%。公众知晓度在 40 天“时间窗口”进入稳定期，达到 95%之后保持平稳水平。平均而言，整个事件的公众知晓度达到 89.03%，公众透明度较高。

（2）持续关注度与恐慌度。公众持续关注事件进展，事件发生的 40 天内公众持续关注度保持在 75%以上，事件发生后 110 天降至 30%以下，450 天后仍然有 10%左右的公众在持续关注。事件发生后的短期内，引起了一定程

---

① 李燕凌，丁莹. 2017. 网络舆情公共危机治理中社会信任修复研究——基于动物疫情危机演化博弈的实证分析[J]. 公共管理学报，14（4）：91-101，157.

度的公众恐慌，在事件控制后10天“时间窗口”仍有高达60%的受访公众有恐慌感，可见，公众表现出明显的恐慌易感性特征。

（3）官媒信任度。事件控制后10天，相信官方媒体的公众仍只有1/3强，40%以上的公众对官方媒体持“不相信”或“不确定”态度，可见，社会信任程度已经降至很低的水平。不过，政府正面报道的效果还是非常明显的，事件控制40天时就有70%以上的公众选择相信官方媒体。

（4）公众满意度。事件发生后，政府介入事件应急处置总体上表现出积极、公开和负责任，公众对政府应急处置的正面评价持续增高。但在农业部宣布事件基本得到控制后10天“时间窗口”上，由于公众对事件本身引发的更深层次的问题产生新的质疑，如政府的财政补贴去向问题、病死猪无害化处理管理问题、病死猪流向餐桌等问题等。这些问题并非上海黄浦江流域松江段“漂浮死猪事件”本身的直接暴露，但公众则将此类问题的疑虑潜化到政府信任评价之中，最直接的途径就是通过网络舆情进行表达，所以，此时公众对政府应急处置的满意度仍然低于50%[①]。

（三）案例分析结果

上海黄浦江流域松江段“漂浮死猪事件”并非重大动物疫情传播造成，而导致社会恐慌的直接原因是数以万计的死猪漂浮在上海黄浦江流域松江段入海口。死猪不仅严重破坏上海市的形象，更催生出公众对上海市饮用水源安全的恐惧。

1）事件聚焦点

从事件调查结果看，大量死猪漂浮的原因在于当地普遍采取“多、散、小、密、差”的落后养殖方式，导致生猪常见病死亡率偏高，同时当年气温较往年平均偏低2℃左右，被养殖户抛入黄浦江流域松江段上游河道的死猪不易腐烂而浮上水面。漂浮于河道水面的死猪受河道上生活垃圾拦污栅阻挡聚集黄浦江入海口，形成了此次突发事件的聚焦点。

---

①李燕凌，车卉，王薇，等. 2014.“黄浦江漂浮死猪”事件应急处置实证研究[J]. 中国应急管理，（2）：15-21.

2）新闻引爆点

事件发生后，地方政府失语、缺位与推卸责任成为引爆舆情的助燃剂。首先，死猪漂浮在黄浦江流域松江段入海口一周之后，地方政府仍未公开做出任何反应，直到等到国外媒体报道和中央政府发声后，地方政府才正面在媒体上回应事件。其次，地方政府虽然在各自行政区内组织打捞，但由于打捞与处理死猪能力有限，严重影响城市市容和水质卫生，公众也因此质疑政府的应急处置能力。最后，在事件处置过程中，地方政府不是积极推动府际合作，而是相互推诿、指责，政府间的不信任、不合作形象，进一步成为媒体放大传播的新闻点。

3）公众焦虑点

在事件演化的后期，有关病死猪无害化处理的财政资金去向迷乱、财政补贴政策落实难等问题，助燃事件再度升温，成为公众新的关注点。一度甚至改变了公众对该事件的关注方向，引发公众对政府的信任危机[①]。

四、判定动物疫情公共危机“关键链节点”

（一）动物疫情公共危机政府应急管理链

动物疫情公共危机中的政府应急管理链是指政府、动物生产者、消费者和其他社会群体等共同参与动物疫情危机事件应急管理过程中的管理目标、管理方式、管理要素，还包括预控、回应、控制、恢复等环节的有效运用与定向流动。在这些基本环节中直接影响管理者行为并能够决定管理活动实现或偏离管理目标、能够减少或挽救动物疫情损失并控制危机事态的关键行为，可以称其为管理关键链节点。动物疫情公共危机管理过程中的预控、回应、控制、恢复等环节称为动物疫情公共危机中政府管理链的主链节点。决定动物疫情公共危机应急处置成功与否的关键步骤，都会出现在主链节点上。当然，很少时候也会出现另一种情况，就是因为非主链节点上的管理行为对动物疫情危机产生了决定性作用。在动物疫情公共危机每个主链节点内部，还

---

①李燕凌，车卉，王薇，等. 2014.“黄浦江漂浮死猪”事件应急处置实证研究[J]. 中国应急管理，（2）：15-21.

包括许多应急管理活动，这些活动被称为政府管理链的子链节点（图 6.3）。

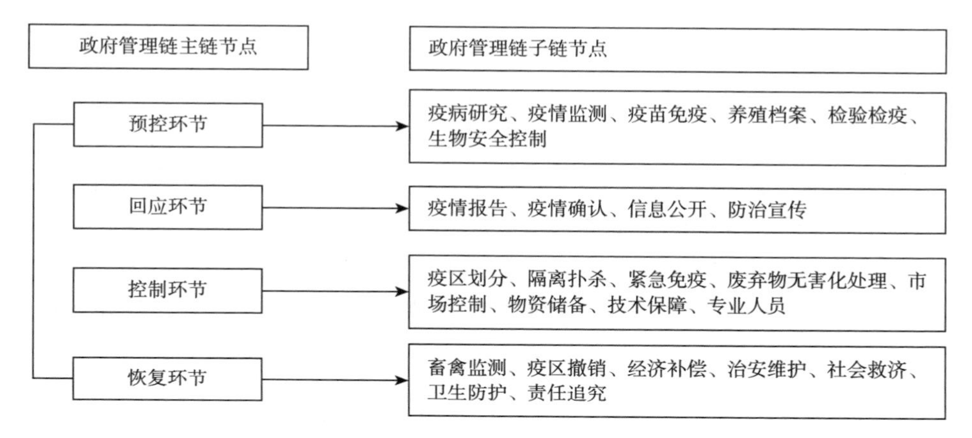

图 6.3　动物疫情公共危机应急管理中政府管理链及链节点构成示意图

（二）关键链节点判定条件与方法

关键链节点对提高管理效率与能力具有决定性作用。大量研究文献显示，采用基于理想解相似度的顺序偏好技术（Technique for Order Preference by Similarity to an Ideal Solution，TOPSIS）方法是一种比较简便、有效的判断管理关键链节点的方法。TOPSIS 方法由 Hwang 和 Yoon 于 1981 年首次提出，它是根据有限个评价对象与理想化目标的接近程度进行排序的决策分析方法[①]。TOPSIS 方法具体操作过程包括七个基本步骤：第一步，确定链节点初始排序矩阵；第二步，确定排序指标的权重；第三步，确定链节点的加权平均值排序矩阵；第四步，确定最理想链节点和最差链节点；第五步，确定各链节点与最理想链节点及最差链节点间的欧氏距离；第六步，计算各链节点与最理想链节点的相对接近程度；第七步，根据各链节点的相对接近程度对其由大到小排序[②]。

---

① Khan M J，Kumam P，Alreshidi N A，et al. 2021. Improved cosine and cotangent function-based similarity measures for q-rung orthopair fuzzy sets and TOPSIS method[J]. Complex & Intelligent Systems，（prepublish）：1-18.

② 张复宏. 2014. 无公害优质苹果质量链关键链接点的选择分析——基于山东省 16 个地市的调查[J]. 农业经济问题，35（5）：27-35，110.

（三）实证分析①

1. 数据来源

本书实证分析选择湖南、湖北、江西、贵州、广东等生猪养殖大省的19个县（市、区）的调查数据。调查工作以当地2008年至2012年发生的动物疫情公共危机事件应急管理为内容，共发放问卷2002份，收回1746份，剔除内容填写不全、有逻辑错误的问卷，最终采用的有效问卷1596份，占全部发放问卷的79.72%。在回收的1596份有效问卷中，养殖企业主或养殖农户样本为1167个，占73.12%；动物疫情研究人员与政府部门工作人员样本为429个，占26.88%。

2. 主链节点计算结果及重要程度分析

根据图6.3中动物疫情危机事件应急管理链的预控、回应、控制和恢复4个主链节点，我们要求调查受访者对4个主链节点的重要性依次排序，之后对调查数据汇总列出初始矩阵后进行归一化处理，得到4个主链节点的权重分别为0.4、0.3、0.2、0.1，权重分别与初始矩阵相乘后得到排序加权平均矩阵 B，再利用第三步、第四步、第五步、第六步计算公式，计算各主链节点对最理想链节点的相对接近程度 S_j，计算结果见表6.7。

表6.7 政府管理链主链节点的重要性排序与相对接近程度

排序及其权重（λ_i）		初始排序矩阵 A_{ij}				B^+	B^-
		预控	回应	控制	恢复	最理想链节点	最差链节点
1	0.4	20.58	3.49	14.86	0.55	40	0
2	0.3	9.08	5.92	10.60	3.58	0	0
3	0.2	4.04	4.22	4.77	8.17	0	0
4	0.1	5.05	0.37	4.63	0	10	
d_j^+	—	0.2092	0.3757	0.2770	0.4071	—	—
d_j^-	—	0.2495	0.1008	0.2118	0.1042	—	—
S_j	—	0.5435	0.2115	0.4333	0.2037	—	—

注：样本数为429个

表6.7中动物疫情公共危机应急管理各环节的相对接近程度排序结果表

①李燕凌，吴楠君. 2015. 突发性动物疫情公共卫生事件应急管理链节点研究[J]. 中国行政管理，（7）：132-136.

明：预控环节的相对接近程度为 0.5435，排最高位置，因此，它是政府应急管理链的关键主链节点。控制环节的相对接近程度为 0.4333，它是政府应急管理链的重要主链节点。回应环节和恢复环节是政府应急管理链的普通主链节点，其相对接近程度分别为 0.2115 和 0.2037。

3. 子链节点计算结果及其重要程度分析

由图 6.3 可知，在 4 个主链节点下有一系列子链节点。我们要求受访者对各子链节点重要性依次排序，之后对调查数据汇总列出初始矩阵后进行归一化处理，得到各环节中不同子链节点的权重，将权重分别与初始矩阵相乘后得到排序加权平均矩阵，再利用 TOPSIS 模型方法计算各子链节点对最理想链节点的相对接近程度，计算结果见表 6.8。为把握动物疫情危机的关键环节，本书仅对各环节中的关键子链节点结果进行分析。

表 6.8 政府管理链子链节点的重要性排序与相对接近程度

预控环节中子链节点的相对接近程度							
疫病研究	疫情监测	疫苗免疫	养殖档案	检验检疫	生物安全控制		
0.2319	0.4822	0.4200	0.1562	0.2088	0.2895		
回应环节中子链节点的相对接近程度							
疫情报告	疫情确认	信息公开	防治宣传				
0.3813	0.5354	0.2334	0.2322				
控制环节中子链节点的相对接近程度							
疫区划分	隔离扑杀	紧急免疫	废弃物无害化处理	市场控制	物资储备	技术保障	专业人员
0.2428	0.3677	0.4223	0.2424	0.2203	0.1866	0.1769	0.1897
恢复环节中子链节点的相对接近程度							
畜禽监测	疫区撤销	经济补偿	治安维护	社会救济	卫生防护	责任追究	
0.4159	0.1605	0.2974	0.2646	0.2704	0.2612	0.1261	
样本总数	1596						

预控环节主链节点包括疫病研究、疫情监测、疫苗免疫、养殖档案、检验检疫、生物安全控制 6 个子链节点，其中疫情监测子链节点对最理想子链节点的相对接近程度为 0.4822，这属于关键子链节点。回应环节主链节点中的疫情确认子链节点对最理想子链节点的相对接近程度为 0.5354，属于关键

子链节点。控制环节主链节点中的紧急免疫子链节点对最理想子链节点的相对接近程度为 0.4223，属于关键子链节点。恢复环节主链节点中的畜禽监测子链节点对最理想子链节点的相对接近程度为 0.4159，属于关键子链节点。

（四）主要结论及政策启示

动物疫情公共危机是由动物疫情自然演化与人类干预活动交织作用下形成的危机事件。在这个由自然界生命活动与人类社会经济政治干预活动交互作用的复杂系统中，政府应急管理链条长、环节多，应急管理覆盖面宽、管理对象分散。政府主导动物疫情公共危机管理，不仅要做好动物疫病防疫防治工作，特别是一些新的恶性病毒的出现更加大了人类防控此类突发事件的难度。而且，要做好人类社会与之相应的经济活动，包括动物生产养殖、销售和消费等。另外，要管理好人类社会与之相应的政治社会活动，如在应急管理中政府的政策选择、网络媒体与舆情的疏导等。因此，必须通过科学准确地研判突发性动物疫情公共卫生事件应急管理链节点，力求实现应急管理的“快、准、全、简、效”。具体来说，一是要把预控措施当作动物疫情公共危机事件应急管理的重中之重，关键在于落实好“一案三制”，形成齐抓共管、群防群治合力；二是要夯实政府应急管理链节点研判信息工作基础；三是要科学把握“抓重点、重点抓”应急管理方法，切实抓好预控环节和控制环节两个关键主链节点；四是要加快构建动物疫情危机事件应急管理网格体系；五是要全面实施动物疫情危机事件应急管理依法治理。

第三节　基于上海黄浦江流域松江段“漂浮死猪事件”演化机理的实证分析

一、案例事件描述

2013 年 3 月上旬，国内外一些媒体报道我国浙江省、上海市黄浦江流域松江段水面出现大量漂浮死猪，短期内迅速引发社会的广泛关注[①]。2013年3月11日至3月22日，中央和浙江、上海两地各级政府采取了一系列应急处置措施，事态基本得到控制。在中央政府层面，农业部高度重视并采取三项紧急措施：一是召开记者会说明事件真相，宣布事件区域内无大规模疫情，动物防疫总体形势平稳，稳定社会情绪；二是派出高级技术专家亲临现场指导漂浮死猪处理工作，迅速协调当地不同行政区共同打捞死猪、疏通江河，应急措施迅速有效；三是进一步公布病死猪无害化处理补贴政策，检查、督促各地生猪防疫，从源头上抑制病死猪丢入江河[②]。H7N9疫情暴发后，2013年4月8日，国家卫生和计划生育委员会与世界卫生组织联合召开新闻发布会，通报人感染H7N9禽流感疫情防控情况，宣布H7N9禽流感与上海黄浦江流域松江段漂浮死猪无关，迅速消除人们对H7N9禽流感的病源来自上海黄浦江流域松江段漂浮死猪的质疑，有效抑制了危机事态扩散。课题组实地调查发现有两个主要原因导致当地大量出现死猪现象：第一个原因是当地生猪饲养水平低。生猪饲养量过大且多为散养方式，这就使得生猪正常死亡淘汰率高、死亡数量多。例如，浙江省嘉兴市被怀疑为上海黄浦江流域松江段"漂浮死猪事件"的主要来源地，嘉兴市2013年生猪饲养量至少超过450万头。如果按1%～2%正常死亡淘汰率推算，一年内可能死亡10万头生猪。第二个原因就是2012年冬至2013年春天2月至3月，上海、浙江等地雨雪寒潮天气较往年多，平均气温比往年低1～2℃，大量仔猪抵抗力下降导致挨冻而死，因受寒猪腹泻和圆环病毒感染等常见病引起死亡率较往年有所升高。

有关地方政府紧急采取了以下五项措施。第一，组织打捞死猪并进行无害化处理。每日公布打捞死猪数量，截至2013年3月22日，死猪打捞工作基本结束。第二，疏通江河、分流死猪。各地政府迅速对原设的江河拦污栅进行改造，拆除部分固定拦污设施，科学利用江河与海洋的自净能力。第三，加强水质监控和猪肉市场监管。特别是加强对病死猪无害化处置情况的监督检查，杜绝来源不明生猪产品上市销售。第四，有力掌控舆情、舒缓社会恐

① 董峻. 2013-03-17. 黄浦江漂浮死猪事件已得到有效处置——访国家首席兽医师于康震[N]. 新华每日电讯.

② 李燕凌，车卉，王薇，等. 2014. "黄浦江漂浮死猪"事件应急处置实证研究[J]. 中国应急管理，(2)：15-21.

慌情绪。各地方政府多次召开新闻发布会以稳定舆情。第五，开展问责与善后处理。上海市提供的17个涉及嘉兴市的死猪耳标，其中16个已查处到位。嘉兴市政府对查证核实的渎职官员及向江河丢死猪的养猪户进行了严厉处罚，并紧急部署开展动物疫情"地毯式"大排查，畜禽防疫"一户不落"。截至2013年3月底，基本控制了事态扩散①。

二、上海黄浦江流域松江段"漂浮死猪事件"网络舆情

（一）网络舆情演化

上海黄浦江流域松江段"漂浮死猪事件"发生后，由于地方政府应急反应速度滞后，迅速引发国内外媒体高度关注而使得事件成为网民"围观"焦点。有学者收集整理当时网络舆情情况，归纳形成五个阶段舆情总结（表6.9）②。

表6.9　上海黄浦江流域松江段"漂浮死猪事件"网络舆情演化表

阶段	危机演化及事件处置过程
第一阶段：网友曝光诱发社会恐慌情绪（3月5日—3月8日）	上海黄浦江横潦泾水域的水上保洁人员打捞数十头死猪，与此同时，湖南、广西等地也陆续发现漂浮死猪。网络消息诱发网友对是否暴发大规模动物疫病并危及饮水安全的担忧
第二阶段：勘定死猪来源引发地方政府争端（3月10日—3月12日）	上海市动物疫病防治部门确认松江水域收集的部分病死猪主要源于邻近的浙江省嘉兴市地区，嘉兴市政府发公告给予否认
第三阶段：联合调查死猪漂浮原因（3月12日—3月22日）	上海市有关部门组织打捞死猪并进行无害化处理，对漂浮死猪进行抽样检测，公布水质和环境监测数据，至3月22日基本完成了死猪打捞工作，并对所有死猪进行无害化处理
第四阶段：公布调查结果（3月24日）	水源地水质各项指标均未发生异常，水厂各项出厂水指标全部符合国家生活饮用水卫生标准，没有发生大规模动物疫情和人畜共患疾病，市场上没有发现不合格生猪产品
第五阶段：积极开展善后处置工作（3月底至6月底）	开展春季动物疫病集中免疫工作、生猪常见多发病防控工作、人畜共患病防控工作；加强病死猪无害化处理

① 王薇，邱成梅，李燕凌. 2014. 流域水污染府际合作治理机制研究——基于"黄浦江浮猪事件"的跟踪调查[J]. 中国行政管理，(11)：48-51.

② 雷晓艳，张昆. 2014. 社会化媒体背景下政府形象危机的情境及其修复——以上海"黄浦江死猪"事件为例[J]. 湖南师范大学社会科学学报，43(3)：154-161.

本书收集了 2013 年 3 月、4 月、6 月、7 月上海黄浦江流域松江段“漂浮死猪事件”网络舆情信息，通过检索“黄浦江浮猪”“黄浦江死猪”“黄浦江漂猪”等关键词，收集了互联网主流新闻网站上有关上海黄浦江流域松江段“漂浮死猪事件”的相关新闻 902 条、微博 1867 条，按时间分布如图 6.4 所示。网络新闻和微博源于人民网、光明网、凤凰网、新浪新闻、搜狐新闻、百度新闻、腾讯新闻、网易新闻、新浪微博、腾讯微博等 10 家新闻网站与微博[①]。

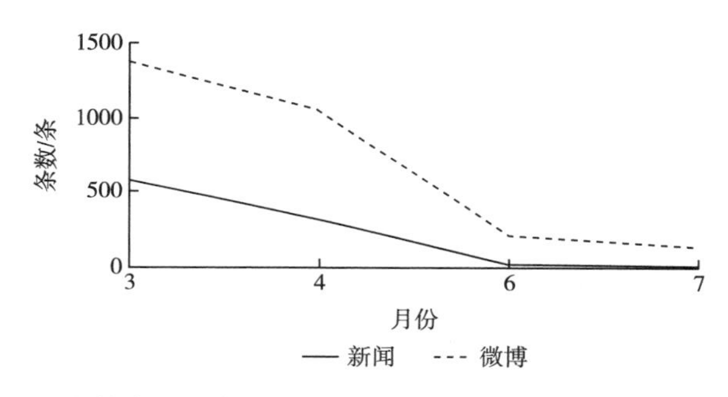

图 6.4　上海黄浦江流域松江段“漂浮死猪事件”网络舆情变化示意图

由图 6.4 可知，3 月至 4 月有关上海黄浦江流域松江段“漂浮死猪事件”网络舆情小幅下降，但是相关网络新闻及微博数量依然很多。4 月至 6 月网络新闻及微博数量大幅减少，至 6 月底，也就是上海黄浦江流域松江段“漂浮死猪事件”发生后 110 天“时间窗口期”，网络新闻及微博数量降至最低点。

（二）“上海发布”政务微博分析

“上海发布”政务微博在 2013 年 3 月 11 日 17:51 发布微博，全文如下：“至昨晚，松江、金山区水域已打捞起邻省漂至黄浦江上游的死猪 2800 余头，并作无害化处理。本市环保、水务部门加大取水口监测密度和水面巡察，松江、金山等供水企业出厂水符合国家卫生标准。经核查，初步确定死猪主要来自浙江嘉兴地区，本市没有发现向江中扔弃死猪现象，也没发现重大动物

① 李燕凌，丁莹. 2017. 网络舆情公共危机治理中社会信任修复研究——基于动物疫情危机演化博弈的实证分析[J]. 公共管理学报，14（4）：91-101，157.

疫情。”该微博当日转发量达到2297次，获评论557次[①]。

1. 微博评论的时间分布

统计官方微博发布后每小时的评论量发现，3月11日17:51至23:51的6小时时段内微博评论人次占总数的90%以上，也就是说，官方微博发布后的三个时段内网络舆情迅速扩散并形成高潮。最为明显的是政务微博，在官方微博发布后的第一个时间段内评论数就超过总评论数的40%，第二个时间段的评论数接近总评论数的20%。两个小时后，微博评论迅速减少，到第7个时间段后评论量和关注度都降为零。次日19:53时，“上海发布”发布第二条官方微博，微博评论再次温和上升，到当晚22:25时，微博评论进入新一轮舆情高峰期。

2. 微博评论的地域分布

24个省区市的微博官方账号发表微博评论，几乎遍布全国各地。网络舆情地域分布广，其中上海、浙江、北京、广东、江苏、安徽等6省市网络舆情分布最为集中。有37条我国港澳台地区及海外的评论，占全部有效评论数的6.9%，这也说明该事件引起了广泛高度关注。

3. 微博评论的议题分布

总体而言，网民对该事件的微博舆情较为集中于食品安全和调查结果两个方面。一方面，从食品安全来看，有接近1/3的网民担忧猪肉及其制品的食品安全，特别是病死猪肉会不会流向餐桌。另一方面，网民对黄浦江漂浮死猪的真实原因、事后责任追究、国家对病死猪无害化处理财政补贴的去向等最终调查，存在较多疑点。有接近1/5的网民反映出强烈要求了解事实真相的诉求。

4. 微博舆情的指向分布

对该事件的微博舆情指向可分为事件本体、事件延伸、事件隐含三大类。从统计结果来看，有接近一半的网民针对事件本身进行评论，重点关注事件发生原因、处理进展、造成影响等。有接近1/4的网民评论各级领导应急处置方法和能力。只有不足1/10的网民指责向河流抛弃死猪的行为。仅有3.1%的

---

① 杨娟娟，杨兰蓉，曾润喜，等. 2013. 公共安全事件中政务微博网络舆情传播规律研究——基于“上海发布”的实证[J]. 情报杂志，32（9）：11-15，28.

网民对媒体的信息披露和报道不足与滞后进行了评论。

5. 网民的态度类型

对该事件的网民态度主要包括调侃型、愤怒型、担忧型、质疑型、指责型等，只有少数网民态度不明确，属于围观型。经统计发现，参与评论的网民中有 28.7%属于调侃型，有 19.5%属于对浙江养殖户行为的愤怒型，有 16.0%属于对食品安全和环境保护的担忧型，有 14.7%属于对政府的质疑型，有 13.1%属于对政府反应迟缓的指责型。

6. 网民的互动类型

从该事件网络舆情统计结果发现，基本上没有出现网络大 V 的表现。大多数网民之间没有互动行为，“意见领袖”没有在分散的微博评论中发挥领导作用，至少有超过 3/4 的网民仅仅是发表个人看法而已。从微博评论中回复或“@”其他用户的行为统计结果看，网民与网民之间的互动不到总数的 1/5，且多为相互调侃。虽然事件发生后，浙江省嘉兴市政府在官方微博上发表了澄清死猪原因、质疑黄浦江漂浮死猪与嘉兴生猪养殖之间的关系，但是官方微博之间、官方微博与媒体微博之间的互动却几乎为零[①]。

上海黄浦江流域松江段“漂浮死猪事件”影响范围较大，国内外媒体纷纷对此进行报道。中央政府高度重视，中央与地方多部门联动调查与处置，使得上海黄浦江流域松江段“漂浮死猪事件”迅速得到控制。为充分了解该事件的演化机理，同时为动物疫情公共危机防控提供科学有效的政策及建议，上海黄浦江流域松江段“漂浮死猪事件”发生后，本书课题组自 2013 年 3 月 21 日起至 2014 年 6 月底止，先后 5 次深入实地开展调研，调查结果显示，事件发生地居民对这起死畜导致的突发公共事件的关注情况与事件发生后的网民评论有惊人的相似之处，在上海黄浦江流域松江段“漂浮死猪事件”发生第 10 天、第 40 天、第 80 天、第 110 天、第 450 天左右，当地居民对事件的关注热度逐渐减弱，大约在 110 天前后几乎就降为零。

---

① 杨娟娟，杨兰蓉，曾润喜，等. 2013. 公共安全事件中政务微博网络舆情传播规律研究——基于“上海发布”的实证[J]. 情报杂志，32（9）：11-15，28.

三、上海黄浦江流域松江段“漂浮死猪事件”演化过程中政府应急处置能力分析

（一）政府应急响应演化模型

大量生猪死亡引发上海黄浦江流域松江段“漂浮死猪事件”，养殖户将病死猪抛入江河之中成为引发事件的直接原因①。正是漂浮病死猪数量不断扩大的态势与政府应急处置效果的差距，使得事件演化超出了事件发生之初的管控预期。可见，动物疫情公共危机中政府处置是否得当具有调速器的作用，而政府应急处置能力则是这个调速器的总闸门。

假设动物疫情暴发地区的承灾能力为R，承灾能力要素包括生猪养殖密度、养殖规模、养殖户防疫意识、动物防疫物资储备、防疫站人员储备、应急预案建设、基础设施建设、生态环境等。一个区域在一定时期内的R基本稳定，R的计算公式为

$$R = R\left(a_1 x_1, a_2 x_2, \cdots, a_n x_n\right) \tag{6.21}$$

政府接到生产养殖户的大量生猪死亡报告后，为控制动物疫情公共危机扩散所采取的应急措施用$\left(y_1, y_2, \cdots, y_n\right)$表示。若政府管制措施有效，用$F_{ct}^{+}$表示$t$时刻政府采取措施的强度：$F_{ct}^{+} = F\left(b_1 y_1, b_2 y_2, \cdots, b_m y_m\right)$。若政府应急措施无效，则用$F_{ct}^{-}$来表示：$F_{ct}^{-} = F\left(c_1 y_1, c_2 y_2, \cdots, c_m y_m\right)$。$F_e$表示动物疫情公共危机事件本身的破坏性，在时刻$t$表示为：$F_{et} = F\left(r_1 z_1, r_2 z_2, \cdots, r_p z_p\right)$。

a_i表示因素i对该地区承灾能力的影响因子；b_j和c_j表示政府防控措施j有效管理和负面管理的影响因子；r_k表示因素k对事件本身破坏力的影响因子，则有

$$\sum_{i=1}^{n} a_i = \sum_{j=1}^{m} b_j = \sum_{j=1}^{m} c_j = \sum_{k=1}^{p} r_k = 1 \tag{6.22}$$

假设在时刻t_0生猪大量死亡，事件发生的初始速度为 0，我们以a_{et}表示

---

① 陈仁泽. 2013-03-17. 漂浮死猪已得到有效处置：当地未发生生猪重大动物疫病[N]. 人民日报，04.

生猪死亡演化的加速度，则 t 时刻的生猪死亡演化动力模型为

$$a_{et}=\frac{F_{et}+F_{ct}^{-}}{R} \tag{6.23}$$

那么，发展到时刻 t_n 则事件演变速度为

$$V_{etn}=\int_{t_0}^{t_n}a_{et}\mathrm{d}t \tag{6.24}$$

在时刻 t_1 政府采取有效应急措施，用 V_0 表示初始速度，发展到 t_n 时调控速度为

$$V_{ctn}=V_0+\int_{t_0}^{t_n}a_{ct}\mathrm{d}t \tag{6.25}$$

则动物疫情公共危机演化强度 S_{etn} 和政府防控强度 S_{ctn} 可以表示为

$$S_{etn}=\int_{t_0}^{t_n}V_{etn}\mathrm{d}t=\int_{t_0}^{t_n}\int_{t_0}^{t_n}a_{et}\mathrm{d}t\mathrm{d}t \tag{6.26}$$

$$S_{ctn}=\int_{t_1}^{t_n}V_{ctn}\mathrm{d}t=\int_{t_1}^{t_n}\left(V_0+\int_{t_1}^{t_n}a_{ct}\mathrm{d}t\right)\mathrm{d}t=V_0\left(t_n-t_1\right)+\int_{t_1}^{t_n}\int_{t_1}^{t_n}a_{ct}\mathrm{d}t\mathrm{d}t \tag{6.27}$$

式（6.27）中，动物疫情公共危机演化强度取决于动物疫情公共危机自身的力量平衡，政府防控强度则取决于动物疫情公共危机防控能力的大小。我们定义 S_{tn} 为动物疫情公共危机的实际损害（如生猪死亡数），它是动物疫情公共危机演化强度和动物疫情公共危机防控强度的差，由式（6.28）给出：

$$S_{tn}=S_{etn}-S_{ctn}=\int_{t_0}^{t_n}V_{etn}\mathrm{d}t-\int_{t_1}^{t_n}V_{ctn}\mathrm{d}t \tag{6.28}$$

如果 $S_{tn}>0$，则表示政府防控无效，动物疫情危机将会持续蔓延；如果 $S_{tn}\leqslant 0$，表示政府的管理强度越大则防控效果越明显。

（二）基层政府防控能力水平评估实例

由图 6.2 可知，基层政府防控能力水平对于动物疫情公共危机演化具有重大影响。评估政府防控能力是定量分析动物疫情公共危机演化过程的基础，也是精确描述“三阶段三波伏五关键点”的基本依据。本书借鉴课题组建立

的政府防控能力评估体系，采用德尔菲法选取指标，运用层次分析法计算权重（计算结果保留小数点两位），得到该事件中政府防控能力评价指标体系，见表6.10。按不同层级的政府官员和工作人员分类，课题组共抽取30位相关政府官员和工作人员代表参加德尔菲法打分，定量评价当地政府应对上海黄浦江流域松江段“漂浮死猪事件”的应急防控能力水平。防控能力评价指标分为 9 个一级指标，每个一级指标下设置若干个二级指标，共设计二级指标28个，参加德尔菲法打分的代表按二级指标进行评分（表6.10）。

表6.10　地方政府动物疫情公共危机防控能力评价指标体系

一级指标（权重）	二级指标（权重）	满意度	满意或基本满意的人数/人
人员投入与基本素质（16.33）	专职工作人员数量（0.60）；村级基层防控队伍数量（0.25）；基层动物疫病防控人员业务培训（0.15）	73.33%	22
防控财力资源（13.16）	动物疫苗费（0.4）；动物疫病监测与调查费（0.35）；基层动物防疫人员工资（0.25）	56.67%	17
防控物资基础（11.27）	防控应急物资储备（0.35）；动物检疫检测室建设（0.35）；应急处置交通工具（0.3）	83.33%	25
防疫防控日常工作（7.59）	动物疫病监测和流行病学调查（0.20）；监测网络及数据库建设（0.15）；动物疫病强制免疫密度（0.35）；病死动物无害化处理监督检查（0.30）	63.33%	19
应急指挥机构（11.02）	应急指挥机构设置（0.55）；机构常设工作人员数（0.35）；机构行政级别（0.10）	83.33%	25
应急制度建设与执行情况（5.43）	动物疫区应急处置制度执行（0.25）；动物疫情突发事件应急预案（0.35）；动物疫情突发事件应急预案演练（0.40）	76.67%	23
应急处置过程及效果（19.15）	动物疫情突发事件应急反应速度（0.45）；突发事件事态控制速度（0.35）；完成突发事件应急处置全程所耗时间（0.20）	80.00%	24
应急处置跨域合作及效果（9.21）	上下级政府联动速度（0.45）；同层级府际合作速度（0.25）；多部门协作效果（0.30）	56.67%	17
突发事件舆情疏导（6.84）	官方消息发布及时（0.45）；网络舆情正面评论（0.25）；网络舆情负面评论消除速度（0.30）	86.67%	26

注：样本总数为30个

上海黄浦江流域松江段“漂浮死猪事件”发生地在上海、浙江地区，当地经济发达、生猪养殖规模大、动物防疫基础条件好，当地政府应急管理基础工作扎实，应急处置经验丰富。我们将实地调查结果中对政府的“满意度”与动物疫情公共危机防控能力指标权重进行匹配得到如下能力计算函数

$$Y=\left(16.33\%X_1+13.16\%X_2+\cdots+6.84\%X_9\right)\times 100 \tag{6.29}$$

式（6.29）中 Y 表示政府动物疫情公共危机防控能力水平值；X_1，X_2，…，X_9 分别表示参加德尔菲法打分的代表对九个一级指标评价内容的加权满意度，其系数是每个一级指标的权重。根据式（6.29）可以计算出上海黄浦江流域松江段“漂浮死猪事件”发生地政府的动物疫情公共危机防控能力水平。

$$Y=\left(16.33\%\times 73.33\%+13.16\%\times 56.67\%+\cdots+6.84\%\times 86.67\%\right)\times 100\approx 73 \tag{6.30}$$

可见，上海黄浦江流域松江段“漂浮死猪事件”发生地政府动物疫情公共危机防控能力水平值为73。根据政府公共服务能力指数（能力水平值）百分位划区，取 20 个百分点为一档，可将政府公共危机防控能力分为 A（81 分及以上）、B（61～80 分）、C（41～60 分）、D（21～40 分）、E（20 分及以下）五个档，那么，上海黄浦江流域松江段“漂浮死猪事件”发生地政府动物疫情公共危机防控能力处于B档水平。正是该水平值反映出上海、浙江两地政府在这次公共危机防控中发挥了较好的政府应急管理功能。当然，我们也可能利用实际调查中获取的不同地方政府的数据（如浙江嘉兴市、上海松江区等），分别计算不同地方政府的防控能力指数，从而比较分析各地政府在此次事件处置中的应急功能发挥潜力等，为进一步改进地方政府危机防控工作提供政策建议。

四、上海黄浦江流域松江段“漂浮死猪事件”中消费者应急响应的实证分析

（一）消费者应急响应的主要影响因素

1）消费者的知晓度与恐慌度

上海黄浦江流域松江段“漂浮死猪事件”发生后，特别是官方媒体报道该事件之后，在一定时期内（通常是舆情达到第一个高峰值之前），消费者是否知道该事件、对事件内容了解的程度即为消费者的知晓度。消费者是否有风险感知、规避风险的意愿有多强、是否采取防范风险的行动等，反映了消

费者对该事件的恐慌度。我们在上海黄浦江流域松江段“漂浮死猪事件”实地调查中获取了当地居民对事件知晓度、恐慌度的相关数据，详见表 6.11。

表 6.11　上海黄浦江流域松江段“漂浮死猪事件”中消费者应急响应变量及其定义

项目		定义
被解释变量	对猪肉或饮水是否有恐慌感知	有=1；没有=0
	事件发生后猪肉消费量变化	迅速减少=5；减少=4；没有变化=3；略有增加=2；快速增加=1
	事件发生后其他肉类品消费量变化	迅速增加=5；增加=4；没有变化=3；略有减少=2；快速减少=1
解释变量	居住地	农村=0；城镇=1
	性别	女=0；男=1
	年龄	20～29 岁=0；30～39 岁=1；40～49 岁=2；50～59 岁=3；60 岁及以上=5
	受教育水平	小学及以下=0；初中=1；高中及以上=2
	自感家庭经济收入水平	低收入=0；中下等收入=1；中等收入=2；中高等收入=3；高收入=4
	最先获得信息的渠道	广播=0；报纸=1；民间舆论（口传）=2；电视媒体=3；网络=4
	对官媒报道事件的信任程度	完全不相信=0；基本不相信=1；基本相信=2；完全相信=3
	猪肉饮食习惯	吃得少=0；适中=1；吃得多=2
	饮水习惯	井水=0；自来水=1

注：总样本数为 276 个

2）消费者对官媒的信任度

消费者对官方媒体的信任度是检验政府公信力及本次公共危机中政府应急反应效果的重要因素。同时，消费者对官媒的信任度更是直接影响消费者决策和行为的重要因素。中国消费者受惯性思维的影响，愿意依附政府决策来做出个体决策，因此，他们愿意相信和依靠政府所具备的应急处置能力，又处于对传统主流媒体报道的真实性与怀疑性交替并存的矛盾状态。网络媒体和官方媒体的报道往往存在差异，这种差异成为降低消费者官媒信任度的主要原因，当然，这个差异正好可以作为衡量消费者对官媒信任度的代理变量。

3）消费者对政府的满意度

上海黄浦江流域松江段“漂浮死猪事件”应急处置中，消费者对政府的满意度包含着丰富的内涵。这种满意度是消费者对政府应急处置行为表现的评价，实际上更是对政府释放出的应急处置能力的满意评价，表 6.10 概括了地方政府动物疫情公共危机防控能力要素，这些要素是影响消费者对政府的满意度的重要原因之一。

4）消费行为与消费者决策

动物疫情公共危机中的消费行为变化是消费者对危机事件最直接的响应，它反映出消费者的危机风险感知程度，也是消费者恐慌情绪的最直接表现。调查发现，在上海黄浦江流域松江段“漂浮死猪事件”发生后，浙江嘉兴和上海的市民都不同程度地减少对猪肉及其制品的消费量，而同期的禽类、水产品等价格有所上涨，替代效应显著。

（二）消费者应急响应演化过程的变量、数据与模型

1. 变量定义与计量模型

为了解消费者应急响应对上海黄浦江流域松江段“漂浮死猪事件”演化过程的影响，课题组深入市场、街道和社区进行调查。我们的调查从消费者个体特征、信息渠道及官媒信任度、消费习惯、消费行为变化等方面选择了 12 个变量，相关变量及其定义见表 6.11。

为分析消费者在上海黄浦江流域松江段“漂浮死猪事件”演化过程中恐慌情绪、猪肉消费、替代肉食品消费等行为变化及其影响因素，本书分别建立三个多元线性 Logistic 回归模型。为方便起见，我们将被解释变量用 p 表示，分别为恐慌情绪、猪肉消费、替代肉食品消费发生的概率，记为 y，影响 y 取值的因素记为 $x_1, x_2, \cdots, x_n$，建立如下回归方程

$$\ln\left(\frac{p}{1-p}\right) = a_0 + a_1 x_1 + \cdots + a_n x_n \tag{6.31}$$

从而，

$$\frac{p}{1-p} = \ell^{a_0 + a_1 x_1 + \cdots + a_n x_n} \tag{6.32}$$

$$p = \frac{\ell^{a_0 + a_1 x_1 + \cdots + a_n x_n}}{1 + \ell^{a_0 + a_1 x_1 + \cdots + a_n x_n}} \tag{6.33}$$

根据上列公式，我们运用 SPSS20.0 软件依次分析上海黄浦江流域松江段

“漂浮死猪事件”中的消费者响应行为。

2. 样本数据统计

本书的数据源于课题组2013年在上海黄浦江流域松江段“漂浮死猪事件”调查中对浙江省嘉兴市消费者的现场采访调查，表6.12是调查样本的描述性统计结果。由表6.12可知，2013年上海黄浦江流域松江段“漂浮死猪事件”发生后，有67%的调查对象风险感知明显并产生恐慌情绪，有59%的调查对象会在一定程度上减少猪肉食用量，只有24%的调查对象会增加购买其他肉禽替代食品。

表6.12 调查样本消费者的描述性统计结果

被解释变量与解释变量	变量定义	均值	标准差	样本数/个
对猪肉或饮水是否有恐慌感知	有=1	0.67	0.47	185
事件发生后猪肉消费量变化	有（减少）=1	0.59	0.49	162
事件发生后其他肉类品消费量变化	有（增加）=1	0.24	0.43	67
居住地	城镇=1	0.75	0.43	208
性别	男=1	0.47	0.50	129
年龄	20～29岁	0.13	0.34	36
	30～39岁	0.20	0.40	54
	40～49岁	0.26	0.44	71
	50～59岁	0.20	0.40	56
	60岁及以上	0.21	0.41	59
受教育水平	小学及以下	0.13	0.34	37
	初中	0.39	0.49	108
	高中及以上	0.47	0.50	131
自感家庭经济收入水平	低收入	0.07	0.25	19
	中下等收入	0.24	0.43	67
	中等收入	0.49	0.50	135
	中高等收入	0.18	0.39	51
	高收入	0.01	0.12	4

续表

被解释变量与解释变量	变量定义	均值	标准差	样本数/个
猪肉饮食习惯	吃得少	0.19	0.39	52
	适中	0.44	0.50	121
	吃得多	0.37	0.48	103
饮水习惯	自来水=1	0.92	0.27	255
最先获得信息的渠道	网络	0.46	0.50	126
	电视媒体	0.26	0.44	73
	民间舆论（口传）	0.15	0.36	41
	报纸	0.09	0.29	25
	广播	0.04	0.20	11
对官媒报道事件的信任程度	完全相信=4	0.30	0.46	84
	基本相信=3	0.39	0.49	107
	基本不相信=2	0.19	0.39	52
	完全不相信=1	0.12	0.32	33

注：调查发现，事件发生后猪肉消费量没有出现增加的样本，其他肉类品替代消费量没有出现增加的样本，因此，为方便运算，我们将事件发生后猪肉消费量变化仅定义为“有（减少）=1”与“没有（减少）=0”，将事件发生后其他肉类品消费量变化仅定义为“有（增加）=1”与“没有（增加）=0”。另外，总样本数为276个

（三）回归结果及其进一步分析

我们运用SPSS20.0软件对消费者应急响应演化过程的Logistic模型进行回归分析，分别得到消费者恐慌情绪（方程Ⅰ）、猪肉消费行为变化（方程Ⅱ）、替代肉食品消费行为变化（方程Ⅲ）三个回归方程的系数，三个方程回归结果详见表6.13。

表6.13　Logistic模型回归结果

变量及其定义	方程Ⅰ	方程Ⅱ	方程Ⅲ
居住地（以“农村”为参照）	0[a]	0[a]	0[a]
城镇=1	1.265*	−1.135**	−1.030
性别以“女”为参照	0[a]	0[a]	0[a]
男=1	−0.123**	0.343	0.001

续表

变量及其定义	方程Ⅰ	方程Ⅱ	方程Ⅲ
年龄以（“20～29岁”为参照）	0[a]	0[a]	0[a]
30～39岁=1	0.221**	−0.471*	0.351
40～49岁=2	0.112*	−0.214*	0.012
50～59岁=3	0.537**	0.521	0.106
60岁及以上=4	0.103	0.502	0.126
文化程度（以“小学及以下”为参照）	0[a]	0[a]	0[a]
初中=1	0.112	0.362	0.730
高中及以上=2	0.537*	0.356	0.251**
自感家庭经济收入水平（以“低收入”为参照）	0[a]	0[a]	0[a]
中下等收入=1	1.20	−0.255*	0.210
中等收入=2	0.961*	0.002	0.731*
中高等收入=3	1.561*	−0.763*	1.337**
高等收入=4	0.251	−0.388*	2.108***
猪肉饮食习惯（以“吃得少”为参照）	0[a]	0[a]	0[a]
适中=1	0.741	−0.567	0.248
吃得多=2	0.852*	−0.693*	0.742**
饮水习惯（以“井水”为参照组）	0[a]	0[a]	0[a]
自来水=1	0.236*	0.392	0.012
最先获得信息的渠道（以“广播”为参照）	0[a]	0[a]	0[a]
报纸=1	1.02	1.01*	1.23
民间舆论（口传）=2	0.823	1.514	0.347**
电视媒体=3	0.589*	0.419	0.000
网络=4	−2.01*	−2.417*	−0.288
对官媒报道事件的信任程度（以“完全不相信”为参照）	0[a]	0[a]	0[a]
基本不相信=1	1.21	0.678*	0.285
基本相信=2	2.12	0.801	0.929*
完全相信=3	2.09*	0.199	0.356

“*”“**”“***”分别表示在10%、5%、1%的显著性水平下显著；a表示因为该参数为冗余的，所以将其设置为0

在表 6.13 中，我们只对那些具有统计显著意义的变量进行分析。显然，在方程Ⅰ、方程Ⅱ和方程Ⅲ中，消费者个体特征、猪肉饮食习惯及饮水习惯、信息渠道、官媒信任度等因素对疫情危机发生后的消费者恐慌、消费行为变化的影响具有较大差别。我们在此分别对三个方程的回归结果做进一步分析。

1. 方程Ⅰ回归结果：相关因素对疫情危机发生后消费者恐慌情绪的影响

（1）全部人口学特征变量都对消费者恐慌情绪的产生具有影响。相对于农村人口来说，城镇消费者对动物疫情公共危机产生的恐慌情绪更为明显；相对于女性消费者来说，男性消费者产生恐慌情绪的可能性要小（回归系数为负）；相对于 20～29 岁的年轻人来说，30～59 岁年龄的人恐慌情绪更强烈，但 60 岁及以上的消费者不具有统计显著意义。

（2）社会经济变量对消费者恐慌情绪具有一定影响。发生动物疫情公共危机之后，文化程度越高越易产生恐慌情绪，相对于小学及以下文化程度的消费者来讲，具有高中及以上文化程度的消费者产生恐慌情绪的可能性要大；从经济因素来看，动物疫情公共危机发生后，自感家庭经济收入中等和中高等水平的消费者，会产生明显的恐慌情绪，但是高等收入的消费者不具有统计显著意义。

（3）猪肉、饮水的习惯对消费者恐慌情绪产生影响。相对于猪肉“吃得少”的消费者来说，猪肉“吃得多”的消费者更容易产生恐慌情绪；相对于平时饮用水卫生条件较差的井水消费者来说，上海黄浦江流域松江段“漂浮死猪事件”发生后，饮用自来水的消费者有更强烈的恐慌情绪。

（4）信息获取渠道及官媒信任度对消费者产生恐慌情绪的影响。以“广播”为最先获得信息渠道做参照，从电视媒体最先获得上海黄浦江流域松江段“漂浮死猪事件”的消费者会产生更强烈的恐慌感，但从网络最先获得信息的消费者其恐慌情绪反而要低，从其他渠道获得信息的消费者，信息渠道因素对消费者产生恐慌情绪的影响不显著；从对官媒报道事件的信任程度来看，相对于“完全不相信”官媒报道的消费者来说，“完全相信”官媒报道的消费者更容易产生恐慌情绪，而那些游离于相信与不相信之间的消费者，其恐慌情绪反应不具有统计显著意义。

2. 方程Ⅱ回归结果：相关因素对疫情危机发生后消费者猪肉消费行为变化的影响

（1）人口学特征变量产生的影响。相对于农村人口来说，城镇消费者将会迅速减少猪肉消费量；上海黄浦江流域松江段“漂浮死猪事件”发生后，消费者性别对改变猪肉消费量没有统计显著影响；相对于20～29岁的年轻人来说，30～59岁年龄的人会减少猪肉食用量，但60岁及以上的消费者不具有统计显著意义。

（2）社会经济变量产生的影响。发生动物疫情公共危机之后，除自感家庭经济收入中等水平的消费者之外，其余不同收入水平的消费者都会一定程度地减少猪肉食用量。

（3）猪肉饮食和饮水习惯产生的影响。相对于猪肉“吃得少”的消费者来说，猪肉“吃得多”的消费者会减少猪肉食用量。

（4）信息获取渠道及官媒信任度产生的影响。相对于以“广播”为最先获得信息渠道的消费者，从网络最先获得上海黄浦江流域松江段“漂浮死猪事件”的消费者对猪肉食用量会减少，但从报纸最先获得信息的消费者会因信息更具体翔实，所以对猪肉食用量反而略有增加，从其他渠道获得信息的消费者影响不显著；从对官媒报道事件的信任程度来看，相对于“完全不相信”官媒报道的消费者而言，“基本不相信”官媒报道的消费者甚至还会略有增加猪肉食用量。

3. 方程Ⅲ回归结果：相关因素对疫情危机发生后消费者替代肉食品消费行为变化的影响

（1）从人口学特征变量来看，所有的此类变量对动物疫情危机发生后消费者替代肉食品消费行为变化都没有显著影响。也就是说，消费者不会因为居住地、性别和年龄的差异而改变其是否选择购买猪肉替代食品的消费决策。

（2）消费者文化程度和自感家庭经济收入水平，都会影响消费者购买猪肉替代食品的消费行为决策。相对于小学及以下文化程度的消费者来讲，高中及以上文化程度的消费者会更多增加购买禽类、水产等替代肉食品；相对于“低收入”消费者来说，中等及以上水平的消费者，都会在一定程度上增加购买猪肉替代食品。

（3）相对于猪肉“吃得少”的消费者来说，猪肉“吃得多”的消费者会迅速选择购买替代肉食品的消费行为。

（4）从信息获取渠道来看，相对于以“广播”为最先获得信息渠道的消费者来说，通过民间口传方式获得信息的消费者，会在上海黄浦江流域松江段“漂浮死猪事件”发生后选择购买替代肉食品；从对官媒信任度来说，以“完全不相信”为参照，“基本相信”官媒的消费者会增加购买替代肉食品。

第七章

动物疫情公共危机防控：动物福利与生态防控

本章对动物福利概念、理念与观念进行了系统概述，并从国内外动物福利政策比较、动物源性食品安全的伦理道德规范、动物伦理思想到动物福利实践等方面，对动物福利理论进行了基础性研究。在此基础上，本章全面分析了动物福利对动物源性食品安全的影响、动物疫情公共危机防控的生态环保理念及其实现途径。最后，本书以课题组在湖南、浙江、广东、贵州及陕西5省23个县（区）773个规模养殖户的调查数据为样本，对动物福利与生态防控展开了实证研究。

第一节　动物福利概念、理念与观念

一、国内外动物福利政策比较

（一）国外关于动物福利的政策

世界贸易组织关于动物福利的一般性规定主要包含在《技术性贸易壁垒协议》《卫生与植物检疫措施》《补贴与反补贴措施协议》《反倾销措施协议》等文件之中。世界动物卫生组织关于动物福利工作的原则是国际上普遍承认的动物的“五项自由”和“3R原则”。动物福利的“五项自由”是人类必须遵循的最基本的动物保护原则，或可谓是动物在自然界与生俱来的五种最基本的权利。具体来说，“五项自由”包括：动物应当享有不受饥渴的自由，生活舒适的自由，免受痛苦、伤害和疾病折磨的自由，无恐惧和悲伤感的自由，表达天性的自由。动物福利的“3R原则”是规范人类自身科学研究活动的最基本原则。“3R 原则”具体包括在各种实验活动中应尽可能减少实验动物的数量、尽可能完善实验方法、尽可能采用非动物实验。此外，世界动物卫生组织还从经济活动领域对动物福利制定了明确的标准规范，制定了 7 项国际标准：陆地运输、海洋运输、航空运输、人类消费的动物的屠宰、处于疾病控制目的的动物捕杀、养殖鱼类运输过程中的福利和牧场养殖动物的击晕和屠宰。欧美国家或地区对动物福利有一些特殊性的规定。欧盟的动物福利法规要求：市场上出售的鸡蛋必须在标签上注明是“自由放养的母鸡所生”还是“笼养的母鸡所生”；每只母鸡笼养面积必须达到 750cm^2；欧盟各成员国必须采取放养式养猪模式且禁止圈养。美国早在 1966 年就颁布了《动物福利法》。2003 年，美国“养殖动物人道关爱组织”发起一个运动，要求对符合动物福利标准条件生产的牛奶和牛肉等产品贴上“人道养殖”动物产品的认证标签。

（二）国内关于动物福利的政策

《中华人民共和国野生动物保护法》中有关于野生动物法律地位的相关规定。2001 年，《实验动物管理条例》中又增加了动物福利的专门章节，从此“动物福利”的概念正式列入法律。2006 年在《中华人民共和国畜牧法》中又增加了相应内容，2008 年全国范围内开始人道屠宰培训。尽管我国越来越重视动物福利情况，但与欧美等发达国家相比仍有一些差距。我国至今为止，还没有一部专门的、完整的动物保护的总括性法律。有关动物福利的法律在内容方面还不够丰富，保护力度较低，在相关法律法规中，还没有完整意义上的动物福利保护条款。

二、动物源性食品安全的伦理道德规范

随着科学技术的日益进步、经济的高速发展、人类文明程度不断提高，人类对动物的关怀已不是单纯的同情和怜悯，而是提升到科学、伦理、生态文明和文化进步层面上的自觉，这种动物伦理自觉也是对人类自身伦理和道德诉求的自然流露。而动物伦理学即把人类的道德关怀扩展到动物的伦理学

说，是关于人与动物关系的伦理信念、道德态度和行为规范的理论体系，强调人类要善待动物、尊重动物及合理地利用动物。

我国传统文化中早已有怜惜动物、保护动物的思想。例如，儒家以生命“一体原则”为中心的动物生态伦理思想，是中华传统文化动物伦理思想的典型代表，对于人类将道德对象和范围从人类自身逐步扩大到人以外的自然物，既有现实合理性，又符合人类道德进化的方向。西方动物伦理思想根源于犹太教和古希腊文化传统，产生了以亚里士多德、阿奎那、笛卡儿等为代表人物的动物工具/机器论，以洛克、康德、休谟、史怀泽等为代表人物的动物同情论，以休斯为代表人物的动物福利论，以辛格为代表人物的动物解放论，以雷根、沃伦为代表人物的动物权利论等主要学术流派。

三、从动物伦理思想到动物福利实践

完成工业革命后的欧洲，人类的温饱问题逐渐得到解决。随着人们物质生活水平的不断提高，人们越来越关注人与自然的和谐发展，而对动物的关爱则是最为重要的人与自然关系问题。进入 20 世纪以后，世界上许多国家纷纷出现各种官方、民间的动物保护组织，在欧美国家甚至兴起各种打起“绿色”“和平”“人与动物共有地球家园”等旗号的动物福利运动。动物福利正从动物伦理思想进入动物福利实践之中。

从人类发展史看，动物不仅改变了人类生活，促进了人类文明进步，而且大量动物物种的退化或濒临灭绝，也给人类敲响了警钟。进入 21 世纪以来，面对动物伦理引发的各种社会问题，人类正以超凡的智慧，推动动物福利实践向越来越宽广的领域迈进。当今的动物福利实践不只停留于一般意义的动物保护之上，而且深入动物文明养殖、消费，并推动着动物伦理道德向更高的层面发展，人们甚至把能否遵循动物伦理作为动物贸易的标准。在动物疫病防控中，动物福利也被认为是最基本的动物保护标准，动物养殖过程更是体现了动物福利保护的科学要求。

第二节　动物疫情公共危机的生态防控

一、动物福利对动物源性食品安全的影响

动物源性食品（animal derived food），也称为动物性食品。简单地说，动物源性食品安全就是指动物产品无疫病、无污染、无残留。

动物饲料安全性、运输方式、屠宰方式、饲养环境是动物福利的重要组成部分。粗暴屠宰容易诱发产生白肌肉和黑干肉；在饲料中超剂量使用添加剂或使用违禁兽药会造成严重的药物残留问题；饲养环境不符合动物福利的要求是动物疫病发生与传播的诱因。动物福利从根本上影响着动物源性食品的安全，如果不遵照动物福利标准，动物源性食品的安全性就难以保证。生产、销售、贩卖、消费不符合动物福利要求的动物性食品，既是不道德的动物消费行为，更是潜藏着巨大的动物疫病和食品安全风险的行为。

破坏动物福利可能产生的潜在风险主要包括四个方面：一是在动物生产养殖过程中，由于饲料不安全将会对动物源性食品产生安全损害。动物福利的基本要求就是给动物提供符合营养且不得使用超标准添加剂的饲料、不得使用超剂量兽药或使用违禁兽药等，如“瘦肉精”。二是在动物运输过程中，由于对动物的恐吓、使用械具（如电刺棒）等导致动物产生应激反应，对动物胴体及肉品质量产生不良影响进而影响动物源性食品安全。三是粗暴屠宰对动物源性食品安全的负面影响最为严重。研究表明，动物在高度紧张状态下被屠宰，会产生严重的应激反应，分泌出大量肾上腺素等激素，食用这样的肉品，会给人体健康带来损害。四是饲养环境对动物源性食品安全会产生严重的消极影响。饲养环境不符合动物福利的要求可能成为动物疫病发生与传播的诱因，也会提高白肌肉和黑干肉的发生率，对肉品质量产生负面影响。

二、动物疫情公共危机防控的生态环保理念及其实现

（一）坚持可持续发展的伦理观，使人与动物和谐发展

在人与自然的基本关系中，人与动物和谐发展是可持续发展的环境伦理观的基本命题。人类应该站在相对平等的立场尊重和善待其他动物。大多数时候杀死动物是为了食用，当然这种宰杀也要尽量减少它们的痛苦，这是自然规则。我们应当让动物健康地成长，以减少动物生长环境中致病因子的负荷和它们患病的机会，进而从源头上减轻动物疫情公共危机事件发生、发展的压力。

（二）改善动物福利，推广健康养殖模式

根据畜禽生物学特性推进科学养殖，首先需要改善农场动物福利环境，其次要科学利用各种现代生产技术满足动物的生理和行为需要，最后要积极采取健康养殖模式，关注动物健康、环境健康、人类健康和产业链健康。动物福利强调的是动物的康乐，着眼于动物本身，要求在动物饲养过程中要保障清洁、舒适、安全的舍饲环境以确保动物源性食品的安全。

（三）加快构建新时代动物福利和动物食品伦理道德规范

动物福利就其本质而言是一个社会公益与道德性质的问题，是人道主义向动物层面的渗透。政府、企业和广大消费者必须在全社会范围内，遵守与贯彻有关动物福利的法律和标准。要加强动物福利的宣传教育活动，提高大家的动物保护意识，改进消费者对农场动物福利的支付意愿及政策态度。政府要适时出台农场动物福利规制标准，在畜牧业中积极推进符合动物福利要求的标准化生产。同时，要高度重视加快构建动物福利保护法律体系。

第三节　动物福利与生态防控实证研究

本书课题组基于湖南、浙江、广东、贵州及陕西 5 省 23 个县（区）773 个规模养殖户的调查数据，对规模养殖户的生猪福利水平进行综合评估，并运

用 DEA-Tobit 回归模型分析了规模养殖户的福利养殖效率及影响因素[①]。本书发现，大多数养殖户养殖效率较低，处于 DEA 无效。只有 2.9%规模养殖户养殖的生猪处于优的福利等级，生产效率相对较高；49.34%的养殖户处于福利等级中等并占据了重要的比例，但相对于福利等级优的养殖户养殖效率较低。

一、数据来源

本书所使用的数据来自 2012～2014 年暑期课题组在湖南、浙江、广东、贵州及陕西 5 省 23 个县（区）对年存栏数 30 头以上的 773 个生猪规模养殖户进行的调查。调查样本户生猪养殖投入、生产规模及养殖户主个体特征变量等基本情况见表 7.1。

表 7.1 773 个生猪养殖户每年每头猪平均投入与产出情况

指标类型	指标名称	含义及单位	最大值	最小值	标准差	均值/元
产出指标	主产品净产值	平均每头生猪产品净产值	1803.72	1584.74	1380.56	1721.02
投入指标	仔猪投入费用	平均每头仔猪投入费用/（元/头）	568.70	468.40	359.29	500.00
	饲料投入费用	平均每头生猪到出栏所需饲料的投入费用/（元/头）	989.37	614.13	1233.42	866.17
	人工成本	平均每头生猪所需的家庭用工及雇佣工成本/（元/头）	187.76	101.84	546.19	167.11
	兽医防疫费用	平均每头生猪兽药防疫投入及技术服务费用/（元/头）	21.40	2.31	124.31	15.69
	死亡损失费	平均每头生猪死亡损失费用（/元/头）	14.05	8.51	35.04	11.73
	动力费	平均每头生猪电费、煤费以及其他动力费用/（元/头）	8.37	2.56	21.06	6.93
	其他费用	平均每头生猪固定资产折旧及其他管理费用/（元/头）	44.68	8.03	112.83	17.81

资料来源：2012～2014 年 5 个省 23 个县（区）样本农户生猪养殖情况实地调查

① 此处实证分析由子课题负责人李立清教授及其研究生许荣组织调查研究，课题组共同完成建模与分析。

二、动物福利值的计算

本书借鉴国内外大量文献有关评价生猪福利的模型，咨询专家意见、深入养殖户进行调研，征求管理人员和兽医的建议，建立了生猪福利评价指标体系。本书选择饲养密度、饲料的安全使用情况、防疫情况、废弃物的处理频率情况、购买养殖保险情况及养殖技术的应用程度等 6 个因素作为生猪规模化福利效率的评价因子。

我们将德尔菲法和层次分析法（analytic hierarchy process，AHP）相结合，确定生猪福利评价各指标的权重。根据 53 份专家调查问卷结果的平均值建立比较判断矩阵，将比较判断矩阵写入 MATLAB 软件，计算最大特征根、特征向量、归一化特征向量（权重），并检验其是否具有一致性①。我们根据生猪福利评价各项指标的权重及 773 个样本户养殖过程中动物福利数据，计算得到各养殖户的福利水平值。福利等级结果的描述统计见表 7.2。

表 7.2　773 个样本养殖户生猪福利等级情况

项目	生猪福利等级比例			
	差	中	良	优
农户数/个	292	381	78	22
农户所占比重	37.77%	49.29%	10.09%	2.85%

注：等级设定时，总得分<60 为差，60≤总得分<75 为中，75≤总得分<85 为良，85≤总得分<100 为优

由表 7.2 可知，773 个样本养殖户的动物福利等级总体上偏低，达到良好水平的只有 10%略多，达到优秀等级的不到 3%。

三、养殖福利效率的实证分析

我们采取 DEA-Tobit 方法进行动物养殖福利效率估计，建模过程从略。

① Dey S，Chattopadhyay J. 2017. New load-line-displacement based η factor equation to evaluate J-integral for SE（B）specimen considering material strain hardening and no-crack displacement effect[J]. Engineering Fracture Mechanics，179：165-176.

本书首先将利用773个样本养殖户作为决策单位运用DEA方法测算生猪养殖户的福利效率。然后根据生猪养殖户养殖生产效率的统计结果，对影响生猪养殖户生产效率的因素进行Tobit分析。

本书按照动物福利要求，选择以生猪产值为产出变量，选取7个变量为投入指标，指标具体情况见表7.1所示。我们对影响生猪养殖效率的外生变量因素也进行了调查，调查结果的数据见表7.3。

表7.3　解释变量说明及统计性描述

变量类型	变量名称	变量含义	均值
基本个人特征	年龄	实际年龄（周岁）	47.83
	性别	女=0；男=1	0.67
	受教育程度	小学及以下=1；初中=2；高中=3；大学及以上=4	2.46
家庭特征变量	养殖年限	从开始养殖到现在的累计年数/年	12.85
	收入	生猪养殖收入占总收入的比例/%	64.23
生猪各福利水平特征变量	养殖规模	小规模=1；中等规模=2；大规模=3	1.83
	饲舍类型	非封闭式=0；封闭式=1	0.34
	当地村有无养殖废物集中处理设施	否=0；有=1	0.21
	当地农业科技人员配备情况	不充裕=0；充裕=1	0.43
生猪福利的综合状况变量	生猪福利综合等级	差=1；中=2；良=3；优=4	**1.89**

注：养殖规模是根据《全国农产品成本收益资料汇编》标准来定义的，生猪年均存栏数量≤30头为散养，31～100头为小规模，101～999头为中等规模，≥1000头为大规模；对于当地农业科技人员配备情况的调查来自养殖农户的经验回答

四、实证结果分析

通过使用DEAP2.1软件，计算出773个样本养殖户的综合技术效率、纯技术效率及规模效率的测算结果，分别见表7.4、表7.5。

表 7.4 湖南、浙江、广东、贵州及陕西五省 773 个生猪养殖户生产效率结果

效率值	综合技术效率			纯技术效率			规模效率		
	样本数	份额	累计份额	样本数	份额	累计份额	样本数	份额	累计份额
0～0.1	6	0.79%	0.79%	2	0.26%	0.26%	0	0	0
0.1～0.2	20	2.64%	3.43%	29	3.69%	3.95%	14	1.85%	1.85%
0.2～0.3	27	3.43%	6.86%	12	1.58%	5.53%	20	2.64%	4.49%
0.3～0.4	55	7.12%	13.98%	194	25.07%	30.60%	43	5.54%	10.03%
0.4～0.5	82	10.56%	24.54%	177	22.96%	53.56%	153	19.79%	29.82%
0.5～0.6	102	13.19%	37.73%	33	4.22%	57.78%	171	22.16%	51.98%
0.6～0.7	173	22.43%	60.16%	179	23.22%	81.00%	198	25.59%	77.57%
0.7～0.8	190	24.54%	84.70%	88	11.35%	92.35%	94	12.14%	89.71%
0.8～0.9	82	10.55%	95.25%	43	5.54%	97.89%	49	6.33%	96.04%
0.9～1.0	36	4.75%	100%	16	2.11%	100%	31	3.96%	100%
最小值		0.056			0.012			0.145	
最大值		1			1			1	
均 值		0.732			0.573			0.684	

表 7.5 773 个分福利等级的生产效率情况表

类型	生猪福利生产效率水平（均值）			
	差	中	良	优
综合技术效率	0.345	0.568	0.626	0.983
纯技术效率	0.672	0.763	0.778	0.985
规模效率	0.513	0.745	0.805	0.998

利用规模养殖户养殖效率统计结果选用 EViews7 统计软件对养殖生产综合效率影响因素进行 Tobit 模型分析，结果见表 7.6。极大似然估计对应的对数似然函数值（Log likelihood）是 375.811，赤池信息准则数值（AIC）是−1.789，贝叶斯信息准则数值（SC）是−1.632，说明模型的整体拟合程度较强。从统计结果来看，影响生猪养殖的福利效率的因素如下。

表 7.6　统计结果分析

各变量	系数	标准差	标准分数（Z值）	显著性水平（P值）
截距	0.514	0.048	10.952	0.000
年龄	0.003	0.003	1.711	0.085
性别	0.001	0.003	1.538	0.092
受教育程度	0.012	0.017	0.650	0.043
养殖年限	0.002	0.001	2.274	0.021
生猪养殖收入占总收入的比例	0.006	0.012	0.346	0.731
养殖规模	0.031	0.005	5.634	0.000
饲舍类型	0.015	0.016	0.939	0.067
当地村有无养殖废物集中处理设施	0.021	0.004	5.595	0.045
当地农业科技人员配备情况	0.102	0.043	3.211	0.004
生猪福利综合等级	0.542	0.012	8.167	0.000
Log likelihood		375.811		
AIC		−1.789		
SC		−1.632		

（1）从生产角度看，生猪的综合技术效率较好。综合技术效率是对纯技术效率及规模效率两指标的综合反映，代表决策单元的相对效率大小，均值达到 0.732。

（2）从技术角度看，生猪养殖的纯技术效率偏低。773 个样本养殖户在生猪养殖过程中的纯技术效率的均值为 0.573，超过一半的养殖户其纯技术效率值都低于 0.5，没有达到最佳的配置状态。

（3）从规模角度看，养殖户的要素投入与养殖规模不匹配。规模效率均值为 0.684，总体来说偏低。

（4）生猪福利水平优等的养殖户其养殖效率相对较高。生猪福利处于优状态的养殖户的综合技术效率平均值为 0.983，差、中、良状态的养殖户的综合技术效率均值分别为 0.345、0.568、0.626，说明生猪不同福利等级的养殖户效率不同。

（5）年龄越大，性别为男性且教育水平越高的养殖户生产效率越高。

（6）养殖户养殖年限越长，养殖户养殖效率越高。

（7）生猪福利水平极大地促进了生猪养殖户的养殖效率。

五、总结与政策启示

通过对生猪福利水平进行综合评估及对福利养殖效率的影响进行研究，得出如下三个重要结论：一是大多数养殖户的生猪福利处于中等及以下的状态，生猪福利状态较差；二是调查的5省23个县（区）生猪养殖综合技术效率相对较高，但纯技术效率及规模效率则相对较低；三是生猪的综合福利水平极大地影响着生猪的养殖效率，生猪福利越好越能提高养殖户的养殖效率。

第　八　章

中国动物疫情公共危机虚假治理及关口前移

第一节　动物疫情公共危机防控问责机制

本章深入研究了中国动物疫情公共危机虚假治理的弊端，并从动物疫情公共危机防控的问责机制、避险与容灾机制、学习机制和风险治理机制等四个方面分析了动物疫情公共危机防控关口前移措施，提出了一系列提高防控绩效的政策建议。

一、问责机制的定义与内涵

2002 年在我国广东发现的首例“非典”病例，使得“非典”危机从初始单一、区域性的公共卫生危机（健康危机）发展成以政府信誉为核心的复合型全球危机[①]。作为我国公共危机管理研究的重要转折，“非典”危机不仅给我国危机管理体系带来了巨大冲击，也充分暴露出我国包括问责机制在内的一系列防控机制存在的问题[②]。然而，“非典”也成为国内一系列公共危机事件“问责”风暴的起点。

---

① 薛澜，张强，钟开斌. 2003. 防范与重构：从 SARS 事件看转型期中国的危机管理[J]. 改革，(3)：5-20.

② 金太军. 2003.“非典”危机中的政府职责考量[J]. 南京师大学报（社会科学版），(4)：18-24，39.

公共行政领域一般使用“responsibility”作为责任的表述，而“问责”则采用“accountability”。“问责”顾名思义就是责任追究，或者说是对否定性结果的追究：“问责制是对国家公务员滥用职权、徇私舞弊或玩忽职守而使得国家、法人或公民的利益遭受损失的行为进行责任追究的制度。”①起源于西方的问责制度，对20世纪70年代末80年代初世界范围内的“新公共管理运动”产生了重要影响。“新公共管理运动”将契约理论引入公共行政领域的理论尝试，催生出“委托—代理”的解释框架。公民将权力通过“契约”形式委托于政府进行社会管理，自然要通过问责来考察公共部门的服务绩效。在我国政治实践中，重大事件发生后对相关责任人的责任追究是问责机制的主要驱动②。2003年发生的“非典”事件，不仅是我国危机管理研究的重要转折，更是具有典型性的公共卫生危机事件：从最初一场造成个别人员伤亡的公共卫生事件，发展到经济领域的抢购风波和政治领域的社会信任危机，甚至蔓延到了外交领域，而“非典”疫情催生出之后的“问责”风暴，很大一部分原因在于问责制度的完善不仅增强了各级领导干部的责任意识，更回应了社会的需要③。在我国的公共危机管理中，“问责”不仅应当作为责任追究的工具，而且应当是政府行政权力、利益和责任平衡的制度安排。

突发性动物疫情发病率、死亡率和传播能力都比较高，不仅会对生产安全造成严重威胁，也会对公众身体健康和生命安全造成危害。因此，对突发重大动物疫情紧急救援规程执行不力应当追究行政责任④。动物疫情公共危机具有高度的时间不确定性、罹及对象的群体性、对社会经济具有严重危害性等特点，从而使得动物疫情具有复合危机的潜质，一旦发生疫病，不仅会影响养殖规模、导致畜禽质量下降，也会影响社会需求，在一定程度上畜禽疫病也可能通过畜禽产品、人与畜禽的接触，对全社会造成健康威胁，还可能因为政府应对处置不当使得危机进入政治领域，引发社会信任危机。

---

① 陈洪生. 2008. 行政问责制及其构架研究[J]. 求实，（6）：70-73.

② 张贤明. 2012. 当代中国问责制度建设及实践的问题与对策[J]. 政治学研究，（1）：11-27.

③ 薛澜，张强. 2003. SARS事件与中国危机管理体系建设[J]. 清华大学学报（哲学社会科学版），（4）：1-6，18.

④ 国家减灾委员会办公室. 2010. 国家突发重大动物疫情紧急救援手册[M]. 北京：中国社会出版社.

二、动物疫情公共危机防控中的问责逻辑

动物疫情公共危机防控中的问责逻辑，从理论上可以归因于委托代理制度的“激励”和“回应”功能。激励功能的目的主要是克服地方政府多重性的价值目标。在“委托–代理”关系中，由于委托方和代理方环境和功能定位等条件不同，双方必然处于信息不对称状态，于是道德风险普遍存在于“委托–代理”关系中，即代理人基于信息优势通过不符合委托人期望的行为获得利益。在突发动物疫情危机事件中，由于危机事件本身的突发性和危害性、利益关联的广泛性和应急处置的时效性、不同地区社会经济发展的差异性等原因，地方政府决策时面临着作为直接行政主体和被问责主体的双重角度压力，其行为决策目标也会具有多重性。

（一）突发性动物疫情公共危机中地方政府行为模式

突发性动物疫情公共危机中，地方政府是在既定约束条件下追求利益最大化的理性经济人假设，其决策目标将综合考虑在现行公共政策与微观利益主体各方博弈条件下，突发性动物疫情公共危机给地方政府带来的损失和收益变化，以及这些变化对地方政府动物疫病防控行为决策的影响。

1. 地方政府的责任模式

在突发性动物疫情公共危机中，地方政府除承担着自身利益最大化责任外，还担负着包括养殖户、行业组织、第三方组织、媒体等在内的社会群体的多重责任。面对突发性动物疫情公共危机，地方政府的理性经济人行为决策总体目标是“收益–损失–补贴≥0”。地方政府需要审慎对待染疫动物产品、替代动物产品和染疫同种健康（安全）动物产品（本书中称其为“目标动物产品”）的收益和损失变化。为达到收益最大化和损失最小化的目标，地方政府将做出相应行为决策以促进收益增加、损失减少。突发性动物疫情公共危机中，地方政府理性经济人行为决策过程如图 8.1 所示[①]。

---

① 李燕凌，车卉. 2014. 突发性动物疫情公共危机中地方政府决策行为分析[J]. 家畜生态学报，35（6）：87-90.

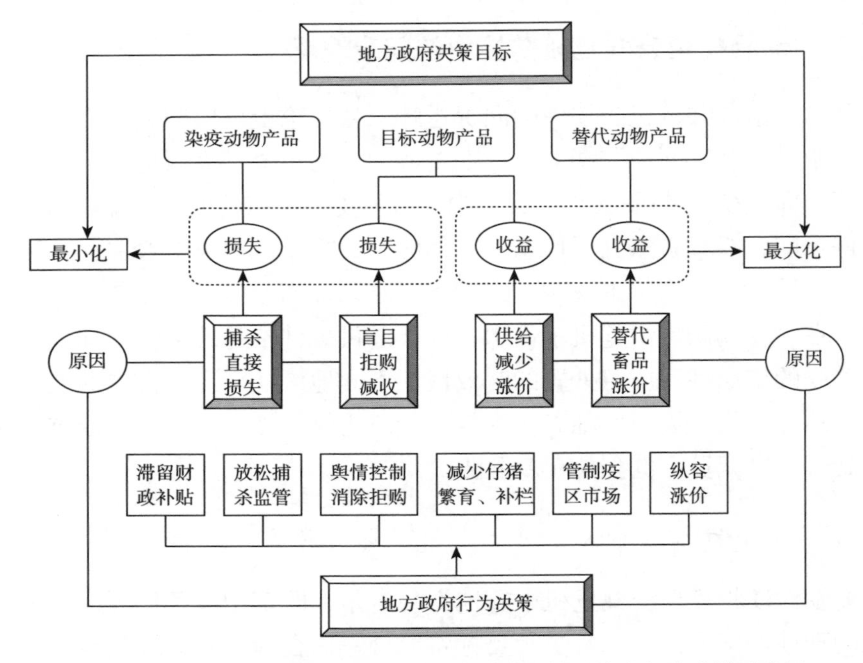

图 8.1　突发性动物疫情公共危机中地方政府理性经济人行为决策示意图

由图 8.1 可知，有两方面的原因可能导致损失：一是动物疫情暴发后对染疫动物（包括易传染的其他动物）直接捕杀造成的经济损失，这种损失与染疫情况及上级政府下达的控制、扑灭及补贴政策有直接关系；二是消费者听信谣传和舆论误导对目标动物产品盲目拒购导致养殖户减收、政府地方税收减少。同时，有两方面原因可能“因祸得福”导致收益增加：一是替代畜品快速大幅度涨价使得地方税收增加（既有消费者盲目抢购因素，也有经销商恶意哄抬物价因素）；二是目标动物产品供给减少、后续生产预期不足情况下、疫区动物产品市场管制等，导致疫区内动物产品供不应求而涨价，地方政府获得额外增加的税收。

在经济理性决策目标的驱动下，地方政府可能采取的行为决策与社会利益的矛盾冲突客观存在，要实现地方政府采用经济理性与社会效益统一的最优化行为决策模式，必须充分考虑如下具体问题：一是面对突发性动物疫情公共危机，地方政府的双重决策目标及其决策偏好；二是突发性动物疫情公共危机发生后，影响地方政府经济收益和损失变化的因素及其影响程度；三是基于经济理性考虑，地方政府应对突发性动物疫情公共危机的短期行为决策模式，以及采用这种行为决策时可能导致的公共危机损害放大效应；四是地方政府应对突发性动物疫情公共危机的短期行为决策与长期社会效益之间的矛盾冲突，以及如何实现这两种效益的统一协调。

2. 地方政府的多重决策目标及其决策偏好

在突发性动物疫情公共危机中，地方政府主体的行为决策目标具有多重性，既包括实现本地区社会福利最大化，即确保包括食品安全在内的公共卫生安全和社会政治稳定、保护本地畜牧业发展及维护地方经济利益，又包括地方政府自身利益最大化，即尽最大努力减少因暴发疫情使得地方政府税收受损，还包括中央政府的满意程度，即迅速、全面、有效地控制和扑灭疫情，防止疫情向其他地区扩散蔓延。在分层治理的现行行政管理体制下，地方政府的管理效率取决于治理成本与治理收益的比较，在信息传递链条过长（上级政府很难做到对下级政府进行“现场监督”）和监督约束不力的条件下，地方政府行为具有强烈的机会主义冲动和道德风险。从公共选择的视角，地方政府在既定约束条件下追求自身利益最大化的行为决策，具有理性经济人的决策偏好。

3. 地方政府应对突发性动物疫情的短期行为决策

基于经济理性考虑，地方政府应对突发性动物疫情公共危机时有可能采取短期行为决策。为了减轻突发性动物疫情暴发后直接捕杀染疫动物造成的经济损失，地方政府可能会放松对染疫动物的控制和扑灭监管，这类措施还可达到减轻地方政府对捕杀疫畜进行财政补贴的目的。为了提高收益，地方政府可能容忍经销商哄抬替代品物价以获得额外税收收入，也可能通过控制舆情（有时甚至是过度的、失实的宣传）来降低消费者拒购目标动物产品造成的经济损失，甚至采取管制疫区动物产品进出疫区交易、减少仔猪繁育和补栏以延缓生产供给，从而达成供给短缺引致涨价的目的，同样可以达到减缓地方政府财政补贴的目的。

4. 地方政府应对突发性动物疫情的最优化行为决策

面对动物疫情危机中各种利益主体，地方政府的行为决策受多目标约束。地方政府自身的决策目标是实现地方税收收入最大化，养殖户和行业组织对实现地方政府行为决策的诉求是利润最大化，消费者对地方政府行为的诉求是效用最大化（确保充足供给安全食品和保持价格稳定），上级政府对地方政府行为决策的要求是社会福利最大化（最核心的目标是严格控制疫情扩大）。地方政府忽视任何利益主体的利益诉求，都将导致短期行为决策与长期社会效益之间的矛盾冲突。然而，在地方政府做出任何行为决策时，信息不对称（如公众无法知晓过于苛刻的疫区动物产品交易市场管制是必需的还是不必要的）、信息传递链条过长、信息失真（如“伪羊群行为”导致过高估计危机风险）等原因，使得决策的道德风险增加，导致公共政策失败[①]。

（二）分层治理的现行行政管理体制对行政问责形式的影响

在我国分层治理的显性行政管理体制下，地方政府行为具有强烈的机会主义冲动和任期届别机会主义倾向，道德风险较大[②]。动物疫情公共危机问责机制对政府雇员的激励作用便在于对公职人员工作绩效的考核与追究。无论是危机预防还是危机应对，都需要通过问责机制的正向（表彰）或者负向（追责）的激励作用，督促政府工作人员认真履行职责。这样运作机理的前提，便是需要进行明确的责任划分。但是，目前政府行政部门及其公务员的行政问责还缺乏详细、精确的规定。所以，问责机制激励作用的引申功能，便是明确的政府职责划分将有助于政府工作效率的提升，这在建立跨域合作治理机制时得到有效的印证[③]。回应功能源于民主政治中的政府责任。动物疫情危机防控中的问责机制对民意的回应功能为社会民众提供了一个参与危机治理的有效渠道，使政府与公众在危机事件当中能够充分的交流，这有助于增强公众对于政府合法性的认同感和信任感[④]。虽然从西方问责制的理论基础方面

---

① 李燕凌，车卉. 2014. 突发性动物疫情公共危机中地方政府决策行为分析[J]. 家畜生态学报，35（6）：87-90.

② 倪星，王锐. 2017. 从邀功到避责：基层政府官员行为变化研究[J]. 政治学研究，（2）：42-51，126.

③ 王薇，邱成梅，李燕凌. 2014. 流域水污染府际合作治理机制研究——基于“黄浦江浮猪事件”的跟踪调查[J]. 中国行政管理，（11）：48-51.

④ 崔卓兰，段振东. 2013. 维护政府的合法性——官员问责制的政治意义[J]. 兰州学刊，（10）：146-150.

来看，社会公众和代议机关发起的问责制度才应当是问责机制的主要部分，而在我国特殊国情下将“社会影响”作为问责事由的重要考量，突出体现了回应功能的政治作用①。

三、问责机制失效的原因

重大动物疫情公共危机防控问责机制通过问责激励公职人员在疫情防控工作中尽力履职，并依据问责结果回应民意，不仅与现代民主相呼应，也缓解了疫情危机潜在的社会信任矛盾②。问责机制中政府与民众的理想关系是“政府向公众提供公共服务和公共产品，而公众对政府工作进行反馈和形成监督，双方在良好的互动中形成社会治理格局，而问责就是对政府工作的反馈和监督环节”。《中华人民共和国动物防疫法》和《突发公共卫生事件应急条例》中都明确规定了与问责具有强烈法律关联的责任章节。该类章节直接规定了应对危机过程中当事人的责任。从相关的法律文本规范中不难发现动物疫情公共危机问责机制的构建思路，相关部门中拥有绝对资源和信息优势的“主要负责人及直接负责人”是危机问责机制的主要对象。由于文本中缺乏“问责救济”“免责”等相关容错的规定，与违反相关条款会被追究责任相比，显然被问责主体处于劣势地位，“事实上一旦出现问题，有关部门一定是要找人出来买单的，最终得有人负责”③，避责现象就在这样的逻辑中生成，而避责现象在实质上反映出当前危机问责制存在的一些问题。

当前动物疫情公共危机问责制度存在一定程度失效的情况，由上海黄浦江流域松江段“漂浮死猪事件”引出的府际关系问题就是问责失效的典型：明确的责任划分是问责机制运行的前提，一般情况下相关部门的主要负责人和重要负责人为公共部门的行政失误承担责任。府际关系问题涉及不同行政区划的地方政府，地方政府之间在职权划分及决策目标等方面的区别与动物疫情公共危机跨区域的潜在特征不相适应。就跨域治理而言，上游政府对污染源监管不力

① 余凌云. 2013. 对我国行政问责制度之省思[J]. 法商研究，30（3）：92-100.

② 李燕凌，苏青松，王珺. 2016. 多方博弈视角下动物疫情公共危机的社会信任修复策略[J]. 管理评论，28（8）：250-259.

③ 倪星，王锐. 2017. 从邀功到避责：基层政府官员行为变化研究[J]. 政治学研究，（2）：42-51，126.

导致污染企业超标排污、偷排污染物的现象严重，下游政府把污染治理更多地寄希望于上游政府，上下游政府各自为战、相互推诿[①]。发生在上海、浙江嘉兴等地的上海黄浦江流域松江段“漂浮死猪事件”，正是当水污染累积到一定程度时引发的公共危机事件，地方政府出现规避问责风险的行为动机[②]。对地方政府而言，受到问责应具备三个条件：一是自身行为不当；二是问责方能获得被问责方不当行为的信息；三是问责方能够对其实施惩罚[③]。当自身行为不当时，地方政府自然倾向于通过控制、隐瞒信息使问责方无法获得地方政府行为不当的信息，从而规避问责风险[④]。出现避责现象的原因是多层面的。

（1）从宏观层面来看，避责行为的根源在于风险社会中不确定性增加与政府责任无限扩展之间的矛盾。乌尔里希·贝克提出的“风险社会”理论认为，风险社会带来巨大的不确定性和不可预期性[⑤]。在风险和责任的双重压力下，地方政府官员的行为开始转向“少犯错误，不作为”，更有甚者则开始偏向避责。我们在调查中发现，面对动物疫情危机应急处置，一种做法是采取主动干预措施，即按疫区防控规程建立疫区并采取封锁行动，对整个封锁疫区的染疫动物全部实行扑杀，甚至对封锁区周边的动物也进行一定范围的扑杀，这样能最大限度地消除疫病扩散的风险。另一种做法是采取谨慎干预措施，即按疫区防控规程建立疫区并采取封锁行动，但对疫区内的染疫动物进行甄别，然后将健康畜禽与染疫畜禽分开饲养并进行观察，做好预防和治疗工作，这样能够最大限度地保护生产养殖户的利益，也能比较稳妥地控制住疫情。那么，究竟应该采取“主动”干预还是应该“谨慎”干预？其实这是对地方政府领导的政治执行力的考验，是一个宏观层面的问题，也是政府官员的行政理念问题。不过，我们在调查中发现，多数地方政府官员倾向于采

① 张紧跟，唐玉亮. 2007. 流域治理中的政府间环境协作机制研究——以小东江治理为例[J]. 公共管理学报，(3)：50-56，123-124.

② 王薇，邱成梅，李燕凌. 2014. 流域水污染府际合作治理机制研究——基于“黄浦江浮猪事件”的跟踪调查[J]. 中国行政管理，(11)：48-51.

③ 林鸿潮. 2014. 公共危机管理问责制中的归责原则[J]. 中国法学，(4)：267-285.

④ 赖诗攀. 2013. 问责、惯性与公开：基于 97 个公共危机事件的地方政府行为研究[J]. 公共管理学报，10(2)：18-27，138.

⑤ Beck U. 1992. Risk society：towards a new modernity[J]. Social Forces，73(1)：432-436.

取避责行为，而“主动”干预是一种最好的避责借口，因为事后人们是很难去追究那些能够及时扑灭疫情、控制住疫情扩散的官员的，至于这种不考虑扑杀必要性、不讲究扑杀时间、不顾及疫情危机事件中养殖户的个体经济利益的行政行为责任，却可能很少有人过问。

（2）从中观层面来看，避责行为的根源在于信息技术的传播激化效应与政府官员有限注意力之间的矛盾。随着互联网逐渐渗入公共领域的各个角落，政府官员的行政行为日益透明化。政府信息公开法律法规也要求政府必须在最短时间内向公众公开行政决策。在网络社会中，由于动物疫情直接威胁到人类的健康，而且疫病的传播是一种典型的公共领域侵害行为，没有任何人可以在动物疫情传播中获得豁免，因此，在动物疫情应急处置中一旦出现负面事件的传播，如政府未能及时确诊病因病源、未能及时采取疫病消除措施或推出有效疫苗，或者政府隐瞒事实、推诿责任等，更易引起井喷式的关注和评论。在突发性动物疫情危机出现之后，地方政府官员的注意力和能力是有限的，他们既无法在极短时间内超越数量上比自身多得多的网民对事件信息的了解速度，又难以在短时间内迅速判断某些变异病种或新疫病的病因病源，因此难以准确预判自己所处的环境，在这种情况下，政府官员会强化避责行为，采取“消极执政”是官员们的选择。

（3）从微观层面来看，避责行为的根源在于原子化个体的消极偏向与信任危机之间的矛盾。在网络社会日益发达的今天，公众可以从很多渠道了解政府官员的行为，包括官员的个人隐私、行政风格、德能勤绩等，当然，公众也会对原子化的官员个体做出各种评价。原子化的官员个体有对公众的消极施政偏向，原子化的公众个体也有对官员的失信偏好。另外，原子化的官员面对公众长期形成的负面事件消极感知，可能会主动隐匿自己的作为，所谓“不求有功但求无过”，只要自己的行为符合法律法规和行政程序，根本不去考虑应急处置的实际效果，没有把实现应急处置目标及效果放在首位，而是把避责当成第一目标。随着公众个体满意阈值的不断提升，政府与公众之间的互动难度不断提高，政府官员的应急处置行政行为还要在公众全程监督之下，一些官员更愿意选择在公众面前做判断题（大家说怎么干，这就是对的，我就怎么干），而不愿去做选择题（根据大家提出的各种意见，做出官员个人的选择）。这种情况使得政府官员更倾向于采用避责策略，将成本投入和外部压力控制在其可承受的范围之内[①]。

四、动物疫情公共危机治理三重困境：产业、食品与社会安全

《中华人民共和国突发事件应对法》第四条规定："国家建立统一领导、综合协调、分类管理、分级负责、属地管理为主的应急管理体制。"而对于专业性、技术性强的动物疫情危机事件则需要政府的职能部门对口管理，以发挥专业优势。就疫情防控而言，乡镇和村组的防疫队伍和业务素质、动物防疫的县级公共财政支持、动物防疫检测与诊治手段、基层动物防疫站的覆盖密度和设备建设、动物疫情应急管理的组织机构建设和应急预案、日常的防疫基础工作和宣传教育等，都是政府危机管理的重要工作。然而事实上，重大动物疫情危机本身包含产业、食品和社会安全三种维度的内涵，危机管理过程同样要涵盖这三种维度，这为重大动物疫情防控问责机制的构建提供了依据。

动物疫情给畜牧业带来了冲击和安全威胁，由于疫情本身对动物具有巨大杀伤力，"较高的发病率和死亡率加之突然在动物之间发生并迅速传播，给养殖业生产安全造成严重威胁"[②]。就产业安全而言，动物疫情的发生对受灾地区目标动物产品的生产环节将造成严重的打击，不仅生产过程中大量染疫动物死亡会造成养殖户直接经济损失，当政府介入动物疫情时，扑杀政策也是造成养殖户经济损失的重要原因。

动物疫情公共危机中的食品安全问题不同于一般的安全监管分层管理。养殖户对强制免疫措施的接受情况、对染疫动物的应急处置措施、处置病死畜禽的方式、遭受损失后的补栏生产情况等，都会对动物疫情公共危机演化产生重要影响。这种影响虽然在动物疫情公共危机演化过程中具有滞后性，但往往成为下一次危机演化的最初诱导因素[③]。在动物疫情公共危机处置过

① 倪星，王锐. 2017. 从邀功到避责：基层政府官员行为变化研究[J]. 政治学研究，(2)：42-51，126.

② 国家减灾委员会办公室. 2010. 国家突发重大动物疫情紧急救援手册[M]. 北京：中国社会出版社.

③ 李燕凌，车卉. 2013. 突发性动物疫情中政府强制免疫的绩效评价——基于1167个农户样本的分析[J]. 中国农村经济，(12)：51-59.

程中，政府对染疫动物的扑杀补偿政策具有“激励不相容性”。例如，染疫动物扑杀补偿标准偏低、病死畜禽无害化处理财政补贴偏低，导致养殖户上报疫情的意愿不足、隐瞒甚至阻止他人报告疫情，致使动物疫情难以及时控制，并给产生新的动物疫情埋下隐患。因此，仅仅依靠生产者自身约束和市场机制难以有效防止违法生产销售行为。生产者为实现利益最大化，容易选择生产成本低的违法行为并导致食品安全问题，从而造成社会失信、扰乱社会稳定[①]。

动物疫情公共危机治理不当可能诱发社会安全问题。政府应对动物疫情危机究竟应当采取积极干预还是采取保守观望策略，将直接关系到社会的稳定和安全。问责机制的激励和回应功能在动物疫情公共危机的预防环节的确能够促使官员从疫病防治、知识宣传、基础设施建设、防控预案设计等方面起到作用，但在应对疫情危机时，政府究竟应当采取积极扑杀还是采取保守观望策略，其中对行政人员行为问责标准又应当如何设计，是危机治理的难点。因此，我国大多数危机问责，都是以危机所产生的负面后果作为问责的主要依据。而从问责机制的回应功能考虑，同样存在类似的逻辑。疫情危机发生时需要信息公开，当前社会也已经能够承受危机信息公开所带来的冲击，但事实上，由于动物疫情公共危机存在太多知识上的信息不平等，普通民众受自身知识水平的限制使其无法判断有关疫情危机行为可能带来的后果，更无法判断产品是否安全，进而采取更为保守的规避风险行为。这不仅是动物疫情危机给产业和社会安全带来隐患的原因，更成为政府造成动物疫情信息公开的难题。动物疫情公共危机发生后，政府如果不主动公开尚未成熟的疫情信息，当受到媒体倒逼而被迫公开信息时，政府的社会信任则会下降。在动物疫情扩散发展成为危机并进而造成社会经济、健康、信任等损失的过程中，每一环节的发生都不具备逻辑联系的必然性，所以政府积极干预所追求的以地区公共安全价值为主的目标与保守观望态度追求的地方经济、政治稳定二者之间的难以权衡，是导致问责机制价值标准模糊的主要原因。

---

① 李燕凌，王珺. 2015. 公共危机治理中的社会信任修复研究——以重大动物疫情公共卫生事件为例[J]. 管理世界，（9）：172-173.

第二节　动物疫情公共危机防控避险与容灾机制

一、避险与容灾机制的定义与内涵

动物疫情公共危机防控避险和容灾机制侧重于风险规避与危机准备。风险社会理论的提出，为当前全球范围内的公共危机频发提供了一个解释框架。贝克认为："在现代化的进程中，生产力的指数式增长，使危险和潜在威胁的释放达到一个前所未知的程度。"[①]人类对大自然改造力的提升，使得"风险"对人类社会正常秩序产生了前所未有的威胁，公共危机正是风险在人类社会的具象化。风险社会的理论分析视角，将有效拓宽动物疫情公共危机防控工作的思路。

"避险"，顾名思义是对可能造成损害的风险的规避，即通过较小损害为机会成本避免更大的损失。从本质上看，危机是潜在风险经诱发因素触发，通过突发事件发生及突发事件导致的连带效应产生的过程。危机事件形成的具体过程一般是从事件初始形态经过内外因素的诱发形成危机的隐性形态，当与某一触发点的时机相结合形成有标志意义的突发事件后，即以显性危机的形式爆发出来，这个触发点即可视为隐性危机转化为显性危机的转折点。因此，危机的预控管理只要能够及时准确发现触发点的诱发要素并适时消除或延缓其爆发，就可能规避危机风险。由于危机事件的诱发因素是多方面的，因此对危机事件的预控避险也应根据不同的原因采取不同的措施[②]。

"容灾"一词源于计算机领域，主要是指电子计算机系统在硬件或软件出现问题时，能自行采取补救措施，使整个工作系统与效率恢复正常。在政治学领域，问责机制的最新研究将容错视为对问责机制的重要补充[③]。在危机

---

① Lidskog R. 1993. Ulrich Beck：the risk society. towards a new modernity[J]. Acta Sociologica，36（4）：400-403.

② 康伟. 2008. 公共危机预防控制管理研究[J]. 学术交流，（9）：48-50.

③ 陈朋. 2017. 推动容错与问责合力并举[J]. 红旗文稿，（14）：29-30.

管理领域，关于容灾、容错一类对容忍错误或者容纳错误的表达，反映了人们对无法避免的灾害、灾难的兼容和承受[①]。实现“容灾”的关键在于事前做好充分准备。我们将动物疫情危机“容灾”机制理解为通过灾前准备，提升对危机承受能力的描述。具体而言，动物疫情公共危机防控容灾机制指的是政府通过在动物防疫、应急预案设计与演练、政策评估与执行、公信力树立等方面的准备，营造社会有序应对动物疫情公共危机的环境，最大程度削减危机损失的过程主体关系。

二、动物疫情公共危机防控避险机制建设

（一）风险防范机制

动物疫情公共危机防控不同于生产者和消费者相对局部的风险规避行为[②]，动物疫情公共危机防控避险机制以监管者（政府）、生产者（养殖户）和消费者（普通民众）之间的博弈关系进行建构[③]。提高危机治理能力的核心是提高风险防控能力，而对风险演化进程及其重要节点的干预和控制，是开展风险防控活动最重要的理论渊源和支撑[④]。对此，所谓动物疫情公共危机防控避险机制，就是通过风险识别、评估和控制等一系列手段，以减少疫情扩散、食品安全、公共卫生和社会信任等关键风险点损害发生和扩大的可能。

世界卫生组织 2012 年的调查显示，发达国家已经建立了完善的动物疫情危机避险机制。例如，美国建立的国家动物卫生监测系统（National Animal Health Monitoring System，NAHMS）、国家动物卫生实验室网络（National Animal Health Laboratory Network，NAHLN）等危机防控风险分析机构，有效

---

① 杜兴洋，陈孝丁敬. 2017. 容错与问责的边界：基于对两类政策文本的比较分析[J]. 学习与实践，（5）：53-62.

② 李华强，范春梅，贾建民，等. 2009. 突发性灾害中的公众风险感知与应急管理——以 5·12 汶川地震为例[J]. 管理世界，（6）：52-60，187-188.

③ 李燕凌，王珺. 2015. 公共危机治理中的社会信任修复研究——以重大动物疫情公共卫生事件为例[J]. 管理世界，（9）：172-173.

④ 容志，李丁. 2012. 基于风险演化的公共危机分析框架：方法及其运用[J]. 中国行政管理，（6）：82-86.

地开展了一系列动物疫病风险识别、风险评估、风险交流和风险管理活动[①]。美国农业部通过建立陆生动物卫生代码识别平台，坚持保护本国畜禽产品安全和贸易负面影响最小化的原则，针对陆生动物疫病本身、疫情检测和监测系统的差异性，采取灵活的评估方法，对进出口国畜禽产品的潜在危险进行风险识别。该平台是一个开放、互动、反复和透明的信息交换平台，风险沟通始终贯穿于风险分析之中。

动物疫源疫病监测防控工作，是国家生物安全、公共卫生安全、生态安全的重要组成部分，事关生命健康和社会稳定、养殖业生产和国民经济发展，以及物种安全和生态文明建设。国家林业和草原局是陆生野生动物疫源疫病监测防控工作的主管部门，《中华人民共和国野生动物保护法》中第十六条、《中华人民共和国传染病防治法》第二十五条、《重大动物疫情应急条例》第四条均明确林业部门开展野生动物疫源疫病监测、防治管理的法定职责[②]。

（二）全面预警机制

建立完善动物疫情危机防控避险机制，应当以现有动物疫情和动物疫病监测信息报告网络为基础，加快推进高标准全国统一的监测与疫情信息平台建设以实现重大动物疫情预报预警功能。

1. 健全信息收集和报告体系

建立健全“纵向到底、横向到边”的重大动物疫情监测与信息收集报告体系，在农业农村部领导下，以国家、省、市、县、乡“五级防控”体系为主干，以动物医院（诊所）、动物屠宰场（点）、动物养殖场、动物产地检疫报检点、动物运输检查点和动物疫病诊所实验室为技术支撑，以村委会村民小组、养殖户、村级防疫员或疫情报告观察员为群众基础，并在网络媒体合作下，形成全方位、全时段、全过程的动物防疫信息系统，该系统的建构如

---

① 罗丽，刘芳，何薇，等. 2014. 发达国家动物疫情应急管理体系[J]. 世界农业，（10）：147-150，199.

② 彭鹏，初冬，耿海东，等. 2020. 我国陆生野生动物疫源疫病监测防控体系建设. 南京林业大学学报（自然科学版）：44（6）：20-26.

图 8.2 所示。

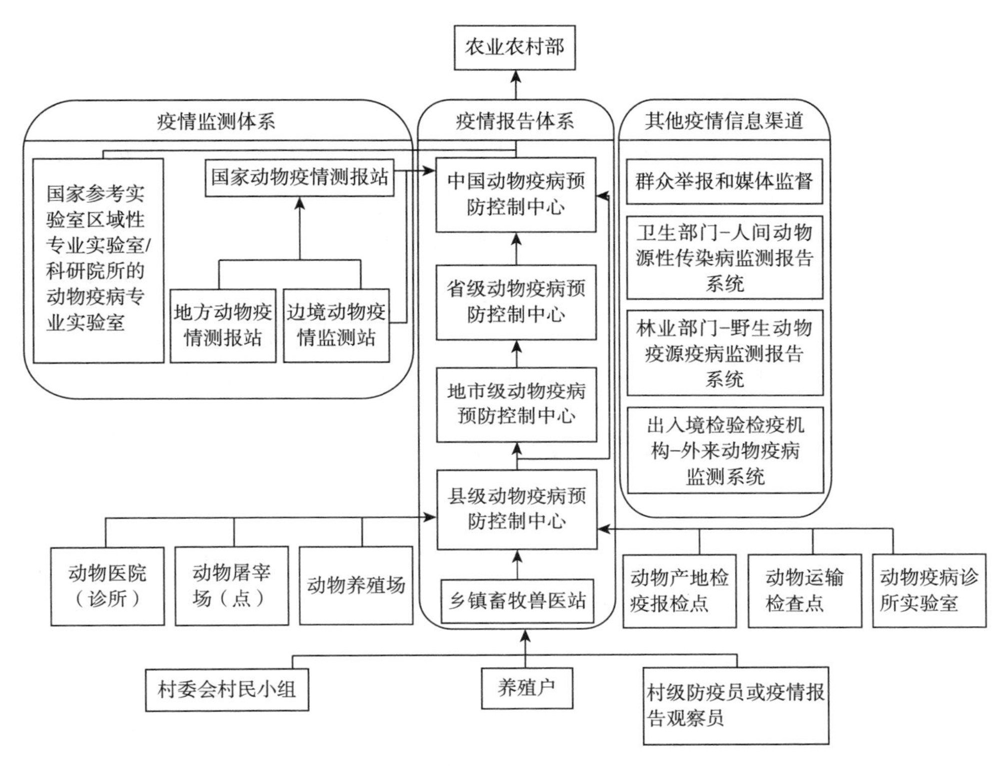

图 8.2　我国重大动物疫情监测与信息平台框架示意图

2. 建立通畅的信息传递和交流网络

尽快将动物疫情信息直报网络覆盖到乡镇和村，着力解决好动物疫情预测预报“最后一公里”难题。引入成熟的计算机和网络传输技术，规范动物疫病信息报告格式和加快信息传输速度。继续完善农业部门（畜牧兽医）与卫生部门之间的人畜共患病合作长效机制，加大部门之间的信息沟通与交流力度。有效整合各级各类实验室资源，尽快实现多部门动物疫情监测预警信息的实时共享。

3. 创新重大动物疫病监测预警机制

科学制订疫情监测方案，加强主动监测。开发建立监测信息数据自动化处理软件平台，建立动物疫情分析和风险评估的数学模型，建立科学实用的预警技术和指标体系。

（三）大数据应急处置机制

充分利用大数据技术建立动物疫情危机应急处置机制，夯实政府应急管理链节点研判信息工作基础，加快适应大数据时代应急管理新形势，运用好云计算等先进技术，从疫病研究、疫情监测、疫苗免疫、养殖档案，到疫区划分、无害化处理、市场监测，再至畜禽监测、群众救济、责任追究等各个应急管理链节点上，加强动物疫情卫生事件应急管理数据库建设，为政府应对动物疫情公共危机打牢快速准确研判应急管理链节点的信息基础[①]。

三、动物疫情公共危机防控容灾机制建设

动物疫情公共危机防控容灾机制建设的目的在于，加强社会对动物疫情公共危机的承受力，即灾害来临时全社会系统的有力应对。根据我国动物生产养殖业的实际，动物疫情公共危机防控容灾工作的重点在于以下四个方面，一是从生产者视角来看，应重在迅速恢复动物生产养殖；二是从消费者视角来看，应重在建立良好的替代消费市场秩序；三是从动物防疫角度来看，应重在加强疫苗研制能力建设；四是从公共卫生管理者角度来看，应重在建立疫后卫生监测和防疫体系。

（一）恢复动物生产养殖

要想尽快恢复动物生产养殖需要做好生产者信心、生产养殖场消毒与重建、保障仔畜禽供给、动物产品价格补贴、动物卫生养殖宣传等一系列工作，从而增强恢复动物生产养殖的能力。动物疫情危机事件发生后，恢复生产者信心需要建立两方面机制：一是完善动物扑杀和无害化处理财政补偿的政策，确保动物生产养殖户合法权益得到保护；二是完善动物产品价格机制，通过价格保护来刺激生产者的积极性。动物疫情危机事件发生后，要迅速恢复生

---

① 李燕凌，吴楠君. 2015. 突发性动物疫情公共卫生事件应急管理链节点研究[J]. 中国行政管理，（7）：132-136.

产还需要有充足的生产物资储备，做好生产养殖场消毒与重建工作。恢复生产最重要的是要有物资准备，即保证有足够的能繁母畜和种禽，确保仔畜禽供给以迅速补栏。当然，加强动物卫生养殖宣传对恢复动物生产养殖也十分重要，这一方面可以推动动物生产养殖者健康养殖，保证动物生产卫生与安全，另一方面也有助于消除消费者疑虑，从长远上提振生产消费的信心，为恢复生产创造良好的市场环境。

（二）建立良好的替代消费市场秩序

动物疫情危机事件发生后，消费者选择减少染疫类动物食品及肉源性食品消费的行为，是一种正常的自我保护行为。出现这种情况的原因主要来自消费者对疫病知识的缺乏及掌握动物染疫信息不够充分。例如，虽然一些禽流感病毒属于人禽共患病毒，但是，只要在一定高温下煮食家禽，就不会发生人禽交叉感染禽流感病毒的情况。在动物疫情危机事件发生后，消费者基于长期形成的肉类食用习惯，极易选择购买替代肉类或肉源性食品。而此时若替代肉类或肉源性食品供给短缺或价格上涨，都会导致消费者恐慌情绪和过度消费现象，引起价格更加快速上涨。因此，做好替代肉类或肉源性食品储备，建立良好的替代消费市场秩序，是做好动物疫情危机容灾工作的重要基础。

（三）加强疫苗研制能力建设

虽然动物疫病治疗方法不断进步、治疗能力不断提升，但是，一些动物也产生了较强的抗药性。特别是有些动物疫病病毒还不断产生亚型等变种，使得许多新的动物疫病病种不断出现。这些新的动物疫病发生后，短期内能否迅速研制出疫苗，对于快速扑灭疫情、减少或挽救疫情灾损具有重要意义。因此，从容灾要求出发，政府必须加强动物疫苗研制能力建设。

（四）建立疫后卫生监测和防疫体系

根据现有的公共卫生防疫体系建设要求，不断丰富与完善动物疫情疫后卫生监测和防疫，是实现合理容灾的重要内容。

第三节　动物疫情公共危机防控学习机制

一、危机学习机制的定义与相关研究

（一）定义和内涵

1. 危机学习的概念

从本质上讲，危机学习机制就是在遭受危机损害中吸取教训、总结经验。危机学习是危机管理与组织学习理论发展的产物，与组织学习日常性要求不同，危机学习“常常是一次危机带来的一次学习”[①]。从常规性定义来看，危机学习包含两重含义，一是危机引发的学习，二是从危机（灾害/事故等）中学习[②]。德弗雷尔提出公共部门中“危机引发的学习”概念，突出学习产生的动力因素是危机，特指危机后的学习，用以区别常规的学习。Deverell认为，危机引发的学习是一种有目的的努力，强调将旧方法与新产生的问题相结合来解决现有问题[③]。Antonacopoulou 和 Sheaffer 提出在危机中学习的概念。他们不仅强调在危机结束之后汲取经验教训，而且认为在危机处置过程中的学习同样很重要。他们认为，危机中学习超越了间断式学习，是一个发生在危机前、危机中、危机后的学习过程[④]。Birkland 按照学习发生的时间点不同，将危机学习区分为“危机间学习”和“危机中学习”。他认为，“危机间学习”意味着发生在某个危机结束后，向某个危机学习并做出改变以改善未来的危机应对；“危机中学习”则指在单个危机过程中去学习以达到实时改善应急响

① 张美莲. 2016. 西方公共部门危机学习：理论进展与研究启示[J]. 公共行政评论，9（5）：163-191，208.

② Carley K M，Harrald J R. 1997. Organizational learning under fire：theory and practice[J]. American Behavioral Scientist，40（3）：310-332.

③ Deverell E C. 2010. Crisis-induced Learning in Public Sector Organizations[M]. Utrecht：Utrecht University.

④ Antonacopoulou E P，Sheaffer Z. 2014. Learning in crisis：rethinking the relationship between organizational learning and crisis management[J]. Journal of Management Inquiry，23（1）：5-21.

应的目的[①]。总之，从危机学习看，政府主体在公共危机中通过总结、学习并改进自身预防和应对能力的过程，都应当视为危机学习的范围。

2. 动物疫情公共危机学习的界定

相比其他类型的危机事件，动物疫情公共危机的复杂性在于动物疫病往往是危机的源头，进而引发了社会恐慌，扰乱了正常的市场秩序，而疫情扩散甚至形成人畜共患病是危机的另一层面。此外，政府若处理不当，如讯息公开不及时或者过度公开，不仅将加剧社会恐慌情绪，甚至有可能造成公众对政府信任的丧失。动物疫情公共危机防控最关键的环节在养殖户，养殖户可能存在的投机心理及技术上、知识上的客观缺乏，这大大加剧了动物疫情发生的风险。在疫情传播过程中，切断疫情传播途径也是非常关键的危机预防流程。此外，疫情有关谣言的传播，使得普遍具有风险规避特质的消费者的消费信心受挫，对畜禽产业造成严重的打击，所造成的直接影响和损失更是远超过政府的扑杀补偿政策。而疫情危机若没有得到有效的公关，将进一步导致社会恐慌、破坏市场供求失衡。不仅如此，疫情本身和应对危机的地方政府都存在较强的地域性差异，共同造成了动物疫情公共危机复杂的演化机理。越来越多的事实证明，因为疫病使得动物福利受损，进而引发人们对食用动物源性产品的心理失衡和道德责备，可能引发更高层次的社会道德信任危机。对此，我们将动物疫情公共危机防控学习机制界定为，在动物疫情公共危机中就动物疫病、产业安全、公共卫生、社会信任和动物食品伦理道德等环节中存在的问题，进行针对性的总结和学习，以提升社会系统总体危机应对能力的关系。

（二）危机学习的过程

公共危机具有复杂的演化过程，所以单从人们所认为的“希望通过分析事故灾难原因并总结经验教训，以防止类似事故灾难再次发生的逻辑”，并不能真正适应动物疫情公共危机的特殊情境[②]。从识别公共危机的经验教训到最

① Birkland T A. 2009. Disasters，lessons learned，and fantasy documents[J]. Journal of Contingencies and Crisis Management，17（3）：146-156.

② Carroll J S，Fahlbruch B. 2011. “The gift of failure：new approaches to analyzing and learning from events and near-misses.” Honoring the contributions of Bernhard Wilpert[J]. Safety Science，49（1）：1-4.

终能够有效地应用公共危机的经验教训，在这个危机学习的过程中有些步骤必不可少①。具体而言，危机学习的过程应该具有以下区分。

1）知识管理（信息加工）视角的危机中学习

Elliott 提出一种“危机学习过程模型”。他认为，一个理想的组织危机学习过程，是包括知识获取、知识转移及知识同化三个环节的线性过程。危机事件发生后，组织即自动启动知识获取的危机学习过程②。

2）系统或行为视角的事件中学习

Drupsteen 等提出一类采用系统或行为理论的学习过程模型。该模型把危机学习分为调查与分析事件、规划处置、实施处置和开展评估等 4 个步骤，并把它们进一步细分为事件报告、事件登记、决定研究范围、寻找事实、事件分析、确定优先级、提出建议、制订计划、沟通计划、寻找资源、评估行动有效等 11 个环节③。

（三）危机学习的促进策略

如何促进危机学习的过程是危机学习的根本目的。为了克服危机学习中组织的抗逆力，Crichton 等提出可以从以下四个渠道实现最佳的组织危机学习：一是借鉴其他组织或部门的危机应对经验教训；二是以组织内部深度学习研究来加强组织的风险评估；三是对经验教训进行重要度排序；四是把经验教训嵌入组织变革管理中并监督组织学习的有效性④。加快改进危机学习方式

① Wahlström B. 2011. Organisational learning-reflections from the nuclear industry[J]. Safety Science，49（1）：65-74.

② Elliott D. 2009. The failure of organizational learning from crisis-a matter of life and death?[J]. Journal of Contingencies and Crisis Management，17（3）：157-168.

③ Drupsteen L，Groeneweg J，Zwetsloot G I J M. 2013. Critical steps in learning from incidents：using learning potential in the process from reporting an incident to accident prevention[J]. International Journal of Occupational Safety and Ergonomics，19（1）：63-77.

④ Crichton M T，Ramsay C G，Kelly T. 2009. Enhancing organizational resilience through emergency planning：learnings from cross-sectoral lessons[J]. Journal of Contingencies and Crisis Management，17（1）：24-37.

或者工具，也是危机学习的重要促进策略[①]。在 *Safety Science* 期刊中有大量关于危机学习方式或工具改进的研究文献[②]。这些研究更加关注对危机事件展开调查及调查报告的撰写，以及对危机防控和应对工作能力的提升等。

二、危机学习机制缺失与第三方评估

（一）学习机制的理论障碍

从理论上看，危机学习机制缺失发生障碍的原因来自危机管理者的心态、认知、信息、组织和政治五个方面[③]。一是侥幸心态阻碍危机学习。从认知角度出发，认为危机事件是小概率事件而放弃学习。二是认知局限性。危机情境中的巨大压力导致人们的注意力分散、信息处理能力下降，从而降低个体认识危机威胁的能力[④]。三是信息有效性。危机事件具有的紧急性、突发性、损害性等使得危机事件信息分散、失真、滞后等，严重影响着信息的传播与分享，从而极大降低了危机学习的效果。四是组织结构科学性。组织合法性及权威行政是在灾后反思中实现有效学习的基础[⑤]。组织结构的集中化程度对组织的危机学习具有重要影响。过于集权或者过于分权都不利于组织的危机学习[⑥]。五是政治障碍。危机事件过程中的“问责、组织政治及掩盖”等对危机学习具有重要影响。Gephart 提出一个带有政治色彩的意义构建模型，该模

---

① Schöbel M，Manzey D. 2011. Subjective theories of organizing and learning from events[J]. Safety Science，49（1）：47-54.

② Carroll J S，Fahlbruch B. 2011. “The gift of failure：new approaches to analyzing and learning from events and near-misses.” Honoring the contributions of Bernhard Wilpert[J]. Safety Science，49（1）：1-4.

③ 张美莲. 2017. 西方公共部门危机学习障碍在中国是否同样存在？——来自四川和青岛的证据[J]. 北京社会科学，（5）：79-89.

④ Moynihan D P. 2009. From intercrisis to intracrisis learning[J]. Journal of Contingencies and Crisis Management，17（3）：189-198.

⑤ Anderson J E，Kodate N. 2015. Learning from patient safety incidents in incident review meetings：organisational factors and indicators of analytic process effectiveness[J]. Safety Science，80：105-114.

⑥ Deverell E C. 2010. Crisis-induced learning in public sector organizations[M]. Utrecht：Utrecht University.

型将“问责”和“政治化”引入灾后危机学习的影响评价之中，用以解释政治因素对危机学习的促进或阻碍作用[①]。需要说明的是，Donahue 和 Tuohy 研究发现：在组织危机学习的多个过程中问责导向都产生了负面影响[②]。他们的观点正在为越来越多的中国学者所关注。

（二）中国危机学习机制的现实困境

自抗击“非典”以来，中国各级政府越来越重视危机学习，但是，仍面临着许多现实困难。一是重危机处置、轻危机学习的认识误区。没有真正将危机前发生的许多“险兆事件”作为免费学习危机经验教训的课堂，而更习惯于在大大小小的危机灾难事件中搜寻线索，并根据那些支离破碎的证据去归纳经验、发现教训，耗费了巨大的危机学习成本。我们在 19 个县（市、区）的调研发现，由于领导对危机学习的支持力度低和财力不足等原因，大多数县乡基层“一案三制”流于形式，没有开展过真正意义上的动物疫情危机应急预案的演练。二是危机学习重形式、轻学习成果应用。动物疫情危机事件发生后，各级政府部门注重撰写事件处理调查报告、教训检讨等规范性文件，但是，这些文件的公开程度很低，在实际操作中也很少真正应用调查学习中发现的经验或吸取教训。三是缺乏制度化的危机学习机制。至今尚未建立起系统的危机学习机制，包括岗位培训、学习信息系统、学习论坛、持续学习、规划会议学习、公开质询等具体学习形式和学习机制。

（三）第三方事故调查机制

第三方事故调查机制是危机学习最重要的机制，也是国际上越来越流行并得到认可的学习机制。基于政府自身的利益考虑，由政府自己主导的危机事故调查容易偏离公正价值目标。政府通过引入市场竞争机制，将本应由自身承担的危机事故原因调查或风险评估服务转交给独立的社会机构来完成，以提高危机事故原因调查分析或社会稳定风险评估效率和公信力的服务供给

---

① Gephart R P X Jr. 1984. Making sense of organizationally based environmental disasters[J]. Journal of Management，10（2）：205-225.

② Donahue A K，Tuohy R V. 2006. Lessons we don’t learn：a study of the lessons of disasters，why we repeat them，and how we can learn them[J]. Homeland Security Affairs，2（2）：1-28.

方式，称其为第三方事故调查机制。要确保第三方事故调查机制良性运作，必须确保完成第三方事故调查的机构和做出重大决策的政府相关部门之间不存在任何“权”“利”关系。在国外重大事故调查机制当中，第三方评估机制不仅在政府应急处置绩效评估中有所体现，除了“问责调查”之外，还存在由第三方评估机构进行的“安全调查”①。第三方事故调查的先天优势主要来自它的独立性，表现为事故调查全过程的客观性、公正性和权威性②。目前我国尚未真正建立起“第三方事故调查机制”，许多事故调查由半官方的安全评估机构开展。

三、还原事件真相与免责检讨

事故调查是危机学习中的重要环节，我国近年来事故调查实践中所反映出的只重问责的调查导向、事故调查原因总结的宏观指向、独立调查主体的缺失、危机学习的体制障碍、缺乏灵活性的调查期限及调查报告的深度不足等，都在一定程度上导致了危机学习的困境，降低了危机学习的质量③。

（一）真相调查的意义

首先，用证据寻求事故的真正原因。发现证据并客观全面地分析事故原因，应当开展深度的、灵活的技术调查，而行政问责或政治问责都与司法调查紧密相连。进行深度的技术调查与过度强调问责之间具有一定矛盾。因此，必须设计技术调查与司法调查分离的制度，赋予技术调查具有灵活性的调查期限，有效避免问责而导致的各种人为因素干扰调查过程。增强技术调查报告的公正性与客观性，为危机学习提供真实客观的资料，从灾难中学习到应有的教训，做好激励相容的危机学习制度安排。

其次，确保调查主体的独立性。只有独立的调查主体才能为危机学习提供

---

① 徐春. 2017. 我国事故调查的主要问题与调查模式的转变[J]. 中国行政管理，(9)：121-124，138.

② 曾辉，陈国华. 2011. 对建立第三方事故调查机制的探讨[J]. 中国安全生产科学技术，7（6）：81-86.

③ 钟开斌. 2015. 中国突发事件调查制度的问题与对策——基于“战略–结构–运作”分析框架的研究[J]. 中国软科学，（7）：59-67.

客观真实的信息。必须设计事故调查主体与事故责任部门及其上级主管单位之间利益无关的制度，从根本上消除危机事故调查主体所面临的各种压力、游说甚至利益诱惑。

最后，提高事故调查报告的科学性与规范性。危机事故调查报告既要将事故完整信息和危机学习的预防措施阐述清楚，又要为危机学习提供详尽的事故原因分析和可操作的措施。调查报告要从不同角度和形式对事故原因予以说明，避免"事故防范"与"整改措施"的官僚化与抽象化。同时，调查报告要有明确指向和具体操作性，只有这样才能有利于采取危机学习行动[①]。

（二）事故真相调查机制

1. 战略－使命定位：查实型、问责型

从国内突发事件调查的使命定位和目标取向看，事故真相调查主要包括查实型、问责型两类。

（1）查实型：以查找证据、还原事实为取向。查实型突发事件调查的核心在于全面收集揭示事实真相的证据，尽可能真实还原事件的基本经过，从源头找到事件发生的真正原因[②]。查实型调查不在"追责"而在于"通过收集和分析证据，有针对性地提出建议以防止类似事件重复发生"[③]。

（2）问责型：以界定性质、分摊责任为取向。问责型调查更关注对事件发生的原因、性质的认定及对有关人员的责任确定和问责处理。突发事件发生后演变成社会热点，调查工作很容易引发社会关切而需要迅速采取措施。迅速完成调查并及时对有关人员进行问责，成为回应公众关切、稳定社会情绪和缓解媒体关注的重要手段，此时调查就可能异化为平息社会舆论、平衡

① 马奔，程海漫. 2017. 危机学习的困境：基于特别重大事故调查报告的分析[J]. 公共行政评论，10（2）：118-139，195-196.

② 张玲，陈国华. 2009. 国外安全生产事故独立调查机制的启示[J]. 中国安全生产科学技术，5（1）：84-89.

③ Dempsey P S. 2010. Independence of aviation safety investigation authorities：keeping the foxes from the henhouse[J]. Journal of Air Law and Commerce，75（2）：223-284.

各方关系的责任划分过程[①]。问责型调查“重责任、轻事实，重结果、轻过程”，更关注分摊责任而不是还原事实真相，最后可能导致原本单纯的技术分析过程异化为责任分摊的复杂政治博弈过程。

2. 结构–主体设计：独立型、自我型

从国内外的情况来看，突发事件的调查主体主要有独立型和自我型两类。

（1）独立型：独立型调查意味着调查机构只对事实真相负责，不受任何机关、组织和个人意志的支配。过去几十年来，发达国家的事故调查已从由政府部门机构组织负责，演变为成立新的事故调查组织和法律机构来牵头或交由独立机构负责[②]。

（2）自我型：自我型调查是指由利益相关方主导或参与的同体调查。由于事件利害方未被排除在调查机构之外，调查机构和人员与被调查对象之间存在千丝万缕的联系，调查工作的真实性和公平性无法得到保证。

3. 运作–过程管理：质量型、速度型

从国内外的情况来看，突发事件的调查运作过程模式可分为质量型和速度型两类。

（1）质量型：质量型调查是以质量为先，尽可能科学还原事件真相的过程管理模式，强调调查的时间服从质量、速度服从精度。质量型调查要求公开调查过程和结果，接受事件相关方的质询和监督[③]。

（2）速度型：速度型调查强调速度优于质量、结果重于过程，要求在尽可能短的时间内尽快完成调查，迅速对有关人员进行问责处理，以及时消除社会各方面的质疑。但是，过度追求调查速度，其调查证据收集和验证不足，调查结果大而化之。由于调查被赋予了问责的导向和功能，最终对相关人员进行问责处理的依据往往也较为笼统[④]。

---

① Brändström A，Kuipers S. 2003. From “normal incidents” to political crises：understanding the selective politicization of policy failures[J]. Government and Opposition，38（3）：279-305.

② Stoop J，Dekker S. 2012. Are safety investigations pro-active?[J]. Safety Science，50（6）：1422-1430.

③ 钟开斌. 2013. 从灾难中学习：教训比经验更宝贵[J]. 行政管理改革，（6）：35-39.

④ 单飞跃，刘勇前. 2014. 公共灾难事件行政调查：目的、主体与机制[J]. 社会科学，（11）：108-114.

（三）免责检讨机制

发达国家在应对重大突发事件应急处置过程中普遍设置有免责检讨机制，这是一种与容错机制相匹配的危机防控机制。免责检讨机制强调从危机应对中展开深入学习，真正发现危机应急处置中的经验教训而不至于受到问责制度的过度影响。在动物疫情危机防控中，由于动物疫病变化十分复杂，一些新的疫病不易发现，生产养殖者利益保护与政府财政补偿标准不易把控，疫区隔离与扑杀政策有时难以满足疫病防控的实际需要，宁夏中卫市的禽流感防控案例为此提供了有力辅证。在这些复杂条件下，基层动物防疫机构采取主动扑杀或谨慎隔离的决策，都有可能出现失误并导致损失扩大或风险增加。如果一味强调按制度追责，就很难适应突发事件非常态应急管理要求。根据实际情况做出随机处置，虽然符合当时决策环境的要求，但未必取得预期效果甚至使得损失难以被接受。如何能让此次应急处置的教训成为以后应急处置的学习样本，应根据实际需要建立科学合理的容错机制。为保障这种容错机制顺利运行，应当将免责机制与司法调查机制合理分开，受免责制度开展调查所收集的证据，不能作为司法程序中追究责任人责任的法律证据，从而确保管理者能够从动物疫情危机处置中学习到宝贵的经验教训。从防范风险、减少损失的角度来看，免责检讨比过度问责更有价值。当然，也应当审慎推进免责制度建设与实施，不能以容错为借口、以免责检讨为手段，让真正的失职者逃避法律惩处。

第四节　动物疫情公共危机风险治理体系创新

一、动物疫情公共危机防控多元治理

合作治理是传统公共领域管理路径的重要思路创新，试图通过从相关者的主要利益偏好中找寻到合作的基础，充分发挥各方资源和信息等优势，通过合

作实现共赢[①]。动物疫情公共危机治理目标应当包括政府管理和社会群体管理的共同愿景。动物疫情公共危机中的社会群体主要是指会受到动物疫情公共危机影响，根据自身的利益诉求和价值目标对动物疫情公共危机的发生做出应急决策行为的群体，包括消费者、行业组织、第三方组织、媒体和生产者等[②]。

政府是公共权力的集合体，与人民具有一致的利益诉求，因此对动物疫情公共危机防控的多元合作具有天然激励。政府主体的优势在于公权力赋予的资源调配和信息汇集能力，以及政策制定的强制力，因此在当前的合作治理研究领域政府一直是多元治理主导。根据帕金森定律，政府并不可能凭借强制权力包揽所有社会事务。具体而言，政府具体的疫情预防工作和疫情信息第一手资料都需要依靠养殖户；疫情信息的管理除了政府发布之外，更可能需要借助媒体，危机学习机制的建立则可能依靠与直接利益无关的第三方评估机构等。总体而言，政府合作限制在于自身力量的集中而范围局限。由于我国政府“中央—地方”分层的权力逻辑，政府主体可以进一步划分为中央政府和地方政府。相较而言，不同行政区域内的经济、文化水平存在一定差异，地方政府可能存在多元价值取向，不仅会造成地方政府的短期行为，还有可能会出现不同地方政府相互推诿的情况[③]。政府间合作应当由问责和激励共同构成，综合建构问责容错、危机学习与免责检讨机制。

养殖户主体是动物疫情公共危机合作治理极为重要的环节，因为养殖户的防疫行为是动物疫情防控的第一关，也是至关重要的一关。作为市场组成部分的养殖户，其行为激励主要源自对利益的追求，从无害化处理补偿对养殖户病死猪处理方式的改善效果不难看出这一点。养殖户的合作限制往往在于动物疫情防疫知识和防疫技术的不足，以及疫情来临时做出的短期的利益追求行为。由于养殖户直接接触到动物疫情的防控过程，具有一定的资源、信息和人力优势。但是，影响养殖户行为的因素也有很多，养殖户自身特征、

① 张海波，童星. 2015. 中国应急管理结构变化及其理论概化[J]. 中国社会科学，(3)：58-84，206.

② 王珺，李燕凌. 2015. 动物疫情公共危机中社会群体演化博弈研究进展[J]. 安徽农业科学，43（12）：328-330.

③ 王薇，邱成梅，李燕凌. 2014. 流域水污染府际合作治理机制研究——基于“黄浦江浮猪事件”的跟踪调查[J]. 中国行政管理，(11)：48-51.

生产经营特征、认知特征、环境特征等因素都会对养殖户行为产生影响[①]。所以，从养殖户主体出发的合作治理构建，需要综合考虑养殖户的特征和利益，对养殖户进行动物疫情知识和技术的支持、制定合理的预防和强制免疫配套激励政策，也需要考虑到养殖户职业道德的培养，综合考虑将养殖户纳入危机学习机制范围，对养殖户积极防控疫情、提出合理建议、提供有效信息等行为进行奖励。

媒体在动物疫情公共危机演化过程中具有极为重要的作用。一般认为，危机事件中公众具有恐慌易感性特征，采取应急响应措施并迅速消除公众恐慌，是保持和提升政府公信力、恢复社会和市场正常秩序的重要保障[②]。媒体和政府一样，应当承担食品安全评估、监督市场运行、传播防疫知识、正确引导舆论的责任[③]，媒体的优势在于比政府有更广泛的危机信息传播能力。媒体并不属于政府直接的管辖范围，但是媒体的许多行为需要接受政府的监管。媒体的能力集中体现在知识传播和舆论引导。由于我国媒体从机构设置上虽然并不属于政府部门，但媒体在很多方面受到政府的监管，可以作为政府信息发布体系的重要补充。但是，一些媒体基于自身利益考虑，把对新闻自由的理解变成了自由的新闻，而自由的、没有管理的新闻往往导致媒体很难客观公正报道危机事件[④]。

普通民众既是多元合作机制的直接受益群体，也是动物疫情公共危机造成损害的直接受害人，因此普通民众具有较强的合作治理动机。民众具有风险规避偏好和从众心理，一旦发生疫情，民众将减少对危机产品的需求，使得相关产业受到打击。此外，民众形成的舆论压力也将驱动形成“自上而下”的问责机制。因此，民众的优势在于形成的社会舆论合力，加速对危机的处

---

① 李燕凌，苏青松，王珺. 2016. 多方博弈视角下动物疫情公共危机的社会信任修复策略[J]. 管理评论，28（8）：250-259.

② 李峰，沈惠璋，刘尚亮，等. 2010. 基于认知方式差异的公共危机事件下恐慌易感性实证分析[J]. 科技管理研究，30（11）：24-26，38.

③ 李燕凌，王珺. 2015. 公共危机治理中的社会信任修复研究——以重大动物疫情公共卫生事件为例[J]. 管理世界，（9）：172，173.

④ 郭太生. 2004. 论公共安全危机事件应急处置过程对新闻与信息的管理[J]. 中国人民公安大学学报（社会科学版），（3）：1-11.

理。民众的信息的获得也非常明显地依赖于政府发布。在合作治理中，应当合理利用民众的舆论压力对地方政府预防和应对动物疫情公共危机的激励与监督作用。对此，应当以政府公信力为核心，构建透明公开的危机信息传播体系，并加强公共危机防控知识学习，提升公民危机防控知识水平和基本素质。建立社会参与机制，畅通民意表达渠道，充分吸收民众意见，改善危机治理体系。

作为政府和市场之间重要补充力量的社会组织，包括以公益目标为使命的非政府组织，在我国治理领域的力量不容忽视。非政府组织的激励往往根据组织目标而定，而非政府组织的能力相较政府而言相对较弱，但其分布的广泛是其主体优势。充分发挥非政府组织的作用也是合作治理必不可少的组成，如将利益无关的第三方评估和调查机构作为学习机制引入合作治理体系当中，对危机原因和灾害损失进行科学调查，并进行理性评估。同时，要充分利用新闻媒体、社会公众及其他社会组织的力量，形成全方位的立体监督网络，保证问责落到实处①。

二、动物疫情公共危机防控关口前移

近年来，我国在一些重大事故灾难性突发事件应急处置中，特别注重事后问责，具有明显的风险治理结果导向。这种基于结果导向的过度问责，被证明并非有利于风险治理体系的真正良性化建设。动物疫情公共危机防控关口前移是一种崭新的动物疫情公共危机风险治理创新性思维结果，它主要包含在五个治理环节之中。

（一）快速的风险评估

有效的动物疫情危机灾害防控必须遵循四项基本目标，即危机灾害的可预测度量、可减少损失、可挽救损失、可补偿损失。同时，还应当看到，现代社会更为复杂的因素并非自然风险，而是人为决策导致的社会风险②。动物疫情

① 康鸿. 2013. 风险理论语境下危机管理机制的战略性构建[J]. 东南大学学报（哲学社会科学版），15（2）：76-81，135.

② Giddens A. 1999. Risk and responsibility[J]. Modern Law Review，62（1）：1-10.

危机是人类自然干预活动对动物疫病灾害演化规律的叠加，这种人为风险已经摆脱传统的稳定关系支撑，使得动物疫情危机风险更加多变难测。因此，加强对动物疫情危机风险的精确评估与风险管理，并将风险沟通贯穿于风险治理的全过程，旨在从源头上化解矛盾，为动物疫情关口前移奠定了重要基础。因此，必须在动物疫情危机发生之初，就迅速对疫情危机灾害损失的可预测度量、可减少损失、可挽救损失和可补偿损失，提供尽可能精确的风险评估报告。

（二）精准的疫病监测

当前影响我国动物疫情公共危机防控关口前移的一个重要原因就是动物疫病监测滞后。政府应当加强动物疫病暴发预警机制建设，密切对养殖动物疫病进行监测，及时发现潜在的重大动物疫情并对异常情况发出预警信息。根据疫病风险分布的特征构建我国动物疫病风险分布模型，针对动物疫病对产业的威胁将长期存在的状况，建立疾病预警预报系统和控制计划，实现对禽流感等重大动物疫情的早期预警预报。

（三）有效的风险化解

构建以政府扑杀补助、政策性保险和生产发展基金相结合的风险防范机制，特别是大力发展养殖保险业务，提高养殖产业应对疾病风险和市场风险的能力[①]。要加快研究扩大动物疫病畜禽保险种类，通过风险转移，减轻疫情造成的产业损失。

（四）动物疫病知识与风险宣传

动物疫病危机损害体现在三个层面上，最基础的是动物生产养殖业危害，即动物疫病传染导致大量动物病死，严重影响动物生产养殖业的效益；最基本的是动物疫病后出现的大量病死畜禽流向失控，受国家财政补贴制度、动物生产经营业主利益驱动，致使部分病死畜禽及其肉源性食品流向餐桌、传播病菌，损害人类公共卫生与食品安全；最严重的是动物疫病传染可能导致

① 辛翔飞，王祖力，王济民. 2017. 我国肉鸡供给反应实证研究——基于Nerlove模型和省级动态面板数据[J]. 农林经济管理学报，16（1）：120-126.

人畜禽交叉感染，还可能出现人感染人和染病患者死亡的情况，最终严重威胁人类健康和生命安全。在动物疫病危机三个层面损害形成过程中，既有动物疫病及其传染领域的知识性问题，又有国家动物防疫、病死畜禽无害化处理财政补贴政策问题，还有肉食品市场监管问题等。这就要求加强动物疫病知识与风险宣传，既要提高养殖户和消费者的风险意识，又要通过各类媒体、各种方法宣传防疫技术知识、发布疫情与预防信息，提高疫病风险意识和做好防控准备工作，重点要通过宣传努力消除不必要的社会恐慌、减少公众的过度反应。

（五）建立危机学习和容错机制

在动物疫情危机防控中，既要认真做好问责追究，还应将危机学习和容错机制摆在重要位置，这才是关口前移必须做的工作。如果没有容错机制，往往容易导致应急处置过程中过度程式化管理而忽略非常态危机管理的灵活性。在坚持问责的前提下，应研究建立科学合理的容错机制，构建“学习+容错+问责”的三维事后处置机制，只有这样才能真正为推动动物疫情公共危机防控“关口前移”打牢基础。

三、动物疫情公共危机防控风险转移

风险转移机制是指针对事件的不确定性，为避免发生最大损害，管理者为获取最小后悔值而采取的应对措施组合。实践中进行风险转移决策的方法较多，但决策宗旨只有一个，就是“不把鸡蛋放在同一个篮子里”。一般来说，风险转移是决策者按照事件可能发展的方向，进行不同目标的“非同旨决策”和方向不一的“多向行动”，用以规避、消除事件本来可能形成的风险。

养殖户是动物疫情防控的第一关，围绕养殖户经营业务的养殖保险应当是风险转移首要的环节。商业保险是投保人与保险公司达成的一种风险共担协议，即养殖户通过购买养殖保险，从生产端开始转移动物疫情风险。参照我国已有的动物疫情保险试点模式，在解决好家禽监管、识别的问题基础上，积极探索“家禽活体抵押登记+家禽养殖保险+应收账款质押”的贷款模式，这样有助于推动动物疫情危机防控风险转移。一方面，可以通过家禽养殖保险分散养殖户风险，降低灾后的经济损失；另一方面，通过银行贷款使其在短期内能够迅速组织再生产，缓解疫情过后家禽市场供需矛盾，从而促进家禽产业稳健发展、抑制家禽市场的剧烈波动[①]。此外，契约农业也能有效规避疫情引起的市场风险，有助于恢复养殖者的信心。因此，为减轻动物疫情危机对养殖者信心的影响，可通过税收优惠、财政补助等政策，鼓励和引导养殖户与农民专业合作社、龙头企业、经销公司等签订契约，提前锁定产品价格，降低市场风险。

四、动物疫情公共危机防控精准阻断

精准治理是以全面精准的个体化信息集成为治理基础、以科学严谨的信息挖掘分析为治理前提、以历史最佳的政策知识推理为治理参考、以相宜有效的政策匹配为治理目的的治理体系和治理能力的创新再造过程[②]。在新技术条件下，治理主体可以通过知识源集成网络较为全面地收集到治理个体的信息，并将这些信息集成化后系统挖掘和分析，这样可以在需求矛盾大规模集聚之前就捕捉到治理个体的政策需求，以及公共问题的特征、实质和成因，借助知识源回溯性挖掘和案例推理等技术手段，在以往最佳治理实践的基础上形成政策供给对政策需求的及时的、精准的匹配，从而避免政策需求矛盾集聚后造成的治理失灵。精准治理在动物疫情公共危机防控中具有独特优势，具体表现在以下七个方面。

1）精准治理的主动性

精准治理的主动性在于治理主体在整个治理流程中始终是治理行为的主动发起者。治理主体主动构建与治理相关的知识源网络。治理主体会主动通过建立知识源集成网络，较为快捷、全面、深入地收集到治理个体的各种信息，挖掘治理资源。

① 蔡勋，陶建平. 2017. 禽流感疫情影响下家禽产业链价格波动及其动态关系研究[J]. 农业现代化研究，38（2）：267-274.

② 李大宇，章昌平，许鹿. 2017. 精准治理：中国场景下的政府治理范式转换[J]. 公共管理学报，14（1）：1-13，154.

2）精准治理的精准性

精准治理以精准为其基本标识，通过对个体化数据的全面掌握及适宜的科学分析方法，在获得精准全面的知识后，通过知识推理或网络分析等技术手段从科学意义上保证生成的政策预案与治理需求之间的精准匹配。

3）精准治理的科学性

精准治理的科学性是指由技术发展驱动的精准治理，的确能够保证动物疫情公共危机治理流程的科学性。这是因为精准治理无论是否应用了大数据等新技术手段，在任一治理流程中，都将严格避免治理主体主观因素对政策生产过程的介入。

4）精准治理的可预知性

精准治理强调的是“前危机”治理，通过社交网络与自媒体平台，建立“线上线下”的动物疫情危机信息预报机制，借助大数据技术甄别“类危机要素”，提前制订危机处理预案，有助于提高政府对突发事件的预知能力。

5）精准治理的可跟踪性

精准治理是基于底层数据采集和分析的全程留痕治理，具有可跟踪条件。精准治理建立在网格化管理和大数据技术支撑的基础上，有一套完善的信息跟踪系统，更加有利于实现疫情危机防控预案与危机治理需求之间的精准匹配。

6）精准治理的可测量性

动物疫情公共危机防控的基本前提就是危机灾害损失必须可测量，只有能够精准测量动物疫情危机损害，才能使危机损害实现可控目标。精准治理的全过程均可制定相应的量化指标对治理主体的行为进行评价，包括对疫情危机损害的减少、挽救和补损程度的评价。

7）精准治理的可标准化

通过精准治理建立的知识源网络和政策生成系统，将使得治理过程变得系统化和标准化，治理主体能够适时根据治理状况调整政策偏差，从而有利于进行统一的治理流程管理，提高治理资源利用效率，实现高效率的动物疫情危机防控良治。

第　九　章

中国动物疫情公共危机防控法治建设

本章系统论述了动物疫情公共危机防控法治的原则与条件、挑战与冲突，并对中国动物疫情公共危机防控的法治理念进行了深入阐释。本章结合中国实际，从危机预警制度、应急处置制度和善后处置制度的全面分析中，论述了中国动物疫情公共危机防控法治制度体系建设，并从动物疫情公共危机防控的政府信息公开、法律救济制度两个方面，探讨了中国动物疫情公共危机防控法治实践取得的成果及存在的不足。最后，本章提出规范政府应急处置的行政许可、把应急权力纳入法治轨道、建立科学有效的行政裁量权基准制度、用好应急权力必须加强方法创新、严肃突发事件应急处置法纪、始终维护宪法和法律的权威等一系列推进危机管理政府行政责任立法的对策建议。

第一节　动物疫情公共危机防控法治理念

一、动物疫情公共危机防控法治：原则与条件

（一）动物疫情公共危机防控的法治原则

公共危机防控的法治原则是指在法治过程中存在的，可以作为法治基础或本原的综合性、指导性和稳定性的价值准则。由于公共危机属于一种非常态事件，整个社会处于一种紧急状态，因此，公共危机防控法治除了遵循行

政法的一般性原则外，如合法性、合理性原则等，还需要遵循与其自身特殊性直接相关的三种基本原则。

1. 特别法优于一般法

不同的法律所适用的时间范围和地域不同，所以在公共危机法治过程中，首先要根据不同的社会状态选用不同的法律进行治理。社会处于常规状态时，受国家常规法律的治理；社会处于紧急状态时，受公共危机法律的治理。而社会紧急状态出现的概率非常小，一次出现在一个国家所有地方的概率也比较低，而且是极低的或非常规的。在这种情形下，治理公共危机的法律相对于治理常规社会的法律而言，前者肯定更为特殊。特别法应当要优于一般法，一旦进入特殊法所应当适用的时间和地点，那么一般法应当让位于特别法。正如古罗马法谚所云“枪炮声响法无声”，一旦进入战争或紧急状态，治理常规社会状态的法律也就失去了其应有的效力①。

2. 自由裁量优于协商一致

在公共危机事件已经发生的前提下，信息不完全、不充分是当然状态。在这种情形下，及时决策对于公共危机治理来说是极为关键的，其比正确决策往往更为重要。因为正确决策必须等到收集足够的完全信息之后才有可能做出，那样势必错过公共危机事件应急处置的“黄金时间”，从而导致难以挽救的巨大灾难和无法挽回的重大损失。可见，与任由公共危机事件发生发展相比，及时决策肯定是一种最佳的选择。但是，当公共危机发生之后，决策者又处于信息不完全、不充分的环境中，所有的决策条件都可能与常规事件决策不同，各种利益主体的利益诉求甚至都不明确，这就需要决策者运用自由裁量权。在这个过程中，可能会牺牲某些人的利益或幸福，也可能会省略一些协商一致的决策程式。与执法者采取自由裁量的法律地位相适应，公民在动物疫情公共危机事件不同阶段参与危机防控法治进程，应当履行不同的义务与责任。在预警阶段的公民法律义务行为包括了解疫情发展动态、提高自我防范能力、配合疫情监测工作；在应急准备阶段的公民法律义务行为包括提高对疫情知识的储备能力、协助应对疫情危机防控各项准备工作；在快

① 李燕凌，贺林波. 2013. 公共服务视野下的公共危机法治[M]. 北京：人民出版社.

速应对阶段的公民法律义务包括主动报告疫情、协助控制疫情传播；在恢复平常阶段的公民法律义务包括开展疫情防控监督、进行信息跟踪反馈等[①]。

3. 应急权力优于合法权利

在社会处于危机状态时，实际上就相当于社会处于没有政治权力的"自然状态"，在这种情况下，个人所享有的完全自由与自然权利实际上是不受保障的。在动物疫情公共危机防控中，公民作为危机管理中的客体，应当出于公共利益最大化的考虑，积极配合和执行政府的应急处置措施。政府则可以在应急管理中依法克减公民权利和自由。动物疫情公共危机发生后，由于动物疫病传染途径、速度、受感染者群体损害的范围和程度等存在很大的不确定性，因此要最大限度地消解动物疫情公共危机事件的危害，可以实施包括疫区隔离、病畜禽扑杀等在内的紧急法律法规，在这种紧急状态下，公民权利和自由可能被克减。

（二）动物疫情公共危机防控法治的条件

公共危机法治应当与国家政治、经济体制及文化环境相适应，公共危机治理必须以国家自身的政治体制为基础。中国的政治体制决定了中国政府有很强的行政能力，可以举全国之力来支持自然灾害受灾地区，并在短时间内解决因自然灾害所引发的社会危机。而当卡里亚纳飓风给美国路易斯安那州造成巨大灾害时，美国联邦政府所能提供给路易斯安那州的支持却相当有限。虽然也按照紧急状态进行应急管理，但是，美国是联邦制国家，它的政治体制是一个总统制的国家，也就决定了联邦政府不能强迫其他各州给受灾之州进行援助或救助，因此美国也不可能举全国之力来应对某一地区的重大自然灾害危机事件。

二、动物疫情公共危机防控法治：挑战与冲突

（一）动物防疫治理对法治的挑战

动物防疫治理综合性的特征会对法治秩序提出诸多挑战，在动物防疫的常规治理工作中，动物防疫治理的紧急性可能会形成对法治程序性原则的挑战，

---

① 高卫明. 2010. 论突发传染病疫情防控中的公民义务[J]. 法商研究，27（1）：20-29.

而动物防疫治理的不确定性可能会形成对法治稳定性与确定性原则的挑战，动物防疫治理所需要的专业性可能会形成对法治一般性原则的挑战。

1. 动物防疫治理紧急性对法治的挑战

动物防疫的治理无疑具有紧急性。首先，人类目前的科技发展水平还无法完全预测动物疫病的演变情况。近一个世纪以来，随着动物医学科技人员的努力，动物疫病的检测与治疗水平得到了很大提高，许多原来根本无法发现和治愈的动物疫病，现在都可以得到有效的治疗。然而，尽管如此，动物医疗科技的发展水平还无法达到完全精确的程度，即使是顶级的科学家也无法精确预测动物疫病将会如何暴发。其次，人类社会的发展改变了动物疫病演变的规律。人类社会进入工业化时代以后，人类的聚集程度极大地增加了，生态环境也遭到了极大的破坏，使动物疫病发生变异的可能性有所增加。随着动物疫病变异程度的加深，人类的科技发展水平越来越无法预测动物疫病的发生发展规律。最后，动物疫病对人类健康的影响越来越大。在动物养殖的早期阶段，动物疫病一般只在动物之间进行传播，随着动物疫病的变异，动物疫病逐渐发展到可以在人与动物之间共患，而现在的科技水平很难确定传染病的来源，也很难在短时间内找到最有效的治疗方式。然而，动物防疫不可能等到完全确定动物疫病的类型及治疗方式之后才开始进行治理，因为这可能会导致难以挽回的损失，更重要的是，许多人可能会因此而失去生命。在这种情形下，政府所采取的动物防疫措施无疑具有紧急性，即需要及时采取措施，如对染疫动物或人群进行物理隔离、对染区进行隔离消毒等。也就是说，动物防疫治理不可能完全按照预定的程序进行，而是需要根据动物疫病发展的实际情况采取灵活措施，这无疑会挑战法治的程序性原则，使受治理者处于无法预测政府治理行为的状态，政府动物防疫治理的步骤被打乱了，效率性也会受到一定的影响，政府动物防疫的权力也因为治理紧急性的要求而得不到限制，更重要的是，由于政府动物防疫未根据预定程序实施，以至于人们对政府动物防疫行为难以产生认同感。

2. 动物防疫治理不确定性对法治的挑战

动物防疫治理无疑不具有法治所要求的确定性。在动物防疫治理中，充满了各种各样的不确定性。首先，动物疫病的类型具有不确定性。动物疫病发生发展的历史与人类环境的变化有着紧密的联系，人类生活环境的改变，会相应地改变动物疫病的类型，在一种新的动物疫病出现之前，人类基本上无法预测到其发生的可能性。其次，动物疫病的暴发具有不确定性。即使人们知道一些动物疫病的类型，也无法完全预测这些动物疫病会在何处、何时及何地暴发，对于动物疫病暴发之后的传播路径也无法做到精确的预测。最后，动物疫病变异的可能性具有不确定性。人类即使完全掌握了某种动物疫病发生传播的规律，也无法准确预测到动物疫病可能发生的变异，一种原来可能不具有传染性的动物疫病可能变异为具有传染性，一种原来只在动物间传播的动物疫病，可能变异为可以在人与动物之间进行传播。正因为动物疫病本身的发生发展具有不确定性，才导致动物防疫治理的不确定性。在动物防疫的治理中，治理者不可能根据预先设定的流程对动物疫病进行治理，治理者必须根据动物疫病发生发展的实际情况，采取灵活的应对措施，某些情形下还有可能采取极端措施（在中国古代社会，人们由于缺乏对麻风病传播流行规律的认识，对麻风病人所采取的极端措施就是一个明显的例证）。在动物防疫的治理中，受治理者可能很难预测治理者将要采取的措施，由于无法预测到治理者的行为，治理者可能就需要借助国家强制力才能保证受治理者服从治理，正如前文所述，这种依赖国家强制力的治理措施，不会使人们产生内心的信仰，人们只会将其作为一种外在的负担，一旦国家强制力消失或者有违反动物防疫法治措施的人未受到制裁，那么就会产生违法的示范效应。政府为了达到更好的治理效果，则必须加大国家强制力的力度，迫使受治理者服从治理。于是，动物防疫治理很可能会进入一种国家强制—不服从—增强国家强制力度的恶性循环之中，当国家强制力超过了受治理者的忍受程度时，动物防疫治理的效果可能走向其对立面，不仅动物防疫治理不会收到良好的效果，而且政府的公信力也会受到严重的损害。

3. 动物防疫治理专业性对法治的挑战

动物疫病的暴发流行具有紧急性和不确定性，使“科层制”的行政体制很难应对，因为“科层制”的设计初衷就是为解决常规社会问题而准备的。在动物防疫的治理中，要求政府在短时期内协调政府的各职能部门，并且要求各职能部门打破部门界限做职能范围之外的事情。唯有如此，政府才能调配各种社会资源，发挥多主体专业优势，提高动物防疫治理专业能力，有效应对动物疫情所引发的公共危机。在这个过程中，许多政府职能部门可能需要重新学习相关的专业技能，这可能会消耗政府职能部门及其工作人员大量的精力，这也可能会打乱政府职能部门之间固有的职责划分，使动物防疫治理工作陷入混乱。更为重要的是，在动物防疫过程中，政府各职能部门的防疫工作可能会损害公民的合法权益，由于政府职能部门在动物防疫过程中的职能交叉，当公民权利受到动物防疫治理工作影响时可能难以找到诉讼主体，无法确定赔偿或承担责任的主体。在动物防疫治理的专业性要求中，政府职能部门之间的相互制约和相互配合的机制被打破了，只要求政府职能部门之间的相互配合，而且这种配合是在上级行政机关命令下的配合，不讲究职能划分与相互制约的配合，政府职能部门的行政权力可能会因此而得不到有效的控制。另外，在动物防疫的治理中，由于各政府职能部门之间存在着职责不明确的情形，每个政府职能部门所需要做的工作都需要服从上级政府部门或领导的统一安排，各职能部门之间可能缺乏工作的积极性与主动性，下达命令的政府部门或领导也可能缺乏相应的能力而导致决策错误。总而言之，动物疫情危机治理打破了“科层制”固有的行政程序，可能会导致动物疫情危机治理工作缺乏效率或效能。

（二）动物防疫治理与法治的冲突

动物防疫治理对法治的挑战说明，动物防疫治理与常规社会的法治无论是在治理目标，还是在治理原则和治理理念上均存在着一些难以调和的矛盾与冲突。

1. 动物防疫治理目标与法治的冲突

在动物防疫的治理中，治理方案或手段的选择明显带有功利主义的色彩，也具有集体主义的倾向。在进行动物疫情应急处置的过程中，划定疫区、对染疫动物进行扑杀等，都会涉及对个体的利益冲突，但是，不得不制定相关的法律法规，以确保应急防控措施顺利执行。因此，动物防疫治理目标与法治是会有一定冲突的。

2. 动物防疫治理原则与法治的冲突

形式法治原则强调法律应当具有普遍性。如果法律针对不同的人或不同的事分别适用不同的法律，那么这就是人治而非法治。然而，公共危机事件本身就是非常态事件，它是在法律制定之初所无法预料到的事件，也是不具有普遍性的事件，因此它与法治必然存在冲突。形式法治原则还强调法律应当具有稳定性。法律的稳定性是指法律在颁布实施之后应当保持足够的稳定性。如果法律无法保持足够的稳定性，朝令夕改，这会使受治理者无所适从。而在动物疫情危机治理中，危机防控本身就有异于常规事件而属于非常态管理行为。治理者如果根据一成不变的法律来进行治理，可能就根本无法应对动物疫情危机的演变状况。

3. 动物疫情公共危机防控法治能否实现善治

为什么针对恐怖袭击突发事件的法律能够比其他常态管理的法律更快获得通过？究其原因就在于人们明白：只有应急法律支持，才能为政府依法应对危机奠定制度基础；必须有法律约束，才能有效防止政府在非常态应急处置中滥用权力。在动物疫情公共危机防控治理中实施法治，对治理者的权力进行必要的限制，是从根本上杜绝权力可能不受控制的根本保障。

第二节　动物疫情公共危机防控法治制度

一、动物疫情公共危机防控法治：危机预警制度

（一）动物防疫的组织机构

根据《中华人民共和国动物防疫法》的规定，中国的动物防疫组织机构按照以下方式组建。

1）动物防疫组织机构的职能定位

《中华人民共和国动物防疫法》的相关规定，奠定了中国的动物防疫组织机构的主要职能为预防动物疫病。从动物疫情公共危机防控的成本和效果

来考虑，预防动物疫病是最佳的行为选择。只要控制住动物疫病传染源头、切断传播途径和保护易感动物，就可以取得较好的动物防疫效果，也就是说，只要预防措施得当，可以在很大程度上避免动物疫情的暴发流行。

2）动物防疫的政府职责

《中华人民共和国动物防疫法》第八条规定："县级以上人民政府对动物防疫工作实行统一领导，采取有效措施稳定基层机构队伍，加强动物防疫队伍建设，建立健全动物防疫体系，制定并组织实施动物疫病防治规划。乡级人民政府、街道办事处组织群众做好本辖区的动物疫病预防与控制工作，村民委员会、居民委员会予以协助。"可见，我国动物防疫职责是由乡级、县级、市级、省级人民政府和国务院共同承担，不包括县级以上各级人大和司法机关。对于这五级人民政府之间如何分配动物防疫职能的问题，该法未做出明确规定。

3）动物防疫行政主管部门

《中华人民共和国动物防疫法》第九条规定："国务院农业农村主管部门主管全国的动物防疫工作。县级以上地方人民政府农业农村主管部门主管本行政区域的动物防疫工作。县级以上人民政府其他有关部门在各自职责范围内做好动物防疫工作。军队动物卫生监督职能部门负责军队现役动物和饲养自用动物的防疫工作。"这说明，各级地方政府都必须建立政府兽医行政主管部门，要建立健全兽医工作体系，即建立健全兽医行政管理机构、执法机构和技术支持体系。

4）动物防疫科研、推广和国际合作体系

《中华人民共和国动物防疫法》第十三条规定："国家鼓励和支持开展动物疫病的科学研究以及国际合作与交流，推广先进适用的科学研究成果，提高动物疫病防治的科学技术水平。各级人民政府和有关部门、新闻媒体，应当加强对动物防疫法律法规和动物防疫知识的宣传。"随着新动物疫病、疫情的出现，对动物疫病的研究进一步深入，国家必须要支持和鼓励动物防疫的科学研究工作，并积极普及动物防疫科学知识，提高动物疫病防治的科学技术水平。

（二）动物防疫的应急准备

根据《中华人民共和国动物防疫法》的规定，动物防疫的应急准备制度由以下几个部分构成。

1）建立动物疫病风险评估制度

动物疫病风险评估是指在特定条件下，对动物和人类或环境暴露于某危害因素产生或将产生不良效应的可能性和严重性进行科学评价，一般包括危害识别、危害描述、暴露评估和风险描述等。

2）实施动物强制免疫

根据《中华人民共和国动物防疫法》第十六条的规定："国家对严重危害养殖业生产和人体健康的动物疫病实施强制免疫。"农业农村部每年都会组织制定了年度国家动物疫病强制免疫计划，颁布当年相关的强制免疫动物病种，同时各地方政府也会根据当地动物疫病发病的实际情况进行一些调整，有的地方会增加一些在本地流行较广的动物疫病病种。

3）动物防疫疫病免疫消毒

《中华人民共和国动物防疫法》第七条的规定："从事动物饲养、屠宰、经营、隔离、运输以及动物产品生产、经营、加工、贮藏等活动的单位和个人，依照本法和国务院农业农村主管部门的规定，做好免疫、消毒、检测、隔离、净化、消灭、无害化处理等动物防疫工作，承担动物防疫相关责任。"从事与动物和动物产品相关的生产经营活动的单位及个人，其生产活动是社会性的，其防疫状况不仅关系到自身利益和健康安全，而且会对他人甚至全社会产生重要影响，因此该法规定与动物及动物产品有密切接触者应当做好免疫接种和消毒工作。

4）动物防疫要求与条件

《中华人民共和国动物防疫法》第二十五条的规定："国家实行动物防疫条件审查制度。开办动物饲养场和隔离场所、动物屠宰加工场所以及动物和动物产品无害化处理场所，应当向县级以上地方人民政府农业农村主管部门提出申请，并附具相关材料。受理申请的农业农村主管部门应当依照本法和《中华人民共和国行政许可法》的规定进行审查。经审查合格的，发给动物防疫条件合格证；不合格的，应当通知申请人并说明理由。"为了切断动物疫病传播的路径，控制动物养殖及其他活动的条件是一种非常有效的办法，为此该法规定了各种与动物生产有关的场所应当达到的基本条件、人员要求、制度要求和其他要求。这些要求具有法定性和强制性，是从事动物生产职业的单位和个人必须遵守的规范。

5）动物防疫实验

《中华人民共和国动物防疫法》第二十八条规定："采集、保存、运输动物病料或者病原微生物以及从事病原微生物研究、教学、检测、诊断等活动，应当遵守国家有关病原微生物实验室管理的规定。"病原微生物本身就是动物疫病的病原体，也必须对其加强管理。

（三）动物防疫的预警

根据《中华人民共和国动物防疫法》的规定，动物防疫的预警制度由以下几个部分构成。

1）动物和动物产品的检疫

动物和动物产品的检疫是发现动物疫病的重要措施或手段，是做好动物防疫预警工作的先决或前提条件。只有具备动物及产品的法定检疫资格，其检疫行为才具有正式的法律效力。

2）动物防疫监测

动物疫病监测是动物防疫预警制度的重要内容，只有制订了体系完整的监测方案或计划，才能及时发现动物疫病，并采取有效措施进行控制，为此《中华人民共和国动物防疫法》第十五条规定："县级以上人民政府建立健全动物疫病监测网络，加强动物疫病监测。"

3）动物防疫预警

对于检疫或监测所发现的动物疫病，各级政府的兽医主管部门应当及时有效地发布预警信息，各级政府按照预定的应急方案进行响应，及时采取相应的预防控制措施。对此，《中华人民共和国动物防疫法》第十九条规定："国务院农业农村主管部门和省、自治区、直辖市人民政府农业农村主管部门根据对动物疫病发生、流行趋势的预测，及时发出动物疫情预警。地方各级人民政府接到动物疫情预警后，应当及时采取预防、控制措施。"；第二十条规定："科技、海关等部门按照本法和有关法律法规的规定做好动物疫病监测预警工作，并定期与农业农村主管部门互通情况，紧急情况及时通报。”

（四）动物防疫的奖励

动物防疫奖励的范围和条件包括：对动物疫病预防、控制、扑灭和检疫工作做出成绩和贡献的；对动物防疫科学研究中在生物制剂、诊断疾病的新技术和新器械方面有发明创造的等。至于奖励的种类，则与其他一般行政奖励相同。

二、动物疫情公共危机防控法治：应急处置制度

（一）动物疫情报告、通报和公布制度

根据《中华人民共和国动物防疫法》规定，动物疫情报告的主体是，从事动物疫情监测、检验检疫、疫病研究与诊疗以及动物饲养、屠宰、经营、隔离、运输等活动的单位和个人，作为责任报告人，主要是因为这些主体与动物存在密切接触，他们有可能在第一时间发现动物染疫的异常情况。动物疫情报告的接受主体是所在地农业农村主管部门或者动物疫病预防控制机构报告。责任报告人只需向其中的任何一个主体进行报告即可，对报告的形式也没有进行强制性规定，这就意味着责任报告人可以采取电话、上门、书面或其他任何方便的方式进行报告。

（二）动物疫病控制和扑灭制度

对于动物疫病的控制和扑灭，中国目前采取的是分级应对的体系。首先，根据动物疫病的传染性程度区分为不同的等级，并分别采用不同的应对措施；其次，根据动物疫情暴发流行的程度，区分重大动物疫情和一般动物疫情，对于前者要适用《中华人民共和国突发事件应对法》，而后者才适用《中华人民共和国动物防疫法》。在第一种情形中，即未发生重大动物防疫时，针对一类动物疫病，《中华人民共和国动物防疫法》第三十八条规定，应当采取下列控制措施：“（一）所在地县级以上地方人民政府农业农村主管部门应当立即派人到现场，划定疫点、疫区、受威胁区，调查疫源，及时报请本级人民政府对疫区实行封锁。疫区范围涉及两个以上行政区域的，由有关行政区域共

同的上一级人民政府对疫区实行封锁，或者由各有关行政区域的上一级人民政府共同对疫区实行封锁。必要时，上级人民政府可以责成下级人民政府对疫区实行封锁；（二）县级以上地方人民政府应当立即组织有关部门和单位采取封锁、隔离、扑杀、销毁、消毒、无害化处理、紧急免疫接种等强制性措施；（三）在封锁期间，禁止染疫、疑似染疫和易感染的动物、动物产品流出疫区，禁止非疫区的易感染动物进入疫区，并根据需要对出入疫区的人员、运输工具及有关物品采取消毒和其他限制性措施。”

针对二类动物疫病，《中华人民共和国动物防疫法》第三十九条规定，应当采取下列控制措施：“（一）所在地县级以上地方人民政府农业农村主管部门应当划定疫点、疫区、受威胁区；（二）县级以上地方人民政府根据需要组织有关部门和单位采取隔离、扑杀、销毁、消毒、无害化处理、紧急免疫接种、限制易感染的动物和动物产品及有关物品出入等措施。”

针对三类动物疫病，《中华人民共和国动物防疫法》第四十一条规定：“所在地县级、乡级人民政府应当按照国务院农业农村主管部门的规定组织防治。”

（三）动物诊疗制度

在动物防疫法治的应急制度体系中，最重要的无疑是尽早发现动物感染疫病的情况，然而在动物疫病报告制度中存在着一个实质性矛盾，即动物养殖者的密切接触与其专业性知识或能力之间的矛盾。动物养殖者作为动物饲养人或管理人无疑是动物疫病外在病症的第一发现人，但是可以肯定的是，绝大多数动物养殖者都缺乏识别动物疫病的专业知识、能力和技术条件。而具备上述专业知识、能力和技术条件的官方机构又无法成为动物疫病的第一发现人。为了解决这个矛盾，《中华人民共和国动物防疫法》引入了动物诊疗制度，借助于商业化的动物诊疗服务，尽早发现或排除传染性的动物疫病。

《中华人民共和国动物防疫法》第六十一条规定：“从事动物诊疗活动的机构，应当具备下列条件：（一）有与动物诊疗活动相适应并符合动物防疫条件的场所；（二）有与动物诊疗活动相适应的执业兽医；（三）有与动物诊疗活动相适应的兽医器械和设备；（四）有完善的管理制度。”但是对于具体的条件，如场所的大小、执业兽医的人数等却没有具体规定。也就是说，申请成立动物诊疗机构首先要进行行政审批，按照行政许可法的要求向县级以上人民政府兽医主管部门提出申请，受理申请的兽医主管部门在法定期限内给予答复。同时《中华人民共和国动物防疫法》第六十三条还规定："动物诊疗许可证应当载明诊疗机构名称、诊疗活动范围、从业地点和法定代表人（负责人）等事项。动物诊疗许可证载明事项变更的，应当申请变更或者换发动物诊疗许可证。"另外，动物诊疗机构的运营也是一项商业活动，《动物诊疗机构管理办法》第十二条规定："动物诊疗机构变更名称或者法定代表人（负责人）的，应当在办理工商变更登记手续后15个工作日内，向原发证机关申请办理变更手续。动物诊疗机构变更从业地点、诊疗活动范围的，应当按照本办法规定重新办理动物诊疗许可手续，申请换发动物诊疗许可证。"

考虑到中国农村的实际情况，如果农村的动物诊疗需要达到上述全部条件，那么农村可能面临着无人能够提供动物诊疗服务的困难。为了解决这个实际困难，我国采取了双轨体制，即对乡村兽医服务另行采取独立的管理模式。制定独立的规则，以解决农村基层动物诊疗活动存在的实际问题，为基层动物疫情危机防控打下了坚实的法律基础。

三、动物疫情公共危机防控法治：善后处置制度

（一）动物防疫法治的监督制度

动物防疫法律关系的监督主体是动物卫生监督机构，至于是哪一级动物卫生监督机构，法律并没有明确规定，对于监督的对象是从事动物养殖者及相关者，还是应当包括相关政府部门，法律也没有明确规定。监督管理的内容包括：家畜家禽、经济动物、观赏动物、宠物、实验动物的饲养，家畜家禽等动物的屠宰，经营动物和动物产品的集贸市场的监督管理，动物产品涉及的动物饲养、屠宰、孵化等，动物和动物产品的运输等活动的动物防疫监督管理等。

（二）动物防疫法治的保障制度

动物防疫工作关系到保障畜牧业发展，关系到公共卫生安全。国家把动物防疫工作纳入国家和地方的国民经济与社会发展规划及年度计划，使动物防疫工作与社会经济发展相适应、相协调。为此，《中华人民共和国动物防疫

法》第七十九条规定："县级以上人民政府应当将动物防疫工作纳入本级国民经济和社会发展规划及年度计划。"我国动物疫情情况复杂，畜禽小规模和散养户比例较大，实行强制免疫、消毒、监测、疫情观察报告等防疫任务十分繁重，投入的人力、物力资源非常大，要确保这些防控措施能够落实到位，单纯依赖兽医工作机构人员是难以满足需要的，因此，需要建立一支稳定的村级动物防疫人员队伍。县级人民政府兽医主管部门根据动物防疫工作需要，向乡、镇或特定区域派驻兽医机构，是落实动物防疫工作由县级以上人民政府所属的机构组织实施的要求，从人力、财力、物力三个层面统一归属县级派出机构管理，直接对派出机构负责，主要承担动物防疫、检疫和公益性技术推广服务职能。

（三）动物防疫法治的责任制度

根据责任主体的不同，《中华人民共和国动物防疫法》第八十七条规定："地方各级人民政府及其工作人员未依照本法规定履行职责的，对直接负责的主管人员和其他直接责任人员依法给予处分。"《中华人民共和国动物防疫法》第八十八条规定："县级以上人民政府农业农村主管部门及其工作人员违反本法规定，有下列行为之一的，由本级人民政府责令改正，通报批评；对直接负责的主管人员和其他直接责任人员依法给予处分：（一）未及时采取预防、控制、扑灭等措施的；（二）对不符合条件的颁发动物防疫条件合格证、动物诊疗许可证，或者对符合条件的拒不颁发动物防疫条件合格证、动物诊疗许可证的；（三）从事与动物防疫有关的经营性活动，或者违法收取费用的；（四）其他未依照本法规定履行职责的行为。"

第三节　动物疫情公共危机防控法治实践

一、中国动物疫情公共危机防控的政府信息公开

中国动物疫情公共危机防控的政府信息公开属于政府信息的内容之一。

目前中国行政信息立法仅限于行政信息公开领域，对于行政信息的制作处理还未进入立法讨论层面。就行政信息公开而言，2007 年正式通过了《中华人民共和国政府信息公开条例》，于 2008 年 5 月 1 日施行。这部行政法规明确规定了国务院办公厅是全国政府信息公开工作的主管部门，县级以上地方人民政府办公厅（室）是本行政区域的政府信息公开工作主管部门。该条例规定了政府信息公开的原则包括公正、公平、合法、便民的原则。

《中华人民共和国政府信息公开条例》第十三条规定："除本条例第十四条、第十五条、第十六条规定的政府信息外，政府信息应当公开。行政机关公开政府信息，采取主动公开和依申请公开的方式。"第十七条规定："行政机关应当建立健全政府信息公开审查机制，明确审查的程序和责任。"第二十七条规定："除行政机关主动公开的政府信息外，公民、法人或者其他组织可以向地方各级人民政府、对外以自己名义履行行政管理职能的县级以上人民政府部门(含本条例第十条第二款规定的派出机构、内设机构)申请获取相关政府信息。"《中华人民共和国政府信息公开条例》在附则中进行了补充性规定，对于法律、法规授权的具有管理公共事务职能的组织公开政府信息的活动，也适用该条例。不过，从中国政府信息公开的实践来看还不尽如人意。以动物疫情危机防控为例，政府在疫情暴发、传染、损害、处置等领域的"硬信息"或有公开，但涉及政府决策过程、决策效果、决策失败等方面的"软信息"尚未进入公开范围。

二、中国动物疫情公共危机防控的法律救济制度

在常规法治社会状态中，政府在执法过程中如果与人民（行政相对人）之间产生了纠纷，尽管行政执法享有先予执行的能力（先定力），法治理念一般都认可，人民（行政相对人）将政府诉至法院，由具有中立地位的司法机构对政府行为进行审查，以确定政府行为的合法性和合理性。这种制度设计与法治理念是相吻合的。法治的核心目标是控制和制约政府权力的行使，而赋予人民（行政相对人）以起诉政府的权利，实际上就是将政府权力的制约和控制分散交给全体人民，使全体人民都有实在的机会和权利对政府行为进行监督，弥补立法机构的监督和行政机构的内部监督的缺陷和不足。也就是说，行政诉讼是常规法治社会状态中必不可少的制度设计之一。在公共危机

法治中，行政诉讼同样有存在的价值和理由，只是存在的方式可能与常规社会状态存在差别。当处于公共危机状态中时，司法权一般不宜对行政权进行审查；但是，在公共危机状态结束之后，受行政权不利影响的行政相对人可以提起诉讼，请求法院审查行政权在公共危机治理过程中的合法性和合理性。

（一）公共危机状态中的行政诉讼

首先，从受案范围上来看，公共危机状态中的行政诉讼只宜受理不得克减的公民权利被行政行为侵犯的案件，其他类型的案件在此阶段则不宜受理。公共危机状态中的行政行为主要涉及三个方面，一是公共危机事件的确认，二是紧急立法，三是应急措施或行为，下文分而述之。

对于公共危机事件的确认，其职权一般隶属于相应的行政机构，这些行政机构长期从事相关事务的管理，拥有比较丰富的经验和关于此类事件的较充分的信息，相对于任何其他机构而言，无论是在能力上还是在知识层面都有不可替代的优势。如果允许对政府的这方面决策予以起诉，无异于认同法院比行政机构更适合于这类决策的制定，这明显不成立。当然，允许起诉也许可以起到监督行政机构做出公正决策的作用，但是，在公共危机状态中，这种监督只会延误最佳的治理时机。由此可见，对公共危机事件的确认，不适合在此阶段进行司法审查。

对于紧急立法行为，不同的国家有不同的体制。在由立法机构行使这一权力的国家，如果该紧急立法行为没有直接涉及或侵犯公民的基本权利，那么就不可能起诉至法院，由法院进行审查。另外，能够对立法进行司法审查的国家，如美国，一般也只有联邦最高法院才有权力，而且需要借助于具体的个案才能进行。

对于应急措施而言，由于应急措施的采取和实施，一般属于具体行政行为，在通常意义上，这些应急措施都会针对特定的行政相对人，影响其权利或利益，受到具体行政行为影响的人应当有权利提起诉讼，由法院对相关行政行为进行合法性和合理性审查。然而，应急措施不同于一般具体行政行为的特点就在于其应急性，要求政府能够立即采取行动，防止公共危机事件的进一步扩散，而允许诉讼就可能延误这一目的的实现，只要被应急措施影响的权利或利益并非不得克减的权利或利益，那么在此阶段，应急性价值要大于保障公民权利的价值，应当不允许就这种行政行为提起诉讼。然而，由于不得克减的权利具有不被牺牲的绝对性，即使在公共危机应对需要时也是如此，因此如果这些基本权利被应急措施侵犯，那么应当允许司法权以适当的方式介入以保障公民的基本权利。

其次，对于法院审查及裁决的方式问题，由于仅允许不得克减权利的受害者提起诉讼，因此诉讼过程中的原告资格、证明标准和裁决方式也存在一定的特殊性。就原告资格而言，一般仅允许不得克减权利直接受到侵犯的人（或其法定代理人）才能提起相应的诉讼，对于权利受侵犯者自身无法提起诉讼，又无法定代理人或委托其他人代为提起诉讼时，一般不允许任何其他个人或组织代为提起诉讼。就证明标准而言，原告需要有足够的证据表明其不得克减的权利正处于危险之中或已经受到了侵犯，如果不采取司法保护措施，那么其不得克减的权利会受到真实的侵犯或继续处于被侵犯的状态。相对于一般性侵权诉讼而言，我们认为公共危机状态下，原告需要证明权利受到侵害的标准更高，因为司法权的介入可能会延误政府应对的最佳时机，如果原告的证明标准达不到这个要求，就有可能会被某些别有用心的人利用，利用司法权阻碍政府的公共危机治理活动。就裁决方式而言，我们认为在此条件下，法院不宜对案件进行实体性裁决，也就是不要过度审查政府应急行为的合法性和合理性，而应当将重点放在公民不得克减的权利受到何种程度的影响上，裁决方式以保护令状为主（根据中国的法律，一般以停止侵犯为主），主要目的在于即时中止政府的相关行为，以避免公民不得克减的权利遭受不可挽回的损失，至于政府的应急行为是否合法和合理、是否应当给予公民以赔偿或补偿，则不宜在个阶段进行审查，以免延误政府最佳的应对公共危机的时机。

（二）公共危机结束之后的行政诉讼

公共危机结束后的行政诉讼，应当与一般的行政诉讼大体上保持一致，但是由于公共危机治理行为本身具有一定的特殊性，因此在诉讼过程中，也有一些特别需要讨论的地方。

首先，在受案范围上，能否对政府确认公共危机事件的行为进行诉讼是一个值得研究的问题。如前文所述，在公共危机状态中，不宜对政府的这种行为进行诉讼，以免延误最佳治理时机，那么在公共危机状态结束之后，可不可以对政府的此种行为进行诉讼呢？我们认为，这既是可能的，也是建设法治社会所必需的。在公共危机状态下不宜起诉的主要理由是，行政机构是做出公共危机应对决策的最优选择，司法机构不能替代行政做出这样的决策。而在公共危机状态结束之后可以起诉的理由是，行政机构有义务在法庭上向行政相对人说明，其做出的决策在当时的条件下是迫不得已并且是所能做出的最优决策。在此，司法权是作为监督权存在的，它以其中立者的身份听取政府和行政相对人对公共危机事件确认的不同看法，判断政府的这种行为是否具有合法性和合理性。因为在此阶段，事后监督或救济是优于其他价值的选择。对于政府在公共危机治理过程中的其他行为，我们认为其与一般的具体行政行为没有实质区别，可根据一个国家或地区的相关法律提起诉讼。

其次，就证明标准而言，也就是判断政府在公共危机治理过程中的行政行为在主观上是否有过错的问题，是另一个需要特别注意的问题。在常规法治社会状态中，诉讼过程中的证明标准一般根据案件性质不同有所差异。在刑事案件中，大多采取“排除合理怀疑”的证明标准，即为了证明犯罪嫌疑人实施了犯罪行为，必须要证明到这种程度，即一个正常的理性的人无法对案件提出任何合理的怀疑。这种证明标准要求相当高，这也是西方资本主义国家为了保障犯罪嫌疑人的基本人权而设置的证明标准；在民事案件中，一般采取“优势证据”的证明标准，即在证明某一事件的过程中，如果存在相反的不同证据，那么法官应当进行“自由心证”，判定在证据上占优的证明是法院认定的事实（尽管可能与真实的事实不一致）。对于政府在常规社会状态下的执法行为，如果被起诉至法院，政府证明其行为合法的标准一般也要达到“优势证据”的程度，即相对于行政相对人提供的证据，政府提供的证据更优。然而，在公共危机状态下，这一点需要重新考虑。有两个因素可能会制约政府做出决策的正确性，一是时机上的紧迫性，二是信息的不充分、不完全性。如果在事后行政诉讼中要求政府证明其行政行为合法时达到“优势证据”的标准，那么这无疑是对政府提出一个其根本不可能达到的要求。因此，在公共危机状态下，应当降低政府行政行为的标准，现在普遍比较认可的是“有合理根据或怀疑”的证明标准。这个标准不仅得到理论界普遍支持，也被世界许多国家法律所采用。

第四节 推进危机管理政府行政责任立法

在应对2003年“非典”、2004年高致病性禽流感、2014年埃博拉病毒疫情和2015年中东呼吸综合征等重大恶性病毒性传染病入境流行的应急处置中，各地各级政府都负有“严防死守”之责。在应急处置2008年“5·12”汶川地震、2011年“7·23”温州动车事故、2015年“东方之星”客船翻沉事故、2015年“8·12”天津滨海新区爆炸事故等重大事故灾害中，各级政府都把“救人”放在第一位。重大动物疫情、公共卫生事件、突发性重大灾害、社会群体性冲突等突发事件，由于具有时间紧迫性和风险不确定性等显著特点，往往成为政府采取非常态管制措施的当然理由。但是，在大量突发事件应急处置中，政府履行非常态应急管理职能时存在无法可依的现象。

包括《中华人民共和国动物防疫法》等在内，虽然我国的应急管理政府责任法律规范在许多这类法律法规中都有体现，我国也已有数十部应对紧急或危机状态的单行法，但至今尚无统一的“突发事件应急处置政府行政责任法”。事实上，在动物疫情公共危机防控中，政府的权力与责任的确存在明显的不对等问题，由于信息不对称、防控处置技术知识的不充分、动物疫情传播的复杂性等多种原因，极大地增加了追究政府责任的困难，也增大了此类危机立法的难度。然而，全面依法治国要求政府必须依照宪法和法律来治理国家，这是毋庸置疑的真理，即使在突发事件应急处置中，政府拥有行政紧急权力，也要加强对权力运行的制约和监督，坚守依法行政的底线，履行行政法律责任。因此，必须加快推进“突发事件应急处置政府行政责任法”立法进程。

一、规范政府应急处置的行政许可

突发事件往往潜藏巨大的危险，这种危险因其具有强大的外部性而不得不由政府主导加强社会共同治理，以迅速有效地控制并销蚀危机。突发事件有外部性损害，政府应急处置就必然有外部性利益分割。因此，突发事件应急处置中不可避免存在着公民权利的克减。制定“突发事件应急处置政府行政责任法”，就是要针对不同类型的突发事件，从法律上明确细致地规范各级政府紧急处置突发事件的行政许可，使依法处置突发事件成为常态，而无须依赖“红头文件”或“上级批示”进行突发事件应急处置。

二、把应急权力纳入法治轨道

相当多的国家在紧急状态立法中对紧急权力的行使设置了种种法定限制，以抵抗非法紧急权对公民权利的侵害。法律是治国之重器，良法是善治之前提。在突发事件应急处置中，各级政府履行行政责任时必须严格规范事权许可，坚持公正文明执法，强化行政权力制约监督，把公正、公平、公开原则贯穿依法行政的全过程。既要在应急处置行政责任立法中充分体现“人民公仆为民执法”的行政道德规训；又要在应急处置行政责任立法中展现中国特色社会主义法治的政治成熟，真正实践全面依法行政、依法执政，消灭无约束的权力以维护权力良好运行。

三、建立科学有效的行政裁量权基准制度

孟德斯鸠说过，防止权力滥用的办法，就是用权力约束权力，权力不受约束必然产生腐败。应急处置行政责任立法必须细化、量化行政裁量标准，规范裁量范围、种类、幅度。应急处置行政责任立法要规定政府行政回应过程中控制应急权力的特殊方式，既要保证享有足够自由裁量权应对突发事件，充分发挥法律引领作用以提高突发事件应急处置中的政府行政能力，又要谨防个别政府部门或官员无视公共资源使用效率、滥用应急权力，甚至利用应急权力寻租或打着公共利益幌子行公权私用之实。

四、用好应急权力必须加强方法创新

首先，要在应急处置行政责任立法中建立明确的应急行政重大决策合法性审查机制，制定明确的决策合法性标准，规定严格的决策合法性审查程序。其次，要完善公众参与突发事件应急治理机制，建立明确的参与范围、参与权利与义务的法律规范。再次，要对国际社会参与中国突发事件应急援助的

渠道、范围、方式、方法与权利等进行明确规范。最后，要加快推进应急处置政务公开，立法保障应急处置信息公开，确保公民有序参与应急行政决策、有效行使行政监督权力。

五、严肃突发事件应急处置法纪

应急处置不当或应急处置不当演变成新的衍生型突发事件导致不必要的损失惨重，已经引起社会对政府应急行政行为的广泛关注。因此，应急处置行政责任立法必须强化问责制度，查责从速、查责从严、有责必究、重典追责。要确立失职行政官员快速引咎辞职硬约束，对于严重失职和违法行政官员终身不得再进入公务员队伍。要建立应急处置重大决策终身责任追究制度及责任倒查机制，对决策严重失误或者依法应该及时做出决策但久拖不决造成重大损失、恶劣影响的，严格追究法律责任。

六、始终维护宪法和法律的权威

必须准确把握依法治国的政治定位和依法执政的政治方向。任何紧急状态法，就法理而言都属于“特别法”。虽然在紧急状态下其效力优于其他法律，但同时必须规定有效的制约程序，最大限度地防止这种权力被滥用。应急处置行政责任立法的价值取向和本质要求是宪法与法律至上，反对人治，实行法治。落实应急处置行政责任，始终要遵从宪法和法律在国家政治生活中的地位与权威。推进应急处置行政责任法治建设，必须充分体现人民当家做主、党的领导和依法治国的有机统一，自觉维护各级党组织在宪法和法律范围内对突发事件应急处置的领导权威。

第　十　章

中国动物疫情公共危机综合防控能力建设

何为动物疫情公共危机防控能力？狭义地讲，动物疫情公共危机防控能力仅指政府应对防控动物疫情公共危机灾害损失的能力。广义地讲，动物疫情公共危机防控能力是指政府、生产者和包括消费者在内的公众为应对突发性动物疫情攻击、避免受到疫情伤害、掌握疫情变化并实现预期避灾目标而预先做好应急处置的实际本领和能力。它是以一系列物质、人员、资金、信息等条件保障为基础的，以科技防控手段为支撑的法律法规、政策制度及管理体制等制度安排和组织机制。本章从动物防疫的危机灾损防控能力内涵分析入手，建构了一套县乡基层动物疫情公共危机灾损防控能力评价指标，并以该指标体系为基础，展开了动物疫情公共危机灾损防控能力评价实证分析。本章进一步从社会风险、网络舆情、精准化防控、智能化防控等方面，对动物疫情公共危机综合防控能力建设进行了深入分析。

第一节　动物疫情公共危机灾损防控能力

一、基于动物防疫的危机灾损防控能力内涵

动物疫病本身造成的灾害损失，是动物疫情公共危机损害形成的基础。一般而言，动物疫情公共危机具有关联性，所以动物疫病本身灾害损失的扩

大，其导致的疫情公共危机损害也会相应扩大。从动物防疫的角度来看，动物疫情公共危机防控能力的首要目标就是降低灾损，具体而言，就是指精确评估、减少、挽救、控制动物疫病灾害损失并恢复重建因灾受损的安全生产秩序。因此，必须加强动物疫情公共危机灾损防控能力。所谓动物疫情公共危机灾损防控能力，其基本内涵包括动物疫病预防、监测、诊治、报告、监督等全过程防控中的人力、财力、基础设施与防控工具、制度与法律法规等要素，以及由这些要素按照既定制度安排形成的防控机制，在这种机制下所表现出的动物疫情公共危机灾损防控水平或力量。

（一）灾损防控能力要素

应急能力是指依据法制、科技和公众对紧急事务的管理能力，并采取行政手段应对各种紧急事务，以减少人员伤亡和财产损失，保证社会正常稳定运行的能力①。在动物防疫过程中各种人力、财力、基础设施与防控工具等资源，在一定制度与法律法规约束下，形成相互联系、力量叠加的综合体，实现组织预期减少、挽救或控制动物疫情灾害损失的目标，从而形成实际的动物疫病危机防控与应急处置的能力。

1）人力资源要素

人力资源要素主要包括国家及省、市、县动物疾病检测中心人员，乡镇动物卫生监督站、兽医防疫站工作人员，村级动物防疫人员，动物生产养殖企业动物医疗与防疫人员等。

2）财力资源要素

财力资源要素主要包括各级动物卫生防疫机构人员经费和工作经费、村级动物防疫人员工资福利补助、强制免疫经费、新型疫苗研制费、动物疫病疫区建设经费、动物疫病疫区动物扑杀补助、病死畜禽无害化处理补助、动物卫生与疫病流行调查经费等。

3）物力资源要素

物力资源要素主要包括中国动物疾病防控中心实验室、县级动物卫生监督站、乡镇兽医诊疗室、县乡基层动物检疫检验室、动物防疫调查交通与通

---

① 韩自强. 2020. 应急管理能力：多层次结构与发展路径[J]. 中国行政管理，（3）：137-142.

信工具、信息传报系统（工具）、动物强制免疫药品、动物疫病治疗药品储备、病死畜禽无害化处理消毒物资储备等基础设施与防控工具。

4）制度信息要素

制度信息要素主要包括各级政府动物疫病突发事件应急预案、应急预案演练方案、动物疫病调查与报告制度、病死畜禽无害化处理报告制度、动物疫病数据采集制度、动物疫情公共危机跨域联动制度、动物疫病网格化防疫制度、国家有关法律法规等。

（二）灾损防控能力表现

1）精确评估灾害损失

人们越能准确地评估动物疫情危机可能造成的灾害损失，就越能精确地采取应急防控行动。动物疫情公共危机灾害损失的可测量性（也称可评估性），是制订动物疫情公共危机防控方案的基础。

2）减少灾害损失

能否使得可能形成的灾害损失减量，是动物疫情危机防控能力的重要表现。例如，当某种动物疫病暴发后，迅速设置隔离带，将可能的传染区域尽量缩小，就是一种减少灾害的能力表现。

3）挽救灾害损失

当动物疫病发生后，通过采取隔离与治疗等措施降低动物死亡，是一种典型的挽救灾害损失的能力表现。

4）控制灾害损失

在动物疫情危机发生后，实施疫区隔离措施，将动物病毒控制在一定区域范围之内。同时，对染病动物或病死动物进行无害化处理，防止疫病传播、确保病死动物不流入餐桌危害人类等。这些都是典型的灾损控制表现。

5）恢复重建生产

动物疫情暴发后会发生大量动物死亡，对动物生产是一种重大打击。如何提高生产养殖户补栏信心、促进生产养殖户迅速恢复生产，一方面需要有一定的种畜种苗储备，另一方面要对疫后卫生防疫、养殖场舍消毒、生产场舍建设等提供必要的支持。这种恢复重建生产活动的有效性，更是迅速消除危机恐慌、推动社会稳定和生产发展的灾损防控能力的重要表现。

（三）灾损防控能力计算

动物疫情危机灾害与多数自然灾害一样，既具有突发性，又有一定规律可循，其灾损防控能力计算十分复杂。从动物疫情危机防控工作的具体要求出发，可以针对某项实际的动物疫情危机防控中灾害损失精确评估、灾害损失减少量、灾害损失挽救量、灾害损失控制量、恢复重建生产等的实际效果来衡量动物疫情危机灾损防控能力。虽然国内外已有一些学者探讨过此类计算方法，但是，目前尚未有十分有效计算动物疫情危机灾损防控能力的方法。

因此，我们提出用动物疫情防控组织具备的各种能力要素（ x ）来计算灾损防控能力指数，从而测算动物疫情危机灾损综合防控能力。当然，这种测算方法既具有防控现实能力评价的意义，也具有潜在防控能力估计的意义。通过计算不同层级政府动物疫情危机灾损防控能力指数（ y ），可以较好地运用本书的动物疫情公共危机“三阶段三波伏五关键点”模型来寻找危机管理关键链节点。动物疫病灾损防控能力指数计算公式为

$$y_i = a_i x_{i1} + a_i x_{i2} + \cdots + a_i x_{in} \tag{10.1}$$

式中，y 表示灾损防控能力指数；i 表示不同层级政府的标志；x 表示能力要素；a 表示各能力要素的权重。

二、县乡基层动物疫情公共危机灾损防控能力评价指标

动物疫情公共危机灾损防控能力是一种综合防控的能力。组织的能力往往由其实现组织目标的效果来体现，因此，我们可以通过建立一个动物疫情公共危机灾损防控能力评价指标体系来评估其能力的强弱。虽然应对动物疫情危机需要中央、省、市、县、乡各级政府的努力，政府不同部门之间需要加强联动。但是，县乡基层动物疫情公共危机灾损防控能力仍然是防控能力体系中最重要的一环。因此，本书仅针对县乡基层动物疫情公共危机灾损防控能力水平设置一个评价指标体系（表 10.1）。

表 10.1　县乡基层政府动物疫情公共危机灾损防控能力指数评价指标体系

一级指标	二级指标	三级指标
人力资源要素	X_1防疫人力资源	$X_{1\text{-}1}$县动物疾病检测中心人员数
		$X_{1\text{-}2}$乡镇动物卫生监督站人员数
		$X_{1\text{-}3}$乡镇兽医防疫站工作人员数
		$X_{1\text{-}4}$村级动物防疫人员数
		$X_{1\text{-}5}$养殖户（企业）动物防疫人员数
	X_2疫区应急处置人力资源	$X_{2\text{-}1}$封锁疫区可动员队伍人数
		$X_{2\text{-}2}$扑杀病死动物可动员队伍人数
		$X_{2\text{-}3}$病死动物无害化处置人员数
	X_3动物疫病灾后恢复生产人力资源	$X_{3\text{-}1}$能繁母猪、仔猪补栏饲养人员数
		$X_{3\text{-}2}$标准化饲养生产车间或养殖场建设队伍人数
财力资源要素	X_4防疫财力资源	$X_{4\text{-}1}$县动物卫生防疫机构人员经费和工作经费
		$X_{4\text{-}2}$村级动物防疫人员工资福利补助
		$X_{4\text{-}3}$强制免疫经费
		$X_{4\text{-}4}$新型疫苗研制费
		$X_{4\text{-}5}$动物卫生与疫病流行调查经费
	X_5疫区应急处置财力资源	$X_{5\text{-}1}$动物疫病疫区建设经费（隔离区财政补助）
		$X_{5\text{-}2}$动物疫病疫区动物扑杀补助（扑杀染疫动物数量）
		$X_{5\text{-}3}$病死畜禽无害化处理补助
	X_6动物疫病灾后恢复生产财力资源	$X_{6\text{-}1}$疫区灾后卫生防疫财政投入
		$X_{6\text{-}2}$疫区生产养殖户（企业）补栏财政补助
		$X_{6\text{-}3}$疫区生产养殖户（企业）灾损财政补助（或保险理赔）
		$X_{6\text{-}4}$疫区生产养殖户（企业）养殖场建设财政补贴
物力资源要素	X_7防疫物力资源	$X_{7\text{-}1}$县级动物卫生监督站（达标程度）
		$X_{7\text{-}2}$乡镇兽医诊疗室（达标程度）
		$X_{7\text{-}3}$县乡基层动物检疫检验室（达标程度）
		$X_{7\text{-}4}$动物疫病强制免疫药品储备

续表

一级指标	二级指标	三级指标
物力资源要素	X_8疫区应急处置物力资源	$X_{8\text{-}1}$动物疫病调查交通与通信工具
		$X_{8\text{-}2}$动物疫病应急处置信息传报系统（工具）
		$X_{8\text{-}3}$动物疫病紧急诊治疫苗提供数量
		$X_{8\text{-}4}$病死畜禽无害化处理消毒物资储备
	X_9动物疫病灾后恢复生产物力资源	$X_{9\text{-}1}$动物疫病治疗药品储备
		$X_{9\text{-}2}$能繁母猪、仔猪数量
制度信息与法律法规要素	X_{10}防疫制度信息要素	$X_{10\text{-}1}$县级政府动物疫病突发事件应急预案
		$X_{10\text{-}2}$乡镇政府动物疫病突发事件应急预案
		$X_{10\text{-}3}$县级政府应急预案演练方案
		$X_{10\text{-}4}$乡镇政府应急预案演练方案
		$X_{10\text{-}5}$县乡政府动物疫病应急信息上报制度
		$X_{10\text{-}6}$县级政府动物疫病应急信息发布制度
		$X_{10\text{-}7}$县级政府动物疫病应急信息管理网站（访问次数）
		$X_{10\text{-}8}$县乡政府动物疫病预测预报数据日常采集制度
	X_{11}疫区应急处置制度信息要素	$X_{11\text{-}1}$动物疫情危机应急指挥机构权威性与有效性（满意度）
		$X_{11\text{-}2}$病死畜禽无害化处理报告制度
		$X_{11\text{-}3}$动物疫情危机跨域联动制度
		$X_{11\text{-}4}$动物疫情应急处置法律法规与管理制度
	X_{12}动物疫病灾后恢复制度信息要素	$X_{12\text{-}1}$动物疫病防控法律法规与部门规章
		$X_{12\text{-}2}$动物疫情危机应急处置学习与责任追究制度
		$X_{12\text{-}3}$动物疫病网格化防疫制度
		$X_{12\text{-}4}$动物防疫知识宣传与学习（次数）

动物疫情灾损防控能力评价的关键在于科学设计能力要素指标体系。本书根据动物疫情公共危机事前、事中、事后的三阶段演化基本模型，将动物疫情公共危机灾损防控要素分为人力资源、财力资源、物力资源、制度信息与法律法规要素等 4 个一级指标要素，在各一级指标下又细分为 12 个二级指标要素，进一步将二级指标细分列出具体的三级指标，共设置三

级指标48个，各项指标均采用层次分析法确定权重（精确到小数点后两位），建立一个“四维度三阶段三级指标”综合能力指数。本书以生猪疫病危机防控为例，基于县乡政府的基层动物疫情公共危机灾损防控能力指数评价指标体系见表10.1。

三、动物疫情公共危机灾损防控能力评价实证分析

本书利用课题组调查资料对湖南、湖北、广东、广西、江西等5个省区19个县（市、区）的县级政府动物疫情公共危机灾损防控能力指数进行测算，并分析了不同县（市、区）的防控能力差异。

（一）实证分析过程

（1）计算19个县（市、区）动物疫病危机灾损防控能力指数。

（2）检验灾损防控指数的信度与效度。根据灾损防控能力指数计算结果，进行效度和信度分析，以验证该指数的科学合理性。

（3）对19个县（市、区）动物疫病危机灾损防控能力指数进行分区分析。根据防控能力指数大小排序，然后分析防控能力的影响因素。

（4）提出改善防控能力的相关对策建议。

（二）计量模型

计量模型部分包括防控能力指数各指标权重计算公式、防控能力指数计算公式、防控能力影响因素分析模型三部分，建立根据实际结果对不同县（市、区）的防控能力指数进行方差分析的模型。

（三）变量与数据

根据课题组2012年对19个县（市、区）的调查及19个县（市、区）官方网站公布的数据。

第二节　动物疫情公共危机风险防控能力

一、社会风险视域下的动物疫情危机防控能力

（一）社会风险理论基本概念

社会风险理论认为，风险具有不确定性和风险后果损害性两大基本特征。一般而言，组织面临决策环境的不确定性就是潜在的风险，这种不确定性具体反映在决策后果具有多种可能性，包括风险决策造成的结果、承受对象、发生时间及发生与否等都是不确定的；风险后果损害性强调在风险决策中，其后果具有损害性，即后果不利性①。当然，如果能够精准预测决策环境变化，充分利用风险决策中稍纵即逝的机会，也是能够化险为夷、转危为机的。

（二）公共风险与社会风险

公共风险是指风险后果危及社会公众、造成较大范围内社会公众受到伤害的风险事件。动物疫情危机通常属于一种公共风险。例如，“非典”、高致病性禽流感、猪链球菌病等人畜禽共患疾病等。社会风险是指风险后果可能危及社会稳定和社会秩序的风险事件。动物疫情危机防控不当可能诱发社会风险，进而有爆发社会性危机的可能。

（三）动物疫情危机风险防控能力

动物疫情危机风险防控能力包括政府预防风险、控制风险和消除风险的能力，也包括公民防控风险的能力，如避灾、减损与心理自愈等。在重大动物疫情公共危机中，公民为了最大限度减灾止损、降低心理承灾恐慌，会从个人经济利益出发来决策应灾行为。而政府和相关部门又会从社会公众利益和政府部门利益的角度出发，采取相应地降低社会风险灾害和控制风险损害

---

① 胡象明，王锋. 2014. 一个新的社会稳定风险评估分析框架：风险感知的视角[J]. 中国行政管理，（4）：102-108.

的行为。动物疫情危机风险防控能力包括社会组织的防控能力，行业组织、第三方组织、媒体组织等社会组织依据组织自身的使命，对动物疫情危机事件做出应急反响并介入事件之中，它们也面临社会风险，同样需要具备较强的危机风险防控能力。动员和培育社会组织参与动物疫情危机事件治理是构建风险防控体系、满足人们公共安全需求的新方式。

二、动物疫情危机风险防控与网络舆情

网络舆情最能直观表达公众对动物疫情危机的风险感知，加强网络舆情的正面疏导，是提高动物疫情危机风险防控能力的重要内容。面对重大动物疫情风险事件，及时、全面了解网民的风险感知水平及其影响因素，对实现有效的疫情风险沟通和风险治理具有十分重要的意义。

风险感知是风险研究中的重要概念之一。现有风险感知的研究大多使用问卷调查法，使用的数据大部分是截面数据。人们的风险感知过程受到媒介、文化、经济和政治等社会因素，以及个体自身社会经济背景因素的综合式影响和交互作用[①]。公共风险事件中，网民的风险感知程度越高，对风险事件的信息需求也就越大，因此，在搜索引擎上搜索风险事件相关信息的可能性也就越大。本书用互联网环境下信息搜索的序列数据，研究公共风险事件下网民风险感知的演化特征及其影响因素。

有学者选取我国31个省区市（未包括港澳台地区）的男女性别比、15～64岁的人口数、人均受教育年限、死亡率［死亡率是指在一定时期内（通常为一年）一定地区的死亡人数与同期内平均人数之比。死亡率是一种逆向指标，即数值越高，反映区域健康水平越低，反之则越高］、人均地区生产总值、风险感知下降速度λ值分别代表各地区人口性别结构、年龄结构、受教育水平、健康水平、经济水平和风险感知时间演变的量化指标，探讨各指标对网民风险感知水平的影响[②]。

---

①滕文杰. 2015. 突发公共卫生事件网络舆情网民关注度区域分布研究[J]. 中国卫生事业管理，32（5）：393-396.

②胡象明，王锋. 2014. 一个新的社会稳定风险评估分析框架：风险感知的视角[J]. 中国行政管理，（4）：102-108.

三、动物疫情危机网络舆情风险防控能力实证分析

（一）研究方法及模型构建

本书使用网络搜索数据开展研究。这是一种可以直接观测的、反映网民风险感知的量化指标，作为反映网民在公共风险事件下的风险感知水平的指标，了解和总结网民风险感知的演化特征，并分析其影响因素。本书以2013年、2014年、2015年和2016年暴发的H7N9禽流感为案例对象，以网络搜索作为风险感知的代理变量，从时间和空间两个维度上分析H7N9禽流感发生后网民风险感知的演化特征，讨论公共风险事件下网民的风险感知演化速度、信息需求内容变化，进一步探讨影响网民风险感知的影响因素，以期提出危机管理中可资借鉴的建议。

本书选择互联网搜索引擎作为数据源，研究公共风险事件下的网民风险感知的演化特征及其影响因素。本书使用的搜索数据源于百度指数。百度指数是以百度海量网民行为数据为基础的数据分享平台，可以反映某个关键词在百度的搜索规模有多大，一段时间内的涨跌态势，代表了各个关键词在百度网页搜索中的搜索频次。由于百度指数仅以图形曲线方式提供关键词的用户关注度变化情况，并没有提供数据导出功能。因此，本书采用一种数据抓取软件获取数据，以“H7N9”为关键词获取网民对H7N9信息的搜索数据。

本书对疫情危机风险的研究采用了美国学者彼得·休伯的论述。休伯将现代社会中的风险分为公共风险和私人风险。公共风险是指那些“集中或者批量生产、广为流通，且绝大部分都是处在单个风险承受者理解和控制之外、威胁到人类的健康和安全的风险”[①]。其中，H7N9禽流感是一种危险性极大的公共风险，除了会直接导致人类生命和健康受到威胁之外，还会造成社会恐慌等次生危害。由于H7N9禽流感具有突发性强、危害链长和成灾面广等特点，H7N9禽流感给人类带来的危害已处在单个风险承受者的控制之外，属于重大公共风险事件之一。H7N9型禽流感是全球首次发现的新亚型流感病毒，是一种新型禽流感，于2013年3月底在上海和安徽两地首先发现。近年来，H7N9禽流感在我国各地多次暴发，对人们的生命财

① 傅蔚冈. 2012. 对公共风险的政府规制——阐释与评述[J]. 环球法律评论，34(2)：140-152.

产造成严重的损失。本书以 2013 年 4 月中旬、2014 年 1 月底、2015 年 6 月中旬和 2016 年 1 月中旬暴发的最严重的 H7N9 禽流感为案例对象，分析公共风险事件发生后网民风险感知的演化特征；以 2013～2015 年我国 31 个省区市（未包括港澳台地区）的网民风险感知量化指标网络搜索数据作为被解释变量，探讨各地区男女性别比（X_1）、15～64 岁人口数占总人口数的比重（X_2）、人均受教育年限（X_3）、死亡率（X_4）、人均地区生产总值（X_5）、风险感知下降速度 λ 值（X_6）对网民风险感知水平的影响。其中，X_1、X_2、X_4、X_5 数据源于《中国统计年鉴》，X_3 数据按国际通行的计算办法推算，X_6 数据通过 MATLAB 软件计算得出。

（二）网络舆情分布数据及其特征

1. 网民风险感知的时间分布

整体而言，从时间维度上来看，网民对 H7N9 禽流感的风险感知呈不规则、脉冲式分布：在大部分时间里，网民对 H7N9 禽流感的风险感知程度保持在较低水平，然而在 H7N9 禽流感暴发后，网民风险感知急剧上升，之后又迅速下降并恢复至平常水平。图 10.1 反映了 H7N9 禽流感这一公共风险事件对网民风险感知的影响（搜索指数是以网民在百度的搜索量为数据基础，以关键词为统计对象，科学分析并计算出各个关键词在百度网页搜索中搜索频次的加权和）。

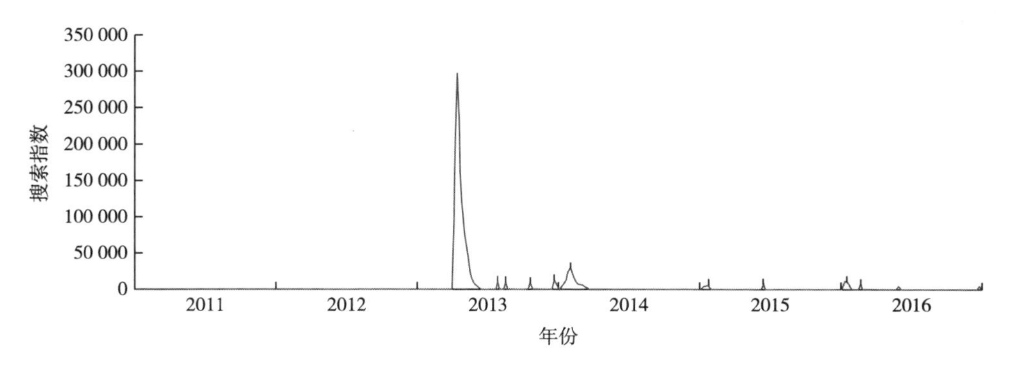

图 10.1　H7N9 风险感知变化整体趋势

为了更好地了解 H7N9 禽流感暴发后网民风险感知的变化情况，图 10.2 将 2013 年 4 月中旬、2014 年 1 月底、2015 年 6 月中旬和 2016 年 1 月中旬暴发的 H7N9 禽流感前后网络搜索量分别列出来并进行汇总比较。由此可知，网民对 H7N9 禽流感的风险感知呈现出相类似的变化特征：H7N9 禽流感暴发后达到高峰，之后迅速回落，在 H7N9 禽流感暴发后一周左右略有反弹，之后缓慢下降并稳定在一个较低水平。H7N9 禽流感暴发后一周容易出现小高峰的原因可能是媒体后续相关疫情消息的报道，使得网民对 H7N9 禽流感的关注程度和信息需求再次上升。四次 H7N9 禽流感相比较而言，2013 年次 H7N9 禽流感暴发后网民的风险感知变化表现得最为强烈，无论是信息搜索量峰值还是后续发展，风险感知水平都要远远高于其他年次。

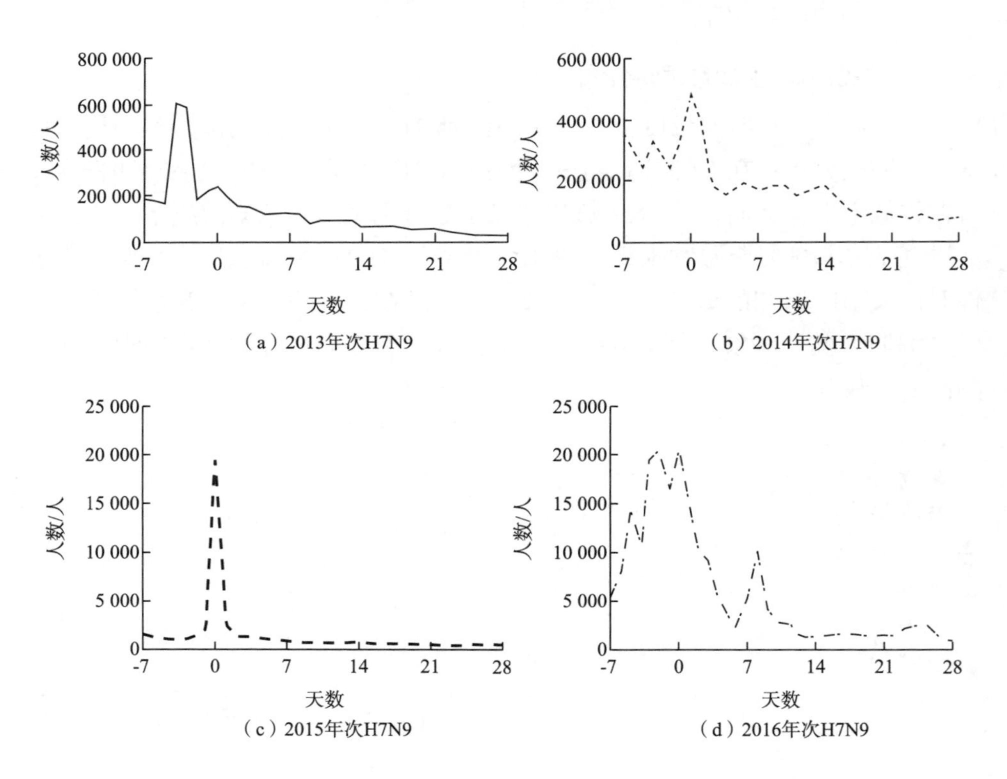

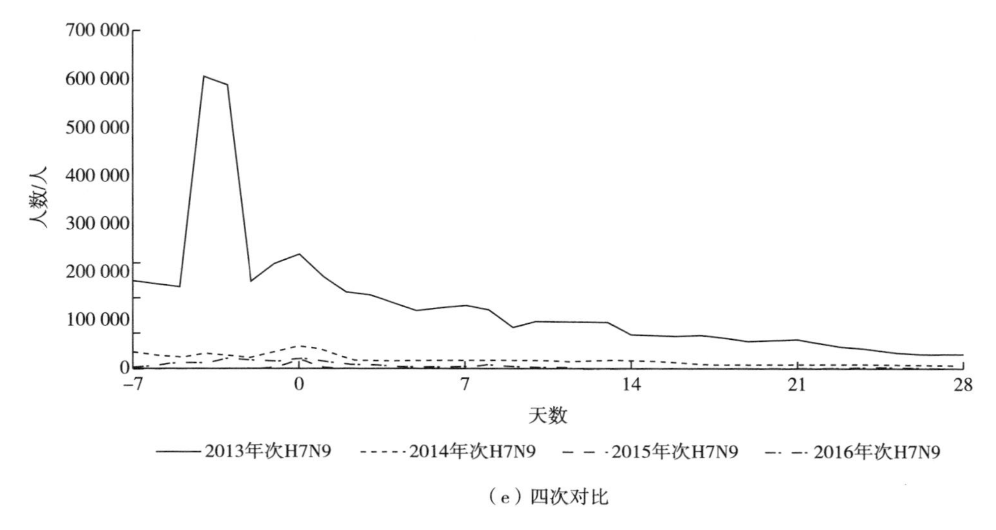

（e）四次对比

图 10.2　四次 H7N9 网民风险感知图

H7N9 禽流感发生后，网民对 H7N9 信息的搜索量随时间变化的过程与指数分布类似。实际上，假定 H7N9 暴发后网民提交搜索请求的过程是一个泊松过程，即第 k 次随机事件与第 k+1 次随机事件出现的时间间隔服从指数分布。如果网民在 H7N9 禽流感暴发当天感知到 H7N9 禽流感或了解到 H7N9 禽流感事件，假定其在时间 t 到 $t+\Delta t$ 进行网络搜索的概率为 λ，那么网络搜索发生的时间可以看作一个指数分布过程。也就是说，即使网民感知到 H7N9 禽流感并希望了解 H7N9 禽流感的信息，也可能由于没有网络、不在线等其他原因没有立即进行网络搜索，而在若干时间之后才将进行网络搜索。

指数分布的概率密度函数为

$$f(t;\lambda)=\lambda \mathrm{e}^{-\lambda t} \tag{10.2}$$

式中，$t>0$，$\lambda>0$。网民对 H7N9 禽流感的风险感知随时间演变通过 λ 的值来反映：λ 值越大，表明 H7N9 禽流感暴发后网民风险感知下降得越快。分别利用2013～2016年次H7N9禽流感暴发后的网络搜索量数据对模型进行拟合，得到的结果见表 10.2。可以看到，对于发生的四次 H7N9 禽流感，其数据与指数分布函数的拟合程度都很高，调整 R^2 都高于 80%。相比较而言，2015 年次

的 λ 值最大，表明 2015 年次 H7N9 暴发后网民对 H7N9 的风险感知程度的下降速度最快。

表 10.2　四次 H7N9 网民风险感知指数分布估计

项目	2013 年次 H7N9	2014 年次 H7N9	2015 年次 H7N9	2016 年次 H7N9
λ	0.067	0.049	1.867	0.203
调整 R^2	0.947	0.839	0.949	0.806

如果对网民信息搜索的内容做进一步细分，可以发现 H7N9 禽流感暴发后不同时期不同阶段网民信息需求的侧重点也有所不同。利用百度指数的关键词挖掘功能，收集 2013 年次 H7N9 至 2016 年次 H7N9 的相关信息。结果发现，四年里网民对 H7N9 信息关注度最高的前十个问题如下，见表 10.3 至表 10.6。

表 10.3　2013 年次网民关注 H7N9 问题热度

浏览热度	问 题	回答个数/个
1	H7N9 症状是什么?	23
2	H7N9 禽流感最新消息	9
3	如何预防 H7N9 禽流感?	9
4	H7N9 禽流感早期症状是什么样的?	9
5	高温能杀死禽肉中的 H7N9 病毒吗?	1
6	问一下，吃鸡蛋会得 H7N9 禽流感吗? 好可怕，我特爱吃鸡蛋，现在都不敢吃了	9
7	H7N9 H1N1 禽流感病毒的名字是怎么命名的?	9
8	禽流感 H7N9 至今一共几例?	11
9	跪求 H7N9 的最新消息!	9
10	H7N9 禽流感最新消息，就今天，在线等	9

表 10.4　2014 年次网民关注 H7N9 问题热度

浏览热度	问　题	回答个数/个
1	H7N9 禽流感早期症状是什么样的?	9
2	如何预防 H7N9 禽流感?	9
3	H7N9 禽流感最新消息	9
4	H7N9 症状是什么?	23
5	H7N9 禽流感和普通感冒的区别	9
6	得了 H7N9 有什么症状?	9
7	禽流感 H7N9 的症状是什么? 我的症状是这样的吗?	9
8	H7N9 禽流感可以治吗?	9
9	高温能杀死禽肉中的 H7N9 病毒吗?	1
10	2014 年中国因 H7N9 禽流感死亡人数是多少?	9

表 10.5　2015 年次网民关注 H7N9 问题热度

浏览热度	问　题	回答个数/个
1	H7N9 症状是什么?	23
2	H7N9 禽流感早期症状是什么样的?	9
3	H7N9 禽流感最新消息	9
4	如何预防 H7N9 禽流感?	9
5	高温能杀死禽肉中的 H7N9 病毒吗?	1
6	问一下，吃鸡蛋会得 H7N9 禽流感吗? 好可怕，我特爱吃鸡蛋，现在都不敢吃了	9
7	禽流感 H7N9 至今一共几例?	11
8	H7N9 禽流感症状	4
9	跪求 H7N9 的最新消息!	9
10	H7N9 禽流感国外有吗? 还是目前只有中国有?	9

表 10.6　2016 年次网民关注 H7N9 问题热度

浏览热度	问 题	回答个数/个
1	H7N9 症状是什么?	23
2	H7N9 禽流感早期症状是什么样的?	9
3	H7N9 禽流感最新消息	9
4	如何预防 H7N9 禽流感?	9
5	高温能杀死禽肉中的 H7N9 病毒吗?	1
6	问一下，吃鸡蛋会得 H7N9 禽流感吗? 好可怕，我特爱吃鸡蛋，现在都不敢吃了	9
7	禽流感 H7N9 至今一共几例?	11
8	H7N9 禽流感症状	4
9	跪求 H7N9 的最新消息!	9
10	H7N9 禽流感国外有吗? 还是目前只有中国有?	9

将网民关注热度高的问题提取关键词，关键词可归纳分为三类：①H7N9 症状；②H7N9 预防；③H7N9 最新消息。利用百度指数的指数搜索功能，搜索这三个关键词在 2013 年次至 2016 年次的网民搜索量，得到网民对这三类信息的需求演变趋势图，见图 10.3。

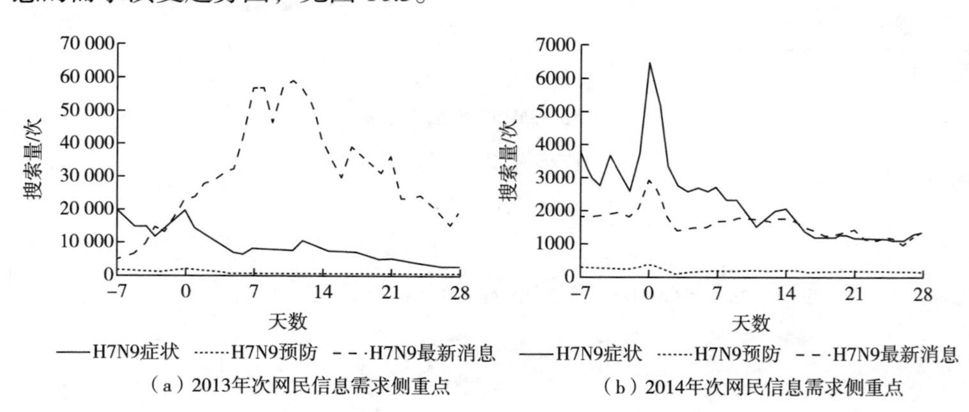

（a）2013年次网民信息需求侧重点　（b）2014年次网民信息需求侧重点

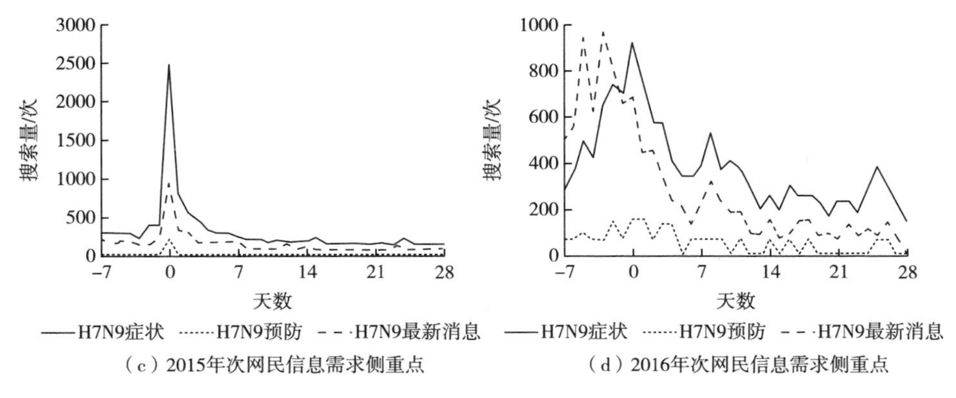

（c）2015年次网民信息需求侧重点　　（d）2016年次网民信息需求侧重点

图 10.3　2013 年次至 2016 年次网民信息需求侧重点的演变

图 10.3 分析结果显示，H7N9 禽流感暴发后，网民对于 H7N9 各类信息的需求迅速表达出来。其中，对于 H7N9 症状信息的需求在 H7N9 暴发当天达到高峰，之后开始快速下降，到 H7N9 暴发后一周左右时间，其信息的搜索量趋于平稳。这表明，面对 H7N9 禽流感这一公共风险事件，网民对即将发生的、危及生命财产安全的潜在危险的风险感知水平在 H7N9 发生后达到高峰，之后开始快速下降，H7N9 禽流感暴发一周后对这类危险的风险感知水平才趋于平稳，四周后就基本恢复到 H7N9 禽流感暴发前的水平。与 H7N9 禽流感症状信息相比，网民对 H7N9 禽流感预防和 H7N9 禽流感最新消息的需求演变具有不同的特点：网民对 H7N9 禽流感预防信息的需求保持在一个较稳定的水平，其搜索总量低于 H7N9 禽流感症状和 H7N9 禽流感最新消息的数量。出现这种情况，可能是由于信息的不对称性，网民只能被动地接受有关 H7N9 禽流感预防措施。另外还可以看到，与 H7N9 禽流感症状信息需求的下降速度不同。2013 年次 H7N9 禽流感最新消息在禽流感暴发两周后呈现出双峰态分布，并在第三周出现小高峰，之后开始缓慢回落。网民对于 H7N9 禽流感最新消息信息的搜索量一直保持在高位，反映出网民在 H7N9 禽流感暴发后的一段时间内依然十分关注这类信息的动态。2014 年次和 2015 年次 H7N9 禽流感最新消息都呈现出单峰分布，政府通过采取相应的措施，使得这类信息的需求恢复常态。到 2016 年次，H7N9 禽流感最新消息发生变化，呈现出双峰态前置现象。由于人们经历了前几次重大禽流感，对禽流感消息的关注比较敏感。当出现禽流感症状时，就会搜索大量信息，予以求证。

与 2013 年不同的是，在 2016 年次禽流感暴发后，网民对 H7N9 禽流感最新消息的需求逐渐下降，到危机的第四周，趋于平缓。这表明政府通过相应的措施，使得网民减少了焦虑和恐慌。综上可知，H7N9 禽流感最新消息是政府部门关注的重点。

2013 年 H7N9 禽流感首次在我国暴发，比较 2013 年次和 2016 年次网民对这三类信息的搜索量可以发现：2013 年次 H7N9 禽流感暴发后，网民对 H7N9 禽流感最新消息的搜索量要远远高于对 H7N9 禽流感症状和 H7N9 禽流感预防的搜索量。但是 2016 年次 H7N9 禽流感暴发后，情况发生很大的改变，网民对 H7N9 禽流感最新消息的搜索量要高于对 H7N9 禽流感症状消息和 H7N9 禽流感预防的搜索量，并且网民对 H7N9 禽流感最新消息的需求在当年 H7N9 禽流感暴发前就已经达到高峰，这与 2013 年次的情况完全相反。其中的原因可能是因为网民经历了前三年的 H7N9 禽流感事件，对于 H7N9 禽流感症状和预防的知识已有较多的了解，因此这两类消息的需求趋势大体相同。而相比较来看，H7N9 禽流感最新消息由于不同媒体、政府部门的信息报道，网民对疫情最新消息的传播及受害群体状况的变化等多因素的影响，使得网民关注 H7N9 禽流感最新消息的内容要多于 H7N9 禽流感症状和预防。因此，随着时间的推移，网民在基本了解 H7N9 禽流感症状和预防信息的前提下，对于 H7N9 禽流感最新信息这类能降低网民风险感知的信息需求会保持较长时间和较高水平的关注。相应地，政府部门在信息提供上应该考虑到网民对 H7N9 禽流感信息需求的演变特点，有针对性地制订并动态调整信息发布的方案。

2. 网民风险感知的空间分布

为了解 H7N9 禽流感风险感知的空间分布特点，我们先获取了各省区市对 H7N9 禽流感信息的搜索数据。通常来讲上网人数越多，网络搜索量也就越大。因此，为了过滤掉各省区市人口数量对搜索量的影响，更好地反映出 H7N9 禽流感对个人风险感知的影响，本书将我国各省区市搜索数据做以下处理

$$I_i = search_i \,/\, online_i \qquad (10.3)$$

式中，I_i 表示省区市 i 网民的信息需求量；$search_i$ 表示省区市 i 网民对 H7N9 禽流感的网络搜索量；$online_i$ 表示省区市 i 的网民数。在此基础上，为反映各

省区市 H7N9 禽流感风险感知的相对大小并便于纵向对比，计算出各省区市 H7N9 禽流感信息需求量在全国总信息需求量中所占的比例为

$$\mathrm{RI}_i = I_i / \sum I_i \tag{10.4}$$

我们从网络搜索中得到 2013～2016 年 4 次 H7N9 禽流感暴发后我国各省区市网民风险感知水平的分布情况，详见表 10.7 至表 10.10。

表 10.7　2013 年次 H7N9 禽流感暴发后各省区市网民风险感知水平

排名	H7N9 暴发当天所占比例		H7N9 暴发 7 天所占比例		H7N9 暴发 14 天所占比例		H7N9 暴发 21 天所占比例		H7N9 暴发 28 天所占比例	
1	15.37%	北京	10.09%	北京	9.07%	天津	7.02%	福建	6.03%	天津
2	8.80%	天津	7.44%	天津	5.93%	江西	5.83%	江西	5.46%	福建
3	8.71%	上海	7.39%	上海	5.84%	北京	5.30%	天津	5.23%	北京
4	5.83%	浙江	6.67%	浙江	5.25%	上海	4.93%	北京	4.78%	江西
5	5.62%	江苏	5.29%	江苏	5.05%	浙江	4.79%	上海	4.71%	西藏
6	5.04%	河南	3.87%	宁夏	4.95%	西藏	4.44%	江苏	4.63%	上海
7	3.28%	陕西	3.82%	陕西	4.82%	福建	4.34%	浙江	4.04%	宁夏
8	2.78%	安徽	3.78%	河南	4.34%	陕西	4.00%	海南	4.01%	江苏
9	2.76%	山东	3.57%	山东	3.36%	吉林	3.91%	广东	3.89%	海南
10	2.58%	辽宁	3.46%	吉林	3.27%	宁夏	3.72%	河南	3.80%	浙江
11	2.51%	河北	3.31%	青海	3.21%	安徽	3.57%	宁夏	3.41%	河南
12	2.36%	海南	2.81%	内蒙古	3.10%	江苏	3.45%	山东	3.30%	陕西
13	2.36%	吉林	2.73%	海南	3.07%	海南	3.36%	安徽	3.27%	安徽
14	2.33%	福建	2.63%	安徽	2.94%	湖南	3.35%	西藏	3.26%	青海
15	2.23%	宁夏	2.53%	黑龙江	2.80%	湖北	2.91%	吉林	2.94%	山东
16	2.11%	内蒙古	2.53%	江西	2.74%	黑龙江	2.74%	陕西	2.79%	山西
17	2.11%	黑龙江	2.52%	甘肃	2.64%	山东	2.69%	内蒙古	2.70%	吉林
18	2.10%	山西	2.45%	辽宁	2.61%	河南	2.42%	河北	2.64%	内蒙古
19	2.04%	广东	2.24%	西藏	2.59%	山西	2.40%	山西	2.58%	广西

续表

排名	H7N9暴发当天所占比例		H7N9暴发7天所占比例		H7N9暴发14天所占比例		H7N9暴发21天所占比例		H7N9暴发28天所占比例	
20	2.04%	湖北	2.22%	山西	2.53%	辽宁	2.36%	黑龙江	2.57%	甘肃
21	1.77%	重庆	2.06%	河北	2.39%	青海	2.36%	青海	2.51%	黑龙江
22	1.75%	西藏	1.98%	广西	2.36%	河北	2.34%	甘肃	2.48%	广东
23	1.74%	甘肃	1.94%	湖北	2.16%	广东	2.29%	湖北	2.44%	湖南
24	1.71%	江西	1.94%	福建	1.97%	广西	2.27%	湖南	2.40%	河北
25	1.66%	贵州	1.89%	广东	1.95%	内蒙古	2.22%	辽宁	2.38%	湖北
26	1.55%	青海	1.76%	重庆	1.61%	四川	2.16%	重庆	2.28%	辽宁
27	1.47%	四川	1.56%	云南	1.55%	重庆	2.10%	广西	2.11%	重庆
28	1.44%	云南	1.50%	湖南	1.55%	云南	1.99%	贵州	2.09%	贵州
29	1.37%	广西	1.45%	新疆	1.48%	贵州	1.93%	云南	1.98%	云南
30	1.34%	湖南	1.32%	四川	1.45%	甘肃	1.44%	四川	1.79%	四川
31	1.25%	新疆	1.26%	贵州	1.41%	新疆	1.37%	新疆	1.52%	新疆
均值	0.032		0.032		0.032		0.032		0.032	
极差	0.141		0.088		0.077		0.056		0.045	
标准差	0.029		0.021		0.017		0.013		0.011	

表 10.8　2014 年次 H7N9 禽流感暴发后各省区市网民风险感知水平

排名	H7N9暴发当天所占比例		H7N9暴发7天所占比例		H7N9暴发14天所占比例		H7N9暴发21天所占比例		H7N9暴发28天所占比例	
1	7.6%	北京	7.01%	福建	8.43%	北京	6.69%	北京	6.75%	北京
2	7.3%	浙江	5.78%	北京	7.98%	西藏	6.49%	青海	6.63%	西藏
3	6.6%	福建	5.44%	浙江	5.40%	浙江	6.29%	西藏	6.45%	宁夏
4	5.8%	天津	5.38%	广东	4.63%	上海	5.73%	福建	6.14%	吉林
5	4.9%	上海	5.17%	海南	4.37%	安徽	5.47%	安徽	5.31%	福建
6	4.8%	海南	4.62%	西藏	4.22%	福建	5.42%	海南	4.82%	海南

续表

排名	H7N9 暴发当天所占比例		H7N9 暴发 7 天所占比例		H7N9 暴发 14 天所占比例		H7N9 暴发 21 天所占比例		H7N9 暴发 28 天所占比例	
7	4.5%	江苏	4.52%	湖南	4.19%	湖北	5.28%	浙江	4.66%	浙江
8	3.5%	江西	4.28%	江西	4.00%	黑龙江	4.46%	上海	4.57%	广东
9	3.4%	广东	4.26%	天津	3.96%	海南	4.34%	湖南	3.95%	天津
10	3.0%	宁夏	4.18%	上海	3.95%	天津	3.95%	江苏	3.84%	安徽
11	2.9%	陕西	4.17%	广西	3.79%	青海	3.93%	天津	3.66%	上海
12	2.9%	安徽	3.89%	吉林	3.69%	宁夏	3.66%	广东	3.64%	湖南
13	2.8%	广西	3.50%	安徽	3.28%	广西	3.19%	广西	3.41%	青海
14	2.8%	山西	3.10%	江苏	3.23%	广东	2.84%	宁夏	3.23%	江苏
15	2.7%	西藏	2.65%	河南	3.17%	湖南	2.80%	黑龙江	2.93%	江西
16	2.7%	吉林	2.55%	宁夏	3.14%	江苏	2.74%	江西	2.62%	黑龙江
17	2.6%	重庆	2.44%	湖北	2.70%	江西	2.35%	吉林	2.61%	广西
18	2.5%	青海	2.40%	青海	2.65%	内蒙古	2.28%	内蒙古	2.58%	内蒙古
19	2.4%	湖南	2.21%	陕西	2.16%	河南	2.10%	陕西	2.20%	甘肃
20	2.3%	黑龙江	2.15%	山西	2.10%	吉林	1.95%	贵州	1.98%	贵州
21	2.3%	河南	2.13%	山东	1.98%	山东	1.90%	湖北	1.97%	陕西
22	2.2%	山东	2.12%	重庆	1.90%	重庆	1.85%	甘肃	1.85%	山西
23	2.2%	湖北	2.10%	甘肃	1.85%	辽宁	1.81%	重庆	1.81%	重庆
24	2.1%	贵州	2.05%	河北	1.81%	陕西	1.80%	河南	1.78%	河南
25	2.0%	辽宁	2.02%	贵州	1.81%	河北	1.71%	山西	1.76%	新疆
26	2.0%	甘肃	1.79%	黑龙江	1.79%	山西	1.63%	山东	1.74%	湖北
27	1.9%	内蒙古	1.75%	云南	1.74%	甘肃	1.62%	云南	1.66%	辽宁
28	1.9%	云南	1.75%	内蒙古	1.66%	云南	1.58%	新疆	1.42%	河北
29	1.8%	河北	1.64%	辽宁	1.52%	贵州	1.55%	河北	1.41%	山东
30	1.7%	四川	1.57%	四川	1.48%	新疆	1.47%	辽宁	1.34%	云南
31	1.6%	新疆	1.39%	新疆	1.42%	四川	1.12%	四川	1.29%	四川

续表

排名	H7N9暴发当天所占比例	H7N9暴发7天所占比例	H7N9暴发14天所占比例	H7N9暴发21天所占比例	H7N9暴发28天所占比例
均值	0.032	0.032	0.032	0.032	0.032
极差	0.060	0.056	0.070	0.056	0.055
标准差	0.016	0.015	0.017	0.017	0.017

表 10.9　2015 年次 H7N9 禽流感暴发后各省区市网民风险感知水平

排名	H7N9暴发当天所占比例		H7N9暴发7天所占比例		H7N9暴发14天所占比例		H7N9暴发21天所占比例		H7N9暴发28天所占比例	
1	22.47%	上海	10.50%	青海	11.19%	宁夏	12.04%	青海	11.41%	天津
2	7.59%	北京	6.77%	上海	7.57%	海南	5.83%	北京	7.83%	贵州
3	4.74%	海南	5.80%	吉林	7.31%	天津	5.69%	贵州	7.24%	北京
4	3.82%	天津	5.80%	北京	5.25%	安徽	5.53%	重庆	7.14%	上海
5	3.70%	重庆	5.09%	贵州	5.20%	北京	5.27%	上海	5.32%	广西
6	3.57%	浙江	4.74%	重庆	5.18%	上海	4.53%	黑龙江	4.63%	安徽
7	3.48%	江苏	4.56%	江西	4.88%	重庆	4.43%	云南	4.45%	湖北
8	3.28%	西藏	4.36%	黑龙江	4.29%	陕西	4.15%	天津	4.40%	福建
9	3.13%	青海	3.65%	山西	3.45%	甘肃	3.88%	甘肃	4.27%	湖南
10	2.61%	四川	3.60%	广西	3.44%	广西	3.87%	安徽	4.18%	新疆
11	2.60%	安徽	3.55%	天津	3.35%	湖北	3.41%	湖北	4.06%	辽宁
12	2.51%	湖北	3.50%	甘肃	3.31%	福建	3.33%	吉林	4.01%	浙江
13	2.46%	江西	3.30%	福建	3.25%	辽宁	3.32%	福建	3.65%	重庆
14	2.33%	辽宁	3.25%	安徽	2.79%	浙江	3.15%	内蒙古	3.45%	江苏
15	2.32%	陕西	3.13%	浙江	2.78%	吉林	3.10%	湖南	3.39%	河北
16	2.31%	河南	3.12%	湖北	2.75%	新疆	3.08%	浙江	3.10%	河南
17	2.29%	宁夏	3.08%	湖南	2.57%	贵州	3.03%	新疆	3.09%	黑龙江
18	2.14%	吉林	2.81%	辽宁	2.46%	四川	2.81%	陕西	2.99%	云南

续表

排名	H7N9暴发当天所占比例		H7N9暴发7天所占比例		H7N9暴发14天所占比例		H7N9暴发21天所占比例		H7N9暴发28天所占比例	
19	2.12%	福建	2.79%	内蒙古	2.25%	江西	2.72%	四川	2.84%	陕西
20	2.02%	黑龙江	2.56%	江苏	2.24%	黑龙江	2.41%	江西	2.72%	山西
21	1.92%	山东	2.28%	河南	2.18%	江苏	2.25%	河南	2.37%	山东
22	1.89%	广西	2.14%	陕西	2.09%	河北	2.15%	江苏	1.84%	四川
23	1.88%	山西	2.12%	河北	2.00%	云南	2.08%	山西	1.61%	广东
24	1.82%	甘肃	2.10%	云南	1.93%	山东	1.88%	广西	0.00%	青海
25	1.79%	湖南	2.07%	山东	1.85%	山西	1.81%	山东	0.00%	海南
26	1.78%	内蒙古	1.82%	广东	1.60%	广东	1.70%	辽宁	0.00%	内蒙古
27	1.62%	河北	1.51%	四川	1.58%	湖南	1.34%	广东	0.00%	吉林
28	1.53%	云南	0.00%	新疆	1.28%	河南	1.21%	河北	0.00%	宁夏
29	1.43%	贵州	0.00%	海南	0.00%	青海	0.00%	海南	0.00%	西藏
30	1.42%	广东	0.00%	宁夏	0.00%	内蒙古	0.00%	宁夏	0.00%	甘肃
31	1.39%	新疆	0.00%	西藏	0.00%	西藏	0.00%	西藏	0.00%	江西
均值	0.032		0.032		0.032		0.032		0.032	
极差	0.211		0.105		0.112		0.120		0.114	
标准差	0.037		0.021		0.023		0.022		0.027	

表 10.10　2016 年次 H7N9 禽流感暴发后各省区市网民风险感知水平

排名	H7N9暴发当天所占比例		H7N9暴发7天所占比例		H7N9暴发14天所占比例		H7N9暴发21天所占比例		H7N9暴发28天所占比例	
1	8.77%	浙江	15.81%	西藏	15.58%	西藏	7.40%	天津	9.73%	天津
2	8.41%	江西	11.91%	四川	13.05%	宁夏	6.81%	甘肃	8.43%	甘肃
3	8.01%	海南	7.36%	青海	4.80%	天津	6.49%	北京	6.74%	湖南
4	6.60%	上海	5.81%	重庆	4.63%	海南	6.47%	海南	6.41%	内蒙古
5	6.11%	宁夏	5.25%	海南	4.40%	上海	5.54%	上海	6.36%	吉林

续表

排名	H7N9 暴发当天所占比例		H7N9 暴发 7 天所占比例		H7N9 暴发 14 天所占比例		H7N9 暴发 21 天所占比例		H7N9 暴发 28 天所占比例	
6	6.07%	北京	4.74%	上海	4.17%	北京	5.44%	浙江	6.10%	北京
7	3.88%	西藏	3.81%	北京	4.07%	重庆	4.92%	重庆	5.96%	上海
8	3.70%	安徽	3.65%	浙江	3.39%	贵州	4.92%	内蒙古	3.90%	浙江
9	3.14%	广东	3.64%	宁夏	3.35%	内蒙古	4.23%	贵州	3.66%	新疆
10	3.11%	天津	3.39%	福建	3.23%	浙江	4.00%	福建	3.16%	湖北
11	2.97%	甘肃	2.97%	天津	3.15%	吉林	3.69%	山西	3.15%	重庆
12	2.96%	江苏	2.39%	新疆	3.00%	福建	3.61%	河南	2.88%	贵州
13	2.69%	内蒙古	2.12%	陕西	2.67%	安徽	3.51%	陕西	2.63%	河南
14	2.62%	重庆	2.09%	贵州	2.49%	黑龙江	3.48%	江西	2.57%	江苏
15	2.55%	青海	2.01%	内蒙古	2.34%	山西	3.38%	湖南	2.57%	陕西
16	2.49%	四川	2.00%	山西	2.32%	江西	2.80%	四川	2.55%	江西
17	2.36%	陕西	1.96%	云南	2.21%	江苏	2.62%	吉林	2.46%	河北
18	2.24%	湖北	1.87%	江苏	2.19%	四川	2.55%	广东	2.43%	福建
19	2.20%	广西	1.80%	江西	2.12%	广西	2.51%	江苏	2.41%	广西
20	2.10%	福建	1.80%	吉林	1.91%	甘肃	2.51%	湖北	2.39%	黑龙江
21	2.04%	河南	1.57%	安徽	1.83%	湖南	2.49%	安徽	2.24%	云南
23	1.92%	云南	1.38%	广西	1.70%	陕西	1.85%	山东	1.94%	四川
24	1.67%	吉林	1.37%	黑龙江	1.69%	辽宁	1.80%	河北	1.92%	山东
25	1.57%	贵州	1.37%	湖南	1.65%	新疆	1.74%	黑龙江	1.90%	广东
26	1.55%	山西	1.35%	广东	1.40%	山东	1.61%	云南	1.75%	安徽
27	1.28%	山东	1.30%	湖北	1.40%	河南	1.32%	辽宁	1.73%	辽宁
28	1.26%	辽宁	1.04%	辽宁	1.30%	河北	0.00%	青海	0.00%	青海
29	1.25%	新疆	1.03%	河南	1.13%	云南	0.00%	宁夏	0.00%	海南
30	1.25%	黑龙江	1.00%	山东	1.05%	广东	0.00%	西藏	0.00%	宁夏
31	1.24%	河北	0.84%	河北	0.00%	青海	0.00%	广西	0.00%	西藏

续表

排名	H7N9 暴发当天所占比例	H7N9 暴发 7 天所占比例	H7N9 暴发 14 天所占比例	H7N9 暴发 21 天所占比例	H7N9 暴发 28 天所占比例
均值	0.032	0.032	0.032	0.032	0.032
极差	0.075	0.150	0.156	0.074	0.097
标准差	0.022	0.032	0.031	0.020	0.024

由表 10.7 至表 10.10 可知，北京、天津和长江三角洲一带的浙江、上海网民风险感知程度要高于全国平均值，其余大部分省区市网民风险感知处于较低水平。H7N9 禽流感暴发 7 天后，情况发生了变化，青海、宁夏、四川、福建和内蒙古等省区市网民的风险感知上升，都高于全国平均值。

（三）网民风险感知的影响因素

为了解影响我国各省区市网民风险感知的因素，本书收集了与网民行为相关的性别、年龄结构、受教育程度、经济收入水平等在内的 6 个因素：各地区男女性别比（X_1）、15～64 岁人口数占总人口数的比重（X_2）、人均受教育年限（X_3）、死亡率（X_4）、人均地区生产总值（X_5）、风险感知下降速度 λ 值（X_6）。以网民风险感知作为因变量，上述六个指标作为自变量，建立 2013～2015 年的面板数据，使用 Eviews8.0 软件，分析各省区市网民风险感知与有关指标的相关性，面板数据的个体固定混合效应模型分析结果详见表 10.11 和表 10.12。

表 10.11　H7N9 禽流感暴发当天相关因素对网民风险感知的回归结果

Variable	Coefficient	Std. Error	t-Statistic	Prob.
C	3.256 822	3.910 630	0.832 813	0.407 3
X_1	−0.023 676	0.021 187	−1.117 471	0.267 0
X_2	−1.632 434	3.541 004	−0.461 009	0.646 0
X_3	0.178 708	0.101 042	1.768 661	0.080 6
X_4	−0.141 057	0.125 287	−1.125 867	0.263 5
X_5	1.80E-05	5.48E-06	3.274 768	0.001 5
X_6	−2.519 829	0.813 396	−3.097 911	0.002 7
R-squared	0.363 707	Mean dependent var		0.825 444

续表

Variable	Coefficient	Std. Error	t-Statistic	t-Statistic
Adjusted R-squared	0.317 710	S.D. dependent var		0.852 177
S.E. of regression	0.703 905	Akaike info criterion		2.210 240
Sum squared resid	41.125 02	Schwarz criterion		2.404 669
Log likelihood	−92.460 78	Hannan-Quinn criter.		2.288 645
F-statistic	7.907 185	Durbin-Watson stat		1.679 144
Prob（F-statistic）	0.000 001			

表 10.12　H7N9 禽流感暴发一周后相关因素对网民风险感知的分析结果

Variable	Coefficient	Std. Error	t-Statistic	Prob.
C	1.848 448	1.503 847	1.229 147	0.222 5
X_1	−0.009 668	0.008 148	−1.186 643	0.238 8
X_2	−0.730 981	1.361 706	−0.536 813	0.592 8
X_3	0.052 420	0.038 856	1.349 084	0.181 0
X_4	−0.055 146	0.048 180	−1.144 584	0.255 7
X_5	6.97E-06	2.11E-06	3.305 487	0.001 4
X_6	−2.483 911	0.312 794	−7.941 034	0.000 0
R-squared	0.498 449	Mean dependent var		0.381 333
Adjusted R-squared	0.462 192	S.D. dependent var		0.369 111
S.E. of regression	0.270 689	Akaike info criterion		0.298 895
Sum squared resid	6.081 628	Schwarz criterion		0.493 325
Log likelihood	−6.450 295	Hannan-Quinn criter.		0.377 301
F-statistic	13.747 77	Durbin-Watson stat		1.947 167
Prob（F-statistic）	0.000 000			

表 10.11 和表 10.12 回归结果表明，H7N9 禽流感暴发当天网民风险感知与人均地区生产总值显著相关（p=0.0015），与风险感知下降速度 λ 值呈显著负相关（p=0.0027）；同样，H7N9 禽流感暴发一周后网民风险感知与人均地区生产总值显著相关（p=0.0014），与风险感知下降速度 λ 值呈显著负相关（p=0.000）。表 10.11 和表 10.12 的回归结果表示各省市的人均地区生产总值、时间演变 λ 值对网民风险感知的影响显著，这表明经济发展水平越高，网民风险感知越高；风险感知下降速度 λ 值越高，网民风险感知下降越快。

（四）研究结论与政策建议

为有效防控 H7N9 禽流感这类动物疫情危机风险事件，必须着力提高政府管控网络舆情的能力，其中一个重要的措施就是要在不断增强网民的风险感知能力的前提下，努力消除网民的过度反应。本书以 2013 年 4 月中旬、2014 年 1 月底、2015 年 6 月中旬和 2016 年 1 月中旬 4 次暴发的 H7N9 禽流感事件为案例对象，分析了 H7N9 禽流感暴发后网民风险感知的时间演变特征、空间分布特征和影响网民风险感知的因素。研究结论印证：公共风险事件发生后，网民风险感知迅速升至高位，之后呈指数形式快速下降，人均地区生产总值和时间演变 λ 值是影响网民风险感知的重要因素。据此，本书的观点如下。

从时间维度看，在风险事件发生初期，网民风险感知处于爆发性增长的阶段，针对这一特点，建议对事实性信息和有关事件的最新消息进行快速、高频率、准确、详细的发布，对如什么时间、什么地点、影响范围、影响程度等内容进行真实、简洁、快速的报道。随着事件的发展及相关工作的逐渐展开，网民对简单、事实性信息的需求减少，同时对事件影响、人员救助等最新消息的需求增加，针对这一特点，建议在发布信息时突出生命救助信息、疫情防控信息等消息的最新进展，同时要强调信息的准确和全面，发布信息的形式要多样化，避免形式内容的单一。

从空间维度看，不同区域的网民风险感知处于动态演变的过程。当风险事件发生时，风险发生地及相邻区域由于受到风险的直接影响，当地公众亲身感受到事件的发生和影响，需要积极应对并采取防控措施。此外，相邻区域的人们往往与受灾地区存在各种社会关系，他们急切需要了解亲人朋友所在地的情况，对风险事件的关注度较高。建议因地制宜地确定信息供应策略，在灾害发生地着重于危机解决方案，在非受灾地区，消除人们的紧张情绪显得更加重要。不同区域网民风险感知程度与网民人数、人均地区生产总值、人均受教育年限等因素相关。其中，人均地区生产总值和风险感知下降速度 λ 值是重要的影响因素。所有公共风险事件的影响均会涉及全国其他省份，要抓住风险和舆情事件来源，采取标本兼治策略，及时处置现实事件，以权威之声、有效措施消除人们的恐慌。

第三节 动物疫情公共危机科技防控能力

一、基于大数据战略的防控能力指数

（一）大数据概念

大数据是一种规模大到在获取、存储、管理、分析方面大大超出了传统数据库软件工具能力范围的数据集合，具有海量的数据规模、快速的数据流转、多样的数据类型和价值密度低四大特征①。一般认为，大数据具有 5V 特点，即大容量（volume）、高速（velocity）、多样性（variety）、低价值密度（value）、真实性（veracity）。大容量指数据的大小决定所考虑的数据的价值和潜在的信息；高速指获得数据的速度；多样性指数据类型的多样性；低价值密度指合理运用大数据，以低成本创造高价值；真实性指数据的质量真实可靠②。

（二）大数据在动物疫情防控方面的应用

信息技术特别是物联网技术的发展，也给农业发展带来了新的机遇。目前，我国农业和农村信息化发展已经进入了将信息技术作为实质性要素参与到农业生产和农民生活的多个环节的阶段。现代信息技术应用于畜牧业，大致始于 20 世纪 50 年代，经历了由简单到综合、由低级到高级、由单机到网络化的发展过程。在短短的几十年里，计算机的信息处理充分发挥了快速和精确的优势，并成为一种十分有效的综合信息处理工具，在动物疫病防控中发挥重要作用③。20 世纪 70 年代美国首先用计算机技术辅助诊断小动物，并逐步将大数据应用于动物疾病诊断与防治中。20 世纪 80 年代，美国利用计算

---

① 曾宇航. 2017. 大数据背景下的政府应急管理协同机制构建[J]. 中国行政管理，（10）：155-157.

② 邱东. 2014. 大数据时代对统计学的挑战[J]. 统计研究，31（1）：16-22.

③ 陆昌华，胡肄农，何孔旺，等. 2016. 动物疫病防控与兽医信息技术应用研究进展[J]. 江苏农业学报，32（5）：1189-1195.

机信息分析脑电图来测定小鸡维生素 B_6 缺乏症，英国研制“免疫接种备忘”程序，日本对养殖场兽医卫生检验及对策进行计算机管理。

随着中国养鸡产业的发展，中国应用大数据进行畜禽养殖与疾病诊治的研究也取得较快进步。集约化、机械化程度越来越高，而要尽快降低疾病造成的经济损失除引进、培育好品种之外，更关键的是提高成活率、生产率。1992 年许剑琴等、1995 年刘军等分别推出鸡病专家系统，提出模式样本重组的比例训练人工神经网络算法，对 30 种常见鸡传染病、营养代谢和寄生虫病进行了优化，同时引入多媒体技术，让用户任意查询 9 大类 83 种鸡病的病原、症状、诊断、治疗和防治等信息，及对诊断过程进行推理解释等，使鸡常见疾病专家系统（Expert System about Chicken’s Common Diseases，ESCCD）更加实用。

2004 年暴发大规模禽流感之后，中国开发了基于地理信息系统平台的动物疫情快报软件——“全国动物卫生管理地理信息系统”，该软件汇总分析各省区市上报的数据，在地图上可以同步显示重大疫情、疫点和病死畜禽数据。2009 年程彬等开发了能通过互联网实现数据上报和管理的“辽宁省畜禽分布定位及重大动物疫病防控调度指挥系统”[①]。滕翔雁等报道了地理信息系统在常规动物疫情报告的数字化和可视化、重大动物疫病紧急反应体系、动物疫病综合分析与模拟预测、建立疫病控制风险管理模型和空间数据库、进行疫病防治决策等研究领域的国内外应用[②]。

（三）大数据背景下的动物疫情防控能力

国外发达国家较早在动物疫情防控中采用地理信息系统。1991 年新西兰建立了紧急动物疫病控制的信息系统，1996 年美国建立了“国家动物卫生报告体系”[③]。近年来，中国学者积极开展大数据技术在动物疫病防控中的应用研究，并提出建设中国特色的重大动物疫情应急指挥平台的设想。他们建议

---

① 程彬，郝利忠，魏学义，等. 2009. 辽宁省畜禽分布定位及重大动物疫病防控调度指挥系统建设研究[J]. 现代畜牧兽医，（3）：2-5.

② 滕翔雁，黄保续，郑雪光，等. 2005. 地理信息系统（GIS）在动物卫生领域的应用[J]. 中国兽医杂志，（6）：58-60.

③ 尹用国. 2010. 重庆市重大动物疫病 GIS 研究进展[J]. 畜牧市场，（11）：22-23.

将风险分析与预警预报技术相结合，提高地理信息系统与风险分析在动物疫情预警体系中的应用，进一步开展动物疫病综合防控信息化工作。利用动物疫病大数据与数据挖掘技术及其模型方法实现预警决策模型，构建智能化畜产品质量安全管理创新体系。使用大数据处理技术，分析新的数据类型和未充分利用的数据源，为未来智能化远程动物疾病诊断提供技术支撑，有效提高动物疫病防控的信息化管理程度[①]。但总的来说，我国大数据在动物疫情的预防和控制中的应用还处于起步阶段，大部分地区尚未建立起系统的大数据应用平台，大数据战略的实施和应用还存在一些问题。

二、精准化防控能力

利用风险评估技术，改进生物安全控制措施，实现由点到面的控制和净化，是提高动物疫情公共危机精准化防控能力的重要手段。近年来，我国有专家提出基于中国动物产业特色的疫病危机精准化防控能力系统模块设计，该系统抽象为前台信息采集评估和后台数据管理两个主要模块（图 10.4）。

风险评估问卷查看及答卷模块是规模猪场猪繁衍和呼吸障碍综合征（Porcine Reproductive and Respiratory Syndrome，PRRS）风险评估系统的核心数据采集模块。该调查问卷将规模猪场PRRS风险因素分为三级风险指标体系。

第一级总风险指标中包括两个Ⅰ级风险指标变量，即外部风险和内部风险。

第二级风险指标包括八个Ⅱ级风险指标变量。在外部风险中细分为猪场选址、管理因素和引种因素等三个Ⅱ级风险指标；在内部风险中细分为PRRS状态、免疫状况、内部管理、猪场特点和协同病原等五个Ⅱ级风险指标。

第三级风险指标有二十九个Ⅲ级指标变量。包括周边猪场密度、用品进入、猪只（仔）来源、历史疫情、PRRS疫苗使用、管理操作、猪场特征、肺炎支原体感染等风险指标（图 10.4）。

用户完成基本信息登记后，可通过菜单引导进入风险评估答卷模块，然后点击填空题“确定”按钮将答题数据上传到远程数据库中。

---

① 陆昌华，胡肄农，何孔旺，等. 2016. 动物疫病防控与兽医信息技术应用研究进展[J]. 江苏农业学报，32（5）：1189-1195.

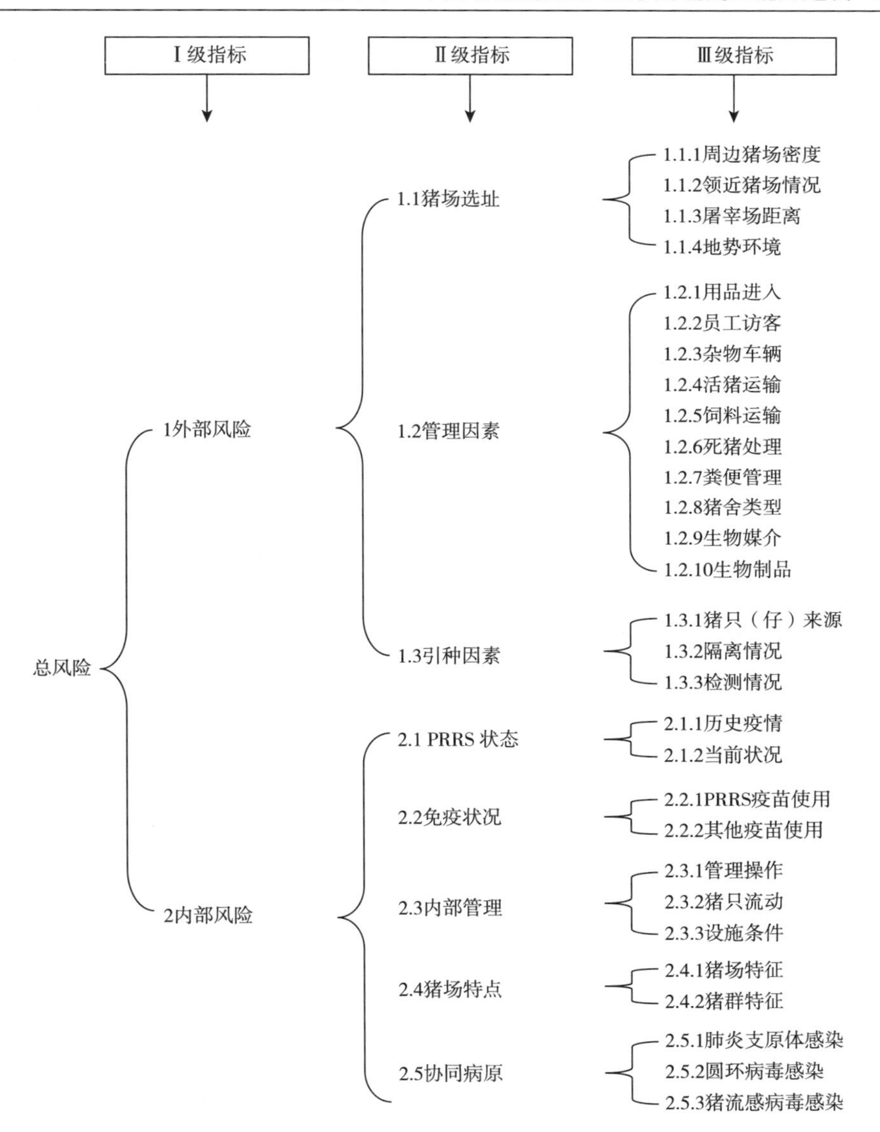

图 10.4　Ⅰ、Ⅱ、Ⅲ级指标体系层次结构

三、智能化防控能力

国外在畜禽养殖业信息化、智能化与自动化方面的发展比中国早很多。

我国2002年以来也开展动物源食品产业链质量安全控制全程追溯即“物联网”关键技术研究，一是对现代养猪场采用“电子标识+自动饲喂+自动称重”技术；二是构建智能化动物产品质量安全管理创新体系；三是进一步开展猪肉产品质量安全风险预警系统的规划。同时，利用大数据技术处理和新的数据类型分析（远程疾病图像诊断和电子邮件）[①]，为未来智能化远程诊断动物疾病提供支撑。近年来，因大数据来源的多渠道、数据类型的多样性、数据体量的海量性等特征，有助于我们对公共事务的特征、实质和问题的成因等进行精确把握，在社会公共事务治理方面逐渐展示出强大的能力，为突发事件的状态监控、原因溯源、演变预测提供了广阔的应用空间，为智能化防控能力的提升提供了思路和方法，在动物疫情公共危机领域也越来越多地采用大数据技术。

（一）疫病可追溯体系建设

2006年起，农业部（现为农业农村部）在全国推行动物标识及疫病可追溯体系建设，负责动物免疫、产地检疫、屠宰检疫环节及活体动物流通过程的监管，由农业部兽医局（现为农业农村部畜牧兽医局）和中国动物疫病控制中心负责管理和运行，覆盖全国范围，参与方主要为规模化养殖场和农村养殖户、兽医站和村防疫员等基层机构人员、动物卫生监督机构（负责产地检疫和流通监管）。

（二）政府数据开放与共享

动物疫情公共危机智能化防控能力建设，对政府数据开放与共享提出了更高要求。智能化防控中应急信息管理贯穿应急管理流程的始终，是应急管理协同的基础和前提条件。动物疫情危机防控信息的充分共享和由此带来的信息创造，是信息协同的目标和关键。政府动物疫情监测、防控与应急处置数据的开放与共享是实现协同应急模式的基础，只有在政务信息资源共享条件下，政府动物疫情危机防控各职能部门才能有效地实现协同

① 谭业平，胡肄农，陆昌华，等. 2016. 大数据技术在动物源食品质量安全管理创新体系中的应用[J]. 食品安全质量检测学报，7（7）：2973-2981.

工作模式。

（三）智能化防控管理创新体系构建

随着现代养殖业逐步向规模化、集约化方向发展，物联网技术在畜禽养殖业中已得到越来越深入、广泛的应用。国内外畜禽业生产养殖场已经广泛采用物联网技术，最典型的物联网技术应用是在生产–销售环节，一种被称为“网上网下”系统的生产销售模式，在大型生产养殖+生鲜冷链配送+线下体验店的动物产品经营市场广为流行。这种物联网应用技术还被广泛用于跟踪采集动物产品质量、动物疫病监测过程。物联网技术不仅已经发展成为对动物具有全面感知能力，而且具有可靠传递和智能处理的能力，并能够连接动物物体与远程饲养、诊断、管理的信息网络，包括畜禽自动饲喂、自动挤奶、自动捡蛋等，有效减少了劳动力对员工的技术依赖性。在风险分析技术研究的基础上，进一步利用大数据技术跟踪与动物源食品质量可溯源应用，猪肉产品质量安全风险预警系统规划的应用潜力正受到越来越多的关注（图 10.5）。

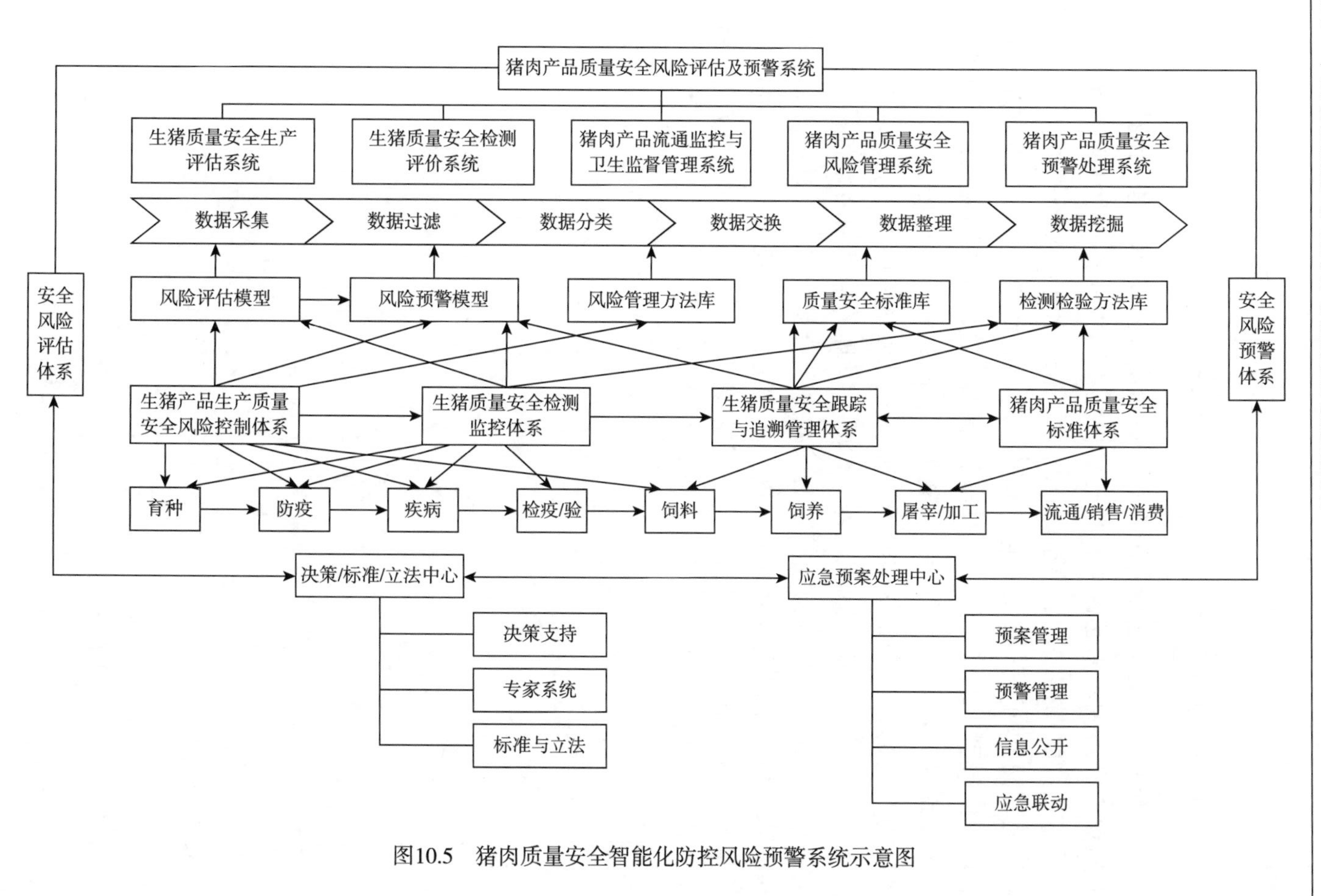

图10.5　猪肉质量安全智能化防控风险预警系统示意图

第　十　一　章

中国动物疫情公共危机防控政策改革

本章从动物疫情公共危机网络舆论疏导、动物疫病传播活禽交易市场管控、病死猪无害化处理等动物疫情公共危机防控关键与重点环节，对中国动物疫情公共危机防控政策问题、政策过程与政策绩效展开了深入探讨，提出建立动物疫情公共危机舆情疏引“双畅”通道、全面关闭活禽交易市场、增强病死猪无害化处理财政补助政策等一系列注重实效的改革方案。

第一节　动物疫情公共危机防控：治“灾”先疏“舆”

从本质上讲，突发性动物疫情公共危机是动物疫病发生、发展的自然界灾变过程中，人类不当干预活动下的自然演化和人工干扰综合作用的结果。面对突然发生的动物疫情，政府、养殖生产者、动物源性食品消费者、行业组织、媒体、网民都会根据自身利益目标做出相应的行为决策，舆情失控则是导致社会恐慌的根本原因。正是舆情误导，扩大了人类应对突发性动物疫情的恐慌心理及不当行为干预，加之与突发性动物疫病自身扩散活动相互作用，导致突发性动物疫情向公共危机状态发生、发展并加快转化。因此，治理突发性动物疫情公共危机灾难，必须首先阻断混乱的舆情扩散途径、疏通正面舆情渠道。

一、动物疫情公共危机演化中的舆信悖论

公民个体或群体搜集、报道、分析和散布新闻或信息的行为，可称其为“公民新闻”。公民新闻旨在提供一个民主社会需要的独立、可信、准确、广泛及其他相关信息。当然，公民新闻更反映出公众对公共事务的政治自觉和社会责任，是一种政治进步的表现。但是，在突发危机事件发生之后，过度反应的公民新闻往往容易催生出负面舆情，政府官方或网民都可能过度解读对方的言论、意志或行为意蕴。所以，我们经常会看到这样的情况，即在突发危机事件中，由于公民新闻的广泛传播而发生舆情悖论现象。所谓舆情悖论是指，一方面舆情以政府发布信息为权威，与任何非官方消息相比，公众最愿意选择相信官方公布的权威消息；另一方面公众几乎在所有事关突发危机事件的官方报道中，都会不同程度地对政府信息持怀疑态度，并会选择主动打听“小道消息”。舆情悖论还有一层意思：网民既是突发危机事件信息的提供者，他们最早发出动物疫情危机信号或事实描述，但同时网民又可能是谣言或不实事实的传播者，众多网民传播并聚集不实信息便导致负面舆情，以至于整个社会信任体系遭受损伤，在突发危机事件中，社会信任与负面舆情成为一把双刃剑，它的两个面都十分的锋利。

公众能够对危机事件产生史上从未有过的强大舆情影响力，这与新媒体的发展密不可分。新媒体对其他子系统产生影响的同时，优秀文化、现代科技又催生了新媒体和相应的媒体系统。比如，在微博上，网络名人、微博达人拥有数千万的粉丝。现代科技带给公众网络信息传递的便利，数以千万计的粉丝既是网络信息传递的受众，又是网络信息传递的推手。网民掌握社会舆情的重要话语权，在公共危机事件中扮演着“意见领袖”的角色，控制着舆情的发展方向。这就是我们将网民纳入公共危机网络舆情治理主体体系之中的根本原因。但是，信息网络平台上的“意见领袖”并不总是发挥积极的作用，他们有时也存在个人思想意识上的缺陷，对谣言和绯闻起到推波助澜的作用[①]。这既受客观因素的制约，因为“意见领袖”受信息不对称的限制，或处于专业技术信息不平等地位，有时难以分辨谣言和绯闻的真实性；但又

---

① 接玉芹. 2015. 公共危机管理中新媒体公信力的缺失与重建[J]. 学校党建与思想教育，（10）：65-67.

有一定的主观原因，一些“意见领袖”的恶意思想、腐朽文化、不当行为在盲目的粉丝追捧下得到快速传播，新媒体随即成为谣言传播的重灾区，进而失去公信力。从客观环境来看，我国正处在社会转型期，一方面，对准入门槛低、场域虚拟化、信息碎片化和传播去中心化的自媒体缺乏有效的管控；另一方面，在网络信息全球化快速发展环境中，国家既缺乏系统的网络安全、网络监管法律法规，又缺乏治理网络的必要经验，这使得舆信悖论在一定范围内存在。

二、舆情管控与舆论疏导的现实逻辑

加强舆情管控与舆论疏导是事关网络安全和信息化的重大问题。突发危机事件发生后，有关事件的各种信息将以远远快于常态条件下一般事件信息的速度，在网络上进行无固定方向的快速传播。一方面，需要加强信息沟通，充分利用正面舆情，帮助传递应急管理信息；另一方面，要筛选各种信息、阻滞虚假信息、清除垃圾信息、打击违法信息传播活动。

破解舆情悖论的根本之策在于加强舆情监管、努力疏导舆情。媒体系统作为社会系统的一个子系统，与政治、经济、科技、文化子系统等其他子系统相互作用。媒体及媒体人面临多种角色要求，有些角色本身就相互矛盾。从理论上讲，政府的目标和人民的利益相一致。但从现代社会理论角度来看，由于政府追求的是社会整体合理性，人民或者公众的概念却不能涵盖所有的具体个体和集体的“公众”，因此容易引发媒体的角色冲突[①]。客观地讲，媒体既是政府的代言人，又是市场行为的主体。作为代言人，其往往追求政治利益和社会利益最大化；作为市场主体，则追求经济利益最大化，两者很难寻得最佳平衡点，有时甚至会产生激烈的矛盾冲突。媒体既是党和政府的喉舌，又是公众的代表，一旦公众利益诉求与政府的整体目标发生冲突，双方将难以避免产生矛盾冲突。因此，只有坚持一“管”一“疏”两手抓，才能牵住网络舆情的“牛鼻子”。

① 宋晓燕，何瑞霞. 2017. 新闻媒体公信力缺失的现状及成因分析[J]. 新闻研究导刊，8（19）：168-169.

三、建立动物疫情公共危机舆情疏引“双畅”通道

公共危机发生以前，网民已经通过新媒体进行了言论交流，这些言论不仅包括公正的评价，也包括各种利己主义的垃圾消息。政府公共部门必须建立起危机舆情“双畅”通道，及时发现、清除垃圾信息，谨防不法分子肆意破坏，保证网络言论朝着社会和谐稳定的方向发展。所谓舆情“双畅”通道，是指在公共危机事件发生后，各种有关危机事件进展、危害、应急决策及其效果的信息传播，必须做到“向上走通畅，向下走顺达；向内走快速，向外走权威”。这就是上下畅流、内外畅通，可称其为“双畅”通道。

建立动物疫情公共危机舆情疏引“双畅”通道的目的：一是重在疏，二是贵在引。“疏舆”的关键在于消除误判、抑制过度反应，要正面解释动物疫情产生的原因、传播知识和防疫知识，避免以讹传讹和诱发抢购等，还要及时澄清事实、消除谣言，让科学防控知识信息畅通无阻的同时，对虚假信息、恶意误导的信息实施管控和精准阻断。“引舆”的关键在于建立危机预警机制，加大新媒体的监管力度，通过发布科学的预警信息，引导公众正确防控动物疫情可能带来的损害威胁，并在网络平台上充分开展社会资源动员，加强动物疫情危机演化的监控，努力形成群防群控的网络信息“高速公路”和“绿色通道”。

第二节 动物疫情公共危机防控：全面关闭活禽活畜交易市场

一、活禽交易与人畜共患病交叉感染

（一）人畜共患病引发重大动物疫情

人畜共患病（zoonosis）是指人类与人类饲养的畜禽之间自然传播的疾病和感染疾病。20世纪70年代以来，全球范围新发传染病和再发传染病中的半数以上是人兽共患病，即不仅是人类与其饲养的畜禽之间存在共患疾病，而

且与野生脊椎动物之间也存在不少共患疾病，后者甚至更厉害[①]。世界卫生组织和联合国粮食及农业组织将“人畜共患病”概念扩大为“人兽共患病”，即人类和脊椎动物由共同病原体引起的，又在流行病学上有关联的疾病。世界动物卫生组织更是将人畜共患病定义为“所有来源于动物的人类传染病或疾病”。2004年世界卫生组织、联合国粮食及农业组织、世界动物卫生组织在日内瓦召开人兽共患病会议，将新现人兽共患病（emerging zoonosis）定义为“新认识、新涉及或以前发生过，但在地理、宿主或媒介范围发生率明显增加或扩展的人兽共患病”[②]。越来越多的新现人兽共患病引起了人类对健康威胁倾向的重视，目前这种高发趋势可能会延续下去。人类人兽共患病病原体主要源于人类饲养、驯化的畜禽和野生脊椎动物。我国发现的人兽共患病有90余种，农业部、卫生部组织制定并于2009年1月19日施行的《人兽共患病病名录》有26个。近年来，疯牛病、禽流感、尼帕病毒病等人兽共患病疫情在世界范围内相继出现，给畜牧业生产造成了巨大的经济损失，这些也是人类的烈性传染病，对公共卫生存在严重威胁，同时可能引发一系列的社会次生灾害。世界卫生组织发布统计数据显示，全世界每年有1700万人死于传染病，其中70%都是人畜共患病。人畜共患病是动物疫情公共危机防控的重点。

（二）活禽交易疫情引发源头

香港H5N1亚型高致病性禽流感疫情概况。1997年，H5亚型高致病性禽流感病毒首次突破了种间障碍直接感染人，6人染病并死亡，香港特区政府针对此次高致病性禽流感的应急措施包括扑杀患病鸡群、对鸡场进行彻底的清洗消毒和实施严格的检疫措施等。疫情发生后，香港特区政府命令宰杀香港所有的鸡，并将所有的养禽场和鸡市宣布为感染区，未经香港特区政府农渔处准许不得养鸡和售鸡。

2013年3月31日在上海、安徽率先发现3例确诊H7N9亚型禽流感病例。由于病毒变异，H7N9禽流感病毒在禽类身上呈现弱毒性，但人感染H7N9病

---

① 黄萱. 2009-01-14. 人兽共患病：应该如何应对？[N]. 人民政协报.

② 郑四清，梁又荣，李丛生. 2009. 对当前人兽共患病频发的思考[J]. 中国动物保健，11（8）：30-33，13.

毒后病情会较严重，病死率相对较高。短短一个月时间，H7N9 禽流感疫情发展到全国 20 个省份 40 多个城市。据国家卫生和计划生育委员会统计，截至 2013 年 5 月 31 日，全国共确诊病例 131 例，死亡 39 例。2014 年 2 月 20 日，农业部办公厅公布了《全国家禽 H7N9 流感根除计划（征求意见稿）》，征求意见稿中介绍，2013 年我国出现首例人感染 H7N9 禽流感确证病例以来，已造成多人感染和发病死亡。截至 2014 年 2 月 18 日，已累计报告病例 347 例，死亡 109 例。此外，养禽业受到极大的冲击。据农业部和中国畜牧业协会统计，2013 年上半年我国家禽生产直接损失 600 亿元，2014 年以来已经损失超过 200 亿元。

（三）禽流感病毒基因重组疫情风险加大

已有证据证明，H7N9 禽流感具有病毒基因重组与跨种间传播特征，该型流感病毒的宿主范围广泛，包括人和猪、禽等多种哺乳动物或鸟类。基因重组是促进流感进化的重要因素，重组不仅可以改变流感病毒的基因型和抗原型，更为重要的是可以导致病毒的致病性和传播能力发生巨大改变。不同亚型的流感病毒基因组重组频繁发生并不断产生新的病毒毒株，新的毒株有可能获得感染其他宿主的能力并在新宿主中传播。这就是 H7N9 禽流感为什么会在人类社会产生恐慌，并成为动物疫情公共危机的根源。同时，也给人类防控此类疫情公共危机带来巨大压力。

1997 年我国香港暴发 H5N1 禽流感病毒感染人并致 6 人死亡，这是第一次禽流感病毒跨物种传播给人，并导致人死亡。2003 年荷兰 84 人感染 H7N9 禽流感病毒并致死 1 人，2004 年亚洲又暴发了 H5N1 高致病性禽流感，泰国和越南均发生了人感染并致死事件[①]。2013 年中国出现人感染新型 H7N9 亚型流感的流行，截至 2017 年 4 月 1 日共形成五波流行。目前 H7N9 亚型禽流感病毒仍以禽—禽传播为主，禽—人传播偶发，而人—人传播更是少见，且无第三代病例。

这些事实表明禽流感正在不断获得感染人类的能力，对人类的健康具有潜在的严重危害，流感专家将 H5、H7、H9 亚型流感病毒列为最有可能引发人流感大流行的流感病毒。值得庆幸的是，截至 2020 年 11 月这些病毒亚型尚

① 甘孟侯. 2004. 全球禽流感的流行形势[J]. 中国预防兽医学报，（6）：468-471.

没有获得人群中高效传播的能力，但是这种潜在的公共卫生安全威胁却像是悬在我们头上的利剑。

二、活禽交易市场管控的现实逻辑

（一）活禽交易市场管控的必要性

我国是家禽生产和消费大国，禽肉产量约占肉类总产量的1/5。根据《2016年国民经济和社会发展统计公报》数据，2016年我国肉类总产量8540万吨，禽肉产量1888万吨，增长3.4%。禽蛋产量3095万吨，增长3.2%。活禽交易是主流的消费模式。然而，活禽市场在禽流感的发生和传播过程中发挥了病毒汇集、增殖、重组变异、储存和传播的作用，严重威胁着我国养禽业持续健康发展和公共卫生安全。加强对活禽交易市场的管控，逐步取代活禽交易，有利于禽流感防控和养禽业转型升级。

1. 取消传统活禽市场有利于禽流感综合防控

禽流感流行病学调查发现，传统活禽市场和家禽大范围调运是造成我国禽流感病毒持续感染和疫情持续发生的重要原因。禽类是禽流感病毒的自然宿主，而活禽交易的场所是活禽市场，包括活禽批发市场、有活禽经营的城市农贸市场和农村集贸市场等。我国的活禽交易市场卫生条件较差，销售的家禽品种多，来源复杂，如果家禽进入市场后不能及时售出，随着停留时间的延长（超过 24 小时），禽流感病毒核酸检测阳性率会明显提高，容易造成禽流感病毒的交叉感染和传播。活禽市场的病毒还可通过活禽运输或车辆、人员及空禽笼转运方式携带病毒传播，有的成为家禽饲养场感染的主要来源渠道[①]。全面取消活禽市场后，活禽的大范围调运也随之减少，各类流感病毒在活禽市场中汇集、增殖、变异和传播的风险会变为零，从而能大大降低我国养殖场的禽流感染疫风险。

2. 关闭活禽市场能够降低各类型流感病毒的基因重组（变异）概率

禽流感病毒具有很强的变异性，动物流感病毒毒株之间基因组可以发生

---

① 王素春，蒋文明，侯广宇，等. 2017. 全面取代活禽市场的必要性和可行性分析[J]. 中国动物检疫，34（6）：38-40.

重组，产生新亚型的禽流感病毒。甘孟侯指出，高致病性禽流感病毒的致病谱在扩大，全球不断有感染哺乳动物及稀有禽类和野禽的报道①。活禽市场存在多种亚型及多种 HA 基因进化分支的禽流感病毒，已经发现活禽市场有放大并维持禽流感病毒的作用。新亚型的禽流感病毒就存在携带高致病能力或者感染人类能力的基因片段的可能性。近年来的监测结果显示，同一活禽市场或同一家禽交叉感染多个亚型的流感病毒，这可能是 H5N1、H7N9 等新型流感病毒的“孵化器”，活禽交易市场成了禽流感病毒重要的集散地和疫病传播环节。关闭活禽市场客观上减少了动物流感病毒的汇集概率，降低了各类型流感病毒的基因重组（变异）概率。关闭活禽市场，就是赶在禽流感病毒获得感染人类的并在人群中高效传播的能力之前，阻断了禽和人之间的传播途径，消除潜在的公共卫生安全威胁②。

3. 关闭活禽市场减少了人暴露于禽流感传染源的风险

禽流感病毒的传染源可以分为两大类；一是活体传染源，主要是禽流感病毒感染的禽鸟；二是非活体传染源，包括禽流感病毒感染的禽鸟的排泄物（主要是粪便）和相关的禽产品，以及这些物品污染的物体。我国 2013 年出现人的新型 H7N9 亚型流感的流行，活禽市场的检测和流行病学数据显示，接触活禽市场的家禽或污染的环境是许多人的病例的源头，因此导致 2013 年 4 月中旬的活禽市场关闭。事实证明，该方法是有效的，随后两周病例数快速下降。因此，关闭活禽市场减少了人暴露于禽流感传染源的风险，避免了公共卫生安全事件的升级。

4. 全面取代活禽市场助推养禽业转型升级

随着科学养殖模式不断出现，家禽业转型升级势在必行，传统活禽交易模式的弊端也日益显现。积极转变家禽消费观念、降低活禽消费比例、取消活禽市场销售和宰杀、集中屠宰、发展畜禽专业冷链、提倡冷鲜家禽消费等已是大势所趋。关闭活禽交易市场一直以来都被当作防控禽流感疫情的紧急手段。实行活禽交易市场关闭常态化，一是有利于保护养禽者利

---

① 甘孟侯. 2004. 全球禽流感的流行形势[J]. 中国预防兽医学报，（6）：468-471.

② 贾伟新，廖明. 2015. 从活禽交易的干预效果看我国禽流感的流行与防控[J]. 中国家禽，37（22）：1-3.

益，防止活禽市场突然休市带给他们的经济损失；二是有利于保护消费者安全，维护社会稳定；三是有利于保护活禽市场销售人员的生命安全。在已经发现的人感染禽流感病例中，活禽市场销售人员感染禽流感病毒的概率远远高于普通人群。

（二）活禽交易市场管控的可行性

活禽交易市场是禽流感等病原体存在、循环繁殖和传播的重点地区和关键环节，尤其是持续开放、没有休市消毒、市场摊点活禽过夜的活禽市场，人的暴露风险加剧。因此，强化活禽市场监管、整顿和规范市场秩序、严格落实定期休市消毒等制度，是有效防控禽流感发生和传播的重要手段，也是有效减低活禽市场人的暴露感染风险的重要措施。

1. 全面取代活禽市场的法律依据

《中华人民共和国动物防疫法》明确要求活禽市场必须有合格的动物防疫条件。2006年《国务院办公厅关于整顿和规范活禽经营市场秩序 加强高致病性禽流感防控工作的意见》明确提出，率先在大城市逐步取消活禽的市场销售和宰杀，推行“禽类定点屠宰、白条禽上市”制度[①]。可见，政府取代活禽交易市场有法可依。

2. 欧美发达国家关闭活禽市场的经验可资借鉴

为预防禽流感，许多发达国家和地区均实施了禽类冰（生）鲜上市，欧美国家的农贸市场上几乎见不到活禽贩卖。针对活禽交易问题，美国北卡罗来纳州农业部的官方网站上有明确规定：“直接对顾客销售活禽，或是提供活禽屠杀服务，甚至私自销售活禽或是允许顾客在自行经营场所内进行活禽屠杀的行为，都是违反了州及联邦的相关法律。此类触犯法律的行为，如果顾客因此生病，经营主必须承担相关连带责任。”[②]欧美国家取消活禽交易市场，把动物疫病传染源控制在狭小范围内，切断了禽流感等动物疫病的传播途径，这对于防控动物疫病传播十分有效。

---

① 国务院办公厅. 2007. 国务院办公厅关于整顿和规范活禽经营市场秩序 加强高致病性禽流感防控工作的意见[J]. 河北农业科技，（1）：4.

② 甘孟侯. 2004. 全球禽流感的流行形势[J]. 中国预防兽医学报，（6）：468-471.

3. 安全卫生的新鲜禽肉消费取代活禽消费习惯体现了现代消费文明

取代活禽市场不等于禁止民众消费新鲜禽肉，也不是禁止家禽饲养，更不是禁止销售新鲜禽肉，而是让民众以安全的途径消费新鲜禽肉，让家禽饲养与家禽销售人员以更安全的途径销售新鲜禽肉[①]。通过互联网或微信等新兴购物途径，借助生鲜快运等快递方式，是目前业界已经大力推行的现代文明消费模式。消费者通过互联网或电话订购新鲜宰杀好的禽类产品，可以降低销售屠宰成本，减少人禽接触机会，极大降低人感染禽流感风险。目前我国大力发展畜禽产品专业冷鲜配送产业，为推进冰鲜禽上市提供了有力的现代产业支持。

4. 逐步全面关闭活禽交易市场已有丰富的实践经验

2004 年禽流感疫情在全球暴发以来，活禽交易市场的大门就开启了关闭的进程。事实上，为预防和控制传染病的发生和传播、保障首都地区的公共卫生安全，北京市早在 2006 年就已全面、永久关闭了活禽交易市场，推行家禽“集中屠宰、冷鲜上市”[②]。2013 年 H7N9 禽流感疫情后，各地纷纷出台活禽市场监管的相关规定。2014 年 2 月 16 日，杭州市政府网站发布《建立人感染 H7N9 禽流感源头防控长效机制的实施办法》规定，杭州将不再重启活禽交易，由杭州市工商局牵头，永久关闭主城区所有活禽交易市场。2014 年，江苏省南京市和苏州市出台并设立了活禽交易禁止区，逐步实行家禽“定点宰杀、冷链配送、冷鲜上市”的禽类交易管理政策。2014 年 12 月，广东省政府出台了《广东省家禽经营管理办法》，明确规定珠三角各地级以上市城区和其他人口密集的地级市城区设活禽经营限制区，区内限制活禽交易，实行活禽“集中屠宰、冷链配送、生鲜上市”[③]。虽然上海、广州等大城市目前还没有全面禁止活禽交易，有些城市应对禽流感的冲击还采用季节性或突发事件临时性的关闭模式，但是无论是永久性关闭还是临时性关闭模式，都为城市

① 华绪川，徐威，朱丽洁. 2016. 公共卫生安全视角下的家禽交易管理[J]. 中国家禽，38(17)：1-5.

② 董少东. 2006-12-15. 活禽市场交易不再放开：必须定点屠宰，至少加工到白条禽才上市[N]. 北京日报，02.

③ 南方日报评论员. 2014-12-18. 家禽“生鲜上市”是时候推广了[N]. 南方日报，02.

永久关闭活禽交易市场积累了丰富经验。

三、全面关闭活禽交易市场的政策选择

（一）建立安全卫生的畜禽交易新模式，逐步全面关闭国内活禽交易市场

关闭现行的活禽交易市场，并非禁止民众消费新鲜畜禽肉品，而是让民众通过更安全的途径（如电商、网购、直销等）消费新鲜禽肉[①]。全面关闭活禽交易市场是一系列政策改革组合，主要包括三方面政策内容。

1）三年内分期推进全国城镇关闭活禽交易市场

全面关闭国内活禽交易市场计划宜为三步走：第一步，在 2019 年前，对全国所有大中城市全面关闭活禽交易市场；第二步，在 2020 年前，对全国所有地级市和部分人口较多的县级市全面关闭活禽交易市场；第三步，在 2021 年前，在全国所有的县级市和有条件的乡镇建城区，全面关闭活禽交易市场。

2）实施畜禽集中屠宰冷链配送与阻断人兽共患疾病

实行家禽集中定点屠宰，既有利于提升现代农业发展水平，又有利于塑造清洁卫生的城市形象。通过活禽定点屠宰、集中检疫以阻断人兽共患病传播渠道。强化实施家禽定点屠宰、集中检疫以切断人兽共患病疫情传播的途径，降低疾病传播和交叉感染概率，杜绝病害和变质白条鸡肉流入畜禽生鲜产品冷链销售，防止逃避检疫现象发生，加强市场监督检查，确保生鲜畜禽产品质量，让消费者吃上健康放心的畜禽肉。

3）制定合理的补贴标准和产业扶持政策

活禽交易市场的关闭对黄羽鸡（土鸡）养殖户造成巨大冲击，同时，也将给以养殖业为生计的分散养殖户、中小批发商、活畜禽运输户和活畜禽零售户等带来较直接的经济损失。因此，政府应该制定相应的财政补贴政策，帮助他们转型升级。

---

① 华绪川，徐威，朱丽洁. 2016. 公共卫生安全视角下的家禽交易管理[J]. 中国家禽，38(17)：1-5.

（二）建设全球最大畜禽生鲜冷链产业，提高健康中国动物食品卫生水平

2013 年 H7N9 禽流感发生后，推动冰鲜鸡的生产消费再一次被提出。从许多发达国家和地区实施禽类冰（生）鲜上市的经验来看，“集中屠宰、冷链配送、生鲜上市”的家禽经营模式，不仅可以有效降低市场中禽流感病毒污染的可能，保障公众的健康，而且能减少禽流感对家禽产业的影响，促进家禽产业转型升级。畜禽生鲜产品冷链配送有利于阻断人兽共患病传播。在目前条件下，市场中只要有活禽的存在，就会有一定的风险。必须推动生鲜禽生产和消费，以取代市场活禽销售，改变公众的消费习惯将有利于阻断人畜禽共患疾病。要用冰鲜（生鲜）禽肉上市和使用电子商务等新的途径销售，变运送畜禽为运送畜禽生鲜肉品，切断禽流感等禽类疫病的传播途径，降低疫情发生的风险。

我国是农业生产和农产品消费大国，近年来生鲜农产品产量快速增加，冷链物流的规模快速增长，农产品冷链物流基础设施逐步完善。根据国家发改委的数据，截止到 2010 年 6 月，全国已有冷藏库近 2 万座，冷库总容量 880 万吨，其中冷却物冷藏量 140 万吨，冻结物冷藏量 740 万吨；机械冷藏列车 2000 多辆，机械冷藏汽车 20 000 多辆，冷藏船吨位 10 多万吨，年集装箱生产能力 100 万标准箱。加快推动冰鲜畜禽生产和消费，以取代市场活禽销售方式，建立“集中屠宰、冷链配送、冷（生）鲜上市”新模式，完善专业冷（生）鲜畜禽专用配送销售体系。鼓励、引导符合准入条件的畜禽屠宰企业参与活禽活畜屠宰和冷鲜配送。通过产业扶持计划，推动屠宰企业通过自有冷藏车或委托物流公司实现生鲜畜禽肉全程冷链配送，确保满足公众对冷（生）鲜畜禽产品的需求。

生鲜农产品冷链物流作为冷链物流行业的专业细分领域，是一个新兴产业，具有很大发展空间和强劲的发展动力。我国生鲜农产品冷链物流行业依托巨大的刚性市场，呈现出快速发展势头。“十三五”期间，我国生鲜农产品冷链物流将从量的增长向质的增长转变。随着“互联网+”的发展，消费者已经将生鲜电商作为重要的生鲜农产品购买媒介，特别是由电子商务催生的冷链宅配，刺激了冷链物流行业迅猛发展。生鲜类产品是生活不可替代的必需

品，有着巨大的消费空间，所以当生鲜宅配市场培育起来后，将会形成一种新的潜力巨大的市场需求。因此，要大力鼓励畜禽生鲜农产品冷链物流发展，建设国际最大畜禽生鲜产品冷链产业。积极发展覆盖生产、储存、运输及销售整个环节的冷链，建立全程“无断链”的高效、安全的畜禽产品冷链物流体系，提高健康中国动物食品卫生水平。

（三）发展高生物安全等级的大型集约化养殖企业

按照联合国粮食及农业组织对养殖企业生物安全等级分类，我国 80%～90%的蛋鸡群和肉鸡群仍处于低到最低生物安全等级的 3 类和 4 类；仅 10%～20%的鸡是饲养在中等生物安全等级的 2 类集约化系统，极少的能达到 1 类高生物安全等级标准。而大部分发达国家的养禽业主要使用高生物安全等级（1 类或 2 类）的大型集约化饲养系统，散养和小规模饲养场和大型集约化养殖场相比，饲养条件差，防疫条件差，管理粗放，生物安全防护水平低下，疫情发生风险高，H5N1 亚型高致病性禽流感病毒进入的风险远高于大型集约化养殖场。巴西和泰国等部分发展中国家的养禽业，也大多使用高生物安全等级的大型集约化饲养系统。在发达国家，两个大型集约化鸡场的距离一般都在 15 公里以上，在我国，一个养殖场周边可能有数个养殖场或养殖户，更有几十户聚集在一起而又无统一管理和防疫等措施的养殖模式。这就为禽流感等易于传染的疫病提供了快速传播、大面积暴发的可能。禽流感疫情一旦暴发，扑杀的家禽数量和造成的经济损失通常是巨大的。从国内实践来看，推进规范化养殖，提升养殖场生物安全防护水平，实施程序化免疫，可实现减低环境中病原含量，提高动物抗感染能力，保护易感动物的目标。

在诸多发展中国家，泰国率先用较低的成本，较为彻底地清除了 H5 亚型高致病性禽流感疫情。这与泰国政府和企业采取了一系列科学有效的措施有很大关系。泰国采取的 H5 亚型高致病性禽流感防控措施聚焦于养禽场生物安全水平的提高，而不是疫苗免疫、监测和扑杀，目的是从源头上和传播途径上降低禽流感疫情的风险，获得了成本低收益大的成效。

我国政府应引导家禽养殖场重新整合，通过立法、政策扶持或者提高行业准入标准（包括养殖规模、生物安全级别等）的方式，使高致病性禽流感风险很高的中小规模养殖场发展为风险较小的大型集约化养殖场。随着我国生产力的不断发展，可以预计，生物安全水平较高的大规模养禽场将饲养全国 80%以上的家禽，届时我国禽流感防控难度将大为降低。

第三节　动物疫情公共危机防控：病死猪无害化处理

一、病死猪无害化处理补助政策难落实

化解动物疫情公共危机的基础在于强化动物疫病科学防控。进一步深化改革，不断增强政策执行力。按照“放管服”改革要求，坚持推进病死猪无害化处理从程序烦琐且不透明的事后灾损补贴，简化到补助无害化处理设施与加强处理能力建设为目标的事前补贴，简化程序、降低成本、提高效率。对病死畜禽地下交易始终保持高压“零容忍”态势。但是，现行病死猪无害化处理补助政策操作性障碍较多，无法从根本上扼制住病死猪流入餐桌、污染环境，因此，必须对病死猪无害化处理补助政策进行重大改革。

（一）病死猪数量大，地方财政配套困难，补助资金缺口巨大

《关于做好生猪规模化养殖场无害化处理补助相关工作的通知》出台后，农业部、财政部自 2012 年起对病死猪无害化处理给予 80 元/头的补贴，补助资金由中央财政与地方财政共同承担，中央政府对东部、中部、西部地区补助的资金比例分别为 40%、50%和 60%。课题组在湖南、广东、浙江、上海等 8 省市 34 个县调查发现，养猪户至今尚未得到此项补助款。根据国家统计局公布的相关数据，2012 年我国生猪出栏量 69 628 万头，各种原因死亡 1 亿头左右应属正常，这个数量相当于美国全年生猪出栏总量。地方政府承担补助配套费用包袱重，无法兑现补助政策，多选择瞒报、少报病死猪数量，部分县甚至要求养猪户自行承担部分资金。

（二）补助标准低程序繁，养猪户选择放弃补贴，随意抛弃病死猪

现行政策下，要获得病死猪无害化处理补助，需要经过养猪户申报、县

级动物卫生监督机构登记、无害化处理现场抄录、摄影或照相、拍摄资料编号等极为复杂的程序，并由畜牧业与财政部门联合汇总后向国家申请拨款。抽样调查发现，不同规模的养猪户，无害化处理一头病死猪的平均成本达100～120元。县级动物卫生监督机构花费的行政监督成本，更是一个“无底洞”，而且由于人员严重不足，几乎没有办法及时接报和赶赴现场勘查。因此，相对于80元的较低补贴标准来说，养猪户争取病死猪无害化处理补贴，存在着明显的外部经济内部化动力不足。

（三）补助范围不合理，各方都缺乏执行政策的积极性

目前补贴对象为年出栏50头以上生猪规模养殖场，散养户无补贴。规模化养猪场虽有补贴，但顾虑生猪销售将受影响，不愿公布或上报病死猪真实数量。现行政策只给予病死猪无害化处理补助，没有处理设施建设补助，在大量分散养猪的行政村，缺乏村民自治组织集中建设处理设施的动力机制。现行政策补助中没有核定必要的工作经费，基层政府行政支出负担较大。县级动物卫生监督机构的行政费用原本就很紧张，抽样调查发现，在生猪调出大县，每接报、勘查、确认一头病死猪的平均行政成本约为35～50元，非生猪调出大县的行政成本更高。

（四）事后补贴的方法不科学，容易产生“设租”“寻租”

2012年开始实行的病死猪无害化处理补助政策，在实际操作中已经暴露出某些“设租”“寻租”端倪。调查中发现，由于动物卫生监督机构接报时间不同、勘查速度不同、确认方法不同，甚至有养猪户反映，接报工作人员与养猪户的亲疏关系不一样，都可能导致病死猪无害化处理有补助与无补助、多补助与少补助有显著差异。

二、改革病死猪无害化处理财政补助政策重在增强操作性

从长远看，只有将病死猪无害化处理的外部性内部化，才是扼制养猪户销售或随意抛弃病死猪行为，并从源头上杜绝猪肉食品制假的最优途径。建议改革病死猪无害化处理补助的方法和范围，将事后补贴改为事前补助，补

助政策惠及散养户和规模化养殖场，增加基层工作经费、行政村集中处理设施建设经费的财政投入，补助资金由中央财政全额补助。

（一）按养殖数量核定事前补助基数

将现行政策中以事后勘查确定病死猪头数进行补贴的方法，改为按养殖户生猪出栏调出数乘以平均死亡率核定的基数，实行无害化处理事前补助。实际操作中，可根据当年生猪出栏调出数核减或核增次年补助基数。事前补助数据容易获取，程序简洁透明，无须进行烦琐的申报勘查，既可防止行政不作为，又可减少审批手续，杜绝"设租""寻租"行为。

（二）扩大病死猪无害化处理补助范围

我国目前生猪散养户比例约占四成以上，补助政策惠及全部散养户和规模化养殖场，有利于扫除散养户病死猪无害化处理的"死角"、堵塞处理"漏洞"。根据养殖规模，补助行政村分散养殖户病死猪集中处理设施专项建设经费，有利于散养户集中处理病死猪，降低处理成本。

（三）加强基层动物卫生监督机构的行政职能

实施新的病死猪无害化处理补助政策，关键在于加强监督、严格执法。按照病死猪无害化处理补助经费的一定比例，在财政预算中增列基层动物卫生监督机构的专项工作经费，充分发挥基层机构监督执法作用，对任何未经无害化处理将病死猪抛入江河水体或野外的行为，一经发现，从重处罚，并视情况禁止或严格限制其从事生猪养殖业的资格。

（四）中央财政全额补助病死猪无害化处理资金

法律规定国家支持建设畜禽无害化处理设施，建立健全对位于饮用水水源保护区区域和江河、湖泊、水库上游地区的水环境生态保护补偿机制。中央财政适度提高病死猪无害化处理补助标准、全额负担相关补助资金具有充足的法律依据，且有利于确保不出现区域性重大动物疫情，有利于确保不发生公共卫生安全事件，促进环境保护和生态文明建设。

第　十　二　章

研究总结与展望

2003 年 SRAS、2004 年高致病性禽流感暴发以来，动物疫病公共危机研究引起世界范围内的高度重视。世界卫生组织发布统计数据显示，全世界每年有 1700 万人死于传染病，其中 70%都是人畜共患病。动物疫病不仅可能严重打击畜牧业发展并威胁产业安全，而且因为它对人类身体健康甚至生命安全所构成的威胁，导致人类对动物源性食品卫生与食品安全产生社会恐慌。越来越多的案例显示，动物福利伤害诱发动物疫病，使得动物食品伦理道德问题日益凸显，并引发动物食品伦理危机。开展突发性动物疫情公共危机演化机理及应急公共政策研究，对探索动物疫病发生、发展的自然界灾变现象中人类干预活动的科学规律，创新动物疫情公共危机防控“产业—卫生—伦理道德（动物食品）”三级安全公共政策体系，实施健康中国战略，促进人与自然和谐共生，全面加强生态文明建设，满足人民日益增长的美好生活需要，具有十分重要的理论价值和现实意义。

第一节　研 究 总 结

一、健康中国战略引领下动物疫情公共危机防控有了新目标

研究动物疫情公共危机演化规律，必须明确疫情危机防控是健康中国战

略的重要内容。2003 年 SRAS、2004 年高致病性禽流感暴发以来，动物疫病公共危机研究引起世界范围内的高度重视。世界卫生组织发布统计数据显示，全世界每年有 1700 万人死于传染病，其中 70%都是人畜共患病。动物疫病不仅可能严重打击畜牧业发展并威胁产业安全，而且因为它对人类身体健康甚至生命安全所构成的威胁，导致人类对动物源性食品卫生与食品安全产生社会恐慌。越来越多的案例还显示，动物福利伤害诱发动物疫病，使得动物食品伦理道德问题日益严重，并引发动物食品伦理危机。习近平同志在党的十九大报告中提出实施健康中国战略，促进人与自然和谐共生。加强突发性动物疫情公共危机演化机理及应急公共政策研究，探索动物疫病发生发展自然灾变现象中人类干预活动的科学规律，对于实现动物疫情公共危机防控“产业—卫生—伦理道德（食品）”三级安全新的目标体系，全面加强生态文明建设，满足人民日益增长的美好生活需要，具有十分重要的理论价值和现实意义。

二、健康中国战略引领下动物疫情公共危机防控有了新内涵

（一）动物疫情公共危机演化机理分析

从动物疫情公共危机内生与外生动力冲突看，动物疫情公共危机扩散具有动力学平衡规律。动物疫病自身传播力对产生疫情公共危机具有根本性影响。在突然发生动物疫情流行的紧急状态下，动物疫情公共危机中的政府、养殖户、消费者、行业组织、媒体与网民等社会群体的风险认知有一定差异，这将会对危机扩散产生推波助澜式影响。在健康中国战略引领下，人们追求精确描述动物疫情公共危机演化规律，实现人与自然和谐共生。

（二）动物疫情公共危机应急公共政策

动物疫情公共危机应急防控需要建立与政治、经济、社会、文化和生态文明统筹推进的公共政策体系。新的动物疫情公共危机防控政策，以建构县乡基层动物疫情公共危机综合防控能力指数为基础，要加强动物疫情公共危机防控法治与政府责任建设，特别是加强县乡基层防控能力。新的动物疫情公共危机防控政策，实施现行“问责机制”的“关口前移”防控应对举措。

新的动物疫情公共危机防控政策，还从病死畜禽无害化处理、舆情管控与舆论疏导、全面关闭活禽活畜交易市场、支持畜禽冷链产业发展、加强法治化的社会风险治理、加强动物福利与防控生态环保等六个方面，提出全面推动中国动物疫情公共危机防控政策深化改革。

（三）动物疫情公共危机防控阶段判断

传统的动物疫情公共危机防控制度具有预警预防偏好。然而，动物疫情演变规律十分复杂，疫病变种导致人类面临的风险增大。人类要完全阻断动物疫病侵害几乎不可能。基于预警、应急处置不当的事后问责机制，并非促进防控能力增强的最佳办法。因此，应当重新定义动物疫情公共危机防控能力内涵，把学习与容灾能力放在防控能力建设之首位，从危机学习、避灾容灾两个关键环节，推动动物疫情公共危机防控“关口前移”。提升危机事件中全面学习的能力，更有利于真正积累防控经验。在容灾方面加大投入是可操控、更有效的防控能力建设途径。

三、健康中国战略引领下动物疫情公共危机防控有了新理念

（一）动物疫情公共危机防控“产业—卫生—伦理道德（食品）”新功能

在健康中国战略引领下，动物疫情公共危机防控功能正在实现新的创新，即从传统的关注动物疫情催生畜牧产业危机向动物疫病诱发人畜共患疾病产生公共卫生安全危机转变，进而将向关怀动物福利、规范动物食品伦理道德、确保动物食品社会安全的方向转变，形成中国动物疫病公共危机应急管理“产业—卫生—伦理道德（食品）”多层级新功能。

（二）动物疫情公共危机“理论—机制—方法”系统分析新思想

在健康中国战略引领下，动物疫情公共危机防控理论与实践，遵循“理论—机制—方法”新的运行逻辑。“6 个基本理论”即风险临界理论、危机扩散动力学理论、关键链节点理论、大数据仿真理论、风险算法理论、问责与学习理论。“3 套基本机制”即法治化防控机制、制度化防控机制和信息化防

控机制。“10 种基本方法”即“一案三制”、精准阻断、不确定型决策、信息化战略管理、信息化标准建设、信息化绩效控制、大数据技术、政府责任法治、公共危机法治、技术监管法治。

（三）动物疫情公共危机治理“风险认知—扩散动力—演化规律—防控能力”新方法

在健康中国战略引领下，动物疫情公共危机正在从管理体制重构向治理机制创新转变，新的治理思路以动物疫情公共危机风险认知分析为逻辑起点，以多元利益主体共享治理成果为共同目标；综合协调动物疫情公共危机演化中危机引力波、危机内动力、危机外推力、危机诱发力、危机点爆力、危机助燃力、危机延续力、危机阻滞力，推动“八力”平衡；科学求解危机损害灾变函数与临界防控能力函数联合控制方程，在最短时间内、最有效地寻找各演化阶段“时间窗口”和管理关键链节点，精确描述动物疫情公共危机“三阶段三波伏五关键点”演化规律；着重从动物疫情公共危机风险认知、危机学习和避灾容灾三个维度，建设完善中国动物疫情公共危机综合防控能力体系。

第二节 研究展望

经过六年研究，本书课题组充分认识到：以学科交叉为特征的“突发性动物疫情公共危机演化机理及应急公共政策研究”重大课题，必须加强多学科、多领域科学家协同创新，加强危机预防预控和应急管理智库建设。在未来研究中，我们将集中力量对如下重点问题展开研究攻关。

一、疫情危机应急管理链节点“时间窗口”判定方法

继续以生猪、家禽疫情危机为重点研究对象，建构一套科学研判动物疫情公共危机演变“时间窗口”及管理关键链节点的方法体系。积极建议和推动农业农村部畜牧兽医局和中国疫病预防控制中心建立动物疫病危机防控数

据库，加强对突发性动物疫情公共危机事件的数据分析、情景模拟和仿真试验，为科学应对突发性动物疫情公共危机提供应急处置实务操作工具。

二、基于大数据支撑的危机防控能力评价体系

加强突发性动物疫情公共危机实际损害数据处理及评价方法研究，建立从预警预防、应急处置、善后处理、责任追究各个环节，到人员队伍、物质准备、财力支持、“一案三制”各个方面的综合信息网络。加快建立以养殖户为节点、以大数据为支撑、以政府科技防控网格化为平台的动物疫情公共危机防控能力评价体系，促进防控能力建设。

三、媒体与社会群体良性互动关系下的舆情引导

深入研究动物疫情公共危机舆情传导规律，深入分析突发性动物疫情公共危机的衍生型危机特征，加强媒体传播与危机扩散的相互关系研究，积极探索建立正确的舆情引导机制，以防止网络信息封锁或过度喧嚣可能引致的舆论误导。

四、网格化防控体系基础上的跨域府际合作机制

突发性动物疫情公共危机一般具有跨域性特征。我们既要加强网络化防控体系研究以增强各地“守土之责”，又要探索打破“行政区行政”所产生的危机防控桎梏。要深入研究动物疫情公共危机演变条件下政府、企业、消费者良性合作的应急治理模式，加强研究以信息化支撑为基础、网格化疫病防控体系为平台、病死畜禽无害化处理为重点、应急处置法治和公共政策为基本工具的跨域府际合作机制。

五、动物疫情公共危机预警与防控知识教育传播

加强动物疫情公共危机预警与防控知识教育传播十分重要。要组织力量进行动物疫情公共危机预警与防控知识普及研究，广泛利用报纸、杂志、网络、广播、电视等进行预警与防控知识宣传教育。加快开展突发性动物疫情公共危机科学防控电视片制作，并通过各级电视台开展公益展播。

六、新时代动物福利和动物食品伦理道德规范

改变动物福利观念，不仅是促进动物生产卫生、提高动物食品质量、稳定动物国际贸易的要求，而且对促进人与自然和谐发展具有道德层面的进步催化作用。因此，应当加快建立包容各方利益诉求的动物食品伦理道德规范。

参 考 文 献

边疆，刘芳，罗丽，等. 重大动物疫情公共危机演化机制研究[J]. 科技和产业，2014，14（9）: 81-84.
才学鹏. 我国人畜共患病流行现状与对策[J]. 兽医导刊，2014，（13）.
蔡勋，陶建平. 禽流感疫情影响下家禽产业链价格波动及其动态关系研究[J]. 农业现代化研究，2017，38（2）.
曹斌，王海燕，周广生，等. 不同类型猪蓝耳病疫苗的体液免疫效果比较[J]. 中国动物检疫，2010，27（8）.
曹荣桂. 卫生部历史考证[M]. 北京：人民卫生出版社. 1998.
常宪平，单广良，王卉呈，等. 动物源传染病防制的部门合作机制研究[J]. 中国公共卫生，2008，（4）.
陈洪生. 行政问责制及其构架研究[J]. 求实，2008，（6）.
陈继明. 重大动物疫病监测指南[M]. 北京：中国农业科学技术出版社. 2008.
陈茂盛，董银果. 动物检疫定量风险评估模型述论[J]. 2006，世界农业，（6）.
陈朋. 推动容错与问责合力并举[J]. 红旗文稿，2017，（14）.
陈强，徐晓林，王国华. 网络群体性事件演变机制研究[J]. 情报杂志，2011，30（3）.
陈仁泽. 漂浮死猪已得到有效处置: 当地未发生生猪重大动物疫病[N]. 人民日报，2013-03-17.
陈瑞爱，裴仉福，罗满林. 高致病性猪繁殖与呼吸综合征活疫苗的免疫效果观察[J]. 中国动物保健，2009，11（7）.
陈升，孟庆国，胡鞍钢. 政府应急能力及应急管理绩效实证研究——以汶川特大地震地方县市政府为例[J]. 中国软科学，2010，（2）.
陈世瑞. 混沌理论在非传统安全治理研究中的应用——兼论根治索马里海盗问题[J]. 人力资源管理，2011，（10）: 35-37.
陈香，沈金瑞，陈静. 灾损度指数法在灾害经济损失评估中的应用——以福建台风灾害经济损失趋势分析为例[J]. 灾害学，2007，（2）.
陈长坤，孙云凤，李智. 冰灾危机事件衍生链分析[J]. 防灾科技学院学报，2008，（2）.
陈振明. 中国应急管理的兴起——理论与实践的进展[J]. 2010，东南学术，（1）.
陈忠全，徐雨森，杨海峰. 基于 Shapley 分配的排污权交易联盟博弈[J]. 系统工程，2016，34（1）.
程彬，郝利忠，魏学义，等. 2009. 辽宁省畜禽分布定位及重大动物疫病防控调度指挥系统建设研究[J]. 现代畜牧兽医，（3）.

迟菲，陈安. 突发事件蔓延机理及其应对策略研究[J]. 中国安全科学学报，2013，23（10）.
丛振华. 我国禽流感现行扑杀补偿政策研究[J]. 财经问题研究，2013，（S1）.
崔卓兰，段振东. 维护政府的合法性——官员问责制的政治意义[J]. 兰州学刊，2013，（10）.
戴志澄. 中国卫生防疫体系及预防为主方针实施50年——纪念全国卫生防疫体系建立50周年[J]. 中国公共卫生，2003，（10）.
戴志澄. 中国卫生防疫体系五十年回顾——纪念卫生防疫体系建立 50 周年[J]. 中国公共卫生管理，2003，（5）.
丁烈云，何家伟，陆汉文. 社会风险预警与公共危机防控：基于突变理论的分析[J]. 人文杂志，2009，（6）.
丁瑞强，谢冬生，储雪玲. 2014. 疫病响应信息系统（IRIS）在世界银行赠款新发传染病防控能力建设项目动物疫病防控体系中的应用[J]. 世界农业，（7）.
董峻. 黄浦江漂浮死猪事件已得到有效处置——访国家首席兽医师于康震[N]. 新华每日电讯. 2013-03-17.
董少东. 活禽市场交易不再放开: 必须定点屠宰, 至少加工到白条禽才能上市[N]. 北京日报，2006-12-15.
杜兴洋，陈孝丁敬. 容错与问责的边界：基于对两类政策文本的比较分析[J]. 学习与实践，2017，（5）.
方志耕，杨保华，陆志鹏，等. 2009. 基于 Bayes 推理的灾害演化 GERT 网络模型研究[J]. 中国管理科学，17（2）.
费威. 食品供应链回收处理环节安全问题博弈分析——以“弃猪”事件为例[J]. 农业经济问题，2015，36（4）.
冯允怡. 地方政府重大动物疫病防控能力评价研究进展[J]. 中国动物检疫，2015，32（9）.
傅强. 动物有“福利”吗?——西方动物福利的政治经济学[J]. 国外社会科学，2015，（5）.
傅蔚冈. 对公共风险的政府规制——阐释与评述[J]. 环球法律评论，2012，34（2）.
甘孟侯. 全球禽流感的流行形势[J]. 中国预防兽医学报，2004，（6）.
高卫明. 论突发传染病疫情防控中的公民义务[J]. 2010，法商研究，27（1）.
高小平. 综合化：政府应急管理体制改革的方向[J]. 行政论坛，2007，（2）.
高小平. 中国特色应急管理体系建设的成就和发展[J]. 中国行政管理，2008，（11）.
高小平，孙彦军. 服务·责任·法治·廉洁：服务型政府建设的目标、规律、机制和评价标准[J]. 新视野，2009，（4）：45-47.
龚维斌. 中国社会结构变迁及其风险[J]. 国家行政学院学报，2010，（5）.
龚维斌.一起突发事件处置引发的应急管理治道变革——以吉化双苯厂爆炸事故为例[J]. 国家行政学院学报，2015，（3）.
龚伟志，刘增良，王烨，等. 基于大数据分析恐怖袭击风险预测研究与仿真[J]. 计算机仿真，2015，32（4）.
郭倩倩. 突发事件的演化周期及舆论变化[J]. 新闻与写作，2012，（7）.
郭太生. 论公共安全危机事件应急处置过程对新闻与信息的管理[J]. 中国人民公安大学学报，2004，（3）.

郭雪松，朱正威. 跨域危机整体性治理中的组织协调问题研究——基于组织间网络视角[J]. 公共管理学报，2011，8（4）.
国家减灾委员会办公室. 国家突发重大动物疫情紧急救援手册[M]. 北京：中国社会出版社. 2010.
国家卫生和计划生育委员会. 四川省猪链球菌病疫情评估报告[EB/OL]. http://www.chinacdc.cn/jkzt/crb/gjfd/qt/rzzzlqjgr/scsrzlqjbjszn/201104/t20110412_41660.html[2021-03-09]. 2005.
国务院办公厅. 国务院办公厅关于整顿和规范活禽经营市场秩序 加强高致病性禽流感防控工作的意见[J]. 河北农业科技，2007,（1）.
国务院发展研究中心课题组，孙晓郁，蒋省三，等. 我国应急管理行政体制存在的问题和完善思路[J]. 中国发展观察，2008,（3）.
韩自强. 应急管理能力：多层次结构与发展路径[J]. 中国行政管理，2020,（3）.
何薇，张永红，刘芳，等. 国际动物疫情风险沟通策略[J]. 世界农业，2015,（1）.
何薇，郑文堂，刘芳，等. 重大动物疫情公共危机中社会群体间利益冲突研究[J]. 中国食物与营养，2014，20（10）.
胡象明，王锋. 一个新的社会稳定风险评估分析框架：风险感知的视角[J]. 中国行政管理，2014,（4）.
胡扬名. 大数据时代农村公共危机防控：信息化问题[M]. 北京：北京理工大学出版社. 2016.
华建敏. 依法全面加强应急管理工作——在全国贯彻实施突发事件应对法电视电话会议上的讲话[J]. 中国应急管理，2007,（10）.
华绪川，徐威，朱丽洁. 公共卫生安全视角下的家禽交易管理[J]. 中国家禽，2016，38（17）.
黄德林，董蕾，王济民. 禽流感对养禽业和农民收入的影响[J]. 农业经济问题，2004,（6）: 21-25，79.
黄杰，朱正威，赵巍. 风险感知、应对策略与冲突升级——一个群体性事件发生机理的解释框架及运用[J]. 复旦学报（社会科学版），2015，57（1）.
黄瑞刚. 危急管理中媒体“拟态执政”的复杂性研究[J]. 管理世界，2010,（1）.
黄萱. 人兽共患病：应该如何应对？[N]. 人民政协报. 2009-01-14.
黄燕萍，沈珊雄. 2017 年诺贝尔物理学奖和引力波[J]. 物理教学，2017，39（12）.
黄泽颖，王济民. 2004—2014 年我国禽流感发生状况与特征分析[J]. 广东农业科学，2015，42（4）.
黄泽颖，王济民. 动物疫病防控策略评估[J]. 中国农业科技导报，2015，17（1）.
黄泽颖，王济民. 动物疫病经济影响的研究进展[J]. 中国农业科技导报，2015，17（2）.
黄泽颖，王济民. 养殖规模和风险认知对肉鸡养殖场防疫布局的影响：基于 331 个肉鸡养殖户的调查数据[J]. 生态与农村环境学报，2017，33（6）.
贾薇薇，魏玖长. 经济开发区潜在突发事件的风险度评估研究及应用[J]. 中国应急管理，2011,（1）.
贾伟新，廖明. 从活禽交易的干预效果看我国禽流感的流行与防控[J]. 中国家禽，2015，37（22）.
姜传胜，邓云峰，贾海江，等. 突发事件应急演练的理论思辨与实践探索[J]. 中国安全科学学报，2011，21（6）.
姜慧，赖圣杰，秦颖，等. 全球人感染禽流感疫情及其流行病学特征概述[J]. 科学通报，2017，62（19）.

姜玉欣. 风险社会与社会预警机制——德国社会学家贝克的“风险社会”理论及其启示[J]. 理论学刊，2009，(8).
蒋勋，苏新宁，周鑫. 适应情景演化的应急响应知识库协同框架体系构建[J]. 图书情报工作，2017，61(15).
接玉芹. 公共危机管理中新媒体公信力的缺失与重建[J]. 学校党建与思想教育，2015，(10).
金太军. “非典”危机中的政府职责考量[J]. 南京师大学报(社会科学版)，2003，(4).
金太军. 政府公共危机管理失灵：内在机理与消解路径——基于风险社会视域[J]. 学术月刊，2011，43(9).
经戈，锁利铭. 2012. 公共危机的网络治理问责——基于卡特里娜飓风和汶川地震的对比[J]. 西南民族大学学报(人文社会科学版)，33(10).
康鸿. 2013. 风险理论语境下危机管理机制的战略性构建[J]. 东南大学学报(哲学社会科学版)，15(2).
康伟. 公共危机预防控制管理研究[J]. 学术交流，2008，(9).
康伟. 突发事件舆情传播的社会网络结构测度与分析——基于“11·16校车事故”的实证研究[J]. 中国软科学，2012，(7)：169-178.
康伟. 基于SNA的突发事件网络舆情关键节点识别——以“7·23动车事故”为例[J]. 公共管理学报，2012，9.
赖诗攀. 问责、惯性与公开：基于97个公共危机事件的地方政府行为研究[J]. 公共管理学报，2013，10(2).
兰月新，王芳，张秋波，等. 大数据背景下网络舆情主体交互机理与对策研究[J]. 图书与情报，2016，(3)：28-37.
雷晓艳，张昆. 社会化媒体背景下政府形象危机的情境及其修复——以上海“黄浦江死猪”事件为例[J]. 湖南师范大学社会科学学报，2014，43(3).
黎桦林. 基层政府公共危机防控能力研究——以动物疫病防控为例[D]. 湖南农业大学硕士学位论文. 2015.
黎玲萍，毛克彪，付秀丽，等. 国内外农业大数据应用研究分析[J]. 高技术通讯，2016，26(4).
李彪. 网络事件传播阶段及阈值研究——以2010年34个热点网络舆情事件为例[J]. 国际新闻界，2011，33(10)：22-27.
李大宇，章昌平，许鹿. 精准治理：中国场景下的政府治理范式转换[J]. 公共管理学报，2017，14(1).
李冬春，严丽华，陈建康，等. 浅析动物卫生执法中行政强制措施的运用[J]. 中国动物检疫，2011，28(12).
李芳芳. 信息化标准体系建设发展趋势分析及经验借鉴[J]. 国土资源信息化，2012，(6).
李峰，沈惠璋，刘尚亮，等. 基于认知方式差异的公共危机事件下恐慌易感性实证分析[J]. 科技管理研究，2010，30(11).
李光英，洪玉振，邵翔. 大型工程建设期管理链信息模型研究[J]. 科技管理研究，2010，30(1).
李华强，范春梅，贾建民，等. 突发性灾害中的公众风险感知与应急管理——以5·12汶川地震为例[J]. 管理世界，2009，(6).

李洁. 我国公共危机处置法治化论略[J]. 法学杂志，2009，30（3）.
李金祥，郑增忍. 我国动物疫病区域化管理实践与思考[J]. 农业经济问题，2015，36（1）.
李军鹏. 论中国行政体制改革的总体战略[J]. 新视野，2011，（3）.
李楷，王薇. 动物疫情公共危机中城乡居民风险认知维度的对比分析[J]. 安徽农业科学，2015，43（14）.
李立清，吴松江，周贤君. 大数据时代农村公共危机防控：信息化战略[M]. 北京：北京理工大学出版社. 2016.
李藐，陈建国，陈涛，等. 突发事件的事件链概率模型[J]. 清华大学学报（自然科学版），2010，8.
李鹏，苏兰，蒋正军，等. 美国 APHIS 区域动物疫病状况认可信息目录研究[J]. 中国动物检疫，2014，31（4）.
李小敏，胡象明. 邻避现象原因新析：风险认知与公众信任的视角[J]. 中国行政管理，2015，（3）.
李燕凌，车卉. 突发性动物疫情中政府强制免疫的绩效评价——基于 1167 个农户样本的分析[J]. 中国农村经济，2013，（12）.
李燕凌，车卉. 突发性动物疫情公共危机中地方政府决策行为分析[J]. 家畜生态学报，2014，35（6）
李燕凌，车卉. 农村突发性公共危机演化机理及演变时间节点研究——以重大动物疫情公共危机为例[J]. 农业经济问题，2015，36（7）.
李燕凌，车卉，王薇，等."黄浦江漂浮死猪"事件应急处置实证研究[J]. 中国应急管理，2014，（2）.
李燕凌，丁莹. 网络舆情公共危机治理中社会信任修复研究——基于动物疫情危机演化博弈的实证分析[J]. 公共管理学报，2017，14（4）.
李燕凌，冯允怡，李楷. 重大动物疫病公共危机防控能力关键因素研究——基于 DEMATEL 方法[J]. 灾害学，2014，29（4）：1-7.
李燕凌，贺林波. 公共服务视野下的公共危机法治[M]. 北京：人民出版社. 2013.
李燕凌，苏青松，王珺. 多方博弈视角下动物疫情公共危机的社会信任修复策略[J]. 管理评论，2016，28（8）.
李燕凌，王珺. 公共危机治理中的社会信任修复研究——以重大动物疫情公共卫生事件为例[J]. 管理世界，2015，（9）.
李燕凌，吴楠君. 突发性动物疫情公共卫生事件应急管理链节点研究[J]. 中国行政管理，2015，（7）.
李永海，樊治平，李铭洋. 解决广义不确定型决策问题的案例决策方法[J]. 系统工程学报，2014，29（1）：21-29.
李滋睿，覃志豪. 重大动物疫病区划研究[J]. 中国农业资源与区划，2010，31（5）.
梁琛，张建海，牛瑞燕，等. 地理生态环境与动物及人疫病的关系探讨[J]. 中国动物保健，2009，11（8）.
梁小珍，刘秀丽，杨丰梅. 考虑资源环境约束的我国区域生猪养殖业综合生产能力评价[J]. 系统工程理论与实践，2013，33（9）.
梁雅妍，陈益填. H7N9 风波对广东省肉鸽业的影响分析[J]. 南方农村，2013，29（7）.

廖远甦，刘弘. 公共安全突发事件的探测分析——利用方差多变点分析技术对 SARS 疫情的研究[J]. 财经研究，2003，11
林丹，谢剑锋，严延生. H7N9 禽流感及相关疫情分析评估[J]. 中国人兽共患病学报，2017，33（3）.
林鸿潮. 公共危机管理问责制中的归责原则[J]. 中国法学，2014，（4）：267-285.
刘德海. 环境污染群体性突发事件的协同演化机制——基于信息传播和权利博弈的视角[J]. 公共管理学报，2013，10（4）.
刘德海，王维国，孙康. 基于演化博弈的重大突发公共卫生事件情景预测模型与防控措施[J]. 系统工程理论与实践，2012，（5）.
刘芳，贾幼陵，杜雅楠. 中国无疫区建设与动物疫病净化[J]. 中国动物检疫，2011，28（1）：81-83.
刘嘉，谢科范. 非常规突发事件个体决策行为影响因素研究[J]. 软科学，2013，27（3）.
刘金平，周广亚，黄宏强. 风险认知的结构，因素及其研究方法[J]. 心理科学，2006，（2）：370-372.
刘明月，陆迁. 禽流感疫情冲击下疫区养殖户生产恢复行为研究——以宁夏中卫沙坡区为例[J]. 农业经济问题，2016，37（5）.
刘鹏. 中国食品安全监管——基于体制变迁与绩效评估的实证研究[J]. 公共管理学报，2010，7（2）.
刘倩，郑增忍，单虎，等. 动物疫病风险分析的产生、演变和发展[J]. 中国动物检疫，2014，31（1）.
刘铁民. 重大事故动力学演化[J]. 中国安全生产科学技术，2006，（6）.
刘玮. 大数据时代农村公共危机防控：信息化标准[M]. 北京：北京理工大学出版社. 2016.
陆昌华，何孔旺，胡肄农，等. 我国动物疫病风险分析体系建设与发展[J]. 中国农业科技导报，2016，18（5）.
陆昌华，胡肄农，何孔旺，等. 动物疫病防控与兽医信息技术应用研究进展[J]. 江苏农业学报，2016，32（5）.
陆昌华，胡肄农，谭业平，等. 动物及动物产品质量安全的风险评估与风险预警[J]. 食品安全质量检测学报，2012，3（1）.
陆则基，王志亮，吴延功，等. 我国猪“无名高热”病的回顾与思考[J]. 中国动物检疫，2009，26（2）.
希斯 R·. 危机管理[M]. 王成，宋炳辉，金瑛，译. 北京：中信出版社. 2004.
罗丽，刘芳，何薇，等. 发达国家动物疫情应急管理体系[J]. 世界农业，2014，（10）.
罗丽，刘芳，何忠伟. 重大动物疫情公共危机下养殖户的疫病防控行为研究——基于博弈论的分析[J]. 世界农业，2016，（2）.
马奔，程海漫. 危机学习的困境：基于特别重大事故调查报告的分析[J]. 公共行政评论，2017，10（2）.
马怀德. 应急反应的法学思考[M]. 北京：中国政法大学出版社. 2004.
梅付春，张陆彪. 加拿大应对禽流感的扑杀补偿政策及启示[J]. 中国农学通报，2009，25（12）.
门可佩，高建国. 重大灾害链及其防御[J]. 地球物理学进展，2008，（1）.
莫利拉，李燕凌. 公共危机管理：农村社会突发事件预警、应急与责任机制管理研究[M]. 北京：

人民出版社. 2007.
莫于川. 公共危机管理的行政法治现实课题[J]. 法学家，2003，（4）.
莫于川. 我国的公共应急法制建设——非典危机管理实践提出的法制建设课题[J]. 中国人民大学学报，2003，（4）.
莫于川. 健康中国视野下的公众参与食品安全治理[J]. 行政管理改革，2016，（2）：34-38.
南方日报评论员. 家禽“生鲜上市”是时候推广了[N]. 南方日报，2014-12-18.
倪星，王锐. 从邀功到避责：基层政府官员行为变化研究[J]. 政治学研究，2017，（2）.
牛海燕，刘敏，陆敏，等. 中国沿海地区台风灾害损失评估研究[J]. 灾害学，2011，26（3）.
农业部. 国家中长期动物疫病防控战略研究[M]. 北京：中国农业出版社. 2012.
彭鹏，初冬，耿海东，等. 我国陆生野生动物疫源疫病监测防控体系建设. 南京林业大学学报（自然科学版），2020，44（6）.
浦华，王济民，吕新业. 动物疫病防控应急措施的经济学优化——基于禽流感防控中实施强制免疫的实证分析[J]. 农业经济问题，2008，（11）.
浦华，王济民. 发达国家防控重大动物疫病的财政支持政策[J]. 世界农业，2008，（9）.
浦华，王济民. 动物疫病风险防控的经济学分析[M]. 北京：中国农业出版社. 2015.
邱东. 大数据时代对统计学的挑战[J]. 统计研究，2014，31（1）.
荣莉莉，张继永. 突发事件连锁反应的实证研究——以 2008 年初我国南方冰雪灾害为例[J]. 灾害学，2010，25（1）.
容志，李丁. 基于风险演化的公共危机分析框架：方法及其运用[J]. 中国行政管理，2012，（6）：82-86.
沙勇忠，解志元. 论公共危机的协同治理[J]. 中国行政管理，2010，（4）.
闪淳昌. 立法的根本在于保障生命[N]. 中华合作时报. 2002-07-23.
单飞跃，刘勇前. 公共灾难事件行政调查：目的、主体与机制[J]. 社会科学，2014，（11）.
佘廉，沈照磊. 2011. 非常规突发事件下基于 SIR 模型的群体行为分析[J]. 情报杂志，30（5）.
佘硕，徐晓林. 核电站事故对国家食品安全的影响——以日本福岛核电站事故为例[J]. 经济研究导刊，2012，（4）.
时勘，陆佳芳，范红霞，等. SARS 危机中 17 城市民众的理性特征及心理行为预测模型[J]. 科学通报，2003，（13）.
史波. 公共危机事件网络舆情内在演变机理研究[J]. 情报杂志，2010，29（4）.
宋晓燕，何瑞霞. 新闻媒体公信力缺失的现状及成因分析[J]. 新闻研究导刊，2017，8（19）.
苏国勋. 1988. 理性化及其限制——韦伯思想引论[M]. 上海：上海人民出版社.
孙研. 增强我国动物疫病防控能力的问题和对策[J]. 农村工作通讯，2014，（10）：23-26.
谭业平，胡肄农，陆昌华，等. 大数据技术在动物源食品质量安全管理创新体系中的应用[J]. 食品安全质量检测学报，2016，7（7）.
滕文杰. 突发公共卫生事件网络舆情网民关注度区域分布研究[J]. 中国卫生事业管理，2015，32（5）.
滕翔雁，黄保续，郑雪光，等. 地理信息系统（GIS）在动物卫生领域的应用[J]. 中国兽医杂志，2005，（6）：58-60.

滕月. 发达国家食品安全规制风险分析及对我国的启示[J]. 哈尔滨商业大学学报（社会科学版），2008，（5）：55-57.
田军，邹沁，汪应洛. 政府应急管理能力成熟度评估研究[J]. 管理科学学报，2014，17（11）.
田依林，杨青. 突发事件应急能力评价指标体系建模研究[J]. 应用基础与工程科学学报，2008，（2）.
童星. 社会管理创新八议——基于社会风险视角[J]. 公共管理学报，2012，9（4）.
王东阳. 从“非典”看中国社会：危机、机遇和挑战[J]. 农业经济问题，2003，（8）.
王栋，范钦磊，刘倩，等. 欧盟动物卫生风险分析体系概况及对我国的启示[J]. 中国动物检疫，2014，31（1）.
王华，李玉清，徐百万，等. 浅谈新形势下我国动物疫病防控策略[J]. 中国动物检疫，2013，30（2）.
王济民，浦华，陆昌华. 动物卫生风险分析与风险管理的经济学评估[M]. 北京：中国农业出版社. 2016.
王佳，杨俊. 中国地区碳排放强度差异成因研究——基于 Shapley 值分解方法[J]. 资源科学，2014，36（3）.
王健诚，范炜，丁红田，等. 对《动物防疫法》的修改建议[J]. 中国牧业通讯，2008，（13）：36-37.
王珺，李燕凌. 动物疫情公共危机中社会群体演化博弈研究进展[J]. 安徽农业科学，2015，43（12）.
王来华. 论网络舆情与舆论的转换及其影响[J]. 天津社会科学，2008，（4）.
王炼，贾建民. 突发性灾害事件风险感知的动态特征——来自网络搜索的证据[J]. 管理评论，2014，26（5）.
王庆，陈果，刘敏. 基于价值-风险双准则的风险决策理论[J]. 中国管理科学，2014，22（3）.
王素春，蒋文明，侯广宇，等. 全面取代活禽市场的必要性和可行性分析[J]. 中国动物检疫，2017，34（6）.
王薇. 动物疫情公共危机政府防控能力建设初探[J]. 当代畜牧，2016，（21）.
王薇. 跨域突发事件府际合作应急联动机制研究[J]. 中国行政管理，2016，（12）.
王薇，邱成梅，李燕凌. 流域水污染府际合作治理机制研究——基于“黄浦江浮猪事件”的跟踪调查[J]. 中国行政管理，2014，（11）.
王晓莉，张敬旭，张友，等. 关于农村地区对 SARS 认知及防护措施的调查研究[J]. 北京大学学报（医学版），2003，（S1）.
王祎望，李雪. 从禽流感防控再看危机管理[J]. 中国农业大学学报（社会科学版），2005，（1）.
王云芳. 公共危机决策中的非理性因素分析[J]. 行政论坛，2006，（5）.
王志刚，李腾飞，黄圣男，等. 基于 Shapley 值法的农超对接收益分配分析——以北京市绿富隆蔬菜产销合作社为例[J]. 中国农村经济，2013，（5）.
韦欣捷，陈雯雯，林万龙，等. 发达国家动物疫病防控财政支持政策及启示[J]. 农业经济问题，2011，32（7）.
魏玖长，周磊，赵定涛. 基于 BASS 模型的危机信息扩散模式[J]. 系统工程，2011，9
魏龙，党兴华. 网络闭合、知识基础与创新催化：动态结构洞的调节[J]. 管理科学，2017，30（3）.
魏萍. 兽医流行病学[M]. 北京：科学出版社. 2015.

吴国斌，王兆云，李海燕. 基于功能分类的应急案例分析方法探讨[J]. 武汉理工大学学报（社会科学版），2013，26（6）.
吴礼民. 管理链理论的探讨[J]. 武汉工业学院学报，2003，（4）.
肖红波，王济民. 我国生猪业发展的现状、问题及对策[J]. 农业经济问题，2008，（S1）.
辛翔飞，王祖力，王济民. 我国肉鸡供给反应实证研究——基于 Nerlove 模型和省级动态面板数据[J]. 农林经济管理学报，2017，16（1）.
熊春林. 大数据时代农村公共危机防控：信息化能力[M]. 北京：北京理工大学出版社. 2016.
熊卫平. 危机管理理论实务案例[M]. 杭州：浙江大学出版社. 2012.
徐春. 我国事故调查的主要问题与调查模式的转变[J]. 中国行政管理，2017，（9）.
许超. 基于时间相关性的危机管理研究———种可能的分析框架[J]. 中国社会科学院研究生院学报，2012，（1）.
许军，黄渊涛，李琳，等. 动物福利壁垒分析与应对措施[J]. 中国动物检疫，2008，25（11）.
许文惠，张成福. 危机状态下的政府管理[M]. 北京：中国人民大学出版社. 1998.
薛澜，刘冰. 应急管理体系新挑战及其顶层设计[J]. 国家行政学院学报，2013，2.
薛澜，张强. SARS 事件与中国危机管理体系建设[J]. 清华大学学报（哲学社会科学版），2003，（4）.
薛澜，张强，钟开斌. 防范与重构：从 SARS 事件看转型期中国的危机管理[J]. 改革，2003，（3）.
薛澜，张强，钟开斌. 危机管理：转型期中国面临的挑战[M]. 北京：清华大学出版社. 2003.
薛澜，钟开斌. 国家应急管理体制建设：挑战与重构[J]. 改革，2005，（3）.
薛澜，钟开斌. 突发公共事件分类、分级与分期：应急体制的管理基础[J]. 中国行政管理，2005，（2）.
闫振宇，陶建平. 动物疫情信息与养殖户风险感知及风险应对研究[J]. 中国农业大学学报，2015，20（1）.
闫振宇，陶建平，徐家鹏. 养殖农户报告动物疫情行为意愿及影响因素分析——以湖北地区养殖农户为例[J]. 中国农业大学学报，2012，17（3）.
阎莉，康睿灵. 转基因技术的反自然特性探析[J]. 科学技术哲学研究，2015，32（4）.
杨锋，吴华瑞，朱华吉，等. 基于 Hadoop 的海量农业数据资源管理平台[J]. 计算机工程，2011，37（12）.
杨娟娟，杨兰蓉，曾润喜，等. 公共安全事件中政务微博网络舆情传播规律研究——基于“上海发布”的实证[J]. 情报杂志，2013，32（9）.
杨林生，王五一，谭见安，等. 环境地理与人类健康研究成果与展望[J]. 地理研究，2010，29（9）.
杨庆国，陈敬良，甘露. 社会危机事件网络微博集群行为意向研究[J]. 公共管理学报，2016，13（1）.
姚引良，刘波，王少军，等. 地方政府网络治理多主体合作效果影响因素研究[J]. 中国软科学，2010，（1）.
姚月清. 灾害保险在灾害防御中的作用——以江苏省自然灾害为例[J]. 灾害学，1992，（1）.
佚名. 中国内地 2004 年初禽流感疫情“阻击战”大事记[EB/OL]. http://news.sohu.com/2004/03/17/35/news219463535.shtml[2004-03-17].2004.

佚名. 韩国将对蛋鸡实行动物福利认证[J]. 吉林畜牧兽医，2012，33（7）.
佚名. 上海、安徽发现 3 例人感染 H7N9 禽流感确诊病例 两人死亡[EB/OL]. http://politics.people.com.cn/n/2013/0331/c1001-20977628.html[2013-03-31]. 2013.
佚名. 洪水淹死广西大化万头生猪 水位不退致打捞防疫难[EB/OL]. http://china.cnr.cn/ yaowen/20150618/t20150618_518875764.shtml[2020-03-24]. 2015.
佚名. 湖州病死猪偷埋案，失察之责与偷埋死猪都让人心痛 [EB/OL]. https://www.sohu.com/a/191230158_115239[2021-03-10]. 2017.
佚名. 浙江湖州通报“偷埋病死猪”事件：2013 年所埋[EB/OL]. https://finance.ifeng.com/a/20170910/15664111_0.shtml[2021-03-10]. 2017.
尹用国. 重庆市重大动物疫病 GIS 研究进展[J]. 畜牧市场，2010，（11）.
于康震. 检阅动物防疫人才实力 展示基层兽医新形象[J]. 中国畜牧业，2016，（24）.
于乐荣，李小云，汪力斌，等. 禽流感发生对家禽养殖农户的经济影响评估——基于两期面板数据的分析[J]. 中国农村经济，2009，（7）.
于乐荣，李小云，汪力斌. 禽流感发生后家禽养殖农户的生产行为变化分析[J]. 农业经济问题，2009，30（7）.
于庆东. 自然灾害经济损失函数与变化规律[J]. 自然灾害学报，1993，（4）.
余凌云. 对我国行政问责制度之省思[J]. 法商研究，2013，30（3）.
曾辉，陈国华. 对建立第三方事故调查机制的探讨[J]. 中国安全生产科学技术，2011，7（6）.
曾润喜，徐晓林. 网络舆情的传播规律与网民行为：一个实证研究[J]. 中国行政管理，2010，（11）：16-20.
曾晓瑜，李琦，殷崎栋. 数字地球系统及其在疟疾疫情演变中的应用[J]. 计算机科学，2008，（8）.
曾宇航. 大数据背景下的政府应急管理协同机制构建[J]. 中国行政管理，2017，（10）：.
张成福，陈占锋，谢一帆. 风险社会与风险治理[J]. 教学与研究，2009，（5）.
张成军，刘超，郭强. 大数据网络环境下异常节点数据定位方法仿真[J]. 计算机仿真，2017，34（5）.
张复宏. 无公害优质苹果质量链关键链接点的选择分析——基于山东省 16 个地市的调查[J]. 农业经济问题，2014，35（5）.
张桂新，张淑霞. 动物疫情风险下养殖户防控行为影响因素分析[J]. 农村经济，2013，（2）.
张国清. 公共危机管理和政府责任——以 SARS 疫情治理为例[J]. 管理世界，2003，（12）.
张海波，童星. 中国应急管理结构变化及其理论概化[J]. 中国社会科学，2015，（3）.
张宏伟，董永森. 动物疫病[M]. 北京：中国农业出版社.2009.
张洪让. 畜禽重大疫病防检疫的历史回顾（下）[N]. 中国畜牧兽医报，2008-12-21.
张紧跟，唐玉亮. 流域治理中的政府间环境协作机制研究——以小东江治理为例[J]. 公共管理学报，2007，（3）.
张莉琴，康小玮，林万龙. 高致病性禽流感疫情防制措施造成的养殖户损失及政府补偿分析[J]. 农业经济问题，2009，30（12）.
张玲，陈国华. 国外安全生产事故独立调查机制的启示[J]. 中国安全生产科学技术，2009，5（1）.
张美莲. 西方公共部门危机学习：理论进展与研究启示[J]. 公共行政评论，2016，9（5）.

张美莲. 西方公共部门危机学习障碍在中国是否同样存在? ——来自四川和青岛的证据[J]. 北京社会科学，2017，（5）.

张鹏，张云霞，孙舟，等. 综合灾情指数—— 一种自然灾害损失的定量化评价方法[J]. 灾害学，2015，30（4）.

张贤明. 当代中国问责制度建设及实践的问题与对策[J]. 政治学研究，2012，（1）.

张新，丁晓燕，王高山. 信息化战略对组织绩效的影响：管理信息化与业务协同的中介效应[J]. 山东财经大学学报，2017，29（2）.

张新刚，王燕. 突发事件网络舆情的演变机制及导控策略[J]. 计算机安全，2014，（2）.

张玉亮. 突发事件网络舆情的生成原因与导控策略——基于网络舆情主体心理的分析视域[J]. 情报杂志，2012，31（4）.

赵阿兴. 灾害损失阈值的定义及其意义与应用研究[J]. 自然灾害学报，2014，23（6）.

赵德明. 我国重大动物疫病防控策略的分析[J]. 中国农业科技导报，2006，（5）.

赵森林，王海玉. 动物疫病防控指南[M]. 北京：中国农业科学技术出版社，2014.

赵元基. 人畜共患病对人类的危害因素分析及预防措施研究[J]. 畜牧兽医科技信息，2016，（5）.

郑四清，梁又荣，李丛生. 对当前人兽共患病频发的思考[J]. 中国动物保健，2009，11（8）.

钟开斌. 从灾难中学习：教训比经验更宝贵[J]. 行政管理改革，2013，（6）.

钟开斌. 中国突发事件调查制度的问题与对策——基于“战略–结构–运作”分析框架的研究[J]. 中国软科学，2015，（7）.

周成虎. 全空间地理信息系统展望[J]. 地理科学进展，2015，34（2）.

周全，瞿剑平，刘红. 执行《动物防疫法》中存在的不足和建议[J]. 中国动物检疫，2005，（10）.

周晓农，张少森，徐俊芳，等. 我国消除疟疾风险评估分析[J]. 中国寄生虫学与寄生虫病杂志，2014，32（6）.

周晓迅，贺林波. 大数据时代农村公共危机防控：信息化绩效[M]. 北京：北京理工大学出版社. 2016.

朱正威，吴霞. 论政府危机管理中公共政策的应对框架与程式[J]. 中国行政管理，2006，（12）.

邹秀清. 中国土地财政区域差异的测度及成因分析——基于 287 个地级市的面板数据[J]. 经济地理，2016，36（1）.

Allais M. Le comportement de l'homme rationnel devant le risque： critique des postulats et axiomes de l' é cole Americaine[J]. Econometrica，1953，21（4）.

Al-Zoughool M，Cottrell D，Elsaadany S，et al. Mathematical models for estimating the risks of bovine spongiform encephalopathy（BSE）[J]. Journal of Toxicology and Environmental Health, Part B, Critical Reviews，2015，18（2）.

Anderson J E，Kodate N. Learning from patient safety incidents in incident review meetings：organisational factors and indicators of analytic process effectiveness[J]. Safety Science，2015，80.

Andrade S B，Anneberg I. Farmers under pressure. analysis of the social conditions of cases of animal neglect[J]. Journal of Agricultural & Environmental Ethics，2014，27（1）.

Antonacopoulou E P，Sheaffer Z. Learning in crisis：rethinking the relationship between organizational learning and crisis management[J]. Journal of Management Inquiry，2014，23（1）.

Beck U. Risk society：towards a new modernity[J]. Social Forces，1992，73（1）.
Birkland T A. Disasters，lessons learned，and fantasy documents[J]. Journal of Contingencies and Crisis Management，2009，17（3）.
Boin A. The Politics of Crisis Management[M]. Cambridge University Press，2005.
Brändström A，Kuipers S. From “normal incidents” to political crises：understanding the selective politicization of policy failures[J]. Government and Opposition，2003，38（3）.
Burgert C，R ü schendorf L. On the optimal risk allocation problem[J]. Statistics & Decisions，2006，24（1）.
Carley K M，Harrald J R. Organizational learning under fire：theory and practice[J]. American Behavioral Scientist，1997，40（3）.
Carroll J S，Fahlbruch B. “The gift of failure：new approaches to analyzing and learning from events and near-misses.” Honoring the contributions of Bernhard Wilpert[J]. 2011，Safety Science，49（1）.
Christensen T，Lægreid P，Rykkja L H. Organizing for crisis management：building governance capacity and legitimacy[J]. Public Administration Review，2016，76（6）.
Clemons E K，Reddi S P，Row M C. The impact of information technology on the organization of economic activity：the “move to the middle” hypothesis[J]. Journal of Management Information Systems，1993，10（2）.
Connolly J. Dynamics of change in the aftermath of the 2001 UK foot and mouth crisis：were lessons learned?[J]. Journal of Contingencies and Crisis Management，2014，22（4）.
Crichton M T，Ramsay C G，Kelly T. Enhancing organizational resilience through emergency planning：learnings from cross-sectoral lessons[J]. Journal of Contingencies and Crisis Management，2009，17（1）.
Crowther K G，Haimes Y Y，Johnson M E. Principles for better information security through more accurate，transparent risk scoring[J]. Journal of Homeland Security and Emergency Management，2011，7（1）.
Cunningham S. The Major Dimensions of Perceived Risk[M]. Boston：Harvard University Press. 1997.
Dempsey P S. Independence of aviation safety investigation authorities：keeping the foxes from the henhouse[J]. Journal of Air Law and Commerce，2010，75（2）.
Deverell E C. Crisis-induced learning in public sector organizations[M]. Utrecht：Utrecht University. 2010.
Dey S，Chattopadhyay J. New load-line-displacement based η factor equation to evaluate J-integral for SE（B）specimen considering material strain hardening and no-crack displacement effect[J]. Engineering Fracture Mechanics，2017，179.
Donahue A K，Tuohy R V. Lessons we don’t learn：a study of the lessons of disasters，why we repeat them，and how we can learn them[J]. Homeland Security Affairs，2006，2（2）.
Dowling G R，Staelin R. A model of perceived risk and intended risk-handling activity[J]. Journal of Consumer Research，1994，21（1）.
Dragan I. On the coalitional rationality of the shapley value and other efficient values of cooperative TU

games[J]. American Journal of Operations Research，2014，4（4）.

Drupsteen L，Groeneweg J，Zwetsloot G I J M. Critical steps in learning from incidents：using learning potential in the process from reporting an incident to accident prevention[J]. International Journal of Occupational Safety and Ergonomics，2013，19（1）.

Elliott D. The failure of organizational learning from crisis-a matter of life and death?[J]. Journal of Contingencies and Crisis Management，2009，17（3）.

Ellsberg D. Risk，ambiguity，and the savage axioms[J]. The Quarterly Journal of Economics，1961，75（4）.

Farrell M，Gallagher R. The valuation implications of enterprise risk management maturity[J]. Journal of Risk & Insurance，2015，3.

Fink S. Crisis Management：Planning for the Invisible[M]. New York：American Management Association. 1986.

Gephart R P Jr. Making sense of organizationally based environmental disasters[J]. Journal of Management，1984，10（2）.

Giddens A. Risk and responsibility[J]. Modern Law Review，1999，62（1）.

Greatorex M，Mitchell V W. Developing the perceived risk concept：emerging issues in marketing//Davies M et al. Proceedings of Marketing Education Group Conference，Loughborough，1993，1.

Gregory R，Mendelsohn R. Perceived risk，dread，and benefits[J]. Risk Analysis，1993，13（3）.

Groves J M，Guither H . Animal rights: history and scope of a radical social movement[J]. Contemporary Sociology，1999，28（3）.

Horst H S. Risk and Economic Consequences of Contagious Animal Disease Introduction[M]. Manholt Studies. 1998.

Keeling M J，Woolhouse M E J，May R M，et al. Modelling vaccination strategies against foot-and-mouth disease[J]. Nature，2003，421（6919）.

Kersten A，Sidky M. Re-aligning rationality：crsisi management and prisoner abuses in Iraq[J]. Public Relations Review，2005，31（4）.

Khan M J，Kumam P，Alreshidi N A，et al. Improved cosine and cotangent function-based similarity measures for q-rung orthopair fuzzy sets and TOPSIS method[J]. Complex & Intelligent Systems，2021，（prepublish）.

Li D. Internet of things and smar agriculture[J]. Agricultural Engineering，2012，1.

Li Y L，Wang W，Liu B，et al. Study on the evolution mechanism of public crisis of sudden animal epidemics[J]. CRISI Management in the Time of Changing World，2012，1（7）.

Lidskog R. Ulrich Beck：the risk society. towards a new modernity[J]. Acta Sociologica，1993，36（4）.

Lindberg A K，Hansson S O，Rollenhagen C. Learning from accidents - what more do we need to know?[J]. Safety Science，2010，6.

Mahon D，Cowan C. Irish consumers’ perception of food safety risk in minced beef[J]. British Food Journal，2004，106（4）.

McMahon M. Standard fare or fairer standards：feminist reflections on agri-food governance[J].

Agriculture and Human Values，2011，28（3）.
Misra A K，Sharma，A，Shukla J B. Modeling and analysis of effects of awareness programs by media on the spread of infectious diseases[J]. Mathematical and Computer Modelling，2011，53.
Mitchell V W. Consumer perceived risk：conceptualisations and models[J]. European Journal of Marketing，1999，33（1-2）.
Mort M，Convery I，Baxter J，et al. Animal disease and human trauma：the psychosocial implications of the 2001 UK foot and mouth disease disaster[J]. Journal of Applied Animal Welfare Science，2008，11（2）.
Moynihan D P. From intercrisis to intracrisis learning[J]. Journal of Contingencies and Crisis Management，2009，17（3）.
Nunamaker J F Jr，Weber E S，Chen M. Organizational crisis management systems：planning for intelligent action. Journal of Management Information Systems，1989，5（4）.
Olsson E K. Crisis communication in public organizations：dimensions of crisis communication revisited[J]. Journal of Contingencies and Crisis Management，2014，22（2）.
Palttala P，Boano C，Lund R，et al. Communication gaps in disaster management：perceptions by experts from governmental and non-governmental organizations[J]. Journal of Contingencies and Crisis Management，2012，20（1）.
Palttala P，Vos M. Quality indicators for crisis communication to support emergency management by public authorities[J]. Journal of Contingencies and Crisis Management，2012，20（1）.
Pan P L，Meng J. Media frames across stages of health crisis：a crisis management approach to news coverage of flu pandemic[J]. Journal of Contingencies and Crisis Management，2016，24（2）.
Peng Y J，Hu Z B，Guo X. Research on the evolution law and response capability based on resource allocation model of unconventional emergency[J]. Journal of Computers，2010，5（12）.
Pennings J M E，Wansink B，Meulenberg M T G. A note on modeling consumer reactions to a crisis：the case of the mad cow disease[J]. International Journal of Research in Marketing，2002，19（1）.
Renn M V A O. Risk governance[J]. Journal of Risk Research，2016，4.
Rosati S，Saba A N. The perception of risks associated with food-related hazards and the perceived reliability of sources of information[J]. International Journal of Food Science and Technology，2004，39（5）.
Roselius T. Consumer rankings of risk reduction methods[J]. Journal of Marketing，1971，35（1）.
Rothstein B，Uslaner E M，All for all：equality，corruption，and social trust[J]. World Politics，2005，58（1）：41-72.
Samanta S，Rana S，Sharma A，et al. Effect of awareness programs by media on the epidemic outbreaks：a mathematical model[J]. Applied Mathematics and Computation，2013，219（12）.
Sandman P M. Risk communication：facing public outrage[J]. Management Communication Quarterly，1988，2（2）.
Sarikaya O，Erbaydar T. Avian influenza outbreak in Turkey through health personnel’s views：a qualitative study[J]. BMC Public Health，2007，7.

Savoia E，Agboola F，Biddinger P D. Use of after action reports（AARs）to promote organizational and systems learning in emergency preparedness[J]. International Journal of Environmental Research & Public Health，2012，（8）.

Schöbel M，Manzey D. Subjective theories of organizing and learning from events[J]. Safety Science，2011，49（1）.

Shafritz J M. The Facts on File Dictionary of Public Administration[M]. Facts on File，1985.

Shreve C，Davis B，Fordham M. 2016. Integrating animal disease epidemics into disaster risk management[J]. Disaster Prevention and Management，25（4）.

Slovic P. Informing and educating the public about risk[J]. Risk Analysis，1986，6（4）：403-415.

Slovic P. Perception of risk[J]. Science，1987，236（4799）.

Snyder G H，Diesing P. Conflict Among nation：Bargaining，Decision Making and System Structure in International Crisis[M]. Princeton：Princeton University Press. 1977.

Stoop J，Dekker S. Are safety investigations pro-active?[J]. Safety Science，2012，50（6）.

Strachan-Morris D. Threat and risk：what is the difference and why does it matter?[J]. Intelligence and National Security，2012，27（2）.

Taylor M R，Agho K E，Stevens G J，et al. Factors influencing psychological distress during a disease epidemic：data from Australia’s first outbreak of equine influenza[J]. BMC Public Health，2008，8.

Thompson R A. Crisis Intervention and Crisis Management：Strategies that Work in Schools and Communities[M]. London：Routledge. 2004.

Toft B，Reynolds S. Learning from Disasters：A Management Approach[M]. Macmillan Education UK，2005.

Tversky A，Kahneman D. The framing of decisions and the psychology of choice[J]. Science，1981，211.

Uriel R，Michael T C. Coping with Crises：The Management of Disasters，Riots and Terrorism[M]. Springfield：Charles C. Thomas. 1989.

Wahlström B. Organisational learning-reflections from the nuclear industry[J]. Safety Science，2011，49（1）.

Webster A J F. Farm animal welfare：the five freedoms and the free market[J]. Veterinary Journal，2001，161（3）.

Wildavsky A. Defining risk[J]. Science，1986，232（4749）.

Yang G J，Gao Q，Zhou S S，et al. Mapping and predicting malaria transmission in the People’s Republic of China，using integrated biology-driven and statistical models[J]. Geospatial Health，2010，5（1）.

Yeung R M W，Morris J. Consumer perception of food risk in chicken meat[J]. Nutrition & Food Science，2001，31（6）.

附　　录

2007～2016年全国部分动物疫情基本情况

序号	公共危机事件	年份	发生地点	是/否有人员死亡	种类	疫情种类	动物病亡数/只或头		
							生病	死亡	扑杀
1	广州番禺区已确认发现高致病性禽流感疫情	2007	广州番禺	否	鸭	H5N1禽流感			36 130
2	广东省江门市新会区疫情	2008	广东江门	否	鸭	H5N1禽流感		3 873	17 127
3	陕西汉中市南郑县发现Ⅰ型口蹄疫疫情	2009	南郑县塘口乡邓家垭村	否	牛	Ⅰ型口蹄疫	15	9	48
4	上海市奉贤区发生A型口蹄疫疫情	2009	五四奶牛场	否	牛	A型口蹄疫	41	0	440
5	山西省洪洞县发生生猪疫情	2009	山西省洪洞县万安镇	否	猪	附红细胞体病混合感染的生猪疫情		1 056	
6	西藏昌都地区丁青县发生牛O型口蹄疫疫情	2010	西藏昌都	否	牛	O型口蹄疫			121
7	新疆库车县、青海祁连县分别发生1起O型口蹄疫疫情	2010	新疆阿克苏	否	牛	O型口蹄疫	8		202
8	新疆库车县、青海祁连县分别发生1起O型口蹄疫疫情	2010	青海海北州	否	牛	O型口蹄疫	39		163
9	甘肃省张掖市发生猪O型口蹄疫疫情	2010	甘肃张掖	否	猪	O型口蹄疫	28	0	464
10	新疆阿克苏市发生猪O型口蹄疫疫情	2010	新疆阿克苏	否	猪	O型口蹄疫	24		355

续表

序号	公共危机事件	年份	发生地点	是/否有人员死亡	种类	疫情种类	动物病亡数/只或头		
							生病	死亡	扑杀
11	青海省门源县发生猪O型口蹄疫疫情	2010	青海海北州	否	猪	O型口蹄疫	17		153
12	新疆库尔勒市发生O型口蹄疫疫情	2010	新疆库尔勒	否	猪	O型口蹄疫	83	0	1 280
13	西藏日土县发生小反刍兽疫疫情	2010	西藏阿里	否	羊	小反刍兽疫	133	69	1 094
14	香港发现死鸡感染禽流感	2011	长沙湾家禽批发市场	否	鸡	H5N1禽流感			17 000
15	西藏山南地区现口蹄疫疫情	2011	加查县冷达乡列布沟	否	牛	O型口蹄疫	233	6	1 744
16	湖北巴东县发生一起O型口蹄疫疫情	2011	湖北恩施	否	猪	O型口蹄疫	24		71
17	西藏拉萨市堆龙德庆县发生高致病性禽流感疫情	2011	西藏拉萨	否	家禽	H5N1亚型高致病性禽流感		290	1 575
18	宁夏中卫市海原县发生1起输入性口蹄疫疫情	2011	宁夏中卫	否	牛	O型口蹄疫	26		682
19	西藏林芝地区朗县发生O型口蹄疫疫情	2011	西藏林芝	否	牛	O型口蹄疫	7		132
20	西藏山南地区加查县发生O型口蹄疫疫情	2011	西藏山南	否	牛	O型口蹄疫	233	6	1 744
21	贵州毕节地区百里杜鹃区发生O型口蹄疫疫情	2011	贵州毕节	否	家畜	O型口蹄疫	133		394
22	贵州省黔东南州天柱县发生1起O型口蹄疫疫情	2011	贵州黔东南	否	猪/牛	O型口蹄疫	4/87	2/12	421/252
23	新疆兵团农五师八十一团发生猪O型口蹄疫疫情	2011	新疆兵团农五师	否	猪	O型口蹄疫	58	25	180

续表

序号	公共危机事件	年份	发生地点	是/否有人员死亡	种类	疫情种类	动物病亡数/只或头		
							生病	死亡	扑杀
24	新疆库尔勒市发生猪O型口蹄疫疫情	2011	新疆库尔勒	否	猪	O型口蹄疫	275	0	3 941
25	广东湛江发生高致病性禽流感疫情	2012	广东湛江经济开发区	否	鸭	禽流感	14 050	6 300	67 500
26	西藏山南地区贡嘎县发生1起A型口蹄疫疫情	2012	西藏山南	否	牛	A型口蹄疫	34		98
27	江苏省常州市新北区发生1起输入性O型口蹄疫疫情	2012	江苏常州	否	猪	O型口蹄疫	12		338
28	辽宁省大连市普湾新区发生1起O型口蹄疫疫情	2012	辽宁大连	否	猪	O型口蹄疫		43	
29	广东湛江市发生高致病性禽流感疫情	2012	广东湛江	否	鸭	H5N1禽流感	14 050	6 300	67 500
30	西藏林芝地区波密县发生1起O型口蹄疫疫情	2012	西藏林芝	否	牛/猪	O型口蹄疫	123/108		612
31	新疆兵团农六师102团发生1起家禽禽流感疫情	2012	新疆兵团农六师	否	鸡	H5N1亚型高致病性禽流感	5 500	1 600	156 439
32	甘肃省白银市景泰县发生1起家禽禽流感疫情	2012	甘肃白银	否	鸡	H5N1亚型高致病性禽流感	6 200	260	18 460
33	台湾云林县鸡场2天异常死亡3000只鸡，疑因禽流感	2012	台湾云林县	否	鸡	疑似H5N2高原禽流感		3 000多	
34	辽宁大连市中山区发生1起家禽禽流感疫情	2012	辽宁大连	否	鸡	H5N1亚型高致病性禽流感		5	27

续表

序号	公共危机事件	年份	发生地点	是/否有人员死亡	种类	疫情种类	动物病亡数/只或头		
							生病	死亡	扑杀
35	宁夏固原市原州区发生1起家禽禽流感疫情	2012	宁夏固原	否	鸡	H5N1亚型高致病性禽流感	23 880		95 000
36	云南省玉溪市红塔区监测到禽流感阳性样品	2012	云南玉溪	否	鸡	H5N1亚型高致病性禽流感			35 018
37	宁夏固原市彭阳县发生1起O型口蹄疫疫情	2012	宁夏固原	否	牛	O型口蹄疫	4		22
38	西藏林芝地区波密县发生A型口蹄疫疫情	2013	波密县倾多镇朱西村	否	家畜	A型口蹄疫	72		489
39	新疆阿克苏地区库车县、柯坪县发生2起小反刍兽疫疫情	2013	新疆阿克苏	否	羊	小反刍兽疫		70	448
40	贵州黔南州荔波县发生1起家禽高致病性禽流感疫情	2013	贵州黔南州	否	鸡	H5N1亚型高致病性禽流感		8 500	23 067
41	新疆巴州轮台县发生1起小反刍兽疫疫情	2013	新疆巴州轮台县	否	羊	小反刍兽疫	160	38	165
42	新疆哈密地区哈密市发生1起小反刍兽疫疫情	2013	新疆哈密	否	羊	小反刍兽疫	176	34	271
43	江西发现1例人感染H10N8禽流感病例患者已死亡	2013	江西南昌	是					
44	深圳两活禽市场检出H7N9禽流感病毒核酸阳性	2013	深圳	否					
45	贵州确诊2例人感染高致病性禽流感病例	2013	贵州贵阳	是					
46	香港确诊首宗人感染H7N9禽流感	2013	香港	是					

续表

序号	公共危机事件	年份	发生地点	是/否有人员死亡	种类	疫情种类	动物病亡数/只或头		
							生病	死亡	扑杀
47	新疆伊犁州霍城县发生1起小反刍兽疫疫情	2013	新疆伊犁	否	羊	小反刍兽疫	1 236	203	不详
48	新疆兵团农四师六十四团发生1起A型口蹄疫疫情	2013	新疆兵团农四师	否	牛	A型口蹄疫	2		22
49	西藏那曲地区巴青县发生1起A型口蹄疫疫情	2013	西藏那曲	否	牛	A型口蹄疫	38		38
50	西藏昌都地区芒康县发生1起O型口蹄疫疫情	2013	西藏昌都	否	牛	O型口蹄疫	14		57
51	西藏日喀则地区拉孜县和昂仁县发生1起A型口蹄疫疫情	2013	西藏日喀则	否	牛	A型口蹄疫	20		413
52	西藏林芝地区波密县发生1起A型口蹄疫疫情	2013	西藏林芝	否	家畜	A型口蹄疫	72		489
53	西藏日喀则地区岗巴县发生1起O型口蹄疫疫情	2013	西藏日喀则	否	牛	O型口蹄疫	22		105
54	云南省迪庆州香格里拉县发生1起A型口蹄疫疫情	2013	云南迪庆州	否	牛	A型口蹄疫	283		1 767
55	西藏拉萨市当雄县发生1起A型口蹄疫疫情	2013	西藏拉萨	否	牛	A型口蹄疫	8		70
56	西藏林芝地区林芝县发生1起A型口蹄疫疫情	2013	西藏林芝	否	牛	A型口蹄疫	51		207
57	江苏省常州市钟楼区发生1起输入性O型口蹄疫疫情	2013	江苏常州	否	猪	O型口蹄疫	3		405

续表

序号	公共危机事件	年份	发生地点	是/否有人员死亡	种类	疫情种类	动物病亡数/只或头		
							生病	死亡	扑杀
58	新疆乌鲁木齐市乌鲁木齐县发生1起A型口蹄疫疫情	2013	新疆乌鲁木齐	否	牛	A型口蹄疫	106		331
59	西藏林芝地区米林县发生1起家禽H5N1高致病性禽流感疫情	2013	西藏林芝	否	鸡	高致病性禽流感	35	35	372
60	西藏山南地区乃东县发生1起A型口蹄疫疫情	2013	西藏山南	否	牛	A型口蹄疫	11		56
61	阿克苏地区阿瓦提县发生1起A型口蹄疫疫情	2013	新疆阿克苏	否	牛	A型口蹄疫	16		239
62	西藏日喀则地区日喀则市发生1起A型口蹄疫疫情	2013	西藏日喀则	否	牛	A型口蹄疫	32		156
63	青海省西宁市城北区发生1起A型口蹄疫疫情	2013	青海西宁	否	牛	A型口蹄疫	2		63
64	广东省茂名市茂南区发生口蹄疫疫情	2013	广东茂名	否	猪	A型口蹄疫	88		948
65	西藏拉萨市曲水县发生口蹄疫疫情	2013	西藏拉萨	否	牛	O型口蹄疫	2		37
66	四川省广元市经济技术开发区发生1起输入性O型口蹄疫疫情	2013	四川广元	否	猪	O型口蹄疫	30		124
67	江苏省盐城市东台市发生1起O型口蹄疫疫情	2014	江苏盐城	否	猪	O型口蹄疫疫情	4		35
68	西藏拉萨市城关区发生1起A型口蹄疫疫情	2014	西藏拉萨	否	牛	A型口蹄疫	3		33

续表

序号	公共危机事件	年份	发生地点	是/否有人员死亡	种类	疫情种类	动物病亡数/只或头		
							生病	死亡	扑杀
69	哈尔滨市双城区发生1起家禽高致病性禽流感疫情	2014	哈尔滨双城区	否	鹅	H5N6亚型高致病性禽流感	20 550	17 790	68 884
70	江苏省宿迁市泗洪县发生1起输入性A型口蹄疫疫情	2014	江苏宿迁	否	猪	A型口蹄疫	3		9
71	江西省鹰潭市信江新区发生1起O型口蹄疫疫情	2014	江西鹰潭	否	牛	O型口蹄疫	6		18
72	湖南省邵阳市洞口县发生1起小反刍兽疫疫情	2014	湖南邵阳	否	羊	小反刍兽疫	360	234	126
73	辽宁省锦州市发生1起小反刍兽疫疫情	2014	辽宁锦州	否	羊	小反刍兽疫	24	11	56
74	云南省玉溪市通海县发生1起家禽高致病性禽流感疫情	2014	云南玉溪	否	鸡	H5N1亚型高致病性禽流感		29 600	503 400
75	贵州省安顺市西秀区发生1起家禽禽流感疫情	2014	贵州安顺	否	鸡	H5N1亚型高致病性禽流感	3 629	976	323 292
76	宁夏吴忠市盐池县发生1起小反刍兽疫疫情	2014	宁夏吴忠	否	羊	小反刍兽疫	116	32	578
77	内蒙古自治区巴彦淖尔市发生1起小反刍兽疫疫情	2014	内蒙古巴彦淖尔	否	羊	小反刍兽疫	1 063	431	5 090
78	湖北省黄石市阳新县发生1起家禽高致病性禽流感疫情	2014	湖北黄石	否	鸡	H5N1亚型高致病性禽流感		3 200	46 800
79	西藏日喀则地区江孜县发生1起A型口蹄疫疫情	2014	西藏日喀则	否	牛	A型口蹄疫	7		45

续表

序号	公共危机事件	年份	发生地点	是/否有人员死亡	种类	疫情种类	动物病亡数/只或头		
							生病	死亡	扑杀
80	江苏省扬州市江都区发生家禽高致病性禽流感疫情	2015	江苏省扬州市江都区	否	鹅	高致病性禽流感	23 395	3 106	50 252
81	广东省清远市佛冈县发生家禽高致病性禽流感疫情	2015	广东省清远市佛冈县	否	鸡	高致病性禽流感	1 350	1 350	820
82	江苏省常州市武进区发生高致病性禽流感疫情	2015	江苏省常州市武进区	否	孔雀/天鹅	H5N1 亚型高致病性禽流感疫情	2 149	1 858	491
83	贵州省黔南州独山县发生高致病性禽流感	2015	贵州省黔南州独山县	否	鸡	H5N1 亚型高致病性禽流感疫情	4 615	3 800	8 754
84	湖北省荆州市公安县发生 1 起 A 型口蹄疫疫情	2015	湖北荆州	否	猪	A 型口蹄疫	25		179
85	江苏省常州市武进区发生 1 起家禽高致病性禽流感疫情	2015	江苏常州	否	鹅	H5N6 亚型高致病性禽流感	260	93	22 576
86	湖南省益阳市赫山区发生 1 起家禽高致病性禽流感疫情	2015	湖南益阳	否	鸡	H5N6 亚型高致病性禽流感	3 400	2 600	4 876
87	江苏省泰兴市发生家禽高致病性禽流感疫情	2015	江苏泰兴	否	鸡	H5N2 亚型高致病性禽流感疫情	1 616	1 616	39 280
88	江苏省常熟市发生家禽高致病性禽流感疫情	2015	江苏常熟	否	鹅	H5N6 亚型高致病性禽流感疫情	1 185	582	18 702
89	湖南省娄底市新化县发生 1 起家禽高致病性禽流感疫情	2015	湖南娄底	否	鹌鹑	H5N6 亚型高致病性禽流感	5 400	1 200	44 160
90	黄河湿地三门峡库区发生野鸟禽流感疫情	2015	黄河湿地三门峡	否	野鸟	H5N1 亚型高致病性禽流感		93	

续表

序号	公共危机事件	年份	发生地点	是/否有人员死亡	种类	疫情种类	动物病亡数/只或头		
							生病	死亡	扑杀
92	湖北省武汉市黄陂区发生1起A型口蹄疫疫情	2015	湖北武汉	否	牛	A型口蹄疫	54		1 190
93	江西省九江市共青城市发生1起家禽高致病性禽流感疫情	2015	江西九江	否	鸡	H5N1亚型高致病性禽流感	2 371	2 371	18 112
94	安徽省马鞍山市慈湖高新区发生1起A型口蹄疫疫情	2015	安徽马鞍山	否	猪	A型口蹄疫	556	314	612
95	西藏拉萨市曲水县发生1起A型口蹄疫疫情	2015	西藏拉萨	否	牛	A型口蹄疫	17		86
96	贵州省黔东南州台江县发生1起家禽禽流感疫情	2016	贵州黔东南	否	鹅	高致病性禽流感	10 113	7 167	16 717
97	全国小反刍兽疫确诊疫情情况	2016	吉林省	否	羊	小反刍兽疫	63	38	64
98	全国小反刍兽疫确诊疫情情况	2016	贵州省	否	羊	小反刍兽疫	576	412	524
99	台湾发生3起家禽H5N8亚型高致病性禽流感疫情	2016	台湾	否	鸡	H5N8亚型高致病性禽流感		1 185	1 689
100	贵州省黔南州都匀市发生1起O型口蹄疫疫情	2016	贵州黔东南	否	牛	O型口蹄疫	7	2	48
101	湖南省发生高致病性禽流感疫情	2016	湖南常德	否	黑天鹅/孔雀	禽流感	165	91	1 132

773 个生猪养殖户生产投入与生产规模基本情况

样本编号	样本户生猪养殖规模/头	主产品净产值/（元/头）	投入合计/（元/头）	生猪头均纯收入/元	生猪养殖收入总额/（元/户）	样本户年总收入/（元/户）	生猪养殖收入占总收入的比例
1	42	1 781.53	1 642.19	139.34	5 852.28	22 379.25	26.15%
2	75	1 770.79	1 641.93	128.86	9 664.50	37 572.48	25.72%
3	78	1 773.74	1 631.22	142.52	11 116.56	40 859.68	27.21%
4	89	1 783.58	1 630.37	153.21	13 635.69	45 885.09	29.72%
5	91	1 771.13	1 630.74	140.39	12 775.49	42 030.82	30.40%
6	334	1 784.71	1 633.45	151.26	50 520.84	97 355.71	51.89%
7	446	1 768.98	1 611.89	157.09	70 062.14	145 004.81	48.32%
8	532	1 773.09	1 632.42	140.67	74 836.44	194 261.59	38.52%
9	641	1 776.23	1 626.51	149.72	95 970.52	244 583.01	39.24%
10	783	1 784.71	1 631.85	152.86	119 689.38	212 113.72	56.43%
11	806	1 780.02	1 645.39	134.63	108 511.78	197 698.38	54.89%
12	1 269	1 711.1	1 571.37	139.74	177 330.06	267 097.03	66.39%
13	1 341	1 699.34	1 545.19	154.15	206 715.15	307 469.16	67.23%
14	1 555	1 763.97	1 629.04	134.93	209 816.15	338 507.12	61.98%
15	1 603	1 740.78	1 597.85	142.93	229 116.79	341 991.62	66.99%
16	1 776	1 760.02	1 609.80	150.22	266 790.72	393 439.67	67.81%
17	1 897	1 743.75	1 600.03	143.72	272 636.84	421 968.23	64.61%
18	2 367	1 752.83	1 610.30	142.53	337 368.51	483 355.97	69.80%
19	38	1 777.11	1 628.35	148.76	5 652.88	27 786.56	20.34%
20	67	1 762.68	1 613.05	149.63	10 025.21	47 658.85	21.04%
21	75	1 768.03	1 621.73	146.30	10 972.50	51 229.41	21.42%
22	82	1 773.81	1 625.05	148.76	12 198.32	62 451.76	19.53%
23	128	1 759.08	1 618.96	140.12	17 935.36	84 461.43	21.23%
24	245	1 740.04	1 600.47	139.57	34 194.65	125 597.12	27.23%
25	467	1 746.79	1 594.82	151.97	70 969.99	214 560.48	33.08%
26	523	1 744.05	1 586.09	157.96	82 613.08	215 438.72	38.35%
27	655	1 750.77	1 598.57	152.20	99 691.00	227 904.63	43.74%
28	860	1 758.97	1 624.15	134.82	115 945.20	229 955.73	50.42%
29	1 120	1 721.01	1 566.17	154.84	173 420.80	277 404.52	62.52%
30	1 185	1 685.69	1 552.22	133.47	158 161.95	221 101.84	71.53%

续表

样本编号	样本户生猪养殖规模/头	主产品净产值/（元/头）	投入合计/（元/头）	生猪头均纯收入/元	生猪养殖收入总额/（元/户）	样本户年总收入/（元/户）	生猪养殖收入占总收入的比例
31	1 240	1 710.97	1 574.31	136.66	169 458.40	231 110.14	73.32%
32	1 420	1 697.15	1 546.46	150.69	213 979.80	272 501.60	78.52%
33	1 450	1 694.03	1 546.81	147.22	213 469.00	277 360.52	76.96%
34	35	1 774.01	1 606.20	167.81	5 873.35	26 031.29	22.56%
35	40	1 760.09	1 623.34	136.75	5 470.00	19 803.00	27.62%
36	43	1 766.87	1 627.31	139.56	6 001.08	25 853.32	23.21%
37	51	1 766.23	1 628.56	137.67	7 021.17	28 251.48	24.85%
38	56	1 762.82	1 614.48	148.34	8 307.04	41 044.11	20.24%
39	68	1 752.71	1 617.31	135.40	9 207.20	43 025.64	21.40%
40	70	1 758.00	1 619.64	138.36	9 685.20	45 362.98	21.35%
41	76	1 765.88	1 622.32	143.56	10 910.56	47 021.02	23.20%
42	85	1 750.80	1 614.90	135.90	11 551.50	49 849.74	23.17%
43	110	1 744.41	1 620.48	123.93	13 632.30	59 030.14	23.09%
44	325	1 731.33	1 604.04	127.29	41 369.25	172 246.21	24.02%
45	480	1 725.89	1 593.46	132.43	63 566.40	253 099.43	25.12%
46	550	1 724.18	1 594.97	129.21	71 065.50	255 000.90	27.87%
47	620	1 721.04	1 589.44	131.60	81 592.00	288 169.46	28.31%
48	890	1 707.67	1 568.81	138.86	123 585.40	296 455.51	41.69%
49	4 200	1 663.91	1 519.58	144.33	606 186.00	752 859.05	80.52%
50	6 600	1 587.17	1 443.65	143.52	947 232.00	1 105 179.26	85.71%
51	45	1 739.79	1 592.56	147.23	6 625.35	32 401.96	20.45%
52	48	1 729.30	1 589.92	139.38	6 690.24	31 518.31	21.23%
53	55	1 743.71	1 606.17	137.54	7 564.70	35 286.67	21.44%
54	56	1 762.83	1 622.53	140.30	7 856.80	35 315.60	22.25%
55	69	1 731.92	1 587.25	144.67	9 982.23	44 326.39	22.52%
56	78	1 743.38	1 595.07	148.31	11 568.18	51 138.78	22.62%
57	79	1 723.81	1 576.59	147.22	11 630.38	49 658.84	23.42%
58	86	1 742.71	1 607.17	135.54	11 656.44	48 107.62	24.23%
59	310	1 745.72	1 601.03	144.69	44 853.90	181 394.44	24.73%
60	460	1 728.31	1 587.77	140.54	64 648.40	224 805.81	28.76%

续表

样本编号	样本户生猪养殖规模/头	主产品净产值/（元/头）	投入合计/（元/头）	生猪头均纯收入/元	生猪养殖收入总额/（元/户）	样本户年总收入/（元/户）	生猪养殖收入占总收入的比例
61	540	1 742.83	1 583.14	159.69	86 232.60	395 038.78	21.83%
62	680	1 728.80	1 578.65	150.15	102 102.00	373 063.48	27.37%
63	830	1 707.67	1 559.58	148.09	122 914.70	287 002.72	42.83%
64	5 500	1 662.15	1 517.32	144.83	796 565.00	964 851.64	82.56%
65	45	1 729.80	1 586.16	143.64	6 463.80	31 581.52	20.47%
66	55	1 736.63	1 585.02	151.61	8 338.55	41 177.70	20.25%
67	58	1 740.29	1 587.57	152.72	8 857.76	45 328.24	19.54%
68	64	1 718.05	1 568.66	149.39	9 560.96	44 676.52	21.40%
69	66	1 727.13	1 579.34	147.79	9 754.14	40 815.23	23.90%
70	72	1 756.77	1 612.43	144.34	10 392.48	42 594.68	24.40%
71	78	1 743.62	1 606.05	137.57	10 730.46	38 646.57	27.77%
72	80	1 726.54	1 585.34	141.20	11 296.00	57 447.55	19.66%
73	93	1 702.79	1 557.14	145.65	13 545.45	65 456.96	20.69%
74	206	1 720.11	1 572.58	147.53	30 391.18	67 736.53	44.87%
75	334	1 685.10	1 535.78	149.32	49 872.88	102 218.52	48.79%
76	455	1 676.82	1 541.06	135.76	61 770.80	119 916.74	51.51%
77	582	1 673.93	1 537.84	136.09	79 204.38	145 884.42	54.29%
78	627	1 662.82	1 524.22	138.60	86 902.20	156 206.56	55.63%
79	768	1 657.20	1 530.43	126.77	97 359.36	174 280.53	55.86%
80	850	1 660.07	1 530.62	129.45	110 032.50	193 296.83	56.92%
81	7 500	1 650.81	1 517.28	133.53	1 001 475.00	1 280 514.82	78.21%
82	38	1 775.33	1 628.03	147.30	5 597.40	22 978.98	24.36%
83	48	1 763.10	1 614.88	148.22	7 114.56	36 978.75	19.24%
84	60	1 744.01	1 590.56	153.45	9 207.00	43 946.53	20.95%
85	80	1 745.82	1 597.60	148.22	11 857.60	52 302.19	22.67%
86	85	1 739.84	1 593.17	146.67	12 466.95	53 025.74	23.51%
87	85	1 753.67	1 601.91	151.76	12 899.60	53 324.13	24.19%
88	91	1 743.00	1 595.73	147.27	13 401.57	54 832.15	24.44%
89	220	1 729.90	1 587.34	142.56	31 363.20	132 577.90	23.66%
90	240	1 733.09	1 588.83	144.26	34 622.40	143 621.82	24.11%

续表

样本编号	样本户生猪养殖规模/头	主产品净产值/（元/头）	投入合计/（元/头）	生猪头均纯收入/元	生猪养殖收入总额/（元/户）	样本户年总收入/（元/户）	生猪养殖收入占总收入的比例
91	320	1 734.78	1 590.81	143.97	46 070.40	166 039.46	27.75%
92	470	1 730.95	1 587.59	143.36	67 379.20	225 594.82	29.87%
93	530	1 726.87	1 581.64	145.23	76 971.90	232 774.46	33.07%
94	860	1 729.72	1 595.03	134.69	115 833.40	216 774.12	53.44%
95	1 350	1 716.82	1 583.29	133.53	180 265.50	278 594.41	64.71%
96	1 470	1 712.62	1 576.22	136.40	200 508.00	301 898.95	66.42%
97	1 620	1 697.08	1 559.97	137.11	222 118.20	323 524.52	68.66%
98	1 850	1 693.30	1 561.70	131.60	243 460.00	337 924.23	72.05%
99	40	1 743.96	1 589.64	154.32	6 172.80	36 266.62	17.02%
100	55	1 746.59	1 593.73	152.86	8 407.30	47 680.43	17.63%
101	75	1 743.02	1 588.35	154.67	11 600.25	58 696.02	19.76%
102	160	1 737.79	1 588.40	149.39	23 902.40	110 679.26	21.60%
103	280	1 734.17	1 586.95	147.22	41 221.60	164 708.77	25.03%
104	340	1 729.73	1 585.92	143.81	48 895.40	173 101.06	28.25%
105	460	1 723.39	1 579.20	144.19	66 327.40	204 229.98	32.48%
106	530	1 727.70	1 583.74	143.96	76 298.80	219 080.58	34.83%
107	620	1 717.81	1 574.84	142.97	88 641.40	234 956.13	37.73%
108	750	1 724.67	1 581.35	143.32	107 490.00	210 743.39	51.01%
109	1 050	1 689.15	1 556.38	132.77	139 408.50	234 320.00	59.49%
110	1 100	1 694.62	1 561.07	133.55	146 905.00	243 764.81	60.27%
111	1 400	1 696.84	1 559.85	136.99	191 786.00	307 467.90	62.38%
112	1 700	1 705.49	1 570.26	135.23	229 891.00	343 602.42	66.91%
113	1 750	1 681.27	1 532.26	149.01	260 767.50	385 999.13	67.56%
114	1 820	1 700.98	1 565.29	135.69	246 955.80	364 369.07	67.78%
115	2 100	1 674.73	1 542.19	132.54	278 334.00	414 701.17	67.12%
116	32 000	1 662.44	1 533.00	129.44	4 142 080.00	4 571 347.67	90.61%
117	35	1 763.81	1 624.62	139.19	4 871.65	23 842.25	20.43%
118	38	1 752.68	1 619.01	133.67	5 079.46	23 979.72	21.18%
119	50	1 760.10	1 622.87	137.23	6 861.50	30 420.97	22.56%
120	62	1 758.08	1 613.79	144.29	8 945.98	38 530.46	23.22%

续表

样本编号	样本户生猪养殖规模/头	主产品净产值/（元/头）	投入合计/（元/头）	生猪头均纯收入/元	生猪养殖收入总额/（元/户）	样本户年总收入/（元/户）	生猪养殖收入占总收入的比例
121	68	1 759.93	1 617.43	142.50	9 690.00	41 412.57	23.40%
122	75	1 754.01	1 613.80	140.21	10 515.75	43 581.52	24.13%
123	85	1 750.80	1 613.20	137.60	11 696.00	48 033.14	24.35%
124	245	1 747.00	1 611.31	135.69	33 244.05	134 448.02	24.73%
125	352	1 739.10	1 602.47	136.63	48 093.76	193 322.89	24.88%
126	468	1 737.60	1 594.29	143.31	67 069.08	262 726.93	25.53%
127	577	1 727.35	1 590.73	136.62	78 829.74	306 036.07	25.76%
128	693	1 721.20	1 591.37	129.83	89 972.19	329 588.46	27.30%
129	707	1 727.68	1 594.94	132.74	93 847.18	336 631.12	27.88%
130	736	1 717.34	1 580.22	137.12	100 920.32	513 870.92	19.64%
131	752	1 711.25	1 573.06	138.19	103 918.88	510 677.89	20.35%
132	780	1 722.78	1 587.09	135.69	105 838.20	442 672.45	23.91%
133	860	1 706.11	1 570.88	135.23	116 297.80	433 320.30	26.84%
134	3 750	1 677.88	1 548.87	129.01	483 787.50	601 596.10	80.42%
135	32	1 765.80	1 619.94	145.86	4 667.52	20 437.85	22.84%
136	38	1 763.32	1 617.95	145.37	5 524.06	23 789.62	23.22%
137	46	1 760.34	1 615.68	144.66	6 654.36	28 192.57	23.60%
138	47	1 756.10	1 611.87	144.23	6 778.81	27 859.06	24.33%
139	60	1 751.38	1 607.06	144.32	8 659.20	33 964.34	25.49%
140	65	1 748.77	1 603.87	144.90	9 418.50	47 349.15	19.89%
141	83	1 743.31	1 599.51	143.80	11 935.40	54 844.99	21.76%
142	180	1 736.90	1 593.05	143.85	25 893.00	94 589.03	27.37%
143	240	1 732.69	1 596.16	136.53	32 767.20	104 374.14	31.39%
144	260	1 730.81	1 593.26	137.55	35 763.00	109 020.30	32.80%
145	370	1 729.12	1 592.30	136.82	50 623.40	144 782.37	34.97%
146	450	1 726.55	1 588.28	138.27	62 221.50	169 284.15	36.76%
147	780	1 723.59	1 585.85	137.74	107 437.20	229 684.81	46.78%
148	1 150	1 697.68	1 565.28	132.40	152 260.00	264 589.94	57.55%
149	1 250	1 701.43	1 570.47	130.96	163 700.00	265 250.07	61.72%
150	1 850	1 705.91	1 572.26	133.65	247 252.50	342 143.29	72.27%

续表

样本编号	样本户生猪养殖规模/头	主产品净产值/（元/头）	投入合计/（元/头）	生猪头均纯收入/元	生猪养殖收入总额/（元/户）	样本户年总收入/（元/户）	生猪养殖收入占总收入的比例
151	2 100	1 706.92	1 574.53	132.39	278 019.00	412 756.05	67.36%
152	2 250	1 715.78	1 587.04	128.74	289 665.00	415 429.44	69.73%
153	50	1 763.41	1 619.12	144.29	7 214.50	26 417.73	27.31%
154	55	1 765.70	1 621.43	144.27	7 934.85	27 861.58	28.48%
155	65	1 774.67	1 630.36	144.31	9 380.15	47 610.82	19.70%
156	78	1 739.72	1 595.09	144.63	11 281.14	53 842.23	20.95%
157	120	1 752.13	1 606.91	145.22	17 426.40	63 806.24	27.31%
158	125	1 745.88	1 600.64	145.24	18 155.00	63 499.02	28.59%
159	135	1 739.95	1 596.45	143.50	19 372.50	66 867.83	28.97%
160	140	1 743.59	1 601.22	142.37	19 931.80	65 714.79	30.33%
161	160	1 743.00	1 603.96	139.04	22 246.40	70 868.41	31.39%
162	290	1 740.84	1 600.73	140.11	40 631.90	107 115.15	37.93%
163	1 300	1 740.30	1 602.63	137.67	178 971.00	271 476.09	65.93%
164	1 450	1 736.71	1 598.65	138.06	200 187.00	291 201.09	68.75%
165	1 480	1 733.89	1 598.19	135.70	200 836.00	288 784.92	69.55%
166	1 520	1 733.24	1 596.89	136.35	207 252.00	294 579.41	70.36%
167	1 680	1 729.87	1 592.18	137.69	231 319.20	338 949.23	68.25%
168	2 200	1 727.09	1 588.56	138.53	304 766.00	442 158.40	68.93%
169	32	1 754.33	1 606.78	147.55	4 721.60	19 315.46	24.44%
170	40	1 760.98	1 612.77	148.21	5 928.40	21 546.51	27.51%
171	45	1 743.85	1 597.20	146.65	6 599.25	23 380.18	28.23%
172	51	1 749.87	1 604.34	145.53	7 422.03	37 580.88	19.75%
173	55	1 721.28	1 581.93	139.35	7 664.25	35 322.86	21.70%
174	72	1 741.29	1 597.62	143.67	10 344.24	38 474.42	26.89%
175	85	1 732.72	1 590.11	142.61	12 121.85	43 655.17	27.77%
176	253	1 729.90	1 590.10	139.80	35 369.40	104 416.10	33.87%
177	327	1 732.27	1 591.73	140.54	45 956.58	110 705.40	41.51%
178	336	1 733.88	1 593.95	139.93	47 016.48	110 699.10	42.47%
179	345	1 733.09	1 589.58	143.51	49 510.95	110 264.82	44.90%
180	405	1 730.12	1 593.03	137.09	55 521.45	111 441.73	49.82%

续表

样本编号	样本户生猪养殖规模/头	主产品净产值/（元/头）	投入合计/（元/头）	生猪头均纯收入/元	生猪养殖收入总额/（元/户）	样本户年总收入/（元/户）	生猪养殖收入占总收入的比例
181	425	1 724.60	1 586.03	138.57	58 892.25	117 218.51	50.24%
182	580	1 721.33	1 584.09	137.24	79 599.20	143 158.28	55.60%
183	610	1 718.81	1 578.25	140.56	85 741.60	152 287.09	56.30%
184	735	1 724.88	1 585.26	139.62	102 620.70	175 680.22	58.41%
185	780	1 735.77	1 597.68	138.09	107 710.20	167 116.18	64.45%
186	3 500	1 712.95	1 580.72	132.23	462 805.00	578 960.46	79.94%
187	38	1 785.01	1 628.36	156.65	5 952.70	29 430.57	20.23%
188	40	1 795.80	1 639.39	156.41	6 256.40	29 187.37	21.44%
189	45	1 784.11	1 628.35	155.76	7 009.20	30 627.86	22.89%
190	56	1 774.72	1 618.71	156.01	8 736.56	37 906.21	23.05%
191	62	1 773.24	1 616.25	156.99	9 733.38	41 350.70	23.54%
192	68	1 775.91	1 620.17	155.74	10 590.32	43 727.47	24.22%
193	74	1 776.10	1 620.44	155.66	11 518.84	46 787.52	24.62%
194	81	1 772.90	1 618.23	154.67	12 528.27	51 114.09	24.51%
195	85	1 773.81	1 620.42	153.39	13 038.15	51 615.37	25.26%
196	355	1 753.74	1 603.95	149.79	53 175.45	225 053.64	23.63%
197	450	1 755.72	1 608.25	147.47	66 361.50	253 211.53	26.21%
198	460	1 762.80	1 616.44	146.36	67 325.60	245 018.54	27.48%
199	556	1 755.71	1 610.87	144.84	80 531.04	239 909.90	33.57%
200	580	1 750.33	1 605.10	145.23	84 233.40	245 240.96	34.35%
201	665	1 755.15	1 610.91	144.24	95 919.60	232 102.26	41.33%
202	775	1 756.91	1 613.34	143.57	111 266.75	223 447.21	49.80%
203	880	1 759.85	1 617.50	142.35	125 268.00	200 288.59	62.54%
204	3 100	1 742.18	1 603.92	138.26	428 606.00	525 465.63	81.57%
205	41	1 770.11	1 321.10	449.01	18 409.41	80 410.44	22.89%
206	45	1 775.78	1 627.43	148.35	6 675.75	28 140.26	23.72%
207	58	1 773.89	1 626.47	147.42	8 550.36	33 869.41	25.25%
208	65	1 783.33	1 636.14	147.19	9 567.35	51 182.30	18.69%
209	80	1 784.72	1 638.66	146.06	11 684.80	49 281.38	23.71%
210	81	1 778.91	1 632.65	146.26	11 847.06	48 713.22	24.32%

续表

样本编号	样本户生猪养殖规模/头	主产品净产值/（元/头）	投入合计/（元/头）	生猪头均纯收入/元	生猪养殖收入总额/（元/户）	样本户年总收入/（元/户）	生猪养殖收入占总收入的比例
211	85	1 769.82	1 623.17	146.65	12 465.25	49 406.89	25.23%
212	88	1 766.94	1 621.04	145.90	12 839.20	47 309.87	27.14%
213	224	1 762.64	1 617.29	145.35	32 558.40	78 644.49	41.40%
214	268	1 761.98	1 617.41	144.57	38 744.76	91 919.34	42.15%
215	385	1 759.78	1 615.54	144.24	55 532.40	121 881.75	45.56%
216	412	1 750.94	1 606.14	144.80	59 657.60	128 481.67	46.43%
217	533	1 744.43	1 599.59	144.84	77 199.72	158 736.53	48.63%
218	628	1 744.74	1 600.91	143.83	90 325.24	173 856.10	51.95%
219	780	1 737.00	1 594.30	142.70	111 306.00	131 961.68	84.35%
220	820	1 733.68	1 589.49	144.19	118 235.80	201 340.96	58.72%
221	1 900	1 723.13	1 585.82	137.31	260 889.00	333 296.70	78.28%
222	36	1 764.13	1 618.36	145.77	5 247.72	25 494.37	20.58%
223	40	1 763.22	1 617.03	146.19	5 847.60	27 707.50	21.10%
224	45	1 765.69	1 619.14	146.55	6 594.75	30 326.76	21.75%
225	58	1 765.01	1 620.74	144.27	8 367.66	35 886.52	23.32%
226	62	1 755.70	1 611.44	144.26	8 944.12	37 318.25	23.97%
227	70	1 757.00	1 612.47	144.53	10 117.10	41 826.20	24.19%
228	80	1 748.77	1 605.96	142.81	11 424.80	45 792.44	24.95%
229	280	1 751.30	1 609.09	142.21	39 818.80	183 516.77	21.70%
230	402	1 745.71	1 602.95	142.76	57 389.52	138 441.42	41.45%
231	460	1 743.83	1 600.89	142.94	65 752.40	155 426.29	42.30%
232	520	1 743.04	1 601.02	142.02	73 850.40	162 043.69	45.57%
233	550	1 743.69	1 601.99	141.70	77 935.00	167 766.45	46.45%
234	630	1 741.20	1 599.01	142.19	89 579.70	189 206.27	47.34%
235	720	1 742.70	1 599.37	143.33	103 197.60	209 218.46	49.33%
236	820	1 739.70	1 600.84	138.86	113 865.20	220 560.77	51.63%
237	840	1 734.62	1 596.26	138.36	116 222.40	219 473.17	52.96%
238	1 850	1 727.34	1 589.50	137.84	255 004.00	325 404.71	78.37%
239	36	1 784.71	1 635.59	149.12	5 368.32	21 967.34	24.44%
240	41	1 783.79	1 636.47	147.32	6 040.12	24 228.90	24.93%

续表

样本编号	样本户生猪养殖规模/头	主产品净产值/（元/头）	投入合计/（元/头）	生猪头均纯收入/元	生猪养殖收入总额/（元/户）	样本户年总收入/（元/户）	生猪养殖收入占总收入的比例
241	48	1 782.87	1 634.41	148.46	7 126.08	28 433.40	25.06%
242	53	1 775.72	1 628.12	147.60	7 822.80	30 940.16	25.28%
243	62	1 775.23	1 628.27	146.96	9 111.52	35 514.82	25.66%
244	73	1 774.61	1 628.30	146.31	10 680.63	40 599.90	26.31%
245	85	1 773.94	1 626.32	147.62	12 547.70	45 814.53	27.39%
246	87	1 772.70	1 626.94	145.76	12 681.12	46 066.19	27.53%
247	91	1 772.47	1 627.87	144.60	13 158.60	47 302.07	27.82%
248	310	1 759.62	1 614.36	145.26	45 030.60	82 448.34	54.62%
249	435	1 761.70	1 615.43	146.27	63 627.45	110 965.86	57.34%
250	568	1 759.19	1 615.86	143.33	81 411.44	132 374.80	61.50%
251	654	1 756.97	1 614.27	142.70	93 325.80	149 628.53	62.37%
252	708	1 755.10	1 612.09	143.01	101 251.08	157 584.71	64.25%
253	788	1 754.68	1 611.83	142.85	112 565.80	169 751.30	66.31%
254	872	1 752.95	1 611.69	141.26	123 178.72	176 899.26	69.63%
255	4 150	1 739.78	1 602.04	137.74	571 621.00	724 783.53	78.87%
256	55	1 750.84	1 611.50	139.34	7 663.70	34 294.15	22.35%
257	63	1 748.58	1 608.39	140.19	8 831.97	49 833.71	17.72%
258	102	1 749.31	1 609.35	139.96	14 275.92	75 235.60	18.97%
259	116	1 748.05	1 609.28	138.77	16 097.32	83 599.02	19.26%
260	146	1 745.12	1 607.19	137.93	20 137.78	101 828.80	19.78%
261	187	1 737.04	1 599.25	137.79	25 766.73	124 677.62	20.67%
262	233	1 740.10	1 604.45	135.65	31 606.45	99 662.02	31.71%
263	413	1 735.87	1 601.94	133.93	55 313.09	120 711.88	45.82%
264	685	1 733.04	1 597.39	135.65	92 920.25	173 670.25	53.50%
265	1 032	1 719.73	1 584.83	134.90	139 216.80	226 942.25	61.34%
266	1 148	1 720.61	1 584.61	136.00	156 128.00	249 306.28	62.62%
267	1 241	1 716.67	1 582.94	133.73	165 958.93	257 600.21	64.42%
268	1 289	1 713.78	1 580.98	132.80	171 179.20	259 618.42	65.93%
269	1 350	1 703.71	1 569.57	134.14	181 089.00	263 998.13	68.59%

续表

样本编号	样本户生猪养殖规模/头	主产品净产值/（元/头）	投入合计/（元/头）	生猪头均纯收入/元	生猪养殖收入总额/（元/户）	样本户年总收入/（元/户）	生猪养殖收入占总收入的比例
270	1 475	1 707.34	1 573.81	133.53	196 956.75	278 522.19	70.71%
271	26 000	1 690.95	1 561.80	129.15	3 357 900.00	3 679 507.18	91.26%
272	28 000	1 694.92	1 565.31	129.61	3 629 080.00	3 982 330.98	91.13%
273	36	1 763.77	1 624.28	139.49	5 021.64	28 487.35	17.63%
274	40	1 765.69	1 628.33	137.36	5 494.40	29 292.24	18.76%
275	50	1 763.02	1 626.48	136.54	6 827.00	34 958.59	19.53%
276	58	1 761.62	1 625.52	136.10	7 893.80	38 982.49	20.25%
277	63	1 744.00	1 607.94	136.06	8 571.78	39 089.19	21.93%
278	66	1 749.69	1 614.25	135.44	8 939.04	40 087.41	22.30%
279	70	1 745.70	1 610.15	135.55	9 488.50	41 310.25	22.97%
280	75	1 730.41	1 595.50	134.91	10 118.25	43 558.08	23.23%
281	81	1 754.82	1 619.79	135.03	10 937.43	44 974.50	24.32%
282	225	1 747.70	1 613.26	134.44	30 249.00	94 963.50	31.85%
283	260	1 744.31	1 610.11	134.20	34 892.00	107 944.53	32.32%
284	291	1 742.10	1 608.23	133.87	38 956.17	114 867.20	33.91%
285	348	1 737.31	1 603.19	134.12	46 673.76	108 387.22	43.06%
286	365	1 733.79	1 600.92	132.87	48 497.55	111 329.50	43.56%
287	510	1 739.14	1 605.79	133.35	68 008.50	132 280.79	51.41%
288	750	1 736.99	1 605.23	131.76	98 820.00	171 433.70	57.64%
289	920	1 730.20	1 596.67	133.53	122 847.60	184 642.18	66.53%
290	2 650	1 724.48	1 596.41	128.07	339 385.50	427 619.22	79.37%
291	40	1 739.67	1 597.36	142.31	5 692.40	36 208.18	15.72%
292	45	1 741.34	1 602.00	139.34	6 270.30	35 586.08	17.62%
293	55	1 743.77	1 604.28	139.49	7 671.95	41 828.99	18.34%
294	62	1 745.71	1 605.47	140.24	8 694.88	44 472.35	19.55%
295	64	1 744.11	1 603.11	141.00	9 024.00	43 677.47	20.66%
296	70	1 746.71	1 605.60	141.11	9 877.70	44 474.10	22.21%
297	80	1 747.48	1 606.63	140.85	11 268.00	47 544.25	23.70%
298	201	1 760.48	1 621.27	139.21	27 981.21	69 417.84	40.31%
299	240	1 742.71	1 603.86	138.85	33 324.00	79 933.67	41.69%

续表

样本编号	样本户生猪养殖规模/头	主产品净产值/（元/头）	投入合计/（元/头）	生猪头均纯收入/元	生猪养殖收入总额/（元/户）	样本户年总收入/（元/户）	生猪养殖收入占总收入的比例
300	300	1 739.44	1 600.87	138.57	41 571.00	86 952.25	47.81%
301	367	1 745.00	1 607.40	137.60	50 499.20	95 283.54	53.00%
302	382	1 744.17	1 606.38	137.79	52 635.78	96 759.17	54.40%
303	478	1 743.01	1 605.69	137.32	65 638.96	111 974.56	58.62%
304	536	1 739.78	1 602.68	137.10	73 485.60	117 278.02	62.66%
305	750	1 740.72	1 604.50	136.22	102 165.00	157 925.72	64.69%
306	1 700	1 732.84	1 596.28	136.56	232 152.00	353 049.20	65.76%
307	1 900	1 734.93	1 600.54	134.39	255 341.00	379 258.08	67.33%
308	2 200	1 728.67	1 598.64	130.03	286 066.00	389 915.05	73.37%
309	2 500	1 727.92	1 598.52	129.40	323 500.00	396 709.15	81.55%
310	52	1 749.41	1 608.70	140.71	7 316.92	49 727.34	14.71%
311	55	1 746.31	1 603.77	142.54	7 839.70	51 495.38	15.22%
312	65	1 751.32	1 609.72	141.60	9 204.00	54 936.47	16.75%
313	70	1 754.30	1 613.41	140.89	9 862.30	55 488.50	17.77%
314	70	1 749.70	1 609.85	139.85	9 789.50	52 595.19	18.61%
315	135	1 749.42	1 610.31	139.11	18 779.85	58 964.92	31.85%
316	240	1 745.23	1 605.50	139.73	33 535.20	74 016.47	45.31%
317	320	1 737.04	1 598.38	138.66	44 371.20	93 315.21	47.55%
318	400	1 738.41	1 599.88	138.53	55 412.00	114 177.40	48.53%
319	450	1 737.30	1 598.40	138.90	62 505.00	121 436.08	51.47%
320	480	1 734.42	1 596.59	137.83	66 158.40	126 012.00	52.50%
321	650	1 733.33	1 595.33	138.00	89 700.00	163 110.91	54.99%
322	1 100	1 730.11	1 597.67	132.44	145 684.00	219 522.79	66.36%
323	1 150	1 730.49	1 598.67	131.82	151 593.00	224 835.36	67.42%
324	1 200	1 729.33	1 598.64	130.69	156 828.00	224 798.56	69.76%
325	1 300	1 725.60	1 596.44	129.16	167 908.00	239 409.79	70.13%
326	1 800	1 723.31	1 594.27	129.04	232 272.00	328 041.47	70.81%
327	35	1 795.81	1 646.42	149.39	5 228.65	31 517.89	16.59%
328	37	1 793.64	1 643.40	150.24	5 558.88	32 096.63	17.32%
329	40	1 780.92	1 632.90	148.02	5 920.80	31 989.76	18.51%

续表

样本编号	样本户生猪养殖规模/头	主产品净产值/（元/头）	投入合计/（元/头）	生猪头均纯收入/元	生猪养殖收入总额/（元/户）	样本户年总收入/（元/户）	生猪养殖收入占总收入的比例
330	50	1 779.79	1 631.94	147.85	7 392.50	37 149.58	19.90%
331	55	1 776.20	1 628.81	147.39	8 106.45	38 993.32	20.79%
332	120	1 775.10	1 628.25	146.85	17 622.00	66 143.83	26.64%
333	150	1 772.92	1 625.95	146.97	22 045.50	74 072.74	29.76%
334	180	1 771.31	1 625.01	146.30	26 334.00	82 159.74	32.05%
335	220	1 769.68	1 624.18	145.50	32 010.00	85 791.70	37.31%
336	260	1 765.89	1 620.65	145.24	37 762.40	97 951.54	38.55%
337	350	1 765.31	1 619.58	145.73	51 005.50	123 281.24	41.37%
338	400	1 765.82	1 621.68	144.14	57 656.00	111 174.81	51.86%
339	500	1 766.94	1 622.34	144.60	72 300.00	135 641.83	53.30%
340	550	1 764.58	1 621.22	143.36	78 848.00	145 415.54	54.22%
341	700	1 743.30	1 600.35	142.95	100 065.00	174 440.43	57.36%
342	730	1 742.21	1 599.12	143.09	104 455.70	176 943.61	59.03%
343	1 250	1 739.77	1 600.52	139.25	174 062.50	243 090.10	71.60%
344	35	1 773.74	1 626.45	147.29	5 155.15	25 452.41	20.25%
345	50	1 778.97	1 630.78	148.19	7 409.50	32 305.40	22.94%
346	52	1 780.69	1 631.09	149.60	7 779.20	33 024.67	23.56%
347	150	1 789.03	1 642.17	146.86	22 029.00	101 489.37	21.71%
348	180	1 782.08	1 635.87	146.21	26 317.80	112 153.79	23.47%
349	210	1 775.99	1 630.25	145.74	30 605.40	97 241.73	31.47%
350	240	1 777.08	1 631.08	146.00	35 040.00	108 268.38	32.36%
351	280	1 775.38	1 629.83	145.55	40 754.00	122 551.57	33.25%
352	350	1 773.28	1 629.46	143.82	50 337.00	123 637.39	40.71%
353	380	1 771.94	1 629.90	142.04	53 975.20	126 012.53	42.83%
354	450	1 772.69	1 630.48	142.21	63 994.50	139 411.20	45.90%
355	530	1 749.10	1 606.95	142.15	75 339.50	146 680.50	51.36%
356	760	1 751.28	1 611.02	140.26	106 597.60	191 055.13	55.79%
357	1 180	1 749.69	1 609.79	139.90	165 082.00	241 262.15	68.42%
358	1 200	1 744.87	1 605.55	139.32	167 184.00	233 811.08	71.50%
359	22 000	1 740.01	1 604.28	135.73	2 986 060.00	3 285 737.43	90.88%

续表

样本编号	样本户生猪养殖规模/头	主产品净产值/（元/头）	投入合计/（元/头）	生猪头均纯收入/元	生猪养殖收入总额/（元/户）	样本户年总收入/（元/户）	生猪养殖收入占总收入的比例
360	38	1 778.97	1 613.22	165.75	6 298.50	32 705.52	19.26%
361	40	1 770.29	1 607.90	162.39	6 495.60	34 497.71	18.83%
362	45	1 759.08	1 595.72	163.36	7 351.20	41 907.18	17.54%
363	50	1 762.69	1 602.47	160.22	8 011.00	40 747.00	19.66%
364	56	1 755.53	1 589.62	165.91	9 290.96	42 678.22	21.77%
365	62	1 759.37	1 591.84	167.53	10 386.86	44 637.10	23.27%
366	75	1 759.74	1 593.12	166.62	12 496.50	50 186.60	24.90%
367	81	1 754.85	1 589.59	165.26	13 386.06	71 795.12	18.64%
368	86	1 752.63	1 585.24	167.39	14 395.54	68 701.01	20.95%
369	432	1 755.92	1 582.99	172.93	74 705.76	166 476.68	44.87%
370	540	1 763.69	1 588.37	175.32	94 672.80	203 049.81	46.63%
371	650	1 771.12	1 594.86	176.26	114 569.00	212 539.01	53.90%
372	780	1 755.57	1 578.25	177.32	138 309.60	244 945.80	56.47%
373	850	1 787.20	1 609.56	177.64	150 994.00	253 748.79	59.51%
374	4 600	1 805.92	1 626.47	179.45	825 470.00	960 538.97	85.94%
375	32	1 762.67	1 605.74	156.93	5 021.76	34 088.93	14.73%
376	38	1 761.00	1 603.81	157.19	5 973.22	38 556.90	15.49%
377	42	1 757.60	1 595.21	162.39	6 820.38	41 582.34	16.40%
378	49	1 755.01	1 591.28	163.73	8 022.77	45 500.56	17.63%
379	52	1 753.84	1 588.54	165.30	8 595.60	45 644.20	18.83%
380	60	1 749.70	1 583.13	166.57	9 994.20	48 347.85	20.67%
381	65	1 745.54	1 578.49	167.05	10 858.25	47 415.24	22.90%
382	73	1 743.75	1 578.23	165.52	12 082.96	52 259.34	23.12%
383	80	1 747.89	1 581.52	166.37	13 309.60	64 755.41	20.55%
384	145	1 755.00	1 586.48	168.52	24 435.40	78 213.28	31.24%
385	285	1 763.37	1 593.16	170.21	48 509.85	96 136.21	50.46%
386	560	1 759.83	1 588.33	171.50	96 040.00	159 184.73	60.33%
387	650	1 766.75	1 591.89	174.86	113 659.00	184 142.79	61.72%
388	750	1 770.62	1 594.26	176.36	132 270.00	205 727.62	64.29%
389	835	1 777.89	1 600.67	177.22	147 978.70	222 711.80	66.44%

续表

样本编号	样本户生猪养殖规模/头	主产品净产值/（元/头）	投入合计/（元/头）	生猪头均纯收入/元	生猪养殖收入总额/（元/户）	样本户年总收入/（元/户）	生猪养殖收入占总收入的比例
390	2 700	1 794.40	1 612.91	181.49	490 023.00	616 866.68	79.44%
391	40	1 674.81	1 517.96	156.85	6 274.00	36 015.41	17.42%
392	45	1 685.72	1 526.31	159.41	7 173.45	38 298.82	18.73%
393	47	1 698.11	1 534.39	163.72	7 694.84	38 360.01	20.06%
394	52	1 712.73	1 550.46	162.27	8 438.04	40 451.43	20.86%
395	62	1 719.15	1 557.59	161.56	10 016.72	37 606.19	26.64%
396	67	1 727.30	1 563.00	164.30	11 008.10	40 313.19	27.31%
397	75	1 737.83	1 571.77	166.06	12 454.50	42 996.19	28.97%
398	79	1 745.35	1 579.73	165.62	13 083.98	44 508.20	29.40%
399	160	1 748.60	1 580.07	168.53	26 964.80	72 214.91	37.34%
400	220	1 752.74	1 582.42	170.32	37 470.40	83 528.80	44.86%
401	400	1 758.07	1 586.81	171.26	68 504.00	132 651.17	51.64%
402	550	1 760.15	1 587.55	172.60	94 930.00	169 810.74	55.90%
403	630	1 762.63	1 588.82	173.81	109 500.30	191 387.18	57.21%
404	710	1 764.53	1 590.26	174.27	123 731.70	200 948.39	61.57%
405	750	1 765.71	1 592.57	173.14	129 855.00	207 257.47	62.65%
406	880	1 771.09	1 595.70	175.39	154 343.20	236 271.65	65.32%
407	3 750	1 786.00	1 608.75	177.25	664 687.50	822 551.25	80.81%
408	33	1 701.03	1 538.77	162.26	5 354.58	28 715.50	18.65%
409	36	1 707.70	1 544.35	163.35	5 880.60	31 433.46	18.71%
410	40	1 710.30	1 547.40	162.90	6 516.00	32 665.29	19.95%
411	42	1 713.37	1 549.58	163.79	6 879.18	37 590.62	18.30%
412	45	1 714.70	1 553.98	160.72	7 232.40	40 857.94	17.70%
413	50	1 717.11	1 552.22	164.89	8 244.50	53 486.28	15.41%
414	55	1 720.38	1 557.95	162.43	8 933.65	54 827.67	16.29%
415	60	1 728.09	1 564.90	163.19	9 791.40	52 464.56	18.66%
416	73	1 728.75	1 563.05	165.70	12 096.10	61 797.83	19.57%
417	105	1 732.70	1 569.79	162.91	17 105.55	62 586.02	27.33%
418	115	1 733.80	1 569.96	163.84	18 841.60	65 876.69	28.60%
419	120	1 737.11	1 571.61	165.50	19 860.00	68 502.76	28.99%

续表

样本编号	样本户生猪养殖规模/头	主产品净产值/（元/头）	投入合计/（元/头）	生猪头均纯收入/元	生猪养殖收入总额/（元/户）	样本户年总收入/（元/户）	生猪养殖收入占总收入的比例
420	122	1740.54	1 573.35	167.19	20 397.18	67 005.81	30.44%
421	135	1 744.63	1 576.24	168.39	22 732.65	71 483.85	31.80%
422	160	1 749.88	1 583.06	166.82	26 691.20	80 877.92	33.00%
423	265	1 751.44	1 582.02	169.42	44 896.30	132 184.56	33.96%
424	35	1 630.20	1 508.65	121.55	4 254.25	22 855.48	18.61%
425	36	1 633.37	1 509.73	123.64	4 451.04	23 796.92	18.70%
426	40	1 634.80	1 509.41	125.39	5 015.60	26 473.59	18.95%
427	45	1 635.90	1 511.29	124.61	5 607.45	28 761.41	19.50%
428	48	1 637.20	1 511.73	125.47	6 022.56	41 412.16	14.54%
429	55	1 631.75	1 505.72	126.03	6 931.65	44 856.03	15.45%
430	60	1 629.74	1 506.02	123.72	7 423.20	45 617.05	16.27%
431	70	1 644.89	1 520.37	124.52	8 716.40	50 374.71	17.30%
432	75	1 634.40	1 509.81	124.59	9 344.25	50 069.54	18.66%
433	80	1 632.73	1 506.82	125.91	10 072.80	50 358.83	20.00%
434	88	1 637.53	1 513.33	124.20	10 929.60	40 025.86	27.31%
435	93	1 630.80	1 504.86	125.94	11 712.42	40 915.32	28.63%
436	150	1 644.92	1 516.40	128.52	19 278.00	50 845.20	37.92%
437	370	1 652.28	1 519.46	132.82	49 143.40	88 027.52	55.83%
438	450	1 655.99	1 520.29	135.70	61 065.00	99 506.80	61.37%
439	40	1 677.00	1 540.46	136.54	5 461.60	30 999.01	17.62%
440	45	1 663.00	1 529.37	133.63	6 013.35	32 419.52	18.55%
441	50	1 666.84	1 531.45	135.39	6 769.50	33 969.35	19.93%
442	56	1 677.98	1 543.71	134.27	7 519.12	36 520.58	20.59%
443	63	1 684.95	1 552.35	132.60	8 353.80	38 499.04	21.70%
444	72	1 663.82	1 529.40	134.42	9 678.24	41 611.06	23.26%
445	88	1 680.41	1 547.20	133.21	11 722.48	45 972.49	25.50%
446	91	1 695.87	1 563.01	132.86	12 090.26	42 058.46	28.75%
447	200	1 698.02	1 560.63	137.39	27 478.00	70 657.53	38.89%
448	230	1 701.00	1 564.55	136.45	31 383.50	77 682.71	40.40%
449	560	1 707.70	1 568.35	139.35	78 036.00	151 369.88	51.55%

续表

样本编号	样本户生猪养殖规模/头	主产品净产值/（元/头）	投入合计/（元/头）	生猪头均纯收入/元	生猪养殖收入总额/（元/户）	样本户年总收入/（元/户）	生猪养殖收入占总收入的比例
450	920	1 733.38	1 591.13	142.25	130 870.00	216 048.39	60.57%
451	3 500	1 760.79	1 613.78	147.01	514 535.00	643 913.13	79.91%
452	40	1 630.21	1 510.55	119.66	4 786.40	20 866.69	22.94%
453	45	1 633.27	1 511.73	121.54	5 469.30	22 334.57	24.49%
454	50	1 645.89	1 519.57	126.32	6 316.00	24 653.39	25.62%
455	110	1 664.13	1 538.34	125.79	13 836.90	39 884.30	34.69%
456	120	1 652.70	1 527.03	125.67	15 080.40	42 595.95	35.40%
457	130	1 673.81	1 545.96	127.85	16 620.50	45 730.95	36.34%
458	200	1 662.18	1 531.65	130.53	26 106.00	58 279.32	44.79%
459	230	1 666.80	1 537.98	128.82	29 628.60	63 423.81	46.72%
460	301	1 675.11	1 548.37	126.74	38 148.74	73 994.68	51.56%
461	1 050	1 719.44	1 587.01	132.43	139 051.50	222 217.99	62.57%
462	1 120	1 726.09	1 594.42	131.67	147 470.40	232 366.62	63.46%
463	1 180	1 731.28	1 599.22	132.06	155 830.80	237 784.42	65.53%
464	1 250	1 741.80	1 608.61	133.19	166 487.50	253 618.63	65.64%
465	1 270	1 746.00	1 614.23	131.77	167 347.90	248 200.19	67.42%
466	1 360	1 749.41	1 613.97	135.44	184 198.40	258 145.56	71.35%
467	19 000	1 763.41	1 625.10	138.31	2 627 890.00	2 874 544.17	91.42%
468	32	1 795.82	1 656.19	139.63	4 468.16	19 557.21	22.85%
469	45	1 792.12	1 655.43	136.69	6 151.05	26 050.68	23.61%
470	65	1 786.10	1 652.34	133.76	8 694.40	35 291.40	24.64%
471	75	1 792.81	1 656.21	136.60	10 245.00	40 008.29	25.61%
472	130	1 790.87	1 656.34	134.53	17 488.90	60 956.93	28.69%
473	180	1 780.87	1 643.64	137.23	24 701.40	78 511.90	31.46%
474	240	1 770.14	1 631.29	138.85	33 324.00	89 288.68	37.32%
475	260	1 781.78	1 643.81	137.97	35 872.20	91 274.64	39.30%
476	350	1 774.33	1 634.67	139.66	48 881.00	105 004.97	46.55%
477	360	1 778.29	1 639.58	138.71	49 935.60	105 280.54	47.43%
478	470	1 789.08	1 648.54	140.54	66 053.80	125 693.14	52.55%
479	520	1 775.83	1 634.74	141.09	73 366.80	131 478.16	55.80%

续表

样本编号	样本户生猪养殖规模/头	主产品净产值/（元/头）	投入合计/（元/头）	生猪头均纯收入/元	生猪养殖收入总额/（元/户）	样本户年总收入/（元/户）	生猪养殖收入占总收入的比例
480	685	1 779.71	1 635.86	143.85	98 537.25	172 047.32	57.27%
481	1 150	1 792.64	1 638.92	153.72	176 778.00	254 340.24	69.50%
482	1 300	1 794.88	1 640.67	154.21	200 473.00	287 395.29	69.76%
483	1 850	1 785.01	1 628.96	156.05	288 692.50	400 037.32	72.17%
484	41	1 778.00	1 628.71	149.29	6 120.89	28 226.87	21.68%
485	45	1 780.12	1 633.81	146.31	6 583.95	28 859.03	22.81%
486	62	1 775.93	1 633.26	142.67	8 845.54	34 654.06	25.53%
487	75	1 774.68	1 628.92	145.76	10 932.00	40 034.64	27.31%
488	120	1 773.24	1 629.04	144.20	17 304.00	41 288.78	41.91%
489	125	1 743.71	1 598.47	145.24	18 155.00	42 221.30	43.00%
490	136	1 776.87	1 630.34	146.53	19 928.08	45 611.58	43.69%
491	210	1 777.97	1 630.78	147.19	30 909.90	61 926.47	49.91%
492	280	1 776.41	1 630.08	146.33	40 972.40	79 010.55	51.86%
493	350	1 773.24	1 625.02	148.22	51 877.00	92 989.53	55.79%
494	370	1 777.08	1 627.64	149.44	55 292.80	96 399.29	57.36%
495	440	1 781.80	1 633.55	148.25	65 230.00	94 038.45	69.37%
496	530	1 785.00	1 634.55	150.45	79 738.50	111 511.19	71.51%
497	680	1 785.85	1 635.91	149.94	101 959.20	142 222.51	71.69%
498	740	1 781.15	1 628.61	152.54	112 879.60	156 341.29	72.20%
499	1 250	1 790.87	1 637.60	153.27	191 587.50	265 009.63	72.29%
500	1 440	1 798.03	1 644.00	154.03	221 803.20	306 082.09	72.47%
501	1 800	1 789.15	1 634.01	155.14	279 252.00	345 415.18	80.85%
502	35	1 761.74	1 624.20	137.54	4 813.90	32 371.48	14.87%
503	65	1 762.82	1 624.51	138.31	8 990.15	55 072.97	16.32%
504	122	1 760.43	1 619.90	140.53	17 144.66	69 403.49	24.70%
505	126	1 765.50	1 626.87	138.63	17 467.38	67 618.22	25.83%
506	130	1 767.79	1 627.53	140.26	18 233.80	65 965.03	27.64%
507	130	1 775.20	1 633.94	141.26	18 363.80	64 590.32	28.43%
508	210	1 773.11	1 631.50	141.61	29 738.10	99 578.42	29.86%
509	270	1 773.73	1 631.67	142.06	38 356.20	124 674.53	30.77%

续表

样本编号	样本户生猪养殖规模/头	主产品净产值/（元/头）	投入合计/（元/头）	生猪头均纯收入/元	生猪养殖收入总额/（元/户）	样本户年总收入/（元/户）	生猪养殖收入占总收入的比例
510	360	1 775.03	1 631.56	143.47	51 649.20	164 612.73	31.38%
511	425	1 775.41	1 632.67	142.74	60 664.50	187 140.60	32.42%
512	500	1 775.83	1 632.72	143.11	71 555.00	190 022.66	37.66%
513	750	1 776.98	1 630.33	146.65	109 987.50	207 778.78	52.93%
514	1 023	1 785.62	1 636.30	149.32	152 754.36	223 247.18	68.42%
515	1 069	1 789.21	1 638.90	150.31	160 681.39	231 216.24	69.49%
516	1 102	1 799.63	1 647.33	152.30	167 834.60	240 677.59	69.73%
517	1 120	1 806.15	1 657.55	148.60	166 432.00	234 398.26	71.00%
518	1 250	1 785.33	1 638.04	147.29	184 112.50	256 229.99	71.85%
519	40	1 775.01	1 635.08	139.93	5 597.20	8 175.62	68.46%
520	42	1 774.08	1 634.22	139.86	5 874.12	8 446.51	69.54%
521	47	1 770.27	1 633.50	136.77	6 428.19	37 611.75	17.09%
522	50	1 773.19	1 638.63	134.56	6 728.00	38 074.30	17.67%
523	51	1 770.94	1 634.72	136.22	6 947.22	37 572.54	18.49%
524	55	1 766.84	1 629.63	137.21	7 546.55	40 225.38	18.76%
525	60	1 769.51	1 631.66	137.85	8 271.00	40 073.27	20.64%
526	71	1 755.89	1 617.80	138.09	9 804.39	42 722.05	22.95%
527	110	1 766.90	1 628.97	137.93	15 172.30	51 156.84	29.66%
528	116	1 774.14	1 634.85	139.29	16 157.64	51 559.52	31.34%
529	118	1 773.00	1 632.27	140.73	16 606.14	49 694.36	33.42%
530	350	1 775.87	1 634.70	141.17	49 409.50	101 560.28	48.65%
531	435	1 777.01	1 635.65	141.36	61 491.60	116 990.90	52.56%
532	468	1 777.32	1 634.26	143.06	66 952.08	120 872.13	55.39%
533	594	1 781.20	1 637.11	144.09	85 589.46	139 054.21	61.55%
534	750	1 779.09	1 633.06	146.03	109 522.50	159 790.24	68.54%
535	1 250	1 792.33	1 644.03	148.30	185 375.00	262 888.69	70.51%
536	32	1 774.01	1 631.68	142.33	4 554.56	28 486.00	15.99%
537	38	1 767.11	1 627.81	139.30	5 293.40	28 632.97	18.49%
538	45	1 765.30	1 625.44	139.86	6 293.70	31 583.19	19.93%
539	52	1 758.85	1 620.18	138.67	7 210.84	33 021.56	21.84%

续表

样本编号	样本户生猪养殖规模/头	主产品净产值/（元/头）	投入合计/（元/头）	生猪头均纯收入/元	生猪养殖收入总额/（元/户）	样本户年总收入/（元/户）	生猪养殖收入占总收入的比例
540	53	1 762.67	1 624.12	138.55	7 343.15	32 030.24	22.93%
541	72	1 758.98	1 620.34	138.64	9 982.08	40 763.18	24.49%
542	130	1 763.83	1 624.69	139.14	18 088.20	63 243.35	28.60%
543	170	1 768.04	1 628.10	139.94	23 789.80	70 072.41	33.95%
544	240	1 770.01	1 629.29	140.72	33 772.80	72 447.19	46.62%
545	310	1 774.09	1 633.26	140.83	43 657.30	90 090.77	48.46%
546	360	1 773.18	1 632.12	141.06	50 781.60	99 048.08	51.27%
547	390	1 766.93	1 624.83	142.10	55 419.00	103 606.92	53.49%
548	500	1 773.98	1 631.32	142.66	71 330.00	128 914.11	55.33%
549	710	1 777.69	1 633.40	144.29	102 445.90	170 962.60	59.92%
550	760	1 780.11	1 635.27	144.84	110 078.40	178 400.17	61.70%
551	1 450	1 786.34	1 639.14	147.20	213 440.00	317 167.10	67.30%
552	37	1 744.15	1 604.49	139.66	5 167.42	27 360.85	18.89%
553	45	1 751.83	1 611.28	140.55	6 324.75	32 076.51	19.72%
554	51	1 756.70	1 615.07	141.63	7 223.13	34 679.93	20.83%
555	56	1 757.42	1 615.55	141.87	7 944.72	35 630.58	22.30%
556	64	1 759.82	1 617.60	142.22	9 102.08	37 600.84	24.21%
557	75	1 763.57	1 620.26	143.31	10 748.25	43 289.93	24.83%
558	155	1 764.78	1 621.02	143.76	22 282.80	75 299.73	29.59%
559	265	1 768.31	1 624.08	144.23	38 220.95	105 515.31	36.22%
560	382	1 773.53	1 628.86	144.67	55 263.94	128 750.35	42.92%
561	425	1 766.00	1 620.89	145.11	61 671.75	124 458.56	49.55%
562	450	1 770.08	1 624.23	145.85	65 632.50	129 345.12	50.74%
563	530	1776.68	1 630.63	146.05	77 406.50	142 363.69	54.37%
564	580	1 775.91	1 629.75	146.16	84 772.80	150 246.48	56.42%
565	710	1 781.41	1 634.19	147.22	104 526.20	156 942.68	66.60%
566	750	1 781.90	1 633.88	148.02	111 015.00	164 437.95	67.51%
567	1 089	1 788.12	1 636.76	151.36	164 831.04	239 321.74	68.87%
568	46	1 607.34	1 482.78	124.56	5 729.76	32 373.25	17.70%
569	55	1 608.00	1 484.47	123.53	6 794.15	33 373.71	20.36%

续表

样本编号	样本户生猪养殖规模/头	主产品净产值/（元/头）	投入合计/（元/头）	生猪头均纯收入/元	生猪养殖收入总额/（元/户）	样本户年总收入/（元/户）	生猪养殖收入占总收入的比例
570	58	1 605.75	1 480.74	125.01	7 250.58	34 172.52	21.22%
571	60	1 609.94	1 485.82	124.12	7 447.20	33 656.86	22.13%
572	115	1 610.88	1 486.95	123.93	14 251.95	52 072.41	27.37%
573	160	1 615.78	1 490.46	125.32	20 051.20	61 413.75	32.65%
574	175	1 616.98	1 492.35	124.63	21 810.25	139 918.97	15.59%
575	188	1 619.14	1 493.53	125.61	23 614.68	68 627.44	34.41%
576	192	1 619.72	1 493.03	126.69	24 324.48	68 772.06	35.37%
577	215	1 625.78	1 498.58	127.20	27 348.00	75 234.52	36.35%
578	236	1 626.84	1 498.82	128.02	30 212.72	80 074.90	37.73%
579	275	1 624.70	1 495.20	129.50	35 612.50	83 814.12	42.49%
580	280	1 626.94	1 497.79	129.15	36 162.00	82 262.44	43.96%
581	293	1 627.48	1 497.36	130.12	38 125.16	86 237.01	44.21%
582	1 240	1 651.83	1 515.87	135.96	168 590.40	253 882.97	66.40%
583	1 350	1 650.30	1 514.25	136.05	183 667.50	267 328.25	68.70%
584	1 400	1 654.69	1 516.16	138.53	193 942.00	278 432.29	69.65%
585	1 510	1 656.00	1 517.33	138.67	209 391.70	294 605.96	71.08%
586	35	1 642.01	1 516.69	125.32	4 386.20	19 912.06	22.03%
587	38	1 643.77	1 518.14	125.63	4 773.94	21 171.71	22.55%
588	43	1 641.88	1 515.03	126.85	5 454.55	23 132.50	23.58%
589	113	1 661.98	1 535.11	126.87	14 336.31	48 371.80	29.64%
590	168	1 662.82	1 535.85	126.97	21 330.96	69 029.90	30.90%
591	175	1 665.89	1 536.35	129.54	22 669.50	69 134.33	32.79%
592	220	1 668.03	1 536.36	131.67	28 967.40	77 101.96	37.57%
593	240	1 673.20	1 540.74	132.46	31 790.40	82 144.52	38.70%
594	265	1 674.01	1 541.16	132.85	35 205.25	88 253.71	39.89%
595	271	1 674.20	1 540.97	133.23	36 105.33	89 500.37	40.34%
596	350	1 644.54	1 510.14	134.40	47 040.00	92 056.78	51.10%
597	1 023	1 686.77	1 549.40	137.37	140 529.51	210 614.20	66.72%
598	1 065	1 687.92	1 549.71	138.21	147 193.65	219 351.92	67.10%
599	1 132	1 688.34	1 549.48	138.86	157 189.52	232 377.01	67.64%

续表

样本编号	样本户生猪养殖规模/头	主产品净产值/（元/头）	投入合计/（元/头）	生猪头均纯收入/元	生猪养殖收入总额/（元/户）	样本户年总收入/（元/户）	生猪养殖收入占总收入的比例
600	1 150	1 688.97	1 549.86	139.11	159 976.50	232 442.64	68.82%
601	12 000	1 776.35	1 623.71	152.64	1 831 680.00	1 994 010.86	91.86%
602	38	1 633.04	1 506.75	126.29	4 799.02	27 011.11	17.77%
603	45	1 633.59	1 506.73	126.86	5 708.70	31 164.03	18.32%
604	52	1 634.87	1 507.77	127.10	6 609.20	31 749.24	20.82%
605	70	1 635.68	1 508.16	127.52	8 926.40	35 025.49	25.49%
606	120	1 636.94	1 509.28	127.66	15 319.20	48 437.19	31.63%
607	128	1 637.41	1 509.02	128.39	16 433.92	51 025.34	32.21%
608	133	1 637.50	1 508.83	128.67	17 113.11	51 410.72	33.29%
609	140	1 637.73	1 509.04	128.69	18 016.60	53 370.90	33.76%
610	146	1 638.61	1 509.58	129.03	18 838.38	55 296.94	34.07%
611	152	1 639.81	1 510.55	129.26	19 647.52	56 788.33	34.60%
612	158	1 640.34	1 510.69	129.65	20 484.70	58 182.12	35.21%
613	166	1 641.17	1 509.94	131.23	21 784.18	57 711.15	37.75%
614	180	1 640.70	1 508.53	132.17	23 790.60	57 582.55	41.32%
615	210	1 640.27	1 507.53	132.74	27 875.40	56 277.11	49.53%
616	1 100	1 672.28	1 532.67	139.61	153 571.00	222 425.50	69.04%
617	1 120	1 673.90	1 533.08	140.82	157 718.40	225 396.39	69.97%
618	16 000	1 771.33	1 619.38	151.95	2 431 200.00	2 663 473.11	91.28%
619	40	1 615.84	1 491.50	124.34	4 973.60	26 716.73	18.62%
620	43	1 617.11	1 491.96	125.15	5 381.45	26 004.79	20.69%
621	120	1 620.29	1 493.72	126.57	15 188.40	44 996.01	33.75%
622	130	1 620.75	1 493.93	126.82	16 486.60	47 904.40	34.42%
623	135	1 621.79	1 494.90	126.89	17 130.15	49 272.88	34.77%
624	150	1 624.63	1 497.60	127.03	19 054.50	53 215.14	35.81%
625	170	1 625.35	1 497.90	127.45	21 666.50	58 029.37	37.34%
626	1 032	1 662.70	1 525.17	137.53	141 930.96	222 482.32	63.79%
627	1 069	1 665.88	1 528.22	137.66	147 158.54	228 740.14	64.33%
628	1 075	1 668.01	1 529.90	138.11	148 468.25	226 619.89	65.51%
629	1 098	1 668.83	1 530.23	138.60	152 182.80	230 355.70	66.06%

续表

样本编号	样本户生猪养殖规模/头	主产品净产值/（元/头）	投入合计/（元/头）	生猪头均纯收入/元	生猪养殖收入总额/（元/户）	样本户年总收入/（元/户）	生猪养殖收入占总收入的比例
630	1 150	1 669.80	1 530.94	138.86	159 689.00	240 153.83	66.49%
631	1 178	1 671.23	1 532.14	139.09	163 848.02	244 715.37	66.95%
632	1 185	1 672.30	1 533.06	139.24	164 999.40	244 971.60	67.35%
633	23 000	1 757.32	1 606.58	150.74	3 467 020.00	3 801 160.23	91.21%
634	37	1 613.23	1 485.97	127.26	4 708.62	23 283.93	20.22%
635	41	1 614.00	1 486.37	127.63	5 232.83	22 860.81	22.89%
636	45	1 617.11	1 489.34	127.77	5 749.65	24 770.97	23.21%
637	48	1 617.67	1 489.57	128.10	6 148.80	26 218.55	23.45%
638	52	1 618.32	1 488.66	129.66	6 742.32	26 439.75	25.50%
639	55	1 619.09	1 489.26	129.83	7 140.65	27 274.39	26.18%
640	65	1 619.78	1 489.38	130.40	8 476.00	29 512.00	28.72%
641	140	1 620.67	1 490.13	130.54	18 275.60	40 786.45	44.81%
642	180	1 619.23	1 488.58	130.65	23 517.00	48 092.36	48.90%
643	220	1 622.71	1 491.15	131.56	28 943.20	55 086.97	52.54%
644	240	1 623.82	1 491.42	132.40	31 776.00	59 670.84	53.25%
645	246	1 624.30	1 490.61	133.69	32 887.74	61 331.97	53.62%
646	255	1 624.93	1 490.63	134.30	34 246.50	63 263.77	54.13%
647	263	1 625.15	1 489.66	135.49	35 633.87	65 140.38	54.70%
648	267	1 625.28	1 489.59	135.69	36 229.23	68 107.26	53.19%
649	288	1 625.69	1 489.78	135.91	39 142.08	70 980.99	55.14%
650	295	1 626.82	1 490.15	136.67	40 317.65	70 247.57	57.39%
651	575	1 630.20	1 491.95	138.25	79 493.75	124 093.28	64.06%
652	36	1 628.67	1 506.24	122.43	4 407.48	23 652.60	18.63%
653	38	1 629.84	1 508.50	121.34	4 610.92	24 022.71	19.19%
654	45	1 630.13	1 510.37	119.76	5 389.20	27 183.31	19.83%
655	80	1 630.58	1 510.13	120.45	9 636.00	47 116.77	20.45%
656	125	1 630.95	1 508.35	122.60	15 325.00	71 799.86	21.34%
657	132	1 631.29	1 508.23	123.06	16 243.92	71 991.29	22.56%
658	139	1 631.70	1 510.13	121.57	16 898.23	71 471.29	23.64%
659	210	1 631.85	1 509.06	122.79	25 785.90	103 453.21	24.93%

续表

样本编号	样本户生猪养殖规模/头	主产品净产值/（元/头）	投入合计/（元/头）	生猪头均纯收入/元	生猪养殖收入总额/（元/户）	样本户年总收入/（元/户）	生猪养殖收入占总收入的比例
660	245	1 631.71	1 508.30	123.41	30 235.45	119 527.71	25.30%
661	306	1 631.49	1 506.62	124.87	38 210.22	121 824.97	31.36%
662	411	1 632.30	1 506.86	125.44	51 555.84	151 878.14	33.95%
663	445	1 632.37	1 506.61	125.76	55 963.20	161 250.77	34.71%
664	500	1 633.71	1 507.76	125.95	62 975.00	168 402.35	37.40%
665	560	1 638.69	1 511.13	127.56	71 433.60	183 984.98	38.83%
666	605	1 643.00	1 514.78	128.22	77 573.10	182 502.00	42.51%
667	711	1 643.63	1 514.48	129.15	91 825.65	191 642.81	47.91%
668	1 100	1 646.08	1 514.04	132.04	145 244.00	236 381.27	61.44%
669	18 000	1 755.72	1 621.30	134.42	2 419 560.00	2 640 596.23	91.63%
670	41	1 743.05	1 607.50	135.55	5 557.55	30 289.88	18.35%
671	46	1 743.67	1 607.72	135.95	6 253.70	35 898.94	17.42%
672	58	1 744.79	1 608.30	136.49	7 916.42	44 569.35	17.76%
673	72	1 745.57	1 608.97	136.60	9 835.20	51 948.19	18.93%
674	135	1 746.02	1 609.32	136.70	18 454.50	103 813.59	17.78%
675	220	1 756.77	1 619.66	137.11	30 164.20	94 786.57	31.82%
676	265	1 756.91	1 619.38	137.53	36 445.45	110 327.05	33.03%
677	278	1 757.10	1 619.37	137.73	38 288.94	114 520.42	33.43%
678	285	1 757.24	1 619.44	137.80	39 273.00	115 835.39	33.90%
679	360	1 757.38	1 619.25	138.13	49 726.80	135 331.02	36.74%
680	530	1 757.97	1 619.63	138.34	73 320.20	152 993.50	47.92%
681	700	1 758.59	1 619.27	139.32	97 524.00	179 423.97	54.35%
682	1 120	1 763.10	1 620.50	142.60	159 712.00	259 798.79	61.48%
683	1 170	1 763.21	1 620.35	142.86	167 146.20	269 915.37	61.93%
684	1 200	1 763.39	1 620.50	142.89	171 468.00	274 281.04	62.52%
685	1 300	1 763.93	1 620.98	142.95	185 835.00	289 032.44	64.30%
686	1 350	1 764.15	1 621.12	143.03	193 090.50	286 334.50	67.44%
687	23 000	1 775.91	1 628.40	147.51	3 392 730.00	3 681 367.66	92.16%
688	46	1 741.30	1 609.28	132.02	6 072.92	36 581.83	16.60%
689	52	1 741.37	1 608.71	132.66	6 898.32	39 733.99	17.36%

续表

样本编号	样本户生猪养殖规模/头	主产品净产值/（元/头）	投入合计/（元/头）	生猪头均纯收入/元	生猪养殖收入总额/（元/户）	样本户年总收入/（元/户）	生猪养殖收入占总收入的比例
690	58	1 741.82	1 608.72	133.10	7 719.80	41 613.75	18.55%
691	60	1 742.58	1 609.15	133.43	8 005.80	42 067.27	19.03%
692	200	1 743.00	1 609.15	133.85	26 770.00	81 561.27	32.82%
693	210	1 743.41	1 609.50	133.91	28 121.10	84 645.64	33.22%
694	215	1 743.52	1 609.40	134.12	28 835.80	105 068.45	27.44%
695	220	1 744.30	1 610.04	134.26	29 537.20	105 585.40	27.97%
696	245	1 744.43	1 610.10	134.33	32 910.85	114 412.94	28.76%
697	260	1 744.71	1 609.81	134.90	35 074.00	119 726.48	29.30%
698	275	1 744.84	1 609.75	135.09	37 149.75	123 154.74	30.17%
699	1 050	1 749.88	1 611.69	138.19	145 099.50	237 071.95	61.20%
700	1 080	1 751.04	1 612.71	138.33	149 396.40	241 449.22	61.87%
701	1 095	1 751.59	1 612.97	138.62	151 788.90	243 583.70	62.31%
702	1 120	1 752.05	1 613.29	138.76	155 411.20	248 956.73	62.42%
703	1 200	1 752.27	1 613.40	138.87	166 644.00	258 222.67	64.54%
704	31 000	1 768.72	1 643.07	125.65	3 895 150.00	4 264 471.50	91.34%
705	40	1 650.14	1 524.70	125.44	5 017.60	30 954.65	16.21%
706	42	1 650.79	1 527.27	123.52	5 187.84	30 644.79	16.93%
707	45	1 650.00	1 530.59	119.41	5 373.45	31 026.64	17.32%
708	54	1 648.75	1 541.90	106.85	5 769.90	29 518.47	19.55%
709	60	1 652.71	1 552.15	100.56	6 033.60	29 712.91	20.31%
710	72	1 649.85	1 534.20	115.65	8 326.80	37 903.53	21.97%
711	112	1 646.41	1 528.58	117.83	13 196.96	44 499.14	29.66%
712	138	1 650.43	1 529.06	121.37	16 749.06	55 370.50	30.25%
713	146	1 650.71	1 528.60	122.11	17 828.06	57 697.32	30.90%
714	155	1 652.28	1 528.99	123.29	19 109.95	60 860.34	31.40%
715	160	1 652.85	1 529.40	123.45	19 752.00	61 361.61	32.19%
716	225	1 653.70	1 529.23	124.47	28 005.75	65 210.29	42.95%
717	270	1 654.71	1 530.22	124.49	33 612.30	75 842.92	44.32%
718	278	1 652.79	1 527.93	124.86	34 711.08	77 534.69	44.77%
719	285	1 653.70	1 528.68	125.02	35 630.70	78 988.75	45.11%

续表

样本编号	样本户生猪养殖规模/头	主产品净产值/（元/头）	投入合计/（元/头）	生猪头均纯收入/元	生猪养殖收入总额/（元/户）	样本户年总收入/（元/户）	生猪养殖收入占总收入的比例
720	1 550	1 684.70	1 556.96	127.74	197 997.00	277 871.53	71.25%
721	32	1 608.07	1 496.51	111.56	3 569.92	19 182.21	18.61%
722	38	1 609.78	1 497.59	112.19	4 263.22	22 224.27	19.18%
723	45	1 610.63	1 497.97	112.66	5 069.70	25 067.92	20.22%
724	47	1 611.35	1 498.10	113.25	5 322.75	25 426.92	20.93%
725	55	1 611.40	1 498.03	113.37	6 235.35	27 732.67	22.48%
726	61	1 611.51	1 497.95	113.56	6 927.16	29 359.94	23.59%
727	74	1 611.89	1 497.80	114.09	8 442.66	33 063.68	25.53%
728	80	1 612.35	1 497.98	114.37	9 149.60	33 388.34	27.40%
729	225	1 612.70	1 497.88	114.82	25 834.50	74 086.80	34.87%
730	265	1 613.19	1 498.27	114.92	30 453.80	84 076.86	36.22%
731	460	1 613.35	1 497.13	116.22	53 461.20	108 328.75	49.35%
732	470	1 613.98	1 497.36	116.62	54 811.40	102 567.05	53.44%
733	550	1 615.29	1 498.49	116.80	64 240.00	114 244.75	56.23%
734	680	1 615.83	1 498.72	117.11	79 634.80	123 331.86	64.57%
735	785	1 616.64	1 498.91	117.73	92 418.05	137 240.56	67.34%
736	820	1 617.05	1 497.46	119.59	98 063.80	153 580.60	63.85%
737	865	1 619.74	1 499.31	120.43	104 171.95	161 526.90	64.49%
738	910	1 626.27	1 503.42	122.85	111 793.50	162 936.79	68.61%
739	55	1 632.82	1 518.92	113.90	6 264.50	25 610.28	24.46%
740	1 120	1 633.20	1 518.01	115.19	129 012.80	199 267.57	64.74%
741	130	1 633.60	1 518.26	115.34	14 994.20	53 994.80	27.77%
742	135	1 634.08	1 518.53	115.55	15 599.25	52 720.17	29.59%
743	200	1 634.28	1 518.47	115.81	23 162.00	62 033.39	37.34%
744	210	1 634.49	1 518.37	116.12	24 385.20	63 030.85	38.69%
745	235	1 634.74	1 518.44	116.30	27 330.50	69 281.28	39.45%
746	255	1 635.20	1 518.65	116.55	29 720.25	74 357.79	39.97%
747	268	1 635.79	1 519.08	116.71	31 278.28	77 691.42	40.26%
748	275	1 635.92	1 519.05	116.87	32 139.25	78 734.79	40.82%
749	280	1 636.30	1 519.08	117.22	32 821.60	80 111.75	40.97%

续表

样本编号	样本户生猪养殖规模/头	主产品净产值/（元/头）	投入合计/（元/头）	生猪头均纯收入/元	生猪养殖收入总额/（元/户）	样本户年总收入/（元/户）	生猪养殖收入占总收入的比例
750	290	1 636.58	1 519.09	117.49	34 072.10	82 860.02	41.12%
751	1 020	1 659.03	1 538.57	120.46	122 869.20	198 901.84	61.77%
752	1 035	1 659.72	1 538.98	120.74	124 965.90	182 905.85	68.32%
753	1 055	1 660.25	1 539.04	121.21	127 876.55	184 333.27	69.37%
754	1 088	1 660.78	1 539.31	121.47	132 159.36	188 173.99	70.23%
755	23 000	1 686.89	1 563.06	123.83	2 848 090.00	3 100 124.66	91.87%
756	40	1 615.34	1 498.82	116.52	4 660.80	21 637.81	21.54%
757	45	1 615.69	1 498.85	116.84	5 257.80	23 274.31	22.59%
758	48	1 616.04	1 498.95	117.09	5 620.32	23 754.46	23.66%
759	101	1 616.25	1 498.91	117.34	11 851.34	40 017.77	29.62%
760	136	1 616.77	1 499.34	117.43	15 970.48	50 005.85	31.94%
761	145	1 617.04	1 499.54	117.50	17 037.50	51 963.60	32.79%
762	150	1 617.40	1 499.79	117.61	17 641.50	53 141.05	33.20%
763	155	1 617.73	1 500.04	117.69	18 241.95	53 815.19	33.90%
764	160	1 617.82	1 500.06	117.76	18 841.60	54 919.77	34.31%
765	1 103	1 633.20	1 515.40	117.80	129 933.40	203 869.07	63.73%
766	1 105	1 635.74	1 517.83	117.91	130 290.55	204 654.13	63.66%
767	1 009	1 636.79	1 518.85	117.94	119 001.46	185 005.95	64.32%
768	1 020	1 638.00	1 519.68	118.32	120 686.40	185 920.18	64.91%
769	1 055	1 638.22	1 519.65	118.57	125 091.35	190 475.77	65.67%
770	1 065	1 638.38	1 518.66	119.72	127 501.80	191 148.47	66.70%
771	1 070	1 638.63	1 518.17	120.46	128 892.20	189 958.40	67.85%
772	1 175	1 639.05	1 518.21	120.84	141 987.00	208 885.84	67.97%
773	12 000	1 687.93	1 564.48	123.45	1 481 400.00	1 612 340.42	91.88%
均值	843.59	1 721.02	1 585.44	138.01	89 993 932.50	140 112 789.28	64.23%

索　引

后　记

2003年，“非典”肆虐中国大地。当时，我作为学校“严防死守工作队”一名称职的队员，受到学校表彰。在学校的南大门，我与队友们足足坚守了14天。我们轮着班，扣个大口罩，戴双白手套，守两个白天后换成守一个通宵晚班，对每一位进出校门的人，不论男女老幼，一律要进行体温测量。对我们这样年纪的人来说，那样的记忆一辈子只有一次。十几年来，我也一直虔诚地祈祷，那样的记忆一辈子只能有一次。

也就是在那个难忘的14天里,我确定了自己这辈子想要做的这项研究——动物疫情公共危机。学问之大，莫重于命。对一种不知道可能何处来、何时来、何样来的动物“疫魔”，它为什么要来伤害人类，且如此肆意妄为，我们却什么也不知道，看不到、摸不着、听不见。当人们天天在打听现已彻底成为历史的北京市抗击“非典”疫情“根据地”小汤山“非典”医院留观的“非典”疑似病人时，我在默默地为我的被隔离治疗的几位学生担忧。

我们为什么如此束手无措？一个崭新的热词进入了我们的社会生活，当然，同时也进入了我的学术视野。这个词叫“危机”。随后，我深深地被“危机”吸引了。我开始组织自己身旁与我有同样火一般热情的志愿者，成立了自己的第一个团队——农村公共危机应急管理研究团队。诸如动物疫情、农产品质量安全、农药残留等面源污染、农业自然灾害、农村社会突发性事件等，都是我的团队锁定的研究目标。

次年，我获得了一项省哲学社会科学基金项目、一项省自然科学基金项目。我们经常会与同校的动物学、兽医学、环境工程学、农学、园艺学等专家展开讨论。我们期待能在涉农学科领域发现危机致灾成损的基础因子，然后集成管理学、社会学、行为科学、法学等多学科知识，破解类似于动物疫情公共危机的成灾机理与演化规律，为应急管理决策提供咨询，为我的学生们永远不要被隔离，为更多人不再经受恐惧之痛。

在坐了将近十年冷板凳之后，我有幸获准承担这个国家社会科学基金重大招标课题。手捧着沉甸甸的立项通知书，我们团队全体同仁的心情既愉悦，又诚惶诚恐。这是科学探秘，更是责任与使命。经历长达 6 年的研究，我们走遍全国 14 个省（区、市）近百个县（市、区）访问 177 个村、6086 个养殖户和 76 个规模化养殖企业，我们先后五次走进黄浦江流域沿岸生猪养殖户、两次赶赴广西大化县了解洪灾之后死猪无害化处理、四次深入湖南浏阳察看 H7N9 禽流感疫情等。在调查中我们得到热情的基层干部提供的帮助，也遭了不少企业业主的白眼或呵斥，酸甜苦辣，记忆犹新。

研究工作的快乐时光，自如美景，尽收怀中，历久弥新。每当我们的研究陷入“泥沼”而不得自拔之时，或同校多学科队友，或同行学界大咖，无不倾囊相助，咨询解惑。如同一场马拉松比赛，一路走来，国内外多有同行齐步研究，其间，他们的研究成果更是如启明之星，闪闪星光引路着我蠖延曲行。今天，凝聚着我十几年前许下的梦，饱含我的团队集体智慧的这部 41 万字的专著，终于杀青了。人生第五喜，当书付梓时。

尽管那些给过我无私帮助的大咖们、同仁们、同学们都不愿提及他们的贡献，他们是真正的通儒达士，他们是燃烧的光辉蜡烛。但是，我不得不感恩如此，他们中有北京大学周志忍教授，2012 年 3 月 18 日，他主持了我课题的开题报告。出席当时开题报告会的还有中国社会科学院张军研究员，农业部谢双红副司长，农业部兽医局防疫处陈国胜处长，湖南省科技厅彭国甫厅长（现为湖南省政协副主席、中共怀化市委书记）以及王耀中、田银华、曾福生三位先生。2015 年 12 月，我的课题组顺利通过全国哲学社会科学规划办公室中期检查，经全国哲学社会科学规划领导小组批准，再次获批对该项目滚动资助。2017 年 11 月 26 日，清华大学薛澜教授主持了我课题的结项前专家论证暨最终成果鉴定会议。参加专家论证组的还有东北大学娄成武教授、中国行政管理学会前副会长兼秘书长高小平研究员、中国人民大学张成福教授、国家行政学院龚维斌教授、华中科技大学徐晓林教授、南京农业大学欧名豪教授、西安交通大学朱正威教授、国家自然科学基金委员会杨列勋处长等八位同行专家。专家们为我的著作写了满满激励、不吝褒扬的鉴定意见，亦为我的著作提出了不少细微修改意见，令我深为动容。感谢国务院学位委员会公共管理学科评议组原召集人之一的陈振明教授，为拙作写序，褒奖有加。还要感谢许许多多在调研中为我领路、打手电、递伞、送水、让座、赶狗、细谈的农民兄弟和基层干部们，感谢那些借给我智慧的相关文献的作者们，感谢我团队的队友和研究生们，感谢我的家人们，感谢我的大学领导和同仁们，感谢科学出版社的编辑、审校和工作人员。所有的、我亲爱的你们，真诚谢谢你们！

前路有歇亭，学海终无涯。路漫漫其修远兮，吾将上下而求索。

李燕凌

2019年10月28日于勺水斋